江苏省公民道德与社会风尚协同创新中心成果

江苏省道德发展高端智库成果

焦虑的"道—德"现象学形态

谭舒 著

中国社会科学出版社

图书在版编目(CIP)数据

焦虑的"道—德"现象学形态/谭舒著.—北京：中国社会科学出版社，2022.9

(东大伦理博士文库系列)

ISBN 978-7-5227-0738-9

Ⅰ.①焦… Ⅱ.①谭… Ⅲ.①道德心理学—研究 Ⅳ.①B82-054

中国版本图书馆CIP数据核字(2022)第142982号

出 版 人	赵剑英
责任编辑	郝玉明
责任校对	谢　静
责任印制	戴　宽

出　　版	中国社会科学出版社
社　　址	北京鼓楼西大街甲158号
邮　　编	100720
网　　址	http://www.csspw.cn
发 行 部	010-84083685
门 市 部	010-84029450
经　　销	新华书店及其他书店

印刷装订	北京君升印刷有限公司
版　　次	2022年9月第1版
印　　次	2022年9月第1次印刷

开　　本	710×1000　1/16
印　　张	22.5
字　　数	371千字
定　　价	129.00元

凡购买中国社会科学出版社图书，如有质量问题请与本社营销中心联系调换

电话：010-84083683

版权所有　侵权必究

总　　序

东南大学的伦理学科起步于20世纪80年代前期，由著名哲学家、伦理学家萧焜焘教授、王育殊教授创立，90年代初开始组建一支由青年博士构成的年轻的学科梯队，至90年代中期，这个团队基本实现了博士化。在学界前辈和各界朋友的关爱与支持下，东南大学的伦理学科得到了较大的发展。自20世纪末以来，我本人和我们团队的同仁一直在思考和探索一个问题：我们这个团队应当和可能为中国伦理学事业的发展作出怎样的贡献？换言之，东南大学的伦理学科应当形成和建立什么样的特色？我们很明白，没有特色的学术，其贡献总是有限的。2005年，我们的伦理学科被批准为"985工程"国家哲学社会科学创新基地，这个历史性的跃进推动了我们对这个问题的思考。经过认真讨论并向学界前辈和同仁求教，我们将自己的学科特色和学术贡献点定位于三个方面：道德哲学；科技伦理；重大应用。

以道德哲学为第一建设方向的定位基于这样的认识：伦理学在一级学科上属于哲学，其研究及其成果必须具有充分的哲学基础和足够的哲学含量；当今中国伦理学和道德哲学的诸多理论和现实课题必须在道德哲学的层面探讨和解决。道德哲学研究立志并致力于道德哲学的一些重大乃至尖端性的理论课题的探讨。在这个被称为"后哲学"的时代，伦理学研究中这种对哲学的执著、眷念和回归，着实是一种"明知不可为而为之"之举，但我们坚信，它是我们这个时代稀缺的学术资源和学术努力。科技伦理的定位是依据我们这个团队的历史传统、东南大学的学科生态，以及对伦理道德发展的新前沿而作出的判断和谋划。东南大学最早的研究生培养方向就是"科学伦理学"，当年我本人就在这个方向下学习和研究；而东南大学以科学技术为主体、文管艺医综合发展的学科生态，也使我们这些90年代初成长起来的"新生代"再次认识到，选择科技伦理为学科生长点是明智之举。如果说道德哲学与科技伦理的定位与我们的学科传统有关，那么，重大应用的定位就是基于对伦理学的现实本性以及为中国伦理道德建设作出贡献的愿望和抱负而作出的选择。定位"重大应用"而不是一般的"应用伦理学"，昭明我们在这方面有所为也有所不为，只是试图在伦理学应用的某些重大方面和重大领域进行我们的努力。

基于以上定位，在"985工程"建设中，我们决定进行系列研究并在长期积累的基础上严肃而审慎地推出以"东大伦理"为标识的学术成果。"东大伦理"取名于两种考虑：这些系列成果的作者主要是东南大学伦理学团队的成员，有的系列也包括东南大学培养的伦理学博士生的优秀博士论文；更深刻的原因是，我们希望并努力使这些成果具有某种特色，以为中国伦理学事业的发展作出自己的贡献。"东大伦理"由五个系列构成：道德哲学研究系列；科技伦理研究系列；重大应用研究系列；与以上三个结构相关的译著系列；还有以丛刊形式出现并在20世纪90年代已经创刊的《伦理研究》专辑系列，该丛刊同样围绕三大定位组稿和出版。

"道德哲学系列"的基本结构是"两史一论"。即道德哲学基本理论；中国道德哲学；西方道德哲学。道德哲学理论的研究基础，不仅在概念上将"伦理"与"道德"相区分，而且从一定意义上将伦理学、道德哲学、道德形而上学相区分。这些区分某种意义上回归到德国古典哲学的传统，但它更深刻地与中国道德哲学传统相契合。在这个被宣布"哲学终结"的时代，深入而细致、精致而宏大的哲学研究反倒是必须而稀缺的，虽然那个"致广大、尽精微、综罗百代"的"朱熹气象"在中国几乎已经一去不返，但这并不代表我们今天的学术已经不再需要深刻、精致和宏大气魄。中国道德哲学史、西方道德哲学史研究的理念基础，是将道德哲学史当作"哲学的历史"，而不只是道德哲学"原始的历史"、"反省的历史"，它致力探索和发现中西方道德哲学传统中那些具有"永远的现实性"的精神内涵，并在哲学的层面进行中西方道德传统的对话与互释。专门史与通史，将是道德哲学史研究的两个基本纬度，马克思主义的历史辩证法是其灵魂与方法。

"科技伦理系列"的学术风格与"道德哲学系列"相接并一致,它同样包括两个研究结构。第一个研究结构是科技道德哲学研究,它不是一般的科技伦理学,而是从哲学的层面、用哲学的方法进行科技伦理的理论建构和学术研究,故名之"科技道德哲学"而不是"科技伦理学";第二个研究结构是当代科技前沿的伦理问题研究,如基因伦理研究、网络伦理研究、生命伦理研究等等。第一个结构的学术任务是理论建构,第二个结构的学术任务是问题探讨,由此形成理论研究与现实研究之间的互补与互动。

"重大应用系列"以目前我作为首席专家的国家哲学社会科学重大招标课题和江苏省哲学社会科学重大委托课题为起步,以调查研究和对策研究为重点。目前我们正组织四个方面的大调查,即当今中国社会的伦理关系大调查;道德生活大调查;伦理—道德素质大调查;伦理—道德发展状况及其趋向大调查。我们的目标和任务,是努力了解和把握当今中国伦理道德的真实状况,在此基础上进行理论推进和理论创新,为中国伦理道德建设提出具有战略意义和创新意义的对策思路。这就是我们对"重大应用"的诠释和理解,今后我们将沿着这个方向走下去,并贡献出团队和个人的研究成果。

"译著系列"、《伦理研究》丛刊,将围绕以上三个结构展开。我们试图进行的努力是:这两个系列将以学术交流,包括团队成员对国外著名大学、著名学术机构、著名学者的访问,以及高层次的国际国内学术会议为基础,以"我们正在做的事情"为主题和主线,由此凝聚自己的资源和努力。

马克思曾经说过,历史只能提出自己能够完成的任务,因为任务的提出表明完成任务的条件已经具备或正在具备。也许,我们提出的是一个自己难以完成或不能完成的任务,因为我们完成任务的条件尤其是我本人和我们这支团队的学术资质方面的条件还远没有具备。我们期图通过漫漫兮求索乃至几代人的努力,建立起以道德哲学、科技伦理、重大应用为三元色的"东大伦理"的学术标识。这个计划所展示的,与其说是某些学术成果,不如说是我们这个团队的成员为中国伦理学事业贡献自己努力的抱

4 焦虑的"道—德"现象学形态

负和愿望。我们无法预测结果,因为哲人罗素早就告诫,没有发生的事情是无法预料的,我们甚至没有足够的信心展望未来,我们唯一可以昭告和承诺的是:

我们正在努力!

我们将永远努力!

樊 浩

谨识于东南大学"舌在谷"

2007 年 2 月 11 日

目 录

绪 论 ……………………………………………………………(1)
 一 研究缘起和研究意义 ………………………………………(1)
 二 国内外研究现状 ……………………………………………(2)
 三 主要研究内容和研究方法 …………………………………(28)

第一章 现象学近现代肇始及其内在发展理路梳理 ……………(38)
 第一节 现象学近现代肇始
    ——从康德的实践理性及道德宗教说起 ……………(38)
 第二节 现象学的形式形态与质料形态之争
    ——以胡塞尔与舍勒为例 ……………………………(46)
 第三节 现象学的情感流变形态与范畴分析形态之较
    ——以爱德华·哈特曼与尼古拉·哈特曼为例 ………(56)
 第四节 现象学的横向显现形态与当下体验形态之辩
    ——以黑格尔与萨特为例 ……………………………(65)
 第五节 现象学的道德心理流变与伦理心态转向之别
    ——以萨提亚与海灵格为例 …………………………(78)

第二章 "道—德"现象学旨归 ……………………………………(89)
 第一节 现象学中的"道德"意涵阐发及一种中国
    哲学式的诠释构想 …………………………………(89)
 第二节 "道" …………………………………………………(101)
 第三节 "德" …………………………………………………(121)
 第四节 作为一种基本哲学态度与方法论的
    "道—德"现象学阐释 ………………………………(137)

第五节　焦虑作为"道—德"现象学的衍进形态 …………（143）

第三章　"道"向"德"下贯的源初焦虑
　　　　——存在焦虑 …………………………………………（146）
第一节　"道—德"域的运作机制 ………………………（148）
第二节　存在焦虑的表现 …………………………………（161）
第三节　存在焦虑的特点 …………………………………（165）
第四节　存在焦虑的形成原因 ……………………………（169）
第五节　"道—德"域中存在焦虑的衍化路径 …………（179）

第四章　主体进入象征界的焦虑
　　　　——迷失焦虑 …………………………………………（183）
第一节　象征界的运作机制 ………………………………（185）
第二节　迷失焦虑的表现 …………………………………（202）
第三节　迷失焦虑的特点 …………………………………（206）
第四节　迷失焦虑的形成原因 ……………………………（210）
第五节　象征界中迷失焦虑的衍化路径 …………………（222）

第五章　主体进入自为界的焦虑
　　　　——虚伪焦虑 …………………………………………（225）
第一节　自为界的运行机制 ………………………………（227）
第二节　虚伪焦虑的表现 …………………………………（242）
第三节　虚伪焦虑的特点 …………………………………（248）
第四节　虚伪焦虑的形成原因 ……………………………（255）
第五节　自为界中虚伪焦虑的衍化路径 …………………（273）

第六章　主体进入现实界的焦虑
　　　　——实现焦虑 …………………………………………（275）
第一节　现实界的运行机制 ………………………………（277）
第二节　实现焦虑的表现 …………………………………（293）
第三节　实现焦虑的特点 …………………………………（297）
第四节　实现焦虑的形成原因 ……………………………（302）

第五节　现实界中实现焦虑的衍化路径 ………………（316）

展　望 …………………………………………………（319）

结　语 …………………………………………………（326）

参考文献 ………………………………………………（334）

索　引 …………………………………………………（344）

后　记 …………………………………………………（348）

绪　　论

一　研究缘起和研究意义

2014年人民论坛网、搜狐网等多家权威网站发布的《当代中国人精神生活调查研究》显示，超八成受访者经常使用"烦躁""郁闷""纠结""压力山大"等负面情绪词汇来描述自己的抑郁心情；超六成受访者自认为由于长期处于负面情绪状态，焦虑程度逐渐加深。迅猛的社会变迁使性质和程度各异的焦虑如"生态焦虑""食品焦虑""职场焦虑""婚姻焦虑""养老焦虑"等作为个人心理表征的焦虑情绪弥散开来，经由"沸腾心理"产生出泛化的社会焦虑。[①] 2005年教育部"当代中国精神生活调查研究"课题组对全国20个省的40个城市的调查显示，在回收的4569份问卷中有62.3%的受访者"有时"甚至"经常""整天"感到焦虑不安。《中国青年报》2006年12月对2134人的调查显示，焦虑已成为现代人的一种生活常态；34.1%的受访者经常产生焦虑情绪，62.9%的人偶尔焦虑，只有0.8%的人表示从来没有焦虑过。[②]

从以上的数据分析中可见，焦虑已普遍成为现代人的一种精神常态，值得高度重视。当前对焦虑的研究有多重学科视角，但伦理学视域下的道德焦虑作为一种特殊的焦虑形态，受关注的程度远未达到其应有的程度，刘玉梅的博士学位论文《道德焦虑论》是国内系统研究道德焦虑的唯一成果，这正说明对该主题的研究还有巨大的学术阐发空间。其他有限的对道德焦虑的研究散见于各种文献资料中，其中与道德困境的研究关系紧

[①] 参见肖伟胜《焦虑：当代社会转型期的文化症候》，《西南大学学报》（社会科学版）2014年第9期。

[②] 参见刘玉梅《道德焦虑论》，博士学位论文，中南大学，2010年。

密。对道德困境的研究主要为道德焦虑的形态和成因研究提供了参照系，但关注道德行为主体自身的内在道德感受并不是其研究重点，然而这种由价值冲突造成的主体内在焦虑又极可能成为焦虑心理体验的重要形态，因此从主体维度界定道德焦虑并研究其成因和缓解路径就显得十分关键。从价值维度充分关注焦虑心理正是本书研究的缘起和意义所在。

二　国内外研究现状

（一）"焦虑"研究综述

以"焦虑"作为主题进行研究，涉及多学科和多种研究视角，总的趋势是焦虑作为普遍存在于个体与群体间的心理现象，近十五年来研究热度逐渐升温，到2013年达到峰值，知网收录总量逾8000篇，但近年来学术关注度直线下降。从用户关注度来讲，总体呈现波动态势。具体研究内容包括四个方面。

1. 对"焦虑"的界定

（1）个体"焦虑"的表现及界定

①个体"焦虑"的心理表征与价值反思

"焦虑"在一定程度和范围内可视为正常心理现象，如若超出一定的界限和范围，则上升为"焦虑症"进入医学研究的视野。正如杨会芹所言，大多数情况下，焦虑是恰当的，而只有在反应过分强烈或焦虑体验与事实严重不符时，才会产生危害作用。[1] 美国精神病联合会给焦虑作出的定义是"由紧张的烦躁不安或身体的症状所伴随的，对未来危险和不幸的忧虑预期"[2]。

心理学上对焦虑的界定有丰富的学理支撑。精神分析学派的开创者弗洛伊德（Sigmund Freud）是最早研究焦虑的学者。早期弗洛伊德将焦虑分为对危险的预期心和焦虑的发展两个阶段，其中对危险的预期心有利于帮助人调动身心力量，逃避危险，而焦虑的发展则会耗费人的大量能量，妨碍理智发挥作用。后期弗洛伊德认为焦虑起源于超我和本我之间的冲

---

[1] 参见杨会芹《青少年焦虑心理与自杀现象分析》，《创新·发展·和谐——河北省第二届社会科学学术年会会议论文集》，石家庄，2008年3月，第172页。

[2] 刘玉梅：《道德焦虑论》，博士学位论文，中南大学，2010年，第1页。

突，是潜意识性驱力和攻击驱力与外界现实之间产生的心理冲突的结果。弗洛伊德认为焦虑分为客观性焦虑和神经症性焦虑，客观性焦虑是对环境中存在的真实危险的一种反应，神经症性焦虑是潜意识中矛盾的结果。霍妮（Karen Danielsen Horney）发展了弗洛伊德对焦虑的观点，所不同的是霍妮不但重视人早期生活经历中出现的压抑，也重视社会文化在个人形成焦虑过程中的作用。只有严厉的个人和社会禁忌才能使人的无意识中有大量被压抑的内容，人也才会产生焦虑。类似地，克森（Erik H. Erikson）认为焦虑是人在社会生活中其心理发展受到挫折的后果。[1]

行为主义学派认为焦虑是一种习得的个体体验，一种情境或刺激引起焦虑体验以后，日后有相类似的情境或刺激再次出现时将重新激起个体的焦虑反应，并同时产生相应的生理、心理改变。个体不仅通过直接的亲身经历感受到焦虑，也可以通过观察、模仿别人而学会焦虑。

认知心理学派认为，情绪与行为的发生，一定要通过认知的中介作用，而不是通过环境刺激直接产生。所以认知心理学家认为个体对事件的认知评价是焦虑发生的中介，与个体身体或心理等有关的认知评价能够自动地激活个体的"焦虑程序"。如果人们对危险作出过度估计，焦虑反应与客观情境不相称，则将形成病理性焦虑反应。

人本主义心理学家如罗杰斯（Carl Ransom Rogers）认为焦虑是个体内部的自我力量与外部力量要求发生冲突的结果。[2]

存在主义神学家保罗·田立克（Paul Tillich）认为焦虑是人类对非存有威胁的反应，即对"虚无的恐惧"——对失去有形的物与无形的价值等的恐惧。论及焦虑的来源时，精神分析学派的弗洛姆（Erich Fromm）认为当代文化中的个体孤立是焦虑的来源，并因此造就了无能、孤独、焦虑、没有安全感的人格发展，当心理孤寂超越临界点后就成为焦虑；阿德勒（Alfred Adler）从人的内在矛盾即无法摆脱的自卑感来讨论焦虑问题，认为焦虑起源于对自己弱点的主观认知——个人越将自我评价为弱势，就越容易产生焦虑。社会心理学者如威洛拜（Raymond Royce Willoughby）认为焦虑是西方文化遽变过程中的症状与产物，是制造自杀、功能性精神

---

[1] 参见刘玉梅《道德焦虑论》，博士学位论文，中南大学，2010年，第100页。
[2] 参见孟昭兰《情绪心理学》，北京大学出版社2005年版；邵瑞珍主编《教育心理学》，上海教育出版社1988年版；张宁主编《异常心理学》，北京师范大学出版社2012年版。

失常和离婚的诱因。个人竞逐成功既是西方文化的主导目标,又导致最普遍的焦虑情境,从而得出"西方文明的焦虑与日俱增"[①]的结论。

除此之外,关于焦虑的阐发还与人类生存与生活的意义紧密相连。美国存在心理学主义罗洛·梅（Rollo May）认为焦虑是指当人类视为与其生存同等重要的某种价值观遭遇威胁时所作出的反应,他把焦虑分为健康的焦虑和神经质焦虑,所谓健康的焦虑是指个人在现实生活中有所选择时,如能以积极乐观的态度面对选择不确定后果带来的焦虑,并心甘情愿地承担起自己选择后的责任,使危机化为转机;而神经质焦虑是指个人在现实生活面临选择情境时,因过分恐惧选择后会带来失败的结果犹豫不决,而一旦因放弃选择而丧失成功机会时,又悔恨交加。现代存在主义哲学的创始人克尔凯郭尔（Soren Aabye Kierkegaard）认为人的自我不是固定的实体和本质,人的存在是一个生成的过程,人的存在建立在矛盾的基础之上,人是介于有限与自由、暂时与永恒、人性与神性之间的未完成的状态,内在于人之存在的两级是不可调和的。他认为人要么让精神失落,要么让精神升华,二者必居其一。如若没有选择精神升华,那么其本质都是焦虑和绝望。法国无神论存在主义的代表人物萨特（Jean-Paul Sartre）认为:"正是在焦虑之中人获得了对他的自由的意识,如果人们愿意的话,还可以说焦虑是自由这存在着的意识的存在方式。一个人要么以自欺的方式拒绝自由,使自己处于安全稳定之中,要么行驶自由他就处于焦虑之中。"[②]

除了对原发焦虑的阐发,还存在对二次焦虑的关注。二次焦虑是指对原发焦虑的反应及由与此反应有相对固定联系的症状所产生的、使原发焦虑维持并加强的焦虑,是一种继发性焦虑。这恰如古希腊斯多葛学派所言:困扰人们的并不是事情本身,而是人们对这件事情的判断,人们因此追问的便不是具体引起焦虑的事物,而是"我为什么对没有完成这个自己应该完成也能够完成的义务感到如此焦虑?"[③] 二次焦虑实际上是理性对焦虑根源的反思,更具有一种哲学的意味。

以上对焦虑的研究主要集中在心理学领域和存在主义思潮当中,其共

[①] 刘捷:《社会焦虑心理的认知与疏导对策》,《福建论坛》(人文社会科学版) 2013 年第 9 期。
[②] 刘玉梅:《道德焦虑论》,博士学位论文,中南大学,2010 年,第 94 页。
[③] 杨宏秀、王克喜:《义务之惑的思想分析》,《南京社会科学》2014 年第 9 期。

同点在于都重视对焦虑进行基于主体性维度的阐发：心理学领域着重找寻焦虑产生的人格内部冲突，存在主义思潮着重阐发生存与生活意义丧失是焦虑形成的深层根源。这两种主要的研究视角都对焦虑的表现形态和原因作了较为详尽和富有启发的阐释，为继续研究焦虑提供了值得借鉴的理论框架。但由于研究视角的殊异，很难形成一种共识性理论根基，其内部本身存在张力。

②个体"焦虑"的临床研究

临床研究将焦虑症又称为焦虑性神经症，其定义是以焦虑情绪为主的神经症，以广泛性和持续性焦虑或反复发作的惊恐不安为主要特征，常伴有自主神经功能紊乱、肌肉紧张和运动性不安。临床分为广泛性焦虑障碍和惊恐障碍两种主要形式。焦虑症的临床表现主要包括三个方面：一是与实际危险不相称的紧张不安、恐惧惊慌的情绪；二是精神运动性不安；三是伴有躯体不适感的植物神经功能障碍。临床可伴有头昏、胸闷、心悸、呼吸急促、口干、尿频尿急、出汗、震颤等症状。从临床表现看来，该病属于情志病。[①] 类似的研究还有很多，比如李涛也认为，焦虑症是以焦虑为主要临床相的神经症。焦虑症有两种主要的临床形式：惊恐障碍和广泛性焦虑。广泛性焦虑是指没有明确客观对象和具体内容的提心吊胆和恐惧不安，除焦虑心情外，还有显著的植物神经症状，如头晕、心悸、胸闷、口干、尿频、出汗、震颤等自主神经症状和肌肉紧张，以及运动性不安。[②] 李亚玲等的研究结果与此相类似，认为焦虑症包括两个方面：一方面是焦虑的情绪体验；另一方面是焦虑的身体表现，如运动性不安和自主神经功能障碍。[③]

从脑科学角度对焦虑进行研究的有罗跃嘉，他发现焦虑会通过影响情绪性信息的加工而发挥作用。右侧前额叶和后顶叶皮层在焦虑状态下的活动异常，可能是焦虑情绪影响记忆功能的神经基础。由于右侧前额叶主要负责空间知觉，因此焦虑水平的提高对空间工作记忆的影响特别

---

① 参见黄少华、傅仁杰《焦虑症的病机特点及治法探讨》，《第十次中医药防治老年病学术交流会论文集》，厦门，2012年10月，第48页。
② 参见李涛《焦虑症多元统计分析初步研究》，《中医药发展与人类健康——庆祝中国中医研究院成立50周年论文集》，北京，2005年11月，第185页。
③ 参见李亚玲、陈珏、王莲娥《焦虑症与躯体形式障碍患者人格特征比较分析》，《中国乡村医药》2012年第1期。

显著。①

对焦虑的临床和实证研究有科学的根基，是最为客观的研究视角，具有可操作性和可普遍性，但其缺乏对焦虑的深层成因分析。

（2）群体性焦虑症候及其类型

当焦虑弥散在个体间交往过程中并形成具有共性的社会心理时，焦虑就不仅仅限于从个体性焦虑的角度来理解，而上升为社会焦虑，关于该点尚有争议。心理学理解更偏向于认为社会焦虑是一种社交焦虑，是人与人在交往关系中产生的个体焦虑。问题的关键在于对社会焦虑的理解究竟应偏重于个体焦虑抑或集体焦虑，而要回答这个问题，重点则在于具体考察个体焦虑对社会整体的影响和共振程度，即个体焦虑有没有泛化到社会整体层面，成为具有某些特定形态的普遍焦虑。② 对于这个问题的回应有一种研究视角，即将焦虑分为特质性焦虑和情境性焦虑：特质性焦虑表现为一种比较持续的担心和不安，具有主观性；情境性焦虑则由可以感知的外在危机引起，具有客观性和情境性，是每个人都会体验到的一种负性情绪。③ 从这个角度来看，焦虑的个体性和社会性差异并不是绝对孤立的，因为焦虑虽然最终都体现为一种个体心理感受，但其来源却可能在社会交往的具体情境中产生并具有个体间共性。吕锡琛便认为焦虑是在社会生活中，对于可能造成心理冲突或挫折的事物、情境作出的一种特殊反应，是一种带有烦躁郁闷等不快色彩的适应行为。④

如果焦虑从其社会性的一面进行考量，则社会焦虑心理是一种典型的非理性心态，指社会成员中普遍存在的一种紧张不安及对未来茫然、悲观的心理状态。焦虑心理产生的紧张不安和所引发的怀疑、怨恨、烦躁、恐惧、挫败感、对抗，以及伴随的思维混乱、精神涣散、信心缺乏，直至心理扭曲等，将不仅危及个人身心健康，甚至引发反社会行为，是影响社会和谐稳定的一个重要隐患。⑤ 就个体对环境的适应与调整而言，刘玉梅认为焦虑是主体根据自我意识对其心理冲突或内外部环境要求之间的矛盾进

---

① 参见罗跃嘉《焦虑对认知的影响及其脑机制》，《心理疾患的早期识别与干预——第三届心理健康学术年会研讨会论文集》，金华，2013年11月，第21页。
② 参见姜晓萍、郭兵兵《我国社会焦虑问题研究述评》，《行政论坛》2014年第5期。
③ 参见吴虹琼《浅析大学生郁闷心理成因与对策》，《海峡科学》2014年第10期。
④ 参见刘玉梅《道德焦虑论》，博士学位论文，中南大学，2010年。
⑤ 参见刘捷《社会焦虑心理的认知与疏导对策》，《福建论坛》（人文社会科学版）2013年第9期。

行省察和判断时所形成的担忧、不安、畏惧等复杂情绪。①

从社会焦虑的表现形式来进行界定，周志强从中国转型期社会政治、经济、文化三大领域的矛盾入手，认为当代中国的社会焦虑集中体现为地方集权主义化的民主焦虑、大型资本政治化的泡沫焦虑和意识形态空壳化的信任焦虑。②汪磊认为当代社会生活中的主要焦虑有生存性焦虑、身份焦虑、对社会秩序和道德的焦虑。如果从这个视角来看道德焦虑，则道德焦虑是社会焦虑的一种关乎思想形态的深层焦虑。③

社会焦虑的特性主要有以下几点：从社会焦虑主体而言，具有广泛性；从社会焦虑对象而言，相似性与差异性共存；从社会焦虑的传播而言，具有传染性和阶段性；从社会焦虑的影响而言，具有双面性。④从社会焦虑的变化特征来看，则有如下几个方面趋势：由个体转向群体，由单一转向多样，从表层转向深层，由隐性转向显性。⑤

对焦虑进行社会性维度的探究，比较全面地考虑到主体焦虑感形成的社会文化因素，是对个体焦虑研究的必要补充，极大拓宽了焦虑的研究范围。如果结合个体焦虑研究的主体性维度和该种客观性维度，则将呈现出较为全面的、对焦虑的研究图式。

2. 焦虑产生的原因分析

（1）个体身心焦虑的原因

从中医的视角分析焦虑症的病机特点，有如下几方面：第一，肾的精气不足是焦虑症产生的内在病理基础；第二，肝胆郁而化火是焦虑症发作的病机关键；第三，心肾不交是焦虑症的重要病理转归。⑥

用心理问卷，如日常情绪问卷、情绪调节问卷、流调中心用抑郁量表和埃森克人格问卷对焦虑成因进行的研究表明临床上焦虑症病人表现出焦

---

① 参见刘玉梅《道德焦虑论》，博士学位论文，中南大学，2010年，第16页。
② 参见周志强《中国的"青春期烦恼"》，《人民论坛》2010年第4期。
③ 参见汪磊《网络场域中的狂欢景观及其社会焦虑镜像——以标签化的"话语符号"为观察窗》，《天府新论》2013年第3期。
④ 参见汪磊《网络场域中的狂欢景观及其社会焦虑镜像——以标签化的"话语符号"为观察窗》，《天府新论》2013年第3期。
⑤ 参见刘捷《社会焦虑心理的认知与疏导对策》，《福建论坛》（人文社会科学版）2013年第9期。
⑥ 参见黄少华、傅仁杰《焦虑症的病机特点及治法探讨》，《第十次中医药防治老年病学术交流会论文集》，厦门，2012年10月，第49页。

虑、抑郁等情绪，可能与他们感受比较多的负性情绪和比较少的正性情绪有关。从调节习惯上而言，评价重视和表情宣泄会增强情绪，而评价忽视和表情抑制会减弱情绪。情绪调节方式模式表明，焦虑症组对正情绪的调节方式有比较多的忽视、比较少的重视和宣泄；对负性情绪的调节方式则有比较多的重视和宣泄。可见焦虑症病人在感受负性情绪时会比较多地沉浸在负性情绪之中，习惯反复思考，并过多地表现和宣泄这些负性情绪，如此便会增强对负情绪的感受，而较少感受到正情绪，从而导致焦虑、抑郁情绪的不断增强。该研究同时表明，情绪调节发生于情绪感受过程中，有情绪就有调节。[1]

上述对个体身心焦虑的原因分析比较客观，但有过于简单化的倾向，可能忽略别的深层原因。

（2）社会焦虑的成因

当前我国社会焦虑形成的原因大致有三点：一是社会利益分配不均；二是法律保障不足；三是社会核心价值观的迷失。第三点也是道德焦虑形成的外部因素。[2]

另有学者认为社会焦虑产生的原因在于以下五点：一是发展不平衡及分配不均，使社会心态发生深刻变化；二是制度不透明产生的社会不公现象，引发社会心态严重失衡；三是社会竞争加剧带来新的心理压力，增加了社会风险因素；四是自我意识强化而利益诉求渠道不畅，激化了社会不稳定心态；五是部分社会群体心理不健全，对社会现象认知有失公允，导致心理偏差。[3]

关于社会焦虑的成因分析较为全面地考察了焦虑形成的社会外部因素和主体对之产生的心理反应，但缺乏一条逻辑线索的贯穿，没有对焦虑的内外部成因进行明晰的辨别，也没有对两者的关系进行进一步的深入挖掘。

3. 围绕焦虑的其他研究

焦虑作为一种情绪也会影响到英语输出能力，徐岚就此问题的研究表

---

[1] 参见郭轶等《焦虑症病人的人格特质与情绪调节方式》，《第15届全国老年护理学术交流会议论文汇编》，大连，2012年8月，第663页。

[2] 参见汪磊《网络场域中的狂欢景观及其社会焦虑镜像——以标签化的"话语符号"为观察窗》，《天府新论》2013年第3期。

[3] 参见刘捷《社会焦虑心理的认知与疏导对策》，《福建论坛》（人文社会科学版）2013年第9期。

明，英语学习过程中往往伴随着一定程度的焦虑感，而焦虑可以分为正焦虑和负焦虑两种。正焦虑指能给学习者带来正面影响的情绪，而负焦虑则指令学习者放弃学习的情绪。感受到正焦虑者会在学习过程中更加敏感、更加积极地参与学习过程，而负焦虑则会令其过度焦虑及自我怀疑，因而不敢参与语言学习活动、避免使用新学的语言知识，最终会失去很多练习机会，使英语输出能力大幅降低。[①] 同样研究焦虑与外语习得能力关系的还有伍红[②]，类似的还有研究焦虑与学习效率关系的，如杨雪红[③]。

此外，有从对文学文本挖掘与分析的视角研究焦虑的，如刘敏霞[④]结合从独立战争到 19 世纪早期美国的政治和历史语境，尤其是领土扩张、经济发展、自我意识膨胀、政治身份转变和民族身份构建等重大历史背景，运用文化研究相关理论，分析《瑞普·凡·温克》聚焦于交织纠葛的多重身份问题以及独立战争后这种多重身份在转型和定型时期给民众造成的困惑和焦虑。还有从民间文艺角度挖掘焦虑的，如杨柳桦樱[⑤]认为绵竹年画发展现状反映出传统与现代的心理冲突，这种心理冲突的根源在于传统与现代的分裂，主要表现在三个方面：年画元素的分裂、受众心理的分裂和创作动机的分裂，这种分裂感引发的心理焦虑使其在东方特殊文化背景下寻求焦虑下的快感，而这种心理冲突机制正是绵竹年画发展的重要心理动力。

这些类型的研究重点并不是焦虑本身，而是在特定研究领域中把焦虑作为特殊心理和文化现象进行了特定学科背景下的阐述，是焦虑研究的外延性补充。

4. 焦虑的解除路径考察

（1）个体焦虑解除路径考察

对焦虑症患者而言，除药物治疗外，还有心理治疗放松疗法，以及生

---

① 参见徐岚《正焦虑与冒险精神：培养英语输出能力的重要因素》，《中国科技信息》2007 年第 23 期。
② 参见伍红《新生外语学习负焦虑分析及其对策》，《西南政法大学学报》2002 年第 2 期。
③ 参见杨雪红《网络远程教育学习者的学习焦虑调查问卷设计分析》，《山东广播电视大学学报》2014 年第 4 期。
④ 参见刘敏霞《转型与定型中的多重身份：困惑与焦虑——〈瑞普·凡·温克〉的文化解读》，《外国文学评论》2013 年第 4 期。
⑤ 参见杨柳桦樱《绵竹年画发展中的心理分裂与焦虑——传统与现代的心理冲突》，《四川戏剧》2013 年第 10 期。

物反馈疗法、音乐疗法、瑜伽、静气功、认知疗法等。①

因生存或生活意义丧失而导致的焦虑，是一种深刻的、不可避免的焦虑，这种焦虑被称为"存在性焦虑"。当代英国知名社会学家吉登斯（Anthony Giddens）为之提供的解决策略是本体性安全。所谓本体性安全是指"大多数人对其自我认同之连续性及对他们行动的社会与物质环境之恒常性所具有的信心"②。吉登斯认为："正常的个人在早期生活中所获得的基本信任的剂量，减弱或磨钝了他们的存在性敏感度。或者说，他们接受了一种情感疫苗，用以对抗所有人都可能感染的本体性焦虑。给他们注射疫苗的是婴儿期最初的照料者，对大多数人来说，就是母亲。"③ 在信任基础上的本体性安全也通过习惯的渗透作用而与常规密切相连。在这种和常规密切相连的过程中，个人逐渐学会预料生活中那些看起来微不足道和周而复始的东西。能对未来有所预料是安全感的根源所在，如果没有它，焦虑就会扑面而来。吉登斯认为有四种适应性反应可以用来维护在风险环境下的本体安全，一是实用主义地接受现实，二是建立在对启蒙理性坚定信仰基础上的持续乐观态度，三是犬儒式的悲观主义，四是激进地卷入，即对已经察觉到的危险之根源的实践性搏击。④ 本体性安全之所以能用来对抗焦虑是因为它与存在焦虑一起构成了最基本的张力系统。

除此之外，在一种普通的生活方式中也能够消除存在焦虑，如王丽⑤认为，可以通过参与微公益使个体看到自身微小而有价值的力量、体会到责任和履行责任的满足，进而实现本体追求的超越与统一，在虚拟网络和现实社会之间架起价值的桥梁。

（2）社会焦虑解除路径考察

解决社会焦虑的途径在于以下四点：一是转变"硬发展"方式，培育科学健康的发展心理；二是加快收入分配制度改革，孕育平和公平的分配心理；三是提高政府执政透明度，培育淡定客观的宽容心态；四是加强

---

① 参见朱秀娥《焦虑性神经症中西医治疗进展》，《河南省精神科康复护理培训班及学术研讨会论文集》，郑州，2009年6月，第124页。
② 转引自刘玉梅《道德焦虑论》，博士学位论文，中南大学，2010年，第108页。
③ 转引自刘玉梅《道德焦虑论》，博士学位论文，中南大学，2010年，第110页。
④ 转引自刘玉梅《道德焦虑论》，博士学位论文，中南大学，2010年，第113页。
⑤ 参见王丽《微公益与自媒体时代的存在焦虑》，《宁波大学学报》（教育科学报）2014年第11期。

新媒体引导和规范，形成积极向上的民众心态。①

以上对焦虑解除的路径考察综合来看较为全面地顾及了个体的知情意三方面及外在社会建构的改进，但这部分尚有巨大的学术深化空间。

（二）"道德困境"研究综述

论及主体的道德焦虑感受，往往伴随着各种复杂的道德困境，或者说，在主体对道德困境的突围中，往往伴随着道德焦虑感受。因此要研究道德焦虑的形态、成因与应对方式，有必要对道德困境的脉络进行梳理。实际上，对道德困境的学术关注度从近十五年的趋势来看，相较于研究总量而言，其关注热度明显超过了应有的研究承载量，这说明对该主题的关注有巨大学术价值。现有的研究内容大致有四个方面。

1. 道德困境的具体情境考察

（1）道德困境的情境分析

韩丹通过对腐败进行伦理学视角的研究，认为在现实生活中为腐败行为提供合理化辩护的现象广泛存在，其中两种流行的腐败辩护模式即体现出目的和手段之间的伦理和道德张力：一者为诉诸善的目的的"善意的腐败"；另一者为诉诸必要的恶的"肮脏之手"。前者体现出在"善"的目的的德性诉求中，将达到这个目的的手段的恶一并赋予善的价值（即所谓的工具善）的道德混淆，而后者则真正触及道德困境的实质。所谓"肮脏之手"的核心要义是"不可能的应该"或者"必要的恶"，该处诉诸为了整体利益而不得不牺牲某些个体利益的制度共识，其中"正当"是其考虑的首要因素，而一个行为是否为"肮脏之手"则当且仅当：其一，该行为是正当的，甚至是行为主体有义务去做的；其二，该行为存在不当之处，会让行为主体产生内疚感。从这个角度来看，在"肮脏之手"的境况之下才真正触及了作为道德行为者的主体性维度，并且为用德性伦理学作为理论依据解决该种境况下出现的道德内疚或道德焦虑提供了必要条件，进而打开了如何从"应该"到"做"的探索路径，最终在实践智慧下统合了正当和应该之间的内在张力，也一并解决了道德焦虑的

---

① 参见刘捷《社会焦虑心理的认知与疏导对策》，《福建论坛》（人文社会科学版）2013年第9期。

问题。①

杨少涵以"囚徒困境"为例，认为一般研究道德困境的摆脱策略都把重点放在道德规范上的困境和道德责任上的困境，即道德责任矛盾是道德选择在道德主体内心造成的矛盾，可以说是实质性的矛盾，无论放在哪个道德规范体系里，都不可避免一种选择困难的悲剧。从博弈论的观点来解决道德责任困境最终达到的是一种"自存—存人"的双赢结局，这在现实道德困境中有着重要的道德意义。如果说互惠的自私也是一种自私的话，那么这种自私就是一种关注别人的自私，即为双方的互爱之私。②

用案例分析的方法研究道德困境的具体情境较为清晰地展现了道德困境涉及的各个方面，便于区分真正的道德困境和"伪道德困境"，并有可能为使用新的研究方法对道德困境进行理论研究奠定基础。不足之处在于对案例分析得出的具体结论之应用范围存疑。

（2）道德困境中的主体心理探究

李良认为，决策回避是在决策过程中，尤其是在困难的决策过程中存在的，人们不愿卷入决策，避免进行选择或倾向于选择降低自身决策责任和情绪后果的决策行为偏误。例如，人们通常偏好通过维持现状、无行动、决策拖延和放弃类似此前的机会等来回避决策。决策回避是在决策过程中影响理性判断的偏误，决策回避的存在使理性判断偏离了理性原则。道德困境是任何指导性的道德准则（原理）都无法确定哪个行动方向是正确的或错误的情境。道德困境的关键特征是，决策者（代理人）在道德上被要求去做多件事，但他又不能同时做这些事，因此不管如何选择，决策者注定要承担道德失败。道德困境决策任务具有以下三个显著特点：首先，道德困境决策中广泛存在决策回避现象；其次，道德困境是一类伦理决策问题，情绪和情感在此类决策中作用突出；最后，道德困境提供的决策选项涉及多种价值观、道德准则，权衡决策选项存在困难。③

对道德困境中的主体心理进行研究尚未引起足够重视，因此显得这种视角较为新颖，深具启发性。

---

① 参见韩丹《腐败辩护中的道德困境探析》，《哲学动态》2012 年第 4 期。
② 参见杨少涵《道德困境的博弈分析》，《道德与文明》2007 年第 3 期。
③ 参见李良《道德困境中决策者的决策回避机理研究》，《伦理学研究》2014 年第 2 期。

2. 道德困境的研究维度划分

黄瑜认为道德困境涉及的根本问题是"道德认同"危机,即"道德统一性"问题。道德意识想要成就其自身统一性,绕不开自身的一系列矛盾,如个体与实体的矛盾,理性与感性的矛盾,道德与幸福的矛盾,义务和现实的矛盾等。黄瑜认为可以从三个方面来分析道德认同所遭遇的现代困境:首先是道德自我认同的内在纠葛;其次是自我认同与他人认同的紧张;最后是道德自我与伦理实体的背离。如果说传统伦理思维模式是强调自然实体性的归宿和自然情感上的认同的话,那么现代道德意识就是一种自我个体性凸显和工具理性至上并存的认同模式。这种研究维度的划分搭建了从个体到实体的整全模式,并且也充分考虑了时代变迁下人们普遍价值观念的变化,具有借鉴意义。但其中对"个体"和"实体"关系的论证是个难点,尤其对于"主体"和"个体"、"主体"和"实体"的关系问题还有待更进一步的论证。[①]

秉持类似研究思路的还有杨宏秀等,他们认为由义务信念不一致带来的心灵中的认知冲突即义务之惑导致选择两难,这种抉择痛苦严重到一定程度会造成身心的障碍,形成神经症等心理症状。杨宏秀认为造成义务之惑的原因主要有以下三点:一是外在不同义务规范要求之间的冲突,如忠孝不能两全;二是外在义务规范与自我义务之间的冲突;三是自我义务不同层次之间的冲突。要理解义务之惑产生的根源,需要同时考量"应有""实有""能有"三个层面。其中的"三有"划分是一种兼具理论深度和实践广度的划分标准,值得继续推敲。[②]

卢风提到麦金太尔(Alasdair Chalmers MacIntyre)在《道德困境》一文中列举的三类道德困境:一是一个道德上严肃的人发现自己履行一种社会角色的责任就不能履行另一种社会角色的责任;二是一个道德上严肃的人陷入不能按照一般接受的道德规范行事的难题;三是人格品质的不同理想之间的冲突和矛盾。在这三种道德困境中,当事者无论怎么选择都注定会做错事情,而且当事者会在事后感到内疚。"道德悖论"的"结构模态"有三种形式:不当选择的结构模态、两难选择的结构模态和无意选

[①] 参见黄瑜《"道德认同"的现代困境及其应对》,《河海大学学报》(哲学社会科学版) 2014年第9期。

[②] 参见杨宏秀、王克喜《义务之惑的思想分析》,《南京社会科学》2014年第9期。

择的结构模态。其中两难选择的结构模态就相当于道德困境。两难选择结构模态不是主体选择某种道德标准和行为方式所致，而是主体面对难以选择道德标准和行为方式的"困境"所致，其悖论情境特别明显。它属于临境自知的两难选择，给主体的感觉是"不知所措"。这种研究维度为区分道德困境的研究域提出了一个可资评判的标准，可以参考用以区分真正的道德困境和非道德困境，重点围绕人的主体性感受与外在伦理规范的固有冲突。①

曹刚认为：依据道德困境产生的原因，可以把道德难题区分为三类，即相关事实不清导致的事实性难题，道德规范缺失和冲突导致的规范性难题，以及道德规范和道德推理的有效性难以确证导致的元伦理难题。其中，规范性难题是应用伦理学研究和实践中碰到的最普遍的道德难题，主要表现为三类：规范缺失性难题、规范冲突性难题和角色冲突性难题。尤其规范缺失性难题和对抗性的规范冲突性难题，是应用伦理学关注的重点。这种观点和麦金太尔的观点有异曲同工之妙，相当于划定了研究道德困境的边界。②

3. 道德困境的浅层原因及其自相矛盾的深层溯源

（1）道德困境的浅层原因

柯羽指出大学生就业难的道德困境之表现及原因有如下几个方面：大学生急功近利与企业可持续发展的战略目标的矛盾；大学生贪图安逸与企业要求吃苦耐劳的矛盾；大学生诚信缺失与企业要求诚实守信的矛盾；大学生散漫任性与企业要求自律协作的矛盾；大学生事业心和责任感缺失与企业要求敬业爱岗的矛盾。这种类型的原因分析虽结合具体研究情境展开，但学理深度略显单薄。③

（2）道德困境的根本溯源

黄瑜认为在现代人的道德生活中，道德他律取代了伦理自觉，底线道德替代了高尚节操，义务总是向现实低头，道德也总是沦为利益的牺牲品。尽管底线道德或者法律可以在某种程度上约束人们的行为，使公共生活变得有序安定，却无法真正化解人们内心的道德焦虑，人们在面对道德

---

① 参见卢风《道德选择、道德困境与"道德悖论"》，《哲学动态》2009年第9期。
② 参见曹刚《道德困境中的规范性难题》，《道德与文明》2008年第4期。
③ 参见柯羽《当代大学生就业难的道德困境与破解策略》，《教育探索》2010年第9期。

问题及对其进行判断和选择时仍然感觉无所适从,这种"无所适从"可以说是整个社会道德状况的极度体现:人云亦云、舆论随意、媒体无序,等等,本应"发而皆中节"的喜怒哀乐却变得随意任性或毫无章法,本应率"天命之性"而为的精神却沦为任凭情欲的嬉笑怒骂或尽情追逐。这里指出的恰是主体性丧失带来的"空心化"趋向。[1]

张立文认为人类产生迷惑和冲突,主要有四个方面的原因,即:有限与无限的主体能力与愿望的冲突;生与死的此岸世界与彼岸世界的冲突;命与运的必然性与偶然性的冲突;科学与宗教的实验理性与超验理性的冲突。最终人们在这些冲突面前便有了宗教信仰的内心需要。[2]

成伯清认为当代道德困境的根源来源于"泛道德化"和"去道德化"。所谓"泛道德化"即把本质上不属于道德生活领域的范畴纳入道德判断的范畴之中,而且借由评判一切的道德本身,也容易流于空疏无当。而"去道德化"则是由于社会分工的精细化和复杂化,一个人的行为意图和实际后果之间存在着很大距离,再加上大量代理人的出现,涌现出大量没有人承担责任的行为。这两种趋势分别来自传统的惯性和现代的冲击。[3]

张宜海认为,当前,我国公民道德建设过程中偏于重视道德作为"知"的方面,而一定程度上缺乏由"知"转化为"行"的培养,再加上道德规范的可接受性问题,道德环境的有待改善,德福不统一等问题的影响,导致道德之知与德性之行的背离。[4]

道德困境的产生也可能源自人们内心所奉守的价值观的断裂:人们携带传统文化进入现代社会,一脚陷在传统中,另一脚却未在现代文化里找到立足之地,于是"便有了一种被硬性抛入另一种文化的漂泊无居的文化移民感和文化错位感。不同性质的文化体系交织斗争和相互作用,人们对各种价值标准不免似是而非、无所适从,就会造成心理结构失调和心理调节失衡现象的发生"[5]。

---

[1] 参见黄瑜《"道德认同"的现代困境及其应对》,《河海大学学报》(哲学社会科学版) 2014 年第 9 期。
[2] 参见张立文《恐惧与价值——论宗教缘起与价值信仰》,《探索与争鸣》2014 年第 8 期。
[3] 参见成伯清《我们时代的道德焦虑》,《探索与争鸣》2008 年第 11 期。
[4] 参见张宜海《公民德性研究》,博士学位论文,郑州大学,2010 年。
[5] 参见张宜海《公民德性研究》,博士学位论文,郑州大学,2010 年。

李彬认为，道德困境是道德价值的不稳定状态：既有新与旧的交替，也有先进与落后的斗争；既有善与恶的难分，也有是与非的不明；既有社会价值导向与社会生活各方面运行规则的冲突，也有不同社会生活领域间价值取向的矛盾；既有社会价值体系整体的混乱，也有个体价值观的迷惑。从道德困境的产生和存在的规律看，道德困境是道德发展的一种常规，道德困境的存在既是对道德信仰的期待，也是对制度伦理建构的吁求，同时内含着道德自身完善的动力。①

王珏认为，由于科学技术的发展及社会分工的加剧，现代社会的高速发展使行动者和行动结果之间、行动者和行动目标之间、行为方和承受方之间具有一定的距离。而现代性伦理危机体正表现为道德自我的裂化、道德责任的漂移、道德作用机制的丧失及伦理努力方向的失却。②

黄瑾宏认为，现代性道德与现代性自我相伴而生，现代性自我既是道德与现代性分离的根源，也是走出现代道德困境的关键。现代性自我生成的历史维度敞开了现代道德困境的深层根源及其现象学展现。面对道德困境，现代、后现代道德哲学即社群主义提出了各自的方案，为我们提供了基本的思路：从现代道德困境的"自我"根源出发，辩证地处理自我与他者、个体与社会的关系及情与理、工具理性与价值理性的关系，是超越困境的关键所在。③

刘洋认为，德性和德行的一致性是指高德性与高德行的统一或低德性与低德行的统一，这是德性外化的正常结果。但有时德性与德行也会出现不和谐的表现，如高德性却输出低德行或低德性与高德行的偶然一致。高德性输出低德行往往是因为缺乏社会伦理秩序和氛围，低德性与高德行的偶然一致则主要是指具有向恶之心的人在特定情境下也会表现出高尚。德性与德行不一致的情况可以看作德性外化的一种不成功现象，应加以克服，使德性和德行在实践中得到统一，并朝着善的方向发展。要达到这个目标，一方面需要主体的道德行为有社会伦理氛围的支撑，另一方面主体须有强烈的有效的心理体认，而且其德行代价能够得到有效补偿。④

---

① 参见李彬《如何认识道德生活的困境》，《湖南大学学报》（社会科学版）2011 年第 7 期。
② 参见王珏《现代社会的"道德迷宫"及其伦理出路》，《学海》2008 年第 6 期。
③ 参见黄瑾宏《论现代性自我的道德困境及其超越》，《晋阳学刊》2011 年第 4 期。
④ 参见刘洋《现代性时域下的道德困境探究——从"耶路撒冷的艾希曼"谈起》，《东北大学学报》（社会科学版）2014 年第 3 期。

当前对道德困境的根源之阐发可谓智者见智，仁者见仁，亟须用一定的逻辑线索对之进一步梳理和贯穿，总体来说，这些分析可以归结为道德知行不一、道德认知冲突或淡化、伦理失范、人的工具理性和价值理性冲突等。

4. 道德困境的解决之道

基于对道德困境的不同理解，学界亦有不同视角的对解决路径的探索。

（1）诉诸主体自觉与价值内化的解决之道

张立文认为儒教是对礼崩乐坏威胁的恐惧，化解之途在于慎独，这是一种人文型精神化的宗教；佛教是对人生种种痛苦威胁的恐惧，解脱之道是彰显人人本具的佛性或通过往生阿弥陀佛净土而最终实现；基督教以人的原罪为基调，有一种对上帝惩罚的恐惧，化解之道在回归天国；道教有对人生短命、死亡、污骨威胁的恐惧，解脱之道在成仙。各宗教所敬畏信仰的，皆为一种价值理念。张立文认为当前人类面临的是对于自然、社会、人际、心灵、文明危机灾难威胁的恐惧，而和合学的和生、和处、和立、和达、和爱五大原则为其提供了化解方式，从而通达天人共和乐的价值理想的和合世界。[①]

成伯清认为虽然现代社会在工具理性的强力之下可能将人当作工具，但这并不意味着应完全返回传统的道德言说当中，而是应该取其中而用之，既要把人当作目的，又要在现代文明开创的人的自由中去实现传统道德的理想追求。[②]

诉诸主体自觉与价值内化的解决之道偏重于对主体道德特性的阐发，应注意与伦理路径相互配合，内外兼通。

（2）寻求外部约束的解决之道

关于解决道德困境的外部路径，梁文辉认为如果说道德困境的解决依赖道德良心，那么这种"软调节"由于不具备强制性而本身就有问题，对应来说，道德困境的解决途径之一便是使道德制度化。[③] 但这种观点没有进行道德和伦理两个维度的区分，并且忽略了良心的道德主体特性，过

---

① 参见张立文《恐惧与价值——论宗教缘起与价值信仰》，《探索与争鸣》2014年第8期。
② 参见成伯清《我们时代的道德焦虑》，《探索与争鸣》2008年第11期。
③ 参见梁文辉《当代社会道德困境探究——一场现代的义利之争》，《党史文苑》2006年第9期。

于强调对道德进行外部刚性考量而忽略了主体自主的道德特质。

(3) 内外兼摄的解决之道

柯羽指出破解大学生就业难的道德困境的策略在于社会应营造良好的道德文化氛围，健全道德评价和监督机制，学校应加强大学生思想道德教育，科学制定道德评价体系，家庭应充分发挥在大学生道德教育中的辅助作用，用人单位应完善聘用制度，建立就业考核的道德素质标准化机制，而大学生自身则应注重修身立德，提升就业竞争力。这种视角的研究紧密贴合实际生活，以特殊人群和实际问题为研究的出发点，侧重描述道德困境的现象并提出具体解决之道，但缺乏学理深度，对道德困境的深层发生机制缺乏解释力。①

管爱华也认为应从内外两方面解决道德困境，重建道德价值认同、走出道德困境要从两方面着手：一是强制性地划清个体情感、意义价值与社会规范价值的边界，建立规范价值的权威性和有效性，形成社会规范性价值共识，为个体生活提供公正的社会秩序；二是个体保持清醒的价值理性，依靠文化自觉，为自我生活价值和生命意义提供精神支撑。②

刘静认为，面对现代性道德困境，现代正义自由理论主张正当先于德性；而德性伦理学则主张德性先于正当，倡导返回亚里士多德（Aristotle），但实践证明二者均未能很好地解决现代性道德困境。一种可能的思路或许在于走近康德（Immanuel Kant），倡导正当与德性的现代融合，即公共友爱德性论。③

(4) 回归传统和立足当下

张宜海认为，价值观是文化的核心，道德价值观是价值观的核心。中国历史上，曾经多次出现新旧价值观的转换，即价值观的破与立。近代以来，中国传统价值观一直面临着持续的挑战和冲击，新文化运动中，传统价值观既没有完成理性的破，也没有实现创造性的立，我国提出社会主义核心价值体系建设是否能在公民生活层面弥合新旧价值体系转化中道德价

---

① 参见柯羽《当代大学生就业难的道德困境与破解策略》，《教育探索》2010年第8期。
② 参见管爱华《社会转型期的道德价值冲突及其认同危机》，《河海大学学报》（哲学社会科学版）2014年第9期。
③ 参见刘静《现代性道德困境及其解决——一种可能的康德伦理学路径》，《道德与文明》2012年第3期。

值观的分裂,仍然是一个有待实践检验的问题。① 面对现代性道德困境这一问题,采取回归传统态度的有刘峰,提出走出道德困境的若干可能性尝试,如用传统叙事的方式研究道德哲学,重建目的论,建构各种形式的道德共同体,并主张中国当代伦理学发展应借鉴麦金太尔将伦理学思考与现实生活相结合的思路。②

(三)"道德焦虑"研究综述

道德焦虑的学术关注度一直非常微弱,检索迄今为止的所有研究成果,仅见一篇博士学位论文。虽研究数量少,但仍可视为一个十分新颖的研究领域,存在巨大的研究空间。

1. 道德焦虑界定

有学者认为道德焦虑是社会道德滑坡的心理表现之一,还有学者认为道德焦虑是人类现代文明的重要表现,具有净化和升华原始本能的作用,其本质是一种道德情感。③ 类似的观点认为,当前弥漫的道德焦虑感不仅体现了人们对慈善失序、公益沦落的反思与警醒,而且彰显出道德主体强烈的主体意识与责任意识,以及对重新整饬人心秩序、驱动公共生活回归"善性"的强烈要求。④ 因此可见道德焦虑在价值维度上体现出的双重特性,即正价值和负价值。虽然道德焦虑本质上是一种精神困扰,但却代表着人类作为道德主体渴望过一种"向善"生活的强烈情感,其自身包含着深刻的伦理本性。⑤ 可见,道德焦虑与心理学意义上作为消极情绪的焦虑有着根本不同。

弗洛伊德是研究道德焦虑的第一人,他对道德焦虑的界定是以其人格结构理论为根基的,他将严厉的超我和受制于其下的自我之间的紧张关系称为道德焦虑,当个体的思维、感觉或行为违反了自己最初的价值或道德标准时,超我便制造出内疚、羞愧及自卑等情绪的总和。弗洛伊德也认为道德焦虑具有正面价值,良心是超我的一项重要功能。他认为文明是用道

---

① 参见张宜海《公民德性研究》,博士学位论文,郑州大学,2010年。
② 参见刘峰《走出现代道德困境的尝试——兼论麦金太尔对现代西方道德哲学的批评》,《天中学刊》2010年第8期。
③ 参见徐建军、刘玉梅《道德焦虑:一种不可或缺的道德情感》,《道德与文明》2009年第2期。
④ 参见曾盛聪《伦理失灵、道德焦虑与慈善公信力重建》,《哲学动态》2013年第10期。
⑤ 参见郭卫华《"道德焦虑"的现代性反思》,《道德与文明》2012年第2期。

德焦虑来抑制和对抗自己的进攻性而使其无害的，如通过道德焦虑的作用，人们把进攻性指向了自我，从而避免了文明的崩溃。①

认为道德焦虑具有正面道德价值的还有李建华等，他们认为道德焦虑产生道德耻感，道德耻感能有效催生人之道德良知，道德良知能唤醒人对非道德行为的追悔，进而产生对传统道德文化现代践行的内驱力，敦促传统道德文化的现代践行。相比于榜样示范从正面催生道德文化的现代践行，道德耻感则是从反面催生道德文化的现代践行。②

从外部视角考量道德焦虑，则道德焦虑是对伦理失序的反思，在一定程度上，道德焦虑反过来成为社会从"无序"走向"有序"的情感根源和精神动力。③

刘玉梅总结到，道德焦虑是主体根据良心对变化剧烈的外部道德环境或其自身不圆满的道德现状进行省察和判断时所形成的担忧、不安、畏惧等复杂情绪。她对道德焦虑的类型进行区分——人生意义焦虑、道德认知焦虑、道德认同焦虑、道德选择焦虑、道德责任焦虑及道德评价焦虑，深具洞见，然划分标准似乎未凸显出其内在逻辑贯穿的根据，且每一部分的阐释与展开略显不足。④

以上对道德焦虑的阐述，集中突出了对其正面价值的认肯，作为焦虑的特殊形态，虽然道德焦虑仍然还是主体内部的负性情绪体验，但由于"道德"的灌注而产生了独特意义。关于该点值得继续进行理论深化。

2. 关于道德焦虑的其他研究

除了对"道德焦虑"的深层学理挖掘，还有将"道德焦虑"作为特定的研究对象，跨越伦理学科边界的其他研究，或采用社会学研究方法对其进行的质性研究。

（1）特定人群研究

用实证研究的方法具体分析特定人群面临的道德困境及其应对策略的有李茵等对高校学生日常德性的研究，其研究结果表明个人日常道德困境多数不同于假设性的公正取向的道德困境，人们对各类个人日常道德困境

---

① 参见刘玉梅《道德焦虑论》，博士学位论文，中南大学，2010年，第100页。
② 参见李建华、肖彦《试论道德焦虑催生优秀传统道德文化践行何以可能》，《湖南大学学报》（社会科学版）2013年第11期。
③ 参见郭卫华《"道德焦虑"的现代性反思》，《道德与文明》2012年第2期。
④ 参见刘玉梅《道德焦虑论》，博士学位论文，中南大学，2010年。

的解读和阐释存在个体差异，且在真实的道德选择和决定中，会有更多利己和实用的考虑。此外，人们对道德行为的判断多倚重对行为后果（特别是伤害性后果）的考虑。[①] 对特定人群进行道德焦虑研究的还有胡传明[②]等。

（2）特定议题研究

有就当代特定文化现象来分析道德焦虑的，如陈恩黎认为，郑渊洁童话从多个层面呈现了其作为大众文化产品内在的矛盾性：理性的启蒙与本能的叛逆、反社会的狂欢与社会化的道德焦虑、古老的图腾与现代科学幻想的差异。其畅销让我们看到了一个貌似急遽变化的时代其文化深层依旧处于某种凝滞状态的现实。[③]

从电影学研究道德焦虑的有曾泓，他把"道德焦虑电影"作为一种特殊的电影浪潮进行研究[④]，而杨光生透过对电影《搜索》的分析，认为当前中国社会公众普遍出现道德焦虑问题的原因有如下几方面，一是传统思维模式的影响，二是社会转型期的适应不良，三是经济理性的主导，四是价值单一化趋势，五是道德调控措施的失效，六是人性的弱点，七是弱势群体的自我安慰，八是德育教育效果不佳。[⑤] 从电影学角度分析道德焦虑的还有司达的《无产阶级的道德焦虑——皮埃尔 & 吕克·达登内兄弟的电影立场》[⑥] 等。

3. 道德焦虑成因

对道德焦虑成因的研究有多种视角，譬如心理学视角、现代性视角、传播学视角等。

（1）心理学的阐释视角

刘玉梅从发展心理学和行为主义的视角对道德焦虑的成因作了说明：

---

① 参见李茵、徐文艳《高校学生道德困境研究：日常德性的视角》，《心理发展与教育》2009 年第 3 期。

② 参见胡传明、陈施施《后物欲时代大学生道德困境解析与路径选择》，《南昌大学学报》（人文社会科学版）2010 年第 9 期。

③ 参见陈恩黎《僭越后的道德焦虑与机器图腾——郑渊洁畅销童话文化批评》，《贵州社会科学》2011 年第 6 期。

④ 参见曾泓《在政治与艺术之间——波兰"道德焦虑电影"探析》，《当代电影》2014 年第 11 期。

⑤ 参见杨光生《透过〈搜索〉看当前中国社会的道德焦虑》，《电影文学》2013 年第 23 期。

⑥ 参见司达《无产阶级的道德焦虑——皮埃尔 & 吕克·达登内兄弟的电影立场》，《云南艺术学院学报》2014 年第 3 期。

儿童最初并不知道自己行为的道德性质如何，也不会用良心来指导自己的行为。当他做出有悖于社会道德要求的事情时，就会面临长者或同伴所施与的各种惩罚，在惩罚中他经历了厌恶的情绪反应。随着惩罚与厌恶性情绪反应的关联次数增加，儿童会逐渐形成社会普遍认定的不良行为和惩罚、恐惧及焦虑的联结，这就是良心的形成过程。在良心被唤醒的过程中，就伴随着焦虑。良心是以焦虑为统治手段且以焦虑为内容的。① 从认知主义的观点进行阐发，则道德焦虑来源于道德认知失调，即个体在道德情景下，当其原有道德观点与新道德观点产生矛盾时将会体验到不舒适的负性情绪，具有暂时性、隐秘性、情境性等特点。道德认知失调的类别主要分为两类：一是非核心道德观点的失调；二是核心道德观点的失调。道德观点失调主要表现为以下四对：群己观点失调、义利观点失调、理欲观点失调，以及和谐心理与竞争意识失调。②

刘玉梅敏锐地捕捉到良心在道德焦虑产生中的基础性地位，结合相关心理学理论对其作出的阐释很有说服力，但对道德观点失调的类型划分欠缺严密的逻辑推导，可以进一步思考。

（2）现代性的阐释视角

道德焦虑产生的根源，从现代性角度进行分析，郭卫华认为有如下几点：第一，"情"的伦理功能的退隐导致人类与本真道德情感失联，又导致理性道德认知内部的种种矛盾，遂而难以在道德困境中突围，最终引向深刻的"荒谬"与"虚无"；第二，个体至善与社会至善的悖论，即社会生活秩序与个体生命秩序之间的矛盾和冲突，这里涉及"伦理世界"和"道德世界"的分判及其各自的建构标准，对应于诸如"道德的人，不道德的社会"这种现实悖论；第三，"意义"的失落，"上帝之死"和中国文化中"天"的世俗化表明，人的生存意义和生命意义都只能被世俗化。这三个方面分别是道德焦虑产生的人性根源、社会根源和内在精神根源。③

具体来说，萨特在《存在与虚无》中将焦虑作为其自由观的逻辑延伸和具体展开，在他那里，自由是主体价值的基础，选择是价值的唯一来

---

① 参见刘玉梅《道德焦虑论》，博士学位论文，中南大学，2010年，第36页。
② 参见刘玉梅《道德焦虑论》，博士学位论文，中南大学，2010年，第74页。
③ 参见郭卫华《"道德焦虑"的现代性反思》，《道德与文明》2012年第2期。

源，责任是选择的逻辑后果，责任就是焦虑的根源。① 克尔凯郭尔在《恐惧的概念》中认为，人一旦形成自我意识，就会有独立的倾向和选择自己生活的意愿，焦虑也就随之产生。焦虑是自由的眩晕，人意识到自己的自由，他在各种善恶面前必须作出选择，但又摆脱不了内在的邪恶，由此产生焦虑。上述各种焦虑由于都建立在价值维度上，因而属于道德焦虑的范畴。② 类似的观点还有帕斯卡尔（Blaise Pascal）。③

当代加拿大哲学家查尔斯·泰勒（Charles Taylor）在《现代性的三个隐忧》中指出，现代人的道德焦虑主要有三个方面，即个人主义、工具主义理性的主导性和温和专制主义。④

当代法国后现代思潮理论家利奥塔（Jean-Francois Lyotard）在《后现代主义》中指出，后现代主义的焦虑指向科学、理性和主体性。⑤

安东尼·吉登斯在《现代性的后果》中指出不同社会人们的焦虑是不同的，在前现代社会中焦虑指向自然、自然暴力及失去宗教的恩魅或受到邪术、巫术的影响。现代社会中的焦虑指向战争工业化的人类暴力威胁、个人无意义及现代性反思的威胁。⑥

弗洛姆在《逃避自由》中认为，良心带有浓重的敌视自我的色彩。良心是奴隶的监工，是人作茧自缚的产物。它驱使人按照自认为是自己的愿望和目标行事，而实际上他们却是外界社会要求的内在化。它残忍无情地驱赶着人，禁止他们享受欢乐和幸福，把他的整个生命变成某种神秘的罪孽赎罪。⑦

现代性及后现代性思潮对"焦虑"关注甚多，但关键的问题，刘玉梅没有厘清，即"焦虑"与"道德焦虑"的区别与联系何在，对这个问题的回答将成为本书的一个重点与难点而被提出。

（3）传播学阐释视角

郁乐认为道德事件相关信息的筛选、传递、接受与解读过程等诸多环节，存在着一系列负面倾向与消极暗示的认识论效应与道德心理机制，潜

---

① 参见刘玉梅《道德焦虑论》，博士学位论文，中南大学，2010年，第26页。
② 参见刘玉梅《道德焦虑论》，博士学位论文，中南大学，2010年，第13页。
③ 参见刘玉梅《道德焦虑论》，博士学位论文，中南大学，2010年，第28页。
④ 参见刘玉梅《道德焦虑论》，博士学位论文，中南大学，2010年，第22页。
⑤ 参见刘玉梅《道德焦虑论》，博士学位论文，中南大学，2010年，第29页。
⑥ 参见刘玉梅《道德焦虑论》，博士学位论文，中南大学，2010年，第119页。
⑦ 参见刘玉梅《道德焦虑论》，博士学位论文，中南大学，2010年，第102页。

在地强化了道德焦虑,进而推动了道德滑坡论。具体说来包括三个方面内涵:一是人们借助于信息技术与现代媒体提供的"望远镜"与"显微镜",前所未有地正视了社会道德生活的客观事实,感受到需要深刻反思与理性面对的震惊与焦虑,但却可能简单化与情绪化;二是媒体为了迎合人们对危险(负面)信息的感知偏好,会较多地传播(或者略微夸张地传播)甚至(少数媒体)编造虚假负面信息,而且受众也会在这一心理机制的支配下,将较多的注意力分配给负面信息;三是"是古非今""泛道德化"等心理现象的存在令人们更多地聚焦在负面信息上,且对相关事件中个体动机的解读与评价存在一个"诺布效应"即副作用的道德效价影响行为意图的判断。①

当代新行为主义代表人特班杜拉(Albert Bandura)认为,受众对社会生活的恐怖、危险程度的认知与电视节目中暴力恐怖事件所占的分量成正比,且与现实的暴力频率存在巨大偏差;经常接触恐怖画面的受众不仅会降低人际信任度,还会过高估计遭遇无理暴力袭击的可能性。尽管在公共场所突遭陌生袭击的创伤事件并不多见,但电视暴力很容易诱发观众对这种潜在事件的恐惧。暴力受害的不可预测性、后果的严重性及对暴力事件的无助感,通常使偶尔、零星的犯罪报道便足以引起普遍的公共恐惧。② 类似地,从传播学角度研究道德焦虑的还有王殿英[③]等。

晏辉从道德教化主体的角度切入理解"道德焦虑",有较为创新的见解,他认为,道德叙事主体职业化、专业化导致道德叙事变成一项专门的工作。在中国的传统社会,道德教化基本上靠民众或民间的力量完成,国家或政府所起的作用甚微,而在一个市场化社会,随着家庭、家族、祠堂、村社等民间力量的式微,道德教化的任务也将社会化、组织化,甚至政治化。于是道德叙事主体也越来越离开私人生活世界而转向公共生活或政治生活世界,一种职业化的道德叙事队伍便逐渐被建立起来。随着该种职业化道德叙事的普及与经常化,叙事方式也越来越模式化和类型化,以至于道德叙事与道德宣传浑然一体。宣传式道德叙事的一个重要问题便是叙事方式和叙事内容的平面化、一律化,叙事语言越来越大众化,看上

---

① 参见郁乐《道德感知与评价中的信息嬗变和道德焦虑》,《华中科技大学学报》(社会科学版)2014 年第 28 期。
② 参见张东平《论犯罪新闻传播的伦理向度》,《学术交流》2014 年第 10 期。
③ 参见王殿英《社会道德恐慌中的媒介角色研究》,《新闻与传播研究》2014 年第 5 期。

去、听上去像是对所有人,实际上每个人都觉得是在针对他人而不是针对自己。由于这种宣传式的叙事与个体道德感受有距离感、隔阂感,不容易打动人、感动人、震撼人,因而不容易入心、入脑。叙事者无论怎样迫切、焦虑,均不能从根本上改变道德宣传的低效率事实。并且,宣传者通常是一些常人,在品德修为上并无高尚之处。[①]

4. 道德焦虑缓解路径

现有文献中对道德焦虑缓解路径的考察可从主体性维度(道德视角)、客体性维度(伦理视角)和主客体综合维度(道德与伦理和合的视角)分别梳理与分析。

(1) 道德提升的缓解路径

刘玉梅的《道德焦虑论》是目前国内唯一一篇专门研究道德焦虑的博士学位论文,这篇论文分析了道德焦虑产生的外部原因和内部原因,并从存在主义哲学、精神分析心理学、现代性及伦理学中挖掘了大量缓解道德焦虑的对策,这些对策概括而言包括发现意义、培育信任、培养宽容的良心及整合道德人格等。[②]

从发展心理学视角探讨对道德焦虑解除路径的有贾森·K.斯威迪恩(Jason K. Swedence),他认为对社会生活中处理道德两难问题时的感受和行为选择,会极大地影响人的道德观念。否定性自我评价会导致道德上的负重感和罪疚感,而早期儿童积极的道德情感体验,以及受到正面评价时产生的愉悦感,会正面引导一个人产生向善的积极性,进而培养道德幸福感,使其乐意选择道德行为。[③]

(2) 伦理规范的缓解路径

周辉等认为当前人们道德焦虑产生的根源在于法制监管和社会公德的缺失,以及学校德育的错位和人的异化。要缓解现代人的道德焦虑,必须实现社会、学校、家庭和道德主体的多方联动,健全法律制度,弘扬社会公德,加强舆论导向,完善学校德育,传承家庭美德,提高自身修养。[④]

孟庆湖认为对治道德焦虑的方法有如下几方面:一是重视人文教育,

---

① 参见晏辉《论道德叙事》,《哲学动态》2013年第3期。
② 参见刘玉梅《道德焦虑论》,博士学位论文,中南大学,2010年。
③ 参见[美]贾森·K.斯威迪恩《改善对道德两难困境的感受》,韩传信译,《中国德育》2007年第10期。
④ 参见周辉、卢黎歌《道德焦虑现象的成因与对策》,《广西社会科学》2012年第5期。

重塑"耻感文化",提升全社会的道德自觉和道德自信;二是健全和强化道德他律机制,激浊扬清,扬善抑恶;三是完善干部选拔任用监督机制,强化官员职业道德教育之外促使官员作好道德表率;四是健全社会保障体系,推进民主与法治,保障好公民的基本权利。[①]

(3) 道德—伦理的综合路径

关于道德焦虑消解的路径,郭卫华认为有如下几方面:一是"情"的伦理功能的恢复,因为"情"是把消极道德焦虑转化为积极道德情感的重要心理机制;二是伦理秩序的重建,从而最终在确立个体和整体的合理关系中形成伦理实体;三是重拾"意义",使个体生命获得超越世俗世界的神圣性和无限性,从而摆脱在对物的依赖性中产生的分离焦虑。[②]

(四) 研究中存在的问题及其启发

以上从"焦虑""道德困境"与"道德焦虑"入手,以其各自的学理内涵、成因与解决路径等方面,基于一定的研究基础进行梳理与分析,围绕"道德焦虑"这一研究议题得到了深具启发性的研究思路。但现有研究亦存在一些可能的不足。

1. 对"道德焦虑"作为一个研究专名的合法性未加追问

基于研究综述,发现围绕"道德焦虑"的研究内容虽然十分丰富,然而缺乏对概念本身的、相对统一的界定,且对"道德焦虑"成立的合法性未加追问,也因此,在何种意义上理解"道德"的含义也未加澄清(只是约定俗成地形成对"道德"的一般理解,而未经深入反思)。在此基础上,道德与焦虑之间的关系如何也未加清晰地厘定:焦虑作为道德的特殊形态(强调道德的主体性体验),抑或道德是焦虑体验中的特殊价值坐标(强调焦虑的价值性维度?另外,焦虑体验在价值坐标中究竟偏向于道德认知的理解还是道德情感的理解?)研究基点的确定关系到研究基本思路、基本研究方法和基本框架(任何理论研究的基石,都离不开以"假设—演绎法"奠定的第一性原理之假设,且对关键概念的理解,也关系到研究走向的封闭性或开放性)。如果"道德焦虑"的合法性成立,那

[①] 参见孟庆湖《社会转型期公众道德焦虑问题分析与对策》,《河南社会科学》2012年第11期。

[②] 参见郭卫华《"道德焦虑"的现代性反思》,《道德与文明》2012年第2期。

么它具备怎样的特征、内在机制，以及自身发展逻辑及其规律？这些内容虽然在已有研究中均有涉及，然而当将它们置于一定的研究框架下审视时，会发现一种散乱的现象，尚未形成一定研究范式，因此是否需要从搭建"道德焦虑"的理论架构入手？如果是这样，问题将回到对"道德"本身的内涵之追问上来。

2. "道德焦虑"与"存在焦虑"混用

根据现有研究素材而言，对焦虑的哲学研究多集中于存在主义思潮之中（与现象学有天然联系），但焦虑多被视为"存在焦虑"，而在唯一一篇与"道德焦虑"相关的博士学位论文中，发现对"道德焦虑"的使用大多未与"存在焦虑"作明晰的厘清，遂而"道德焦虑"与"存在焦虑"混用。两者间的关系究竟如何，这一点需要对"道德"与"存在"的关系问题作元伦理学意义上的考察。

3. 对焦虑的道德理路研究和伦理理路研究未加区分

已有研究多采用道德理路或伦理理路，对于综合考察两种理路并对焦虑作一种整全视角的研究之思路尚没有充分考察。一般而言，道德研究和伦理研究的区别在于，道德研究偏向于主体性、个体性，而伦理研究偏向于客观性、普遍性，在此意义上，确实存在对焦虑的不同界定和理解（诸如个体体验中的焦虑抑或作为社会心态而存在的社会性焦虑）。道德焦虑和伦理焦虑之间的关系是什么？是否能找到一个整全的框架将两种视角统合为一，成为一个整全的框架中的两条线索，这个问题值得深思。

4. 对道德困境的外在性维度与内在性维度区分不足

对道德困境的研究存在外在性维度与内在性维度之分，前者偏向于在一定的道德困境情境中理解道德主体的体验式反应，考察道德主体的内在心理机制，并可能通过实验、观察等方法控制并考察影响道德主体心理变化与行为变化的诸种因素。后者则偏向于考察主体自身内部所遭受的道德困境，譬如道德主体内部人格各层面冲突所造成的道德心理困境，它可能并不主要由外在因素驱动或制约，而只关乎道德主体自身的心智模式。两种类型的道德困境指向对焦虑体验的不同理解，或许可以依此而划分出焦虑的两种基本形态——客观形态焦虑与主观形态焦虑，对此问题需要继续探讨。

5. 缺乏中国哲学的研究视角

大部分研究素材均来自西方心理学、西方哲学等领域，但未充分看到借鉴中国哲学的研究思路与研究素材对道德焦虑进行考察的尝试。道德焦虑在中国哲学中有丰富的理论支撑，譬如对"耻感""良心"等核心概念的考察，以及从一种文化诠释的角度而言，对"道"与"德"的分别诠释——此处给我们带来的思路是，当对"道德"的理解举棋不定时，恰好可以借用文化诠释学的方法，在充分汲取中国哲学养料的基础上，由对"道"与"德"分别的理解切入，重新审视"道德"的内涵，扩展对道德的理解，或许可将"道德"理解为"道—德"，更好地厘清两者各自的内涵及其内在关联，在此基础上，形成"道—德"研究的整全框架，再将焦虑置于其中，作为"道—德"各衍化环节的诸种特殊形态（甚至是必要形态）进行研究。

6. 没有形成对"道德焦虑"的整全研究框架

在对"道—德"的研究中，已然开辟出一种研究"道德焦虑"的全新思路，即在"道—德"视域下考察焦虑的诸种形态，那么此处存在的问题将转化为，以怎样一种研究方法来支撑"道—德"自身的逻辑演绎呢？回答这个问题，相当于为"道—德"之成立及焦虑在其中的诸种形态之划分奠定一个基本的切入视角（即对贯穿其中的方法论之揭示与研究立场的确定）。由于"道—德"开出了先天与后天两个维度（道为先天，德为后天，亦即，"道"指明意识未成为一个有确定边界的主体意识前的本然存在状态，"德"则表明已然形成主体意识后的，有了内外、人我之别的存在状态），因此欲对"道—德"的内涵有较为客观而深入的理解，必须采用现象学的方法，在此基础上，形成对"道—德"现象学的基本理解，才有可能澄清以"道—德"作为整全生命蓝图的、焦虑的诸种形态及其表现与意义。

三　主要研究内容和研究方法

（一）主要研究内容

1. 基础理论研究

基础理论研究部分，本书将先就所要采用的主要研究方法——现象学方法进行学理爬梳，在充分领会其中精神及其内在发展规律的基础上，吸取其中有益于本书研究的内容或思路搭建"道—德"现象学的基础理论框架，扩展"道德"的内涵，并在此基础上阐明生命发展的主要环节——"一域三界",即以"道—德"内部衍化的整个过程作为基础领域(从先天之"道"到后天之"德"的跌落与衍进),以象征界、自为界、现实界之展开作为后天生命所要历经的三个主要阶段(后天之"德"的生命展现方式),将焦虑置于其中,作为每个发展环节的特殊过渡形态。

2. 机制研究

基于"道—德"现象学,详细阐明"一域三界"各自的形态特征、相互间粘连与过渡的逻辑进程,分别阐明其中的应然结构及相应的运行原则,一方面为"道—德"现象学注入理性且详细的架构及内容,另一方面为焦虑作为在重要生命发展节点处的主体感悟或感受提供研究坐标与依据,为详细研究焦虑的特殊形态奠定学理基础。

3. 形态研究

当"道—德"现象学在"一域三界"中得以细化与澄清,将焦虑置于其中进行考量——从焦虑的表现、特征及其成因分析三方面入手,得出相应于机制研究的焦虑之特殊形态研究。形态研究是机制研究的自然延伸,当机制研究为形态研究铺平学理道路时,形态研究的意义也将一并得到凸显。以焦虑研究为例,因其同时带有主体负性体验特征与作为生命衍进之过渡阶段的积极含义,便成为机制内部不可避免地往前推进过程中、主体所要经受的考验与责任,由此也折射出焦虑于主体而言痛苦与崇高同在的价值与意义。在形态研究中,就焦虑的成因而言,相应于机制研究的静态结构划分与动力系统研究,也同样分为静态维度考察与动态维度考察。

4. 应用研究

形态研究结束之后本书将在"展望"部分,就其中显现的学理启发试图给出焦虑研究基于"道—德"现象学方法(同时也是主体生命境界提升所可能采取的一种常态方法)的评价模板,便于人们对照己身生命境界及其应然发展方向,不断在生命境界之修为上努力,以从根本上化解与整合焦虑提供给人类的痛苦体验与积极意义,并转化至生命的更高阶段,深入且切实地领会应对焦虑的方法。由于本书通篇采用现象学方法,因此所能比照的范畴主要集中于主体心灵内部(当然,洞察己身的难度在一定意义上而言难于观察他者,所谓"旁观者清,当局者迷",因此虽然最终限于研究重点与篇幅的限制,不能概全"现实界"的评价模板——"现实界"及其对应的"实现焦虑"已然延伸进伦理领域之中,超出本书研究范畴,但基于象征界与自为界的"道—德"焦虑评价模板在一定程度上已然可为人们的心灵困惑及其出路提供一定的参考），试图为主体升起觉察之心以自察诸种生命状态提供一张相对客观的地图。

（二）研究方法

1. 现象学方法

现象学方法并不是一类有统一评价标准并系统化的方法，根据对存在根基的理解与实证道路之不同（现象学方法在一定程度上是心灵实践的方法，不通过研究者自身沉浸式的体验将无从知晓其中要义），可分为众多流派。因此，对现象学方法的运用具有一定的创造性空间。需要注意的是，现象学方法的核质，在于对先天意识与后天意识的区分与体察——先天意识并不染指所谓"主体"的自我认同及其边界，以自然而然的生命状态直接对接升起于心灵中的一切现象（包括主体的自我认同、主体的心智模式及作为感知材料的诸多人、事、物），而后天意识则指"主体"意识，是已然生成为一个"我"的，并以其为认识世界之锚定点的有限生命之开端。（具体考察将在"现象学"爬梳的章节展开）

2. 文化诠释法

在中国哲学视域下，本书用文化诠释的方法深入剖析"道德"意蕴，分别从"道"与"德"各自蕴含的文化内涵入手，重新审视"道"与"德"之间的关联性，并提出"道—德"现象学框架，以期在中国文化的支撑下，更深入地理解现象学意涵。（参看"道—德"现象学旨归章节内容）

3. 精神分析法

在现象学指导下运用精神分析法，能更清晰地把握人之精神的不同层面并在此基础上明晰所谓心智系统的运作规律，看到意识之外的潜意识领域如何影响意识层面诸人格特性的发用，并能够相对客观地跳出己身特定人格层的反应模式，看到特定意识形态或是无意识的产物，或是潜意识的产物，或是其他人格层面的产物，或是人格层面有意、无意中相互作用的产物，由此才可相对深刻地对各种心理现象作出中肯的分析与判断，并能够同样基于对现象学的领悟，在相对系统地看清己身精神全貌的基础上，全然明晰并接纳一切心理活动如其所是地运行，唯有如此，一切心灵领域中纠结的力量才可得以释放与最终化解（直面焦虑的根本路径所在）。在此意义上，精神分析作为现象学的必要补充，为主体心灵中存在的诸种问题提供了解决的指导性思路。

4. 辩证法

学界对辩证法的理解也存在不同视角，有认为辩证法就是所谓"历史与逻辑统一"的方法，即思辨与实证的统合，有认为辩证法是关于对立统一、斗争和运动、普遍联系和变化发展的哲学学说，等等。在本书中，我们依循辩证法三大规律、五大范畴与三个基本观点，以资作为本研究的基本学术态度。其中，三大规律是对立统一规律、质量互变规律、否定之否定规律，五大范畴是现象和本质、原因和结果、内容和形式、必然性和偶然性、可能性和现实性，三个基本观点是联系的观点、发展的观点、一分为二的观点。

5. 和合思维法

"和"的本义包含了"合"的意思，就是由相和的事物融合产生新事物。所谓"和合"的"和"，指和谐、和平、祥和；"和合"的"合"，指结合、融合、合作。"和合"连起来讲，指在承认不同事物之矛盾、差异的前提下，把内涵不同的事物统一于一个相互依存的和合体中，并在和合的过程中，吸取各个事物的优长而克其短，使之达到最佳组合，由此促进新事物的产生，推动事物发展。

6. 建构实在论的方法

建构实在论是在维也纳学派（Wiener Kreis）内部兴起的一种思维方法，它的基本理论预设是，客体是被建构的没有给定的绝对真理，只有相对可控的过程性真理，且人们对它们的认识与理解皆建立在基于"假设—演绎"法的第一性原理之上，这意味着，欲建立真知，相对客观地认识世界，需要广泛吸收各学派理论架构，搭建基础的认识论框架。根据建构实在论的内在精神，本书广泛吸收多领域中的研究框架，试图在现象学视域下作一种整合研究，同时为"道—德"现象学的架构提供血肉。其中参考的理论框架包括 U 型理论、萨提亚（Virginia Satir）的心理分析模型、特纳的决策风格分类模型。[①]

7. 视角转换法

在现象学视域下，灵活转换视角主要调动第一人称视角和第三人称视

[①] 参见上海国家会计学院主编《思维、问题与决策》，经济科学出版社 2011 年版，第 161—166 页。

角（前者为主观体验性视角，后者为客观审视性视角），力图统合研究中所必须涉及的感性面向与理性面向。本书主要参考了六项思考帽[①]的主要思想：人类的基本思维形式不外乎六种，它们的运作相对独立，就像帽子一样可以随时取用，根据象征性及功能的不同可作出划分。白色帽子：客观地收集信息。红色帽子：直觉和感觉。黑色帽子：有逻辑理由地谨慎、否定和批判性思考。黄色帽子：有逻辑理由地肯定、欣赏和超前性思考。绿色帽子：创造性努力和创造性思考。蓝色帽子：控制思考过程本身。六项思考帽的理论价值在于：（1）启发研究者在不同情境中根据具体需要灵活调整并调用不同的思维方式，以期达到最好的思考效果并与他人取得共识；（2）将思维形式相对固定化和板块化，方便围绕一定的问题意识形成最优思维路径，提高思考效率和标准化运作。

（三）难点、重点与创新点

1. 难点

（1）先天意识与后天意识的区分

先天意识与后天意识的区分建基于对现象学核质的领悟上，一定意义而言，最难的不在于对认识论意义上的、对相关理论的把握，而在于对理论实证的、体验式的理解与领悟。对先天意识的领悟程度，直接决定了运用现象学方法的熟稔程度、对相关问题展开研讨的深入程度，以及对相关文献资料理解的契合度和精微度（所谓"六经注我"的意义在此）。因此，意在言外的修为在于，需要研究者通过诸如冥想的方式，意在言外地提升己身清明的觉察能力和意识精微度，唯有如此，己身的精神状貌才能直接而切身地成为第一手研究素材，也唯有如此，才能切实分清先天意识与后天意识——尤其是后天意识中的纯粹自我（如果用佛教的语言表述，即为"我执"，也即作为纯粹空位的"我"）——的差别，而这一点，也是理解存在焦虑的枢机所在（存在主义哲学探讨的重镇）。

（2）"道"向"德"的意向方向与"德"向"道"的意向方向之区分

当澄清了先天意识与后天意识的差别，对两者的实践方法与实证状态也会相应地产生差别。这一点，结合对"意向"的理解，将沉淀出两种对生命理解的路径："道"向"德"的意向方向（从先天意识自然渗透到

[①] 参见［英］爱德华·德博诺《六项思考帽》，马睿译，中信出版社2016年版。

后天意识）及"德"向"道"的意向方向（从后天意识人为用功地吁求并接近先天意识），前者是自然的视角，表现出无目的的和目的性，后者是主体视角，表现出主体选择的自主性；前者保证"意"的当下在场，是"道"无处不在、无时不有地通由"德"在人世间的呈现，后者由于意识固着为"我"的损耗，而只能在无限接近的意义上回归"道"，但"德"与"道"是否能从本真的角度而言最终打通，则是运气的事情（正所谓"有意栽花花不开，无心插柳柳成荫"）。对这两种视角的区分奠定了"道"向"德"跌落的"道—德"域之全貌，以及在"德"之中相对自成一体的三个世界之划分（"三界"毕竟只是后天领域的三界，并不能真正凭借己意地回归"道"的境界之中），这是本书的重要理论发现，同时在阐释上也是个难点。

（3）对"主体"的理解

本书对主体的理解已然不在"道"的层面，而在"德"的层面，从文化诠释学的角度而言，这是因为，首先，当有了"主"的概念，便必然有与之对立的"客"的存在（两相对立产生），其次，生命之对立的根源在于对原本整全的精神世界进行了无始以来的某种"格"，即划定了一定的界限并认同为"我"（这是主客两分、人我两隔的根源所在）。划定界限的起始在于"意"的发用，即从存在之中升起一点"识"（并连带着某种指向或曰方向，或可将之称为"始源性意向"，它指向一切不定的可能性，而没有被固着下来）。作为无"我"与有"我"（自然状态与自我认同状态）的待发点，它退后一步便又回到"道"的整全性之中，而前进一步（"自立为王"的开端，并奠定命定般的二元分判格局）便进入"德"的有限领域之中。因此，所谓主体所拥有的，并非真正绝对的自由与自主权，而只具有相对有限的、从意向角度而言不可避免总是指向着某物的、因此从结果而言总是为物所框定与限制（主客辩证统一）的存在者的意义。从这个角度而言，主体来自"意"的自我裁定与自我认同，而当它一旦被固着为"我"，便自然形成存在与存在者之间不可跨越的罅隙（但也同时蕴含着回归与联结的可能）。对"主体"的理解将在相关章节中继续阐释，这也是本书的一个难点。

2. 重点

（1）对"道—德"现象学的阐发

本书依据/依照现象学内核与文化诠释学的启发，将阐述"道—德"

现象学的内涵，并将其作为全书的基础理论构架。

（2）对"道—德"现象学视域下生命之"一域三界"及其内在关联的阐释

基于"道—德"现象学，首先从先天意向向后天意向的流衍出发（以下称之为先天视角），整体把握"道"向"德"的跌落，阐发生命从自然状态沦为人伪状态；其次从后天意向向先天意向的回归而言（命定般地、本能般地，以下称之为后天视角），按照"德"（已然跌落出"道"之外、然而与"道"仍然有天然联结的可能及其线索）的发展衍进道路，可划分为三个主要阶段或曰所展现的三重精神世界：象征界、自为界和现实界，它们分别代表人之后天生命属性的联结度、情绪度和现实度，三者相对完整地构成了生命体的整全状貌，为能够以整合并涌现的方式回归"道"作足准备。对相关问题的阐发将散落在本书的关节处，为全书奠定逻辑基础（其中，需格外留意阐释"一域三界"过渡的逻辑连贯性）。

（3）"一域三界"的结构与基本运行原则

"一域三界"即"道—德"域（生命的整全展现状态），象征界、自为界、现实界（"德"之生命形态所要经历的三重阶段），本书将对它们的结构及其基本运行原则作出较为详尽的阐发，从而为焦虑在其中所扮演的角色与意义之阐发奠定基础。

（4）对焦虑作为"道—德"现象学中各阶段衍进的特殊形态及其意义的阐释

当铺就了"一域三界"的整全框架，焦虑的研究便有了坐标和依止，相应地，焦虑的四种主要形态分别为：存在焦虑、迷失焦虑、虚伪焦虑和实现焦虑。每一种焦虑形态于主体而言，都不是令人舒适的体验，然而，其中蕴含着的积极意义在于，每一种焦虑都以提携主体走出现状的方式激发主体己身生命境界的晋级，即向下一阶段迈进与衍化（焦虑的辩证意义体现于此），因此同时展现出焦虑的消极作用与积极意义，使焦虑不仅是生命状态自身衍进过程中不得不面对的代价——当主体将其视为生命衍进中的提点与机会并将其最终内化为自身发展的责任与勇气时，焦虑便也成为人所要承担的义务与使命。

（5）各焦虑形态的表现、特征与原因分析

特殊形态的焦虑作为"道—德"视域下生命衍进的必然环节，与

"一域三界"的基本结构和原则相应，有其特殊的表现、特征与形成原因，对其的阐发亦为本书的研究重点。

3. 创新点

（1）理论架构创新

从将"道德焦虑"作为一个合法性概念开始，慢慢转向对"道德"意涵的深入挖掘；从引入现象学作为基础研究方法开始，在文化诠释学的帮助下，将"道德"拓宽至"道—德"现象学的高度，将焦虑作为其中诸衍进环节的对应形态，并在深入探究焦虑（毕竟是一个含有负面体验的概念，难以直接挺立为一个建构性概念）之前，先将"道—德"现象学按照"一域三界"的逻辑架构进行结构、原则及相应内容的丰满与润色，在此基础上再相应地研究焦虑，便有了对焦虑从表现、特征、形成原因三方面的清晰把握。从理论架构而言，涵纳基础理论创新、机理研究创新及形态学研究创新，并在最后从应用层面提出焦虑的评价模板，是本书对实证运用的一种展望，也同样是理论架构创新的有机组成部分。

（2）研究内容创新

将焦虑置于"道—德"现象学视域下进行考察的尝试是一个创新，其中涉及诸多观点的创新，譬如发现了现象学视域下"道—德"的新内涵，"道—德"现象学所包含的"一域三界"，相应的焦虑形态分为存在焦虑、迷失焦虑、虚伪焦虑和实现焦虑——由此将存在焦虑有机纳入"道—德"生命的第一个环节之中，成为"道—德"焦虑中的一种特殊形态焦虑，也由此而区分并厘清了存在焦虑和道德焦虑。在"道—德"现象学的具体展开之中，广泛借鉴并创造性地吸收了现象学各种不同流派理论框架的精髓，譬如借鉴了胡塞尔（Edmund Gustav Albrecht Husserl）的还原方法、舍勒（Max Scheler）的价值情感主义现象学之基本思路（强调现象学中感性质料的基础作用）、黑格尔（Georg Wilhelm Friedrich Hegel）精神哲学之自我演绎的辩证思维（使三界理论成为"德"之生命流衍的自身发展环节，层层递进）、U型理论及萨提亚心理分析理论等理论的基本框架（如"我"的诸人格结构及我在现实界中的若干存在方式），在一种整合的视域下将它们有机统筹起来，共同构成"道—德"现象学相对整全的研究框架，并使研究焦虑的各种形态有了依据和位阶，从而对焦虑的理解明晰而深刻。

(3) 研究方法论创新

本书所采用的方法创新是一整套方法论创新，在辩证法、现象学、精神分析法等方法的基础上，以和合学的视角与建构实在论的内在精神作为指导，广泛结合多种理论框架并灵活运用视角转换法，以开放的研究态度、相对可控的理论架构为深入理解"生命"本身找寻基点，统筹理论研究、机制研究、形态研究与应用研究，在方法论创新基础上搭建起一套相对整全的研究理路，这种理路从呈现方式而言是个创新。

(4) 研究价值与意义创新

依托"道—德"现象学的架构，极大扩展了对"道德"的理解，将"道""德"分别蕴含的先天意识与后天意识之内涵阐述清楚，并在此基础上对两者的关联进行了深入考察，这一点连同存在本身、连同主体的价值性与价值的主体性一道，深化了对"生命""存在""精神"等具有形上意味的概念的理解，并由于现象学自身的实践特性而在个体的具体修为上具有切实指导意义。另外，虽然学界对焦虑的研究相对成熟，但将焦虑纳入"道—德"现象学的整全框架之中进行考察并使之成为生命展开的若干形态，强调其积极意义，这是理解焦虑的全新视角。由之，本书在超越焦虑方面令人产生出本体论意义上的自信，并也在现象学的指导下，开出一条自然面对并体验焦虑的本真之路。

（四）研究总纲

本书除绪论、展望与结语外，分为两部分：第一部分为"道—德"现象学架构，主要梳理并奠定本书的主要研究方法及研究坐标，奠定"一域三界"的理论基础（作为生命整全状貌的"道—德"域，以及"德"之生命展开的象征界、自为界、现实界）；第二部分为"道—德"现象学视域下焦虑在"一域三界"中的衍化形态，主要以"一域三界"的运作机制为基础（分别考察基本结构、原则及动力），相应研究对应焦虑形态的表现、特征及形成原因。

具体而言，第一部分包含两章内容：第一章着重梳理现象学近现代肇始及其内在发展理路［包括对康德（Immanuel Kant）、胡塞尔、舍勒、爱德华·哈特曼（Edward Hartmann）、尼古拉·哈特曼（Nicolai Hartmann）、黑格尔、萨特、萨提亚、海灵格（Bert Hellinger）的现象学内涵及侧重点作基于读书笔记的精细梳理与消化，为理解现象学的内涵奠定基础］；第二章着重在中国哲学视域下，用文化阐释学的方法阐述"道—德"现象学的精神内涵，重点在于区分先天意识与后天意识，为"道—德"现象学的"一域三界"奠定学理基础。第二部分包含四章内容：第三章阐述"道—德"域的整全状貌，并相应研究存在焦虑；第四章、第五章、第六章分别阐述象征界、自为界和现实界的运作机制，并相应研究迷失焦虑、虚伪焦虑和实现焦虑（这三者分别彰显"德"之生命的联结度、情绪度和现实度）。

展望部分提出了"道—德"焦虑视域下的焦虑自测模板，将象征界与自为界的基本结构作基于研究要素的组合创新，以作为全书理论研究、机制研究及形态研究之后，应用研究的有益补充。本部分清晰指出八种主体切实可察的生命状态，并在其中蕴含着生命发展的自身价值维度，以作为个体自身参照的实用坐标，同时提出超越焦虑的可能的具体方法与策略。

第一章 现象学近现代肇始及其内在发展理路梳理

本章将对现象学的近现代肇始及其内在发展理路作一番基本梳理，意在从中挖取现象学之所以为现象学的本质，并从不同现象学流派中吸取合理因素，为理解并架构"道—德"现象学奠定基础。

第一节 现象学近现代肇始
——从康德的实践理性及道德宗教说起

康德承接其著作《纯粹理性批判》，继续在《实践理性批判》中探讨理性的第二种形式或说运用——除思辨理性以外的理性的实践运用——称为实践理性。在《实践理性批判》序言中康德声明，对于实践理性的考察不是作为思辨理性的补充，而是对于一个理论构建的整体而言是必要的。思辨理性在建构和论证过程中所遵循的理论上的自洽往往因忽略现实性、实在性而显得空洞，因此如果单独地视其为一个宏观理论建构的"首期工程"，由于其自洽性带来的封闭与"不接地气"而往往被人诟病为独断论或是譬喻为"在真空中飞翔的鸽子"，那么作为"第二期工程"的《实践理性批判》切入理性运用的又一层面，在一定程度上就按着《纯粹理性批判》的结构对实践理性的运用作了另外一种探讨，自然补益了对纯粹思辨理性探讨中可能遭人误解的部分。这种补益集中体现在实践理性自身的现实性这一特质上。

在《实践理性批判》导言中，康德强调了围绕现实性可以实现的三组重大问题过渡。

第一，从"实践理性"到"理性"的全面认识。《纯粹理性批判》着意为理性划定认识边界，以免发生对自身认识能力的僭越。边界内的理性即思辨理性一方面为保证先验形式的纯粹抛开了感性因素,另一方面为避免使自己陷入自相矛盾的境地,对于认识能力之外的对象只进行预设而对之存在的哪怕是可能性论证都自行保持缄默。如果不开出理性现实性维度,而仅仅将探寻止步于《纯粹理性批判》的工作,那么,康德所建构的理性大厦将在最大程度上保持谨慎姿态的同时失去一种现实性关照。所以康德继续探讨——实际上,这也是理论建构的必然途径,即通过尝试论证实践理性的"有"或曰实存,考察理性的实践维度。

> 它(指《实践理性批判》)应当阐明的只是纯粹实践理性,并为此而批判理性的全部实践能力。如果它在这一点上成功了,那么它就不需要批判这个纯粹能力本身,以便看看理性是否用这样一种能力作为不过是僭妄的要求而超出了自身(正如在思辨理性那里曾发生的)。因为,如果理性作为纯粹理性现实地是实践的,那么它就通过这个事实而证明了它及其概念的实在性,而反对它存在的可能性的一切玄想就都是白费力气了。①

该处康德强调了至少两个层面的问题。其一,为了不使理性陷入思辨之维的那种自我僭越式省思,这里需要开出一个理性的实践之维。这种需要最初还是在理论构想层面,偏重于实践理性的"有"(即存在之预设,换言之,如果有实践理性),这是摆脱了感性因素的纯粹实践理性,它可以揭示理性的全部实践能力进而赋予理性一种活的生命。其二,光是预设它的"有"还不够,否则将又与对于思辨理性的考察方式无异,因此下一步就需要为该种理性找到现实性途径再铺设一步,所以康德反复强调纯粹实践理性本身就是现实的、实践的,是通过存在这个"事实"而能够证明它及其概念的实在性的;反之,现实性是令实践理性具备殊胜理论形态的唯一特性。至此,康德通过引出现实性证明了实践理性能够揭示理性的实践能力(对应于纯粹理性能够揭示理性的全部实践能力),以区分思辨理性的纯粹抽象。在这一步骤中,康德已完成了对于理性的扩展,即在理论建构上通过现实性开出了理性的实践之维。

第二,从"自由"到上帝实存。凭借实践理性的现实性,这里开出

---

① [德]康德:《实践理性批判》,邓晓芒译,杨祖陶校,人民出版社2003年版,第1页。

了"自由"。如果是思辨理性,"自由"就只能作为一个悬设的概念,因为思辨理性在反思自我的边界上,对于能力之外的认识对象既不能像神秘主义者那样"不能说"——这是违背理性本身的,又不能说得很明白——现实性是无法证明的,所以只能陷入尴尬的境地。实践理性不同,它因为不证自明的现实性直接跳过了悬设的无奈,而自己本身就是"自由"的。换言之,"自由"在实践理性的维度内是活生生的事实。

> "它(指自由)现在就构成了纯粹理性的、甚至思辨理性的体系的整个大厦的拱顶石,而一切其他的、作为一些单纯理念在思辨理性中始终没有支撑的概念(上帝和不朽的概念),现在就与这个概念相联结,同它一起并通过它而得到了持存及客观实在性,就是说,它们的可能性由于自由是现实的而得到了证明;因为这个理念通过道德律而启示出来了。"① "实践理性自身现在就独立地、未与那个思辨理性相约定地、使因果性范畴的某种超感官的对象、也就是自由,获得了实在性(尽管是作为实践的概念、也只是为了实践的运用),因而就通过一个事实证实了这个在那里只能被思维的东西。"②

对于康德的诟病,有一说是康德在《纯粹理性批判》中把上帝请了出去,在《实践理性批判》中又请了回来,这看起来确实矛盾。但若这里理解了"自由"的现实性和通过现实性获得的一种行动指向上的生命力,那么,"自由"所指向的对象就不再抽象空洞,同样获得了现实性、实在性。这里可谓之一种"现实性的链条感染式"思路,实践理性的现实性作为自明的起点"感染"了自由,自由再"感染"其指向的对象即上帝和不朽等概念。本来只是悬设之概念的东西因为现实性的这种"链式感染"依次获得现实性而获得了实在性证明。可以说,现实性在使概念产生联系并在获得实证方面具有某种魔力:一方面使死的概念因进入一个活生生的"圈内"而自身活了起来并产生了互为递质的联系;另一方面在思辨理性那里只能悬设的概念也因为这种活生生的现实力量而本身是现实的、实在的。所以,现实性沟通了主观的预设和客观的实在,在此表现为

---

① [德]康德:《实践理性批判》,邓晓芒译,杨祖陶校,人民出版社2003年版,第2页。
② [德]康德:《实践理性批判》,邓晓芒译,杨祖陶校,人民出版社2003年版,第5页。

第一章　现象学近现代肇始及其内在发展理路梳理　41

通过"自由"使上帝等悬设概念获得了实在性。

第三，从"意志"到"实践理性"的实在性。以上对于实践理性自身的实在性论述，可能还有停留在思辨层面之嫌，尽管康德申言实践理性天然地就具有现实性、实在性，但若不经过一种切实的现实性过渡，这种实在性就可能面临"思辨实在性"的诘难，即这种实在性也是一种理论构想而已。

> 于是与此同时，思辨的批判的那个令人惊讶的、虽然是无可争议的主张，即甚至思维的主体在内部直观中对它自己来说也只是现象，也就显然在实践理性的批判中如此好地得到了它完全的证实，以至于即使前一个批判根本不曾证明这一命题，我们也必定会想到这个证实。①

所以，很有必要引入一个新的自身具备现实性特性的概念来与实践理性建立起现实性关系，进而在这种关系中切实地建立起实践理性的现实性、实在性。这里的思路是，一个单个的概念声称自己是现实的还不足够，因为自身对自身的证明可能陷入独断的泥淖。因而，证明一个概念是现实的，就需要引入一个同样是本质上现实的概念来加以互证。

> 但现在，如果我们通过对这种实践运用的彻底的分析而觉察到，上述实在性在这里根本不是通向范畴的任何理论性的使命和把知识扩展到超感官的东西上去的，而只是借此指明，无论何处这些范畴在这种关系中都应得到一个客体，因为它们要么被包含在先天必然的意志规定之中，要么就是与意志规定的对象不可分割地结合着的，这样，那种前后不一致就消失了，因为我们对那些概念作了一种不同于思辨理性所需要的另外的运用。②

康德这里讲的"对那些概念作了一种不同于思辨理性所需要的另外的运用"，正是建立在下述两点基础之上。其一，引入了"意志"的概念。意

---

① ［德］康德：《实践理性批判》，邓晓芒译，杨祖陶校，人民出版社2003年版，第5页。
② ［德］康德：《实践理性批判》，邓晓芒译，杨祖陶校，人民出版社2003年版，第4—5页。

志自身本就指向于一个对象，含有意欲对象的动力因，并且能够在行动中将意欲的对象现实地呈现出来。

> 这种意志要么是一种产生出与表象相符合的对象的能力，要么毕竟是一种自己规定自己去造成这些对象（不论身体上的能力现在是否充分），亦即规定自己的原因性的能力。因为理性在这里至少能够获得意志规定，并且在事情只取决于意愿时，总是具有客观实在性的。①

一旦意志成为实践理性的题中应有之义，实践理性就自然与对象产生了关联。意志与实践理性的关系在《实践理性批判》中有大量论证，概要之，即实践理性作为意志的唯一且充足的规定根据，以定言命令的方式规定意志，意志又对对象的抉择进行规定，由此，实践理性和对象间接地通过意志产生了联系。其二，由于与对象产生了联系，实践理性就不再是囿于自身封闭性的概念建构，而是在一个与实存对象亦即客体的关系中建立起了自己的实在性，在这里，由于"意志"与"实践理性"的一重规定性过渡，借由"意志"规定其指向的"客体"之现实性间接证明了实践理性的实在性。

综上，康德围绕"现实性"进行了三组概念过渡，"现实性"像桥梁打通了问题两边。借助"现实性"，在理论建构上实践理性丰富了理性的内涵，开出了"实践"之新维度；"自由"借着这种现实性使上帝等理念获得了实在性；在实际运用上，因为"意志"与实践理性在现实性上的同质过渡，借着"客体"及其与实践理性的关系，实践理性真正获得了运用上的实在性。

康德在挺立实践理性的尝试中，已然凸显现象学的学术品格，即将理性奠基于一个不证自明的实践性基质之上，但如何就该种不证自明性进一步阐释与确定运用的范围，则更深地牵涉出一系列问题，由此使现象学呈现出形态纷杂的状貌。

就康德的现象学内在逻辑及走向而言，按照《实践理性批判》分析论中的思路，有理性者自觉遵循绝对法则而行就构成了道德上的自给自

---

① ［德］康德：《实践理性批判》，邓晓芒译，杨祖陶校，人民出版社 2003 年版，第 16 页。

足,但在其辩证论中,由于考虑到人不是纯然的理性存在者而是有限有理性存在者,必然会受到感性欲求的影响,从而在一个行动的结果中不得不考虑现实所遵循的自然法则,换言之,作为实践理性可希求的对象中不应只有纯粹的德行之希求对象,而同时,在有限理性者依据义务而行动的当下,逻辑上或现实中,理性都有权再追问依此而可能带来的幸福——这个问题可以转化为"人能够希求什么"?唯有德性与幸福一道才构成了作为实践理性的一个客体表象的至善概念。

至善概念作为一个先天综合命题,表现为一种终极目的,即"虽然只是一个客体的理念,这个客体既把我们所应有的所有那些目的的形式条件(义务),同时又把我们所拥有的一切目的的所有与此协调一致的有条件的东西(与对义务的那种遵循相适应的幸福),结合在一起并包含在自身之中。也就是说,它是一种尘世上的至善的理念"①。

毋宁说,正是《实践理性批判》分析论中纯粹的分析,即暂时悬置了作为有限有理性存在者的人的现实境况,才导致了辩证论中的二律背反,由此敦促康德既要兼顾道德法则扎根于知性世界中的纯粹性又要考虑人的现实境况,由此不得不思考如果现实中的幸福不能必然由独立于经验世界的道德律来保证,而实践理性也同时将希求两者的一致作为自身的一个目的。那么,唯一的方法就是在知性世界中悬设一个最高存在者,通过它不容置疑的能力与地位,来调和知性世界提供的法则之形式与感性世界的质料之内容。所以康德通过理性的把关,最终导致了一种理性信仰。

在《单纯理性限度内的宗教》一书中,康德将德福一致问题作为开端继续进行探索,欲进一步阐明其欲建立理性宗教的全部努力。由此可见,康德的一种倾向性学术态度在于通过不证自明性的实践理性挺进一个超越的实在领域,并必然推出"道德必然导致宗教"。因为至善被必然地作为实践理性之客体表象被确定下来后,对于道德与幸福的一致问题就必然需要解决,解决的方法不能单纯只停留在德行所属的知性世界中——因为它目前所提供给我们的形式规定跟感性世界并不产生任何关系;它也不能只在感性世界中,这一点在《实践理性批判》中就已经得到了充分阐释。那么,只有在重返知性世界的唯一出路中,似乎要高于先前它为我们提供的形式性原则而再为其提供一种实存性悬设,由此才可保证有限有理

---

① [德]康德:《单纯理性限度内的宗教》,李秋零译,商务印书馆2012年版,第2页。

性者在遵循道德律的前提下，也同时对于实存的现实性结果有某种保障——这就提出了一个"有权威的道德立法者的理念"①。这个道德立法者对于有限有理性存在者而言，就是终极目的或曰至善的提供者和保障者。所以，由人的理性把关所必然导向的终极目的必定符合至善的一切要求，而至善又必然要由一个最高道德立法者来保证。那么，当深刻地谈论道德问题时，我们就不得不想到通过理性来进入一个宗教的领域，这就是"道德必然导致宗教"。

在康德力图开辟并不断明晰化的道德宗教世界中，反观对人性的理解也有了新的面向。我们不能忘记康德作这番努力的前提，在于解决人作为有限有理性存在者所面临的道德困境——亦即，从现实情况而言，人们也往往按照他们的任性而为，因此所谓的自由不仅仅是指那种绝对依据道德律而行的自由，它同时意指包括了任性自由在内的广义自由，如此才切实构成了人的一切行为依据的意志空间。"因此，如果我们说，人天生是善的，或者说人天生是恶的，这无非是意味着：人，而且是一般地作为人，包含着采纳善的准则或者采纳恶的（违背法则的）准则的一个（对我们来说无法探究的）原初根据。"② 所以，在对人的本性进行本质考察之初，只能说本性具有自由的拣择余地，所谓善或恶作为概念表象只是人的本性拣择的结果，而不是相反地作为其本质规定。

这里需要格外澄清的是，像《实践理性批判》中那种在纯粹视角下对道德律及其主体义务所作的种种必然规定，只是在纯然的角度进行分析，而当考虑到人的感性面向时，就不得不将任性这个活跃的因素也一并纳入考虑。在此情况下，必然遵守道德律也只是作为意念选择结果的可能性之一。这也就为后面考察"恶"提供了余地。

综上所述，可总结出康德所指的人性或曰本性的两个特点。第一，"本性"天然。本性是人生而具有的，它"是随着出生就同时存在于人心中的，而不是说出生是它的原因"③。身体感官必然地引发与自然世界的一连串联系，而如果本性来源于这个感性世界，就在源头上已经落于自然因果律的窠臼，而就与其能够自由地在行为发生前自由拣择行为准则发生

---

① ［德］康德：《单纯理性限度内的宗教》，李秋零译，商务印书馆2012年版，第4页。
② ［德］康德：《单纯理性限度内的宗教》，李秋零译，商务印书馆2012年版，第16页。
③ ［德］康德：《单纯理性限度内的宗教》，李秋零译，商务印书馆2012年版，第16页。

矛盾。本性与生俱来只不过是说它随着时间而彰明出来罢了，但它的根源却是超出时间而存在的，唯有这样，它才能够在感性之外保持中立，从而可能为感性冲动提供更为高级的指引。

第二，善、恶不可兼容。由于本性的自由（任性）拣择，就其决定行动是否要符合唯一普遍的道德律而言表现为善或者恶，这是容易理解的，但问题在于是否存在不善不恶的中间状态呢？康德认为这是不可能的。这是因为，道德律是唯一确定的普遍立法原则，对其的唯一遵守才能保证德行上可称为"善"的概念之成立，对于善的缺乏亦即非善来说，我们只能说行为没有或者没有完全遵照道德律而行，但并不意味着道德律在该种情况下就不是"善"的原因了。需要再次强调的是，道德律是"善"的唯一原因。那么除非在本性的自由拣择层面而言，主观上来讲主体自觉背离道德律而行才构成了不善即恶的根源，但此时本性的拣择必然是采取了别的标准——此时绝对不是以道德律为圭臬，那么本性此时的拣择阈就是落在感性欲求中的了。所以可见："一个在道德上无所谓善恶的行动（道德上的中间物）将是一个纯然产生自自然法则的行动，它与作为自由法则的道德法则毫无关系……"① 正因为善和恶虽然同样作为本性的表象，但却具有完全不同的根据与来源，所以它们是完全不同的两种意念拣择的结果，因此不同质的两种东西也就万万谈不上有什么中间地带可言了。

康德对道德意识的相关理论阐释是否可算作现象学思脉尚存一定争议，本书将之认定为现象学主要有两方面考量。一是康德通过建设具有现实性的道德意识，确立了一个不证自明的意识起点，并由此开辟出一个道德宗教空间，令道德意识除了具有实践性，还具有超越性（本书认为，存在一个具有实存性的超意识空间，它或以某种方式引领意识空间中的诸种选择，这一点可视为现象学的一个主要特征）。二是康德的现象学本身含有极其强烈的价值韵味，自始至终他以纯粹道德律（已然贯通了保障德福一致的至高决断者之决断的唯一根据）统摄任性自由的尝试，将人的道德实践之终极目的始终贯穿在他的道德实践逻辑之内，具有纯粹性、超越性、实在性及普遍化的特点。但对于人作为有限有理性者而言，人的感性杂驳性及切实的现实面向并未引起康德的充分重视，他一直将之作为

---

① ［德］康德：《单纯理性限度内的宗教》，李秋零译，商务印书馆2012年版，第17页。

某种对治对象来看待，也因此才需要继续考察其他哲学家对现象学的理解及其内在理路。

第二节 现象学的形式形态与质料形态之争
——以胡塞尔与舍勒为例

康德开了近代哲学史上现象学研究的滥觞。围绕现象学问题，后来还有很多角度各异的精彩论述。

胡塞尔是现象学研究领域的一个代表性人物。他严格区分了对象之于意识显现时的两种状态：被意指与被认识。

> 当我们生活在这个认识行为中时，我们"所从事的是一个对象之物"，这个对象之物被认识行为以认识的方式所意指、所设定；而如果这个认识行为是在最严格意义上的认识，就是说，如果我们所作的判断带有明证性，那么这个对象之物便是本原地被给予的。这个事态以及在这个事态中的对象本身现在不是单纯意指地出现在我们眼前，而是现实地出现在我们眼前，并且这个对象是作为它本身所是出现在我们眼前的，就是说，作为在这个认识中被意指的那个对象：作为这些性质的载体，作为这些关系的环节等等。这个对象不是单纯意指的，而是现实地具有这些特征，并且，它正是作为现实地具有这些特征的对象而被给予我们的认识；作为这样一种对象，他不是单纯地被意指（被判断），而是被认识；或者：这对象如此存在着，这就是已成为现实的真理，是在明证的判断体验中个别化了的真理。[①]

如果只是区分认识行为中的认识主体与认识客体，这在现象学的视域下都显得过于粗糙，胡塞尔将认识行为首先界定为被意指与被认识，这就在一种纵向探察的角度上细化了认识的精度。被意指表明对象之于意识呈现的一种直接性，它直接在意识中显现以至于并没有意识所具有的诸种功能之划分，比如理论认识或感性认识的加工，并因此未能产生对象进入意识的诸种中间产物，而只是直接地、自然地显现为意识的第一手材料，由

[①] 倪梁康选编：《胡塞尔选集》上卷，生活·读书·新知三联书店1997年版，第6—7页。

第一章　现象学近现代肇始及其内在发展理路梳理　47

此而成为意识最切近的显现内容，甚至于意识自身而言，尚未形成对对象本身的认识或产生内容与形式这类反思，它只是意识的直接显现物，表现为意识的某种呈现状态，换言之，意识直接渗透进对象之中，以成为它具有自身明证性的条件，在此种状态下，甚至并没有产生时间的延绵。这就是认识的本真状态，是对象被意指或明证地被直接给予意识的状态。"一个被还原的一般现象的被给予性是一个绝对无疑的被给予性。"① 相较而言，被认识则表明对象在意识中产生了某种隔阂，它不再具有直接性与自身明证性，而是为意识本具的认识功能所切割。这意味着，一方面，意识中的主体性因素开始染指进入它的对象，并在其上烙印上主体自身的限定；另一方面，对象则进入意识而成为主体意识限定下的诸种载体——被意指意义上的意识与对象未加分别的状态不再存在，取而代之的是一系列具有分别与拣择空间的、具有现实之诸种形态之划分的主体意识与对象物，这就是被认识。因此，如果说被意指是一种直接的、先天的认识，那么被认识就是一种支离的、后天的认识。

一种可能的反驳是对先天认识的拷问，要么认为这种先天是一种人为的预设而并未真的具有本真的意义，要么认为这种先天与形而上学意义上的先验无异，认为它无非是一个空位。然而，现象学意义上的先天不同于以上两者，正如胡塞尔所言："属于真理本身、属于演绎本身、属于理论本身（即属于这些观念统一的一般本质）的先天规律必须被描述为这样一种规律，这种规律表述着一般认识的，或者说表述着一般演绎认识和一般理论认识的可能性的观念条件，并且，这些条件纯粹地建立在认识的'内容'之中。"② 也就是说，胡塞尔所谓的先天至少具有两重内涵。

其一，先天认识独立于一切主观性思维之外，是一切主观性认识的基础。关于这一点，有必要澄清本质和先天的关系。先天所要把握的并非作为认识根源的那种本质，本质是归纳思维方式的结论或演绎思维方式的前提，而较之于先天，本质只是先天认识这一不带有任何规定性的意识之自明性的一种可能性之一，从这个角度而言，所谓的现象或本质较之先天而言都是一种显现，且在先天这一存在条件之下可以灵活地跨越诸种理论形态之边界，促发多种理论类型的相互转化。而先天则是这样一种认识：

---

① 倪梁康选编：《胡塞尔选集》上卷，生活·读书·新知三联书店1997年版，第61页。
② 倪梁康选编：《胡塞尔选集》上卷，生活·读书·新知三联书店1997年版，第15页。

"它是自己给予的,它自己把这种认识设定为第一性认识。"① "在进行任何智性的体验和任何一般体验的同时,它们可以被当作一种纯粹的直观和把握的对象,并且在这种直观之中,它是绝对的被给予性。"② 显然,先天的根基不容许也没有必要进行怀疑,它在一种直观中直接把握自身的自明性。

其二,先天认识在一切对象中显现,表现为对象物当下直接的自身明证性。这一点又有必要与心理学意义上的事实相区别。心理事实"属于体验着的自我,这个自我在时间之中并且延续着它的时间"③,而先天认识则与自我无关,它所开辟的是自我的意识存在论基础,表现为一种纯粹思维。"我也可以在我感知的同时纯直观地观察感知,观察它本身如何存在,并且不考虑与自我的关系,或者从这种关系中抽象出来;那么这种被直观地把握的和限定的感知就是一种绝对的、摆脱了任何超越的感知,它就作为现象学意义上的现象被给予。"④ 因此胡塞尔的现象学并非要开出一个超越的领域,相反他在任何时候强调的均为现象本身的自明性根基而非脱离现象另起炉灶,只是这个根基又绝非人格学意义上的自我,它没有限定,却是一切限定的意识条件。由此可见,胡塞尔意图回归意识的内在自察之路。

胡塞尔现象学最值得借鉴的一种理论构型是在现象的原点处保留先天与先验的双重合理性,即对形而上学意义上的意识之先验结构亦有强调,用他的话说,他要谈论的是"建立在理论的本质之中的系统理论"⑤,"这些规律具有逻辑—范畴的,因而也是可想象的最高普遍性,它们本身又构造着理论"⑥,因而胡塞尔的现象学有一种理论建构的强烈抱负,他开出先天领域是为了找到观念背后的形式,以及形式之成为形式的系统与流变之可能性的领域,反过来为逻辑之演绎与构型提供一种理论实用性的保障。

从这个角度而言,胡塞尔虽然强调先天领域通过直观而得,但另一方

---

① 倪梁康选编:《胡塞尔选集》上卷,生活·读书·新知三联书店 1997 年版,第 43 页。
② 倪梁康选编:《胡塞尔选集》上卷,生活·读书·新知三联书店 1997 年版,第 45 页。
③ 倪梁康选编:《胡塞尔选集》上卷,生活·读书·新知三联书店 1997 年版,第 55 页。
④ 倪梁康选编:《胡塞尔选集》上卷,生活·读书·新知三联书店 1997 年版,第 55—56 页。
⑤ 倪梁康选编:《胡塞尔选集》上卷,生活·读书·新知三联书店 1997 年版,第 22 页。
⑥ 倪梁康选编:《胡塞尔选集》上卷,生活·读书·新知三联书店 1997 年版,第 19 页。

面,又暴露出他在探寻本质与规律方面的犹疑,以至于在一种后天用力的探寻中又自己失却了直观的阵地而成为反直观的,他内在理论的这种矛盾集中体现在他所强调的"意向"及"意向性"上面。"认识体验具有一种意向,这属于认识体验的本质,它们意指某物,它们以这种或那种方式与对象发生关系。"① 先天直观原本不属于主观意识的领域,它是一种自然的状态,是自我意识得以存在的基础,然而当胡塞尔将意向这一认识的功能纳入考察认识的源初性里面并将之作为意识与对象发生联结的一种必然性来考察时,不可避免地认识就具有了一种主观倾向性。或者说,胡塞尔通过对意向的强调想要自然保留逻辑构型的一种自主性:"现象学的操作方法是直观阐明的、确定着意义和区分着意义的。"② 但也正因为现象学的这种定位,直观所具有的体验直接性为一种貌似思辨的东西所打破——尽管胡塞尔并不承认这是一种思辨,但建立在"意义"基础上的确定与区分本身已然带有了认识论的特征。

胡塞尔现象学最值得称道的另一方面,是对回到先天领域的两种还原方法之阐释:先验还原与本质还原。

所谓的先验还原是这样一种方法:除了在意识存在论意义上的那种自身明证性以外,其余的意识内容都可被悬置起来。明证性根基无论如何不可再被怀疑:"我们不能怀疑一个存在并且在这个意识中(在同时的统一形式中)对这个存在的基质作设定,即在'存在'的特征中意识到这个存在。"③ 亦即,存在意识即为不加设置的、纯粹的认识基础,它不可能在任何加入了设定的认识内容中体现,对于认识内容,正是需要在这种明证性显现当下加以悬置的东西,所谓悬置,即对于任何价值或判断(即一切主观性的东西)的中止——从时间性洪流中脱身出来,成为当下直接观察它们的基地而不是成为它们。"我们将属于自然观念本质的总命题判为无效,我们将它在存在方面所包含的任何东西都置于括号之中:就是说,我们要对整个自然世界中止判断,而这个自然世界始终是'为我此在'和'现存的',它始终在此作为合理意识的'现实'保留着,即使我们愿意将它加上括号。"④ 胡塞尔所强调的先验还原只是退回到一个自身明

---

① 倪梁康选编:《胡塞尔选集》上卷,生活·读书·新知三联书店1997年版,第64页。
② 倪梁康选编:《胡塞尔选集》上卷,生活·读书·新知三联书店1997年版,第67页。
③ 倪梁康选编:《胡塞尔选集》上卷,生活·读书·新知三联书店1997年版,第380页。
④ 倪梁康选编:《胡塞尔选集》上卷,生活·读书·新知三联书店1997年版,第383页。

证性的意识上面，而不是要否认或怀疑世界的存在，他只是尝试找到一切认识的可靠根源，并由此衍化出认识世界的可靠规律："对一个新的、其特性尚未被划定的存在区域的获得。"① 在这种纯粹性的基础上，可以说，包含任何我们称之为"内容"的体验并且包含有这些感性素材的一切勾连。

需要注意的是，胡塞尔为使这种先验还原不至于成为空洞的形式，不至于成为一旦还原之后就无法与现实再行联结的纯粹概念，他强调并重视"意向"的作用。"绝对的或先验的主体性的区域以一种特别的、完全独立的方式'在自身中包含着'实在的宇宙，或者说'在自身中包含着'在任何扩展了的意义上的所有可能的实在世界和所有世界，就是说，它通过现实的可能的'意向构造'而将它们包含于自身之中。"② 也正是出于这个原因，在胡塞尔的理论体系中所谓"实在"也就是"世界"（"世界是可能的经验和经验认识的对象的总称，是那些根据现实的经验在正确理论思维中可以认识的对象的名称"③），它们是通过"意义给予"④ 而存在的。因此胡塞尔虽然欲通过意向及其结构使直观与现实产生联结，但实际上却构造出一个意义空间作为过渡环节，也因此并没有真正填平直观与现实之间的鸿沟。

所谓的本质还原是这样一种方法：通过直观而把握的是个别经验所隶属的、更具有普遍性的范畴或本质。严格意义上说，本质还原并非一种现象学方法，它是一切探寻事物本质的学科都会涉及的旨趣。正因为胡塞尔将先天与先验同时保留在现象学构建中且赋予两者同等重要的地位，才会产生先验还原与本质还原的区分，由此带来两者在理解与使用中的众多混淆。本质还原也同样追求一种超越个体差异性之上的整体性："一个整体的统一是借助于它的各部分的特有本质而达到的，因而这些部分必定具有某种本质共性而不包含原则上的异质性，否则还能有什么别的统一呢？"⑤ 值得注意的是，此处所谈及的本质共性或曰整体的统一并非回到存在意识源点所揭示出来的那种无规定性，而可谓之"埃多斯"⑥——是一种较之

---

① 倪梁康选编：《胡塞尔选集》上卷，生活·读书·新知三联书店 1997 年版，第 385 页。
② 倪梁康选编：《胡塞尔选集》上卷，生活·读书·新知三联书店 1997 年版，第 387 注。
③ 倪梁康选编：《胡塞尔选集》上卷，生活·读书·新知三联书店 1997 年版，第 450 页。
④ 倪梁康选编：《胡塞尔选集》上卷，生活·读书·新知三联书店 1997 年版，第 429 页。
⑤ 倪梁康选编：《胡塞尔选集》上卷，生活·读书·新知三联书店 1997 年版，第 399 页。
⑥ 倪梁康选编：《胡塞尔选集》上卷，生活·读书·新知三联书店 1997 年版，第 453 页。

诸多个别性而言、具有普遍有效性的规定性。

相较于先验还原的方法，本质直观所要立足的基点是一个可以意识到自身确定性的"我"，是一个先于任何思维形式的、具有元认知意义的"我"。"任何可能的对象，逻辑地说，'任何可能真实的直言判断的主体'都以它自己的方式，先于所有直言判断思维而进入一种表象的、直观的，有可能在其'真实的自身性'中切中它、把握它的目光之中。"① 因此本质直观涉及的根基是一个在直观中能够自然把握事物本质的"我"意识，它在一种统筹的意义上具有把握诸杂多内容共性与规律性的认识能力。

不论是先验还原还是本质还原，胡塞尔虽然一直强调它们于感性质料而言的实用性，但他却仍然倾向于认为形式可以统摄质料。"质料之物对于形式之物的隶属性表现在，形式本体论在自身中同时包含着所有可能的本体论（即所有'真正的''质料的'本体论）的形式，形式本体论为质料本体论规定了它们共同具有的形式状态。"② 因此胡塞尔的现象学在表现形式上天生带着一种分析的品性，他不囿于自己在先验还原中已然回归的"同一体验流"③，也不甘心于同样在先验还原中所意识到的作为认识之基质而存在的"在无限进程中永远不完善"④ 的存在境况，他重新回到本质还原中追寻普遍性与相对完善的诸种形式，这是他思想中的某种"执念"使然，也因此胡塞尔本人在阐释本质还原中也出现了自相矛盾的地方，比如他在阐释"本质直观诸要素"的部分又将"开放无限性"⑤ 引进来，似乎与先验还原产生了混淆。他认为："在理念直观的过程中包含着两个要素，多样性及在持续一致中统一联结；此外，在这个过程中还包含着第三个要素：直观提取地认定那个相对于各种差异而言的一致之物。"⑥ 胡塞尔在此用"理念直观"似乎统合了先验直观与本质直观，使得前两者的严格区分并没有多少意义。如果从这个角度而言，一方面显现出胡塞尔内在思想的某种矛盾，另一方面也显现出他思想可以继续发展的一条理路，正如他所言："只有当我们把握住以往的虚构并且因此而在开

---

① 倪梁康选编：《胡塞尔选集》上卷，生活·读书·新知三联书店1997年版，第454页。
② 倪梁康选编：《胡塞尔选集》上卷，生活·读书·新知三联书店1997年版，第465—466页。
③ 倪梁康选编：《胡塞尔选集》上卷，生活·读书·新知三联书店1997年版，第397页。
④ 倪梁康选编：《胡塞尔选集》上卷，生活·读书·新知三联书店1997年版，第410页。
⑤ 倪梁康选编：《胡塞尔选集》上卷，生活·读书·新知三联书店1997年版，第484页。
⑥ 倪梁康选编：《胡塞尔选集》上卷，生活·读书·新知三联书店1997年版，第485页。

放的过程中保持多样性,并且只有当我们直观地朝向统一和纯粹同一之物,我们才能获得本质。"① 既然如此,毋宁将思路引到对"质料"与"过程"进行本质思考的现象学形态之中,代表人物为舍勒。

相较于胡塞尔那种追问同一意识源头或统一性本质的形式形态,舍勒认为本质正寓于多样性的质料之中。"如果一个本质性同一地在许多不同的对象那里显现出来,并且是以所有'具有'或'载有'此本质的东西的形式显现,那么这个本质性便是一般的。但它也可以构成一个个体的本质,同时却不必因此而不再是一个本性。"② 按照舍勒的观点,所谓本质或曰本性不能单纯地显现出来,它需要首先在诸种经验之中被充实。胡塞尔所阐释的"实在"仍有停留在意义世界中的嫌疑,而舍勒则直接将实在与现实生活的真实打通,在一种真实流变的事态中把握真理本身。"真理在这里也仍然是'与事实的一致';只是与本身是'先验的'那些事实的一致罢了。而定律之所以先验为'真',是因为它们在其中得到充实的那些事实是'先验'被予的。"③ 很显然,舍勒并没有止步于先验事实(这样的事实总是进可攻退可守地徘徊于思辨与实践之间),而是直接将先验也扎根进真实世界之中,谓之后者对于前者的被充实,这相当于将真理直接渗透进现实之中,避免了直接定义或论证纯粹直观或思辨过程中所可能遭遇的无限循环。

立足于一切可能的感性质料之总和(即真实世界)之上的直观何以可能?如何实现?相较于胡塞尔的思路,舍勒直接"填堵"了意向及意向构造的那种隐约浮现的认识主体与认识客体之罅隙,而认为"在现象学经验之中不再隐含'被意指之物'和'被给予之物'的分离……在两者的叠合中,在被意指之物和被给予之物充实的相聚点上,'现象'得以显现"④。这种思路将由意向带来的认识之内外分别作了一种黏合,被给予与被意指在"充实"或曰"聚合"中合为一个包含显现与显现之物的整体,也因此,在显现中被给予的一切现象都建立在经验的基础之上,进一步说,"先验与后天之对立的问题不在于经验和非经验,或所谓'一切可能经验的前设'(它们本身在任何方面都是不可经验的),而在于经验

---

① 倪梁康选编:《胡塞尔选集》上卷,生活·读书·新知三联书店1997年版,第485页。
② 刘小枫选编:《舍勒选集》上卷,生活·读书·新知三联书店1999年版,第8页。
③ 刘小枫选编:《舍勒选集》上卷,生活·读书·新知三联书店1999年版,第9页。
④ 刘小枫选编:《舍勒选集》上卷,生活·读书·新知三联书店1999年版,第11页。

的两种类型：纯粹的和直接的经验，以及依赖于对实在行为载体的自然组织之设定的，并因此而是间接的经验"[①]。可见，舍勒的理论大厦建基于经验之上无疑，这也正是他提出作为质料的现象学形态的宗旨，并引导现象学在实践意义上走得更彻底，"我们明确地拒绝任何一个不能通过直观的事实而得到充实无余的在先被给予的先验'概念'或'定律'"[②]。"恰恰是现象学的彻底经验原则会导向对先天论的充分论证，甚至是对先天论的巨大扩展。"[③] 由此而开出了不同于康德与胡塞尔的新的理论形态。

什么是被意指之物与被给予之物的充实或曰聚合？这需要从由身体感官所承载的认识能力与被感知之物的当下在场之和合来加以理解。一个现象的现实化呈现需要至少两个条件：一是身体官能能够对当下的现实情境作出一种功能性的切割，亦即，在它的感知范围内，它能切实将己身之固有规定能力加诸对象身上；二是对于被感知的对象，相较于胡塞尔所谓可以存在于意义空间中的情况，舍勒强调对象的当下直接在场，这就通过切实的身体感知为认识提供了一个现实感知场域，也因此，在这个现实感知场域之中，强调的重点不在于形式，而是一片即来即觉的感知内容，由此可见，舍勒强调的直观条件近乎一种切实的行动。"一门建立在现象学基础上的哲学作为基本特征首先必须具备的东西是生动的、紧凑的、直接的与世界本身的体验交往——这正是与这里所关涉的事实的体验交往。……反思的光束所应试图切中的只是在这个最紧密的、最生动的接触中'在此'的并如此'在此'的东西。"[④]

值得留意的是，同为感知内容，但层次却有不同，舍勒强调更接近于感官的机能，即能感知其内容的那个被触动的源初感知能力。"严格地看只是这样一种内容，它们的出现和消失，设定了我们被体验到的身体状况的某种变更：首先完全不是声音、颜色、气味质性和口味质性，而是饿、渴、疼痛、快感、疲劳及所有那些模糊地定位于特定器官的所谓'器官感觉'。这是'感觉'的范例，可以说是人们所'感觉到'的'感觉'。当然，属于这种感觉的，还有所有那些随感官活动而发生并随感官活动变化而变化

[①] 刘小枫选编：《舍勒选集》上卷，生活·读书·新知三联书店1999年版，第12页。
[②] 刘小枫选编：《舍勒选集》上卷，生活·读书·新知三联书店1999年版，第12页。
[③] 刘小枫选编：《舍勒选集》上卷，生活·读书·新知三联书店1999年版，第53页。
[④] 刘小枫选编：《舍勒选集》上卷，生活·读书·新知三联书店1999年版，第50页。

的感觉。"① 因此舍勒的第一重理论贡献是开辟了现象学的感性道路，第二重理论贡献则是将这条感性的现象学之路又作了更精密的界定，使感觉材料之下的感觉机能显现出来，并成为"现象"之下的感性根基。

这个感觉根基一直处于体觉的无限流动之中，它既是不可定义的感觉本身，又是感觉的诸多材料及其纷繁的关系状貌，感觉的根基仅在于它在感觉，它是感觉的机能，然而当想要对其再说些什么的时候，它又只是一个"X"，它的内容由具体的感觉素材来填充并塑造。因此，舍勒的现象学与胡塞尔的异曲同工之妙在于，他们都意图通过悬置或清除现象内容来使显现本身得以自然彰显，在舍勒看来，"哲学的任务从来就不是像人们所误认的那样，从'感觉'中构造出直观的内容，恰恰相反，它的任务在于，尽可能地将这些内容从那些始终伴随着这些内容的器官感觉中清除出去，唯有这些器官感觉才是'真正的'感觉；哲学的任务同时还在于，去除这样一些直观内容的规定性，这些规定性根本不是'纯粹'直观的内容；相反，只有当它们接受了与器官感觉的确定联系，并通过这种联系同时获得了一个意义，即作为一个可以期待身体状况之变化的'象征'，只有这时，它们才能获得这些纯粹直观的内容"②。舍勒的潜台词似乎是一切用形式规定去把握的"直观"都是一种自欺，只有真正在器官感觉中感受"感受"本身并保持缄默，才真正回到了显现的基地，但若是反之，用带有规定性的显现之域来统摄"显现"，则充其量只是把握了显现中的一种可能形态。

至此，舍勒与胡塞尔的理论差异已然十分明显，胡塞尔追求在直观上的一点清明意识，而舍勒则不离感性质料之绵延而追问一种本真的感受，视之为感受本身。胡塞尔虽然也提到了回归一种流态的存在之域，但他始终放不下对本质、规律的探究，因而在先天与先验的双重认肯中为一个价值空间留出了余地。相比而言，舍勒则认为，在真实感受的洋流之中，价值领域会自然以一种被感受到的方式向我们呈现，连同价值的一连串内涵与背景呈现为一组阶段性价值形态。

    对我们来说"被给予的"——按自然观点看——在理论领域是

---

① 刘小枫选编：《舍勒选集》上卷，生活·读书·新知三联书店 1999 年版，第 19—20 页。
② 刘小枫选编：《舍勒选集》上卷，生活·读书·新知三联书店 1999 年版，第 21 页。

事物，在价值和意愿领域是善。其次才是我们在这些善中所感受到的价值，以及"对这些价值的感受"本身；再其次，并且完全与此相独立的是快乐与不快的感受状况，我们将它归为善对我们的作用（无论这作用是作为被体验到的刺激，还是指因果关系）；最后则是交织在这些感受状况之中的特殊感性感受的状况。……感性感受状况是在价值和善的世界之中和之旁融入到我们生活中，在这个王国中作为我们身上的第二性伴随现象融入到我们的作用和行为中——而且甚至是在感性的享受中，更多的是在关涉到高于适意的价值领域，关涉到精神价值或生命价值的地方。①

如果说胡塞尔对其价值空间的阐释还比较隐晦，那么此处舍勒则直言不讳地将感性现象学扎根进一个动态的价值链条之中进行构建，使价值链不仅成为他的理论背景，也是其理论的重要内涵——唯有在价值支撑中，感受自动沉淀出它自己的位阶，也是在这个意义上，更本真的感受较之更浅表的感受而言，具有了显现与现象的意义。也因此，舍勒亦称自己的理论形态为一种"价值现象学"和"情感生活现象学"。②

从价值现象学和情感生活现象学的角度出发，舍勒对康德那种截然割裂现象根基与感性质料的理论形态有过一番精彩的批评：

> 它是对所有"被给予之物"本身的完全源初的"敌意"或"不信任"，是对所有作为"混乱"的"被给予之物"——"在外的世界与在内的本性"——的恐惧与害怕；更明确地讲：这是康德对世界的敌对态度，而"本性"则是需要进行构形、进行组织、进行"统治"的东西，它是"敌对之物"，是"混乱"等等；因此是对世界之爱、对世界之信任、对世界的直观的和爱的献身的对立面；也就是说，它根本上只是如此强烈地贯穿在现代世界的思维方式之中的对世界之恨，对世界的敌意，对世界的原则上的不信任，而它们的结果就是这样一个无限制的行动需要："组织"世界、"统治"世界——这在一个天才的哲学头脑中达到了顶峰，这就是导致将先验论与关于

---

① 刘小枫选编：《舍勒选集》上卷，生活·读书·新知三联书店1999年版，第21—22页。
② 刘小枫选编：《舍勒选集》上卷，生活·读书·新知三联书店1999年版，第27页。

"构形的""立法的"知性的学说,或者说,与关于使欲望成为有"序"的"理性意志"的学说联结在一起的心理学原因。①

从舍勒的观点出发反观康德,确实具有一定的道理,这也使现象学的形式形态与质料形态之争清晰地展现出来。概言之,形式形态对于感性的割裂与敌对在质料形态者眼中正是他们刻意回避的领域,这在一定程度上限制了形式形态者的眼光,使其在实践中总是不可避免地陷入一种操作困境,也因此,他们往往将理论上推到一个超验的领域,或者如胡塞尔那样为思辨地探寻本质与规律留有可阐释的"后门",而对于质料形态者来说,感受本身连同价值的基座已然在每个当下开出了显现的领域,如此,这个显现的领域便与存在主义哲学家所探寻的存在产生了可类比的因缘。

第三节 现象学的情感流变形态与范畴分析形态之较

——以爱德华·哈特曼与尼古拉·哈特曼为例

现象学经过舍勒的批判性发展,其基本形态进入感性视域之中。一旦进入感性视域,现象学的实践性及其勾连的价值性将不可避免地在一种切实体验中得以加强,由此,现象学与价值(或曰狭义的道德)便产生了千丝万缕的联系,譬如价值内嵌于现象学的内涵之中,如舍勒所言:"价值及其秩序不是在'内感知'或观察(在这里只有心理之物被给予)中,而是在与世界(无论它是心理的世界,还是物理的世界或其他世界)的感受着的、活的交往中,在偏好和偏恶中,在爱与恨本身中,即在那些意向作用和行为的进行线索中闪现出来!"②

在价值链条中所体现的现象学,最典型的是爱德华·哈特曼的《道德意识现象学》,他的理论基调是情感主义的,认为只有情感的流动才可达至意识显现的应有深度。"情感是意识直接可达及的最终心灵深度:如果伦常性应当建立在最深的心理基础上,那么就必须证明情感是它的源泉。情感是表象与意志之间的联结环节,因为它分有这两者,并且是从这

---

① 刘小枫选编:《舍勒选集》上卷,生活·读书·新知三联书店1999年版,第31页。
② 刘小枫选编:《舍勒选集》上卷,生活·读书·新知三联书店1999年版,第32页。

两个领域的共同作用中产生出来的。"① 爱德华·哈特曼的现象学理论依止充分表现出一种道德哲学的意味，这是因为现象学于他而言天然地带有情感价值体验的特性，且通过情感对意志的发用可直接导向现实实践之域。

在《道德意识现象学》的"情感道德篇"中，爱德华·哈特曼的十章内容分别是：道德情感的原则、道德自身情感的原则、道德追复情感的原则、道德逆向情感的原则（回报欲）、结群欲的道德原则、同情的道德原则、虔敬的道德原则、忠诚的道德原则、爱的道德原则和义务感的道德原则。这些情感原则按照一定的内在逻辑展开，表现为相互联结、层层递推的形态，或者我们说，这是一种情感流变形态的现象学。每个阶段向下一阶段的衍进，正体现出通过情感把握的一个本真显现空间，同时亦彰明此本真显现空间自带的价值衍进动力，使较低层级不囿于自身的体验而有一种自发向更高形态转化的动力。

在爱德华·哈特曼的理论体系中，始终存在着一个"无意识"的领域，这是一个存在的本真之域，是任何意识都不可染指的纯澈空间。之所以是"无意识"领域，是因为任何意识都难免带有一种局限性和倾向性，而唯有"无意识"，是较之意识而言完全自然而然显现其自身的东西，一旦进入意识之中、为意识所意识到，它便已沦为具体的意识内容并很难摆脱意识本身所带有的控制欲。在这种情况下，情感既是把握显现之域的方式，同时因为"无意识"这个本真之域的当下存在，不同形态的情感亦成为可通由这种"无意识"的自然显现状态而加以观察、消解并重新定位的对象。这正是爱德华·哈特曼的理论特色所在，也是他的情感主义道德哲学可被称为一种现象学的原因——将情感本身及其情感的诸种形态进行感受基础上的细分与重组，这只有在"无意识"所彰明的一个空阔、自然的存在空间内才可实现。

> 像其他情感一样，道德情感也会消解为意志与表象，消解为带有不同（有意识的和无意识的）表象内容和不同伴随表象的欲求，以及消解为满足与不满足（或者部分满足与部分不满足的复合）；随每个欲求的表象内容状况的不同，这些情感也可以划分为某些群组或分

---

① ［德］爱德华·哈特曼：《道德意识现象学》，倪梁康译，商务印书馆2012年版，第15页。

离成各个范畴，其中的任何一个都与一个特定的动机领域及一个特定的情感方向相符合。①

因此在爱德华·哈特曼看来，至少包括两个层级的存在空间：一是那个无意识的领域，它促发一切情感有可能在不连带任何局限性和自欺性的条件下发生转化，因此它的特点表现为自然而然；二是以情感的方式进行把握的意识领域，在此，意识通由情感来体验各种不同的生命状态，并在有意识的前提下对这些体验抱有一定的伦常判断，诸如它以当下的情态判断是否符合伦常要求等。"因此，'道德情感'绝不能被理解为一个简单的意义或一个统一的能力，而应当理解为一批具有或大或小伦常影响与价值的特殊情感。"②爱德华·哈特曼在此表达出的一个潜台词似乎是，有意识的情感体验自身含有一种伦常判别的能力，因此这些情感可狭义地理解为道德情感，它的内部具有道德拣择和转化的能力与相应的责任感，只是整体生命的彻底转化仍然有赖于由"无意识"带来的、不经意的扭转。

举例而言，在爱德华·哈特曼看来，一个意识到自身伦常人格性的人，会在意识到自己承载着最高价值时感受到一种舒适，并会生发出在任何情况下都维持这个价值的努力。但需要留意的是，这种情况需要在两个层次上作出区分：在"无意识"的层面而言，人自然而然生发出这种舒适情感并在未加意识反思时自觉意欲维持这种情感及其与之相匹配的价值状态，可以说，意识始终自然地配合着无意识，换言之，意识与无意识之间保持着一种无间性，然而，一旦意识抛却了其追随无意识的本分而自作主张，掺杂进某种有意识的动机，那么，"将会坠回到一种向特殊形态的道德自利之伪道德之中"③。

因此，在对爱德华·哈特曼的理解中，至关重要的是严格觉察道德动机是否在与无意识直接联结并顺承的意义上具有一种当下直接性，换言之，爱德华·哈特曼切断了一切意识反思自己所可能带有的伦常性，认为当意识意识到自己所处的情感状态并奋起自为的冲动时，便失却了它的本性而成为自我彰显的存在，由此带来的"道德"将只是对其有限自我的

---

① ［德］爱德华·哈特曼：《道德意识现象学》，倪梁康译，商务印书馆2012年版，第21页。
② ［德］爱德华·哈特曼：《道德意识现象学》，倪梁康译，商务印书馆2012年版，第22页。
③ ［德］爱德华·哈特曼：《道德意识现象学》，倪梁康译，商务印书馆2012年版，第23页。

第一章　现象学近现代肇始及其内在发展理路梳理　59

加强，而并没有真正的德性可言。另外，如果意识能够在无意识的自然状态下反应于每个当下，其实并不会升起与他人的比较之心，相较于自我凸显状态下不可避免地带有的自满及对他人的贬抑，自然而然的意识则直接满足于"自我"的表现，并在面对他人时表现出平等的自然与谦逊。"真正无高傲的伦常骄傲仅仅依据对伦常人格性的意识，即对伦常行为的内在可能性的意识；这里不存在排他的东西，因为相同的可能对于其他所有人来说都存在，只要他们不是在心理上退化了的——只是这种可能由于其他必要条件的缺失而未在所有人那里和在所有情况下都成为现实。"① 由此可见，爱德华·哈特曼并不是强调意识与无意识的对立，而只是强调意识与无意识之间的当下直接性及意识仅仅只是感受当下的感受而已，它自身在这种自足性中便带有对伦常的自觉并直接体验为舒适感。相反，他提醒人们注意的是，当意识偏离与无意识联结时自带的那种自然状态而欲望凸显"自我"并升起比较心时，就已然不符合伦常或曰道德的特性了。他在这里没有说出的潜台词是，这种情况下的感受也绝非舒适，而一定带有某些紧张感或焦虑。如何对治不符合伦常骄傲的情感？爱德华·哈特曼给出的答案是，令自身情感充实。此处所谓的自身情感包含两层含义：一是与无意识联结的自然情感，唯有自然情感能使情感具有现象学的意义而不至于产生自我的干扰；二是在前者的基础上有一种自律意识，这意味着自然而然的意识之伦常性有发挥作用的充足空间与动力。

　　爱德华·哈特曼的道德意识现象学有一条情感自然流动的脉络，它十分贴切地符合情感形态的自然变迁。譬如在谈完伦常骄傲之后，正当读者的思绪跟着他的一路阐释觉得十分在理时，话锋一转，显露出该种情感体验的自身局限性及下一步的发展路径，如"骄傲可以是随和的，但它却永远是无法亲近的；它并不阻碍交往，但它看起来像是一种对抗任何亲密性的绝缘层，因为它通过其冷淡的、狭隘的自身封闭性而推开任何试图接近他的人。显得可爱的是迎面而来的热情、柔和与温柔，而这恰恰是骄傲特性的对立面……向内的伦常必须通过向外的伦常情感来补充。情感的集中必须在情感的扩张中找到其平衡力量"②。由此可见，在论述完向内的情感之后，爱德华·哈特曼敏锐地捕捉到情感向外发展的趋势，这既是无

---

① ［德］爱德华·哈特曼：《道德意识现象学》，倪梁康译，商务印书馆2012年版，第25页。
② ［德］爱德华·哈特曼：《道德意识现象学》，倪梁康译，商务印书馆2012年版，第33页。

意识自然显现的情感内在逻辑,又是意识状态下情感体验变迁的必然动力,其中体现出价值在以情感为把握方式的生命状态中的内嵌。爱德华·哈特曼亦充分注意到在每种情感状态过渡时的平滑,沿着上一阶段而逐步扩大考察范围,遂而产生下一阶段的情感模式,如自身情感到追复情感的过渡,他指出:"根据经验,在一个伦常上的善行之后会出现一种崇高的、舒适的情感,在一个恶行之后会出现一种沮丧的、困苦的情感。"①在这种行为情境中充分展开情感自身发展的脉络。这种思维方式在以情感主义为基调的现象学中尤其值得借鉴,他仿佛赋予现象学以一个富于内在生命感与价值感的内核,同时,也因为无意识这一现象基地的存在,情感形态的变迁始终都自然且自律地发生着。

当现象学不仅只是一种哲学方法,也同时开辟出对形而上学与存在学的新思考时——事实上,现象学与形而上学及存在学具有本质联系②——除了一种情感主义的基调外,还存在着一种将认识论与存在论结合在一起、重新定义与扩充形而上学的新型理论形态——或曰对几个主要研究领域的集成,其主要代表是尼古拉·哈特曼的"存在学三部曲"③。

尼古拉·哈特曼这位具有思辨倾向的哲学家,将思辨的整个历程置于存在的显现之上,为认识所依赖的诸基本范畴之内在关联奠定了一个同一的存在基础。他划分了存在领域与认识领域,认为两者的联结点在于范畴,"范畴既是认识原则又是存在原则"④,"从存在学上说,这意味着范畴同一性本身的进展,由此,认识范畴和存在范畴二者在内容上就相适应了"⑤。一方面,尼古拉·哈特曼通过现象学的基本学理态度与方法找到了存在领域的根基,统合了一切范畴的来源与相互关联的可能性;另一方面,他又对范畴所揭示的、关于世界的存在层次及其关系进行了厘清与说明,将存在定位为不只是通过"先验直观"可把握的领域,而且更多地

---

① [德]爱德华·哈特曼:《道德意识现象学》,倪梁康译,商务印书馆2012年版,第36页。
② 这种本质联系表现在:第一,现象学追问认识得以发生的、可靠的意识基点,这离不开形而上学的建构;第二,现象学追问该意识基点所开出的存在领域,离不开对"存在"的基本理解。
③ 即《论存在学的奠基》《可能性和现实性》《实在世界的结构》。
④ [德]尼古拉·哈特曼:《存在学的新道路》,庞学铨等译,同济大学出版社2007年版,译者序,第19页。
⑤ [德]尼古拉·哈特曼:《存在学的新道路》,庞学铨等译,同济大学出版社2007年版,译者序,第21页。

使用"本质直观"的思路,将存在的存在形态直接寓于诸范畴的关联之中,使存在成为一个涵纳一切生命状态且有序化表达其自身的兼具思辨形式与内容的实在存在。

作为现象学的一种特殊理论形态,在承担追问"实在"或"现实"这一根本学理任务时,尼古拉·哈特曼将"实在"同时奠定于存在与存在形态之上,认为具有同一性存在根基的存在诸形态就是诸范畴在时间轴上的渐次呈现,因此问题不在于追问实在与非实在,因为"实在"与这些显现之范畴的外延相当,换言之,诸范畴穷尽了存在的一切可能性与现实性(两者从皆属于存在领域而言并没有质的不同),从这个意义而言,"实在"等同于世界;真正应当追问的是,这些范畴的显现方式与内在关联是什么,这毋宁就回到了认识论的领域之中。

尼古拉·哈特曼认为世界可以分为两大基本的存在领域:有空间性的和无空间性的存在。有空间性的存在分成两个层次:一是事物与物理过程的层次;二是生命活动的层次。无空间性的存在领域一般只被理解为意识的内在性,但它本身还有意识与精神的区别。由此,他将存在世界划分为四个基本层次:物质的、有机的、意识(心灵)的和精神的。尼古拉·哈特曼进一步划定了在各层次中适用的诸范畴序列。

物质层次的范畴:空间和时间、过程和状态、实体性和因果性、动力构造和动力平衡等;有机体层次的范畴:有机结构、适应性、合目的性、新陈代谢、自我调节、自我再造、类生命、类稳定性、变异等;心灵层次的范畴:行动和内容、意识和无意识、快乐和悲伤等;精神层次的范畴:思想、认识、意愿、自由、评价、人格等。

除此之外,还有适用于所有存在领域及层次的基础范畴(或称存在原理、存法法则),如单一性和多样性、一致性和差别性、对立和维度、间断性和连续性、普遍性和个体性、样态和形式、形式和质料、内在和外在,决定和依存、质和量、要素和结构、基质和关系等。[①]

且不论尼古拉·哈特曼作的范畴划分是否完全合理,但他确实带来了三点理论贡献。首先,在存在的基础上打通物质世界与精神世界,将之统合进生命衍化的大流之中,使我们所言的"实在"或曰"世界"也同时

[①] 参见[德]尼古拉·哈特曼《存在学的新道路》,庞学铨等译,同济大学出版社2007年版,译者序。

等同于"生命",将"实在"不仅带进我们的认识对象领域,同时亦将具有反思意味的认识主体带入存在领域。"认识范畴在对象的认识中通常完全不能被认识。尽管它在我们的认识中发挥作用,但就其本身而言,不会成为认识的对象,只有通过认识论的反思,它才会进入意识的光明之中。"① 从这个角度而言,尼古拉·哈特曼似乎与黑格尔的精神格调具有某种相通性,即他们的理论架构都有一种大全式的、活的、绝对的精神,虽则尼古拉·哈特曼没有如黑格尔那样明言自己的学理抱负与主张,但他也同时采用了一种"堪透一切"的、大写的第三人称视角在进行着对世界的梳理,而非一种似有未知与犹疑的探索。在这一点上,尼古拉·哈特曼对现实世界与存在领域的统合更为"思辨"一些:"存在范畴至少处于自然的认识方向中——处于对象的背景中,虽然简单的对象认识没有探究存在范畴。但鉴于所有的对象认识都具有前进的趋势,因而对象认识在进一步的深化过程中很有可能直接导向存在范畴。"② 以下会再详细介绍他谈及的认识对象在存在范畴中的前进趋势,这已然成为一个宏大的价值空间。其次,在存在的基础上可全心考察范畴的诸种区分与划分,这是因为存在与存在状态在外延上等同为一,且存在通过存在状态即诸范畴来显现自身,那么对存在的拷问无疑就等同于对诸范畴及其层次的考察,也因此,尼古拉·哈特曼的现象学形态与认识论十分相像,毋宁说,他在现象学的根基上试图开出认识序列及其规范的果实,使对生命的理解完全系统化、规律化并具有相对可控性。最后,在存在的基础上细化了心灵层次和精神层次,从现象学的角度而言,即区分了心理事实与存在本身。这一点充分展现出尼古拉·哈特曼底层的现象学品性,从某种角度而言,是否能够突破认识论基层的"能所"藩篱,才是区分现象学与别的理论形态的重要分水岭,尼古拉·哈特曼不仅作了这种区分,并且将两者分别归属于两个存在领域,这一点为厘清存在领域与认识领域提供了清晰的启示。③

尼古拉·哈特曼最令人深刻的学理架构意图在于,他试图将世界于存

---

① [德]尼古拉·哈特曼:《存在学的新道路》,庞学铨等译,同济大学出版社2007年版,第11—12页。
② [德]尼古拉·哈特曼:《存在学的新道路》,庞学铨等译,同济大学出版社2007年版,第12页。
③ 虽然存在领域与认识领域在尼古拉·哈特曼的视域下是同一的,但区分仍然具有理论建构的必要性,这也是"范畴"所承担的学理任务。

在意义而言的绝对连续性与在显现层面而言的相对不连续性同时进行把握，"范畴"是他作如是努力的理论工具。世界从存在而言是绝对连续的，但它从显现的角度来看又是分层的，世界这种不一不异的二元结构被他称为一种"叠加形式"。"既然世界是一个层次结构，所以其统一性在于其层次的联结状态而不在于别的什么。如果成功地找出了层次联系的规律性，世界因这种规律而具有稳定性，那么世界的统一性就只能作这样的理解了。用这种方法很可能成功地在将层次彼此区分开来的深刻差别中揭示出它们不间断的联系。"①

"不间断的联系"亦即以上提到的认识对象在存在范畴中的前进趋势，这构成了尼古拉·哈特曼新存在学的重中之重。对其的理解有如下几方面。

第一，新存在学仍然奠基于经验道路之上。"新存在学的道路表现为范畴分析，即一条经验的道路。这种经验既不是通过归纳也不是通过演绎出现，也未遭到纯经验或纯先验认识的否定。……所获得的一切经验的总体构成了现实的起点，对经验自身不确定因素的批判性认识的特征也应一并包括进这个经验总体中，从某种角度说，它们是最重要的一部分经验。"② 由于尼古拉·哈特曼的世界观奠基于存在与存在状态相统合的基础之上，世界亦成为生命全体，在其中所谓的先验与经验之分在一种纯粹的经验中被消解，所谓的先验只是一种在经验流中暂时沉淀出的构想而并不具有独立于生命的超越意义，我们习惯了的"归纳"与"演绎"之划分也成为一个完整经验向度内不断交替上演的论证圆圈的两个端点，并无孰先孰后的问题。

第二，新存在学的内在理路表现为一条全生命观基础上的开放价值链条。这一点在尼古拉·哈特曼的范畴区隔与划分中可见，不论无机界还是有机界都在生命全体中被贯通，它们没有存在意义上的价值等级之分，而只有存在作为价值本体的价值形态之分，因此他认为生命形态间确实存在一种流变的内在动力，这是由生命发展本身决定的，表现为相对低阶的生命状态向高阶生命状态转化，反之，高阶生命状态具有相对于低阶生命状

---

① ［德］尼古拉·哈特曼：《存在学的新道路》，庞学铨等译，同济大学出版社 2007 年版，第 75 页。
② ［德］尼古拉·哈特曼：《存在学的新道路》，庞学铨等译，同济大学出版社 2007 年版，第 14 页。

态而言的自由，但也同样受制于低阶生命状态的限制。"作为范畴，形式与质料的区分是完全相对的，甚至是这样的情形：每种形式本身又是较高形式之质料，每种质料又可能是较低层次质料之形式。这样出现的顺序是一种形式的逐步递升，每种形式又是高于它的形式之质料。自然界就相当明确地依照这种逐步递升的原理构成。"① 这样的递升可以说是一个没有尽头的过程，因此并没有绝对处在高位或低位的价值定位，而只有相对而言永远在行进中的价值位阶之相对变化。

第三，新存在学在价值链中尤其凸显一种有限的、争取而来的"自由"。诚然，价值形态的相对性已被阐释，那又在何种立场上，我们说价值链仍有一种具有意向性的变化动力呢？这就需要强调价值链中相对高阶的生命状态较之低阶有一种自由，这是由"范畴更新"来保障的。所谓范畴更新，是在生命状态递升过程中产生的新的生命状态及其特征，这些特征虽然从低阶生命状态中脱胎而来，却是低阶状态所不具备的。但需要格外留意的是——这或许也是尼古拉·哈特曼较之黑格尔极为不同的一点：他理解的"自由"并不具有无限的、绝对的力量，而只是一种在低阶状态下意识到自身有限性而同时在价值链开放条件下能够自我决定并扬弃低阶状态而创造性得来的相对高阶自由。因此尼古拉·哈特曼所谓的自由是一种有依赖性的自由，是一种在有自由保障条件下由自我争取得来的自由。"没有依赖性的自由等同于没有限制的专制；没有约束和未遭遇抵抗的行为就会是一场没有争斗和没有认真投入的不费劲的游戏。"②

由此可见，如果说爱德华·哈特曼的情感主义现象学偏向于一种道德现象学，那么尼古拉·哈特曼则更偏向于一种伦理现象学，他认为"世界的统一性并非一种贯通性的同类的统一性，而是一种结构的统一性。这种结构的统一性使范畴的异质性有了活动余地"③。在此基础上，他认为伦理学"使人向生命的各个自由形态移动。它是人们关于善恶的

---

① ［德］尼古拉·哈特曼：《存在学的新道路》，庞学铨等译，同济大学出版社2007年版，第51页。
② ［德］尼古拉·哈特曼：《存在学的新道路》，庞学铨等译，同济大学出版社2007年版，第21页。
③ ［德］尼古拉·哈特曼：《存在学的新道路》，庞学铨等译，同济大学出版社2007年版，第81页。

知识。这种知识的力量和结构参与世界的形成,在现实的形成中共同发挥作用"①。

第四节 现象学的横向显现形态与当下体验形态之辩
——以黑格尔与萨特为例

现象学的横向显现形态之代表人物莫过于黑格尔,沿着他《法哲学原理》的思路,我们发现了精神。"法的基地一般说来是精神的东西,它的确定的地位和出发点是意志。意志是自由的,所以自由就构成法的实体和规定性。至于法的体系是实现了的自由的王国,是从精神自身产生出来的、作为第二天性的那精神的世界。"② 当了解到一切具有特定形态的"法"具体说来都是精神的一种外显形态,那么反过来再考察精神,将会发现精神是一个活的东西,人对于其感知之真实犹如眼睛所见、耳朵所闻那样,只是这种真实出自一种心灵的感知,更准确地说,人对于精神的精确把捉是切实落实在自我意识上的,"每个人将首先在自身中发现,他能够从任何一个东西中抽象出来,因此他同样能够规定自己,以其本身努力在自身中设定一切内容;同样,其他种种详细规定,也都在自我意志中对他示以范例"③。若非如此,人无论如何不能内进于这个生命盛放之地——这是人由于也渗透了同种生命力而得以存在的根源,除此之外也无法达致使任何对象成为其定在之表象的契机。所以,人之自我意识对人而言是与精神联通的一个点,从具备自我规定性意义而言就是意志。

意志天生地具有精神的特性,因为意志就是精神的产物,当意志能够完全自身规定自己并彻底地将这种抽象规定性在现实中毫无差池地兑现出来时,意志就是自由的,在完全自为地将其自身之定在实现出来的当下,也就完成了它对于精神全体内涵之呈现的使命。所以,自在自为的意志就是自由意志本身,就是精神,也就是在一种实存状态下又不失其精神性的

---

① 转引自[德]尼古拉·哈特曼《存在学的新道路》,庞学铨等译,同济大学出版社2007年版,译者序,第44页。
② [德]黑格尔:《法哲学原理》,范扬等译,商务印书馆2010年版,第10页。
③ [德]黑格尔:《法哲学原理》,范扬等译,商务印书馆2010年版,第11页。

自我意识,是自我意识之全体显现——谓之自我意识实体。沿着黑格尔的这个思路一路挺进,本书从"自我意识"发展的三种形态切入来考察意志发展的三个阶段,一并凸显精神在不同阶段的呈现形式。

一 单纯抽象的"我"环节

作为任何思维主体能够思维的开端,不论用多么富丽堂皇的理论装点之、引导之,皆不能跳脱对思维主体自身的自我意识,即"我"在思维。甚至当思维内容都尚未成形时,作为主体的"我"也天然地就有一种对于自我的感知,这就好像一个没有分化的感觉全能细胞一样在无始之初就以存在这一事实不容置疑地奠定了别的一切存在者的存在基础。

唯因这个"我"的凸立,一切随之而来的表象之呈现都因为经"我"之手而只能是"我"的表象——包括那些思维的表象,也由此,"我"就成为一个对于任何可能显现之表象而言蕴含无限可能性的造物场域——在任何表象呈现之前"我"就已经存在了,甚至不用必然经任何一个表象之手,"我"就在一个完满的自我意识中保持了"我"的绝对完整性和自主性。"我"由于意识到自己的存在而就是存在本身这一事实无需任何"我"之外的东西来证明什么或增添什么,因此显得自身就是高贵的,但同时也是孤绝的。因为这个"我"之场域包含了任何别的外物表象呈现的一切可能性,但却不必然地要去呈现它们——事实上,"我"为了最大限度地保全自身之完满,甚至拒绝呈现任何表象,因为一个单独的"我"之完整,都胜过任何规定带来的支离破碎。

这是因为,既然说纯粹之"我"是一个造物场域——包含一切表象之呈现的可能,换言之,它包含了所有因规定而来的特殊物之本质上的普遍性。这种普遍性为抽象之"我"自矜在纯粹抽象领域而不愿迈出哪怕一步提供了某种辩护,因为一旦对某物作出规定,那么规定物在客观上就将成为"我"之对立物而完全失却普遍性,这个结果对于普遍性自身来说虽然没有什么损失,但考虑到一旦普遍物下降为特殊物并在它新的特殊形态中不能完满地表达自身时,它就完全不想进行尝试了。

在一个纯粹抽象的造物场域里,只有不向伴随规定而来的任何呈现迈出步子,才能在纯粹抽象中使得自身完整。但这是一种消极的自由,"人是对他自身的纯思维,只有在思维中人才有这种力量给自己以普遍性,即消除一切特殊性和规定性。这种否定的自由或理智的自由是片面的,但是这种片面性始终包含着一个本质的规定,所以不该把它抛弃"①。如此导致"我"的对于纯粹抽象的执守也因此就是一种带病的自恋,因为除了"我"之外,"我"没有任何东西。"我"只是一种混沌状态,在绝对安静里寸步不离地守着自己。对于这种情况之下的"我"而言,就算包含了所有音符和律动也终究是无声的乐章,因为就算再多的呈现之可能也只带着死的心情而已,它们被完全封闭在一个潜隐的世界中,对于现实而言永远是灰色地带。

由此,这个抽象的"我"一方面完全如愿地避免了自我支离的危险境地,但另一方面也就失去了那种冒险可能换来的意志活力。因为意志本身的含义中就包含有一个指向的对象,然而在这里却没有任何对象作为"我"之内容——对象也是"我"之分立为自己设定的,既然"我"将指向的全部内在冲动都返回自身,那么"我"自身不仅就是"我"的一个完全主体并且也是"我"的一个唯一意志指向客体——由于"我"这种对自身的坚守,因此一定要为在这阶段的意志进行称谓的话,那就是"形式意志"或曰"直接意志"。如果说意志在这个阶段守住了自身完整而成为一个值得推崇的完满状态,那是不合适的。因为意志在此牺牲了任何可能性呈现,即牺牲由任何思维引发的在"我"中的限制而带来的具体物之呈现状态,这时的意志就算是自由的,也只能表现为一种否定的自由。这种否定的自由意志甚至也连根拔除了思维的家园,以至于它原本要表征自己蕴含着的动力,却在这里连带拔除了在思维表象中具有意义的空间及思维过程中占据的时间而完全沦陷为无时间、无空间的一种纯粹感知性反思之物,成为一团浓密的潜隐意志。可以料想的是,如果它完全占据着我们的心灵与头脑,对于我们来说,就任何时候都好像能够感觉到有什么在狠狠撞击着可思及可感的器官,但对于它是什么却只能保持缄默。它揭示的除了对于任何他物来说是具有不曾被影响与破坏的自身完满性以外,就什么也没有剩下了,因此如果要将它供奉在某种期盼的神坛里用一种迷狂的心情对之加以崇敬倒是未尝不可,但至于说能够从它那里得到任何与现实有关的哪怕一点勾连那都是妄想,因此现实存在的意志于它而言就是一个要极力避免的黑洞——如果面对它的吸进任何具有现实活力的显现之物还不绕道而行的

---

① [德]黑格尔:《法哲学原理》,范扬等译,商务印书馆2010年版,第15页。

话，那么除非真实世界向任何有理性者所展示的丰富性都不足以令其将眼光转向更为合理的考察方向上去。

二 有规定的"我—它"环节

对于以上纯粹抽象的"我"之领域来说，虽然"我"由于对别的一切规定的坚决排斥而守住了自身完整性，但因为它自身就是精神性的纯粹表达而不仅是从思辨的角度说它能够守住自身就能实现这种纯粹性，而且它作为一种生命能量在没有任何限制的情况下却不可避免地要以一种盲目的冲动来表达自己，这是一股纯粹的、显露无遗的生命力——从一个纯粹的角度对之把握，那么这个力也是原始造物的一股动力，它在任何显现之前就已经存在了，并且为那些潜隐的显现之物提供巨大的自我实现之动能。相较于纯粹抽象的"我"对自身那种在时空之外的抽象设立所表现的毫无色彩可言，这股活跃的生命力在存在层面显出了自己炫目的色彩——它的纷繁夺目令任何一个"我"都感到眩晕，因为它必然要以某种形态将自身挺立出去，但在具体呈现为现实对象之前却没有任何聚焦。

在人之自我意识中把握这股力，表现为某些出自生命深处的冲动、欲望等，以往偏好于建构形而上学的哲学家们对这些原始但强大的生命都往往抱着退避三舍的态度，由于这种生命力的不合乎法则令他们感到难堪，他们采取的态度大多是以抽象的法则之设定、连带在其上赋予的先天超验地位开始堂而皇之地对这些原始生命力进行无条件镇压，认为前者一定在高贵性上强于后者——因此，他们能够用理性捍卫者标榜自己；或者走向了另一种极端，像某些人意识到这种原始生命能量本身就蕴含着对于存在者而言质朴与真实的启示一样，有人将这股生命能量完全彻底地理解为人类所有活动的根源。后者的恰当性在下一节就能得到阐明，这里强调的是，把这种并非符合理性规范的生命能量划分在精神领域之外是愚蠢至极的，就像那些形而上学的拥护者批判的那样，如果认为生命能量是一种较低级的存在物，那如何理解它的来源呢？这个问题是他们从未正面回答过的，就好像这些生命基层的原始动力从来都在那里一样，不过这反倒为我们提供了佐证——它的存在不可回避，它必定自身就是一个根源性的基地。

当自我意识自身感知到生命动能的不均衡表达时（实际上，唯有生命动能向我们的不均衡表达能够显出意义，因为如果任何时候我们都处在同种生命能量的同种表达水平上,是在纯粹"我"对自身完全坚守的前提下完全感知不到这种要以某种外显方式显示自身的生命冲动的,唯有这种生命冲动以自身的不均衡性为我们的感知提供某种就纯粹"我"的同一性来说不合拍的东西,我们才能感知到生命能量这外溢的洪涛——这毋宁说是生命动能自身对那寂静之"我"的反动与革命),某种连带的思维就一并自发产生出来了。因为这种生命动能总在以各种各样的方式表达自身,唯其不同,我们可以动用思维恰好是对于不同事物设定界限的功能来对之进行思辨的把握,将这些不同的生命力之浪花以概念的形式加以界定。"在这个环节,自我从无差别的无规定性过渡到区分,过渡到设定一个规定性来作为一种内容和对象。我不光希求而已,而且希求某事物。"①

显见,生命动力的自发表达本身就是意志的显现,漾出了那个同一性的"我",带着"我"的温度以一种豪迈的情绪开始了离家出走的旅程,所到之处无不创造着外物——因为带着对纯粹"我"的背叛,但又同时作为"我"之分化的生命力,无非是在"我"中创造出了无数"它"的形态——"它"同样任何时候都是"我"的被造物,因为无不带着"我"的体温,但就它作为纯粹"我"的反动来说,却制造了无数"我"的对立面,在他物的实存形态中体现新"我"。这个新"我"不再是氤氲着的混沌,而是在自己制造的一个对象"它"中——在这个对立关系的建立中相对地开始认识自我。之前虽然绝对地占据着"我"却从未有过认识"我"的机会,那是纯粹"我"傲骨的悲情,在这里,却已成为被生命力从自身中突破出去的已逝的魔障。

纯粹"我"是一个持续的存在场域本身,但由于分化的"它"诞生出来表现为一种颗粒性、不连贯的存在形态,此时"它"既是出自"我"的创造又并非与"我"完全一致,既是纯粹主观的产物又本身就是客观的——不论它停留在思维当中抑或已通由实践将理论的现实转化为实存的现实,都属于主观与客观结合着的一种形态。对于"它"从诞生之初就显出的形态的差异性,正好对应于思维天然的使命,即通过概念的方式把握那些从主观中分化出的客观定在。由于主观与客观在概念地把握事物中达到了统一,因此思维也同时就是意志的把握方式,反之,意志也是思维的动态表现形态。所以认为思维和意志是截然不同的两种事物是一种很深

---

① [德] 黑格尔:《法哲学原理》,范扬等译,商务印书馆 2010 年版,第 17 页。

的误解,当把两者都植根于精神的土壤里时,它们只是同一个东西可以互证的两种把握方式而已。"但是我们不能这样设想,人一方面是思维,另一方面是意志,他一个口袋装着思维,另一个口袋装着意志,因为这是一种不实在的想法。思维和意志的区别无非就是理论态度和实践态度的区别。它们不是两种官能,意志不过是特殊的思维方式,即把自己转变为定在的那种思维,作为达到定在的冲动的那种思维。"①

但同时显露的是那些形而上学拥护者们批判生命动力时所持有的某种合理性。由于通过概念把握的那些"它"形态各异且因同属于"我"的衍生物而具有同等价值,因此很难评判"它"们之间发生冲突时应该按照怎样的评判法则去认识其孰高孰低、孰先孰后等问题。因此,毋宁说"它"的出走虽然较之抽象"我"有丰富的多样性,但这种外逸与流泻本身就是充满各种矛盾的任意之举以致形成各种"它"交织的杂乱战场。此时的意志表现为一种没有确定指向性承载的,仅仅具有一般限制性的意志,即有限意志,虽然规定了自身的疆界但除此之外好像也未带来别的什么。

这种意志相较于纯粹"我"的否定意志好像因为客观地实现了自己而具有相对积极的自由。诚然,当可任意地争先恐后地列举出自己的现实性成果时,意志便具有了在各种呈现形态间进行拣择的空间,这就是意志面对无量表象之显现时所具备的选择权。如果将大量思维表象提供出来而造成人意识上一时狂热的状态称为"优柔"——因为此时各种可能性都已完成自身的呈现而等待着在意志拣择中的优美亮相,那么意志面对着如此众多的现实材料时所表现的举棋不定则相应地可称为"寡断"("优柔"是思维层面的,而"寡断"是意志层面的)。所以意志的该种选择权也可被理解为自由,但这种自由在仔细考察时却并不具备清晰的判别能力——因为它与生命力的任意表现一样,自身也是任意的。在这个意义上,此时所呈现出的意志之自由也是一种片面的状态。

三 作为自我意识实体的"我"环节

经历了自在存在的纯粹"我"的环节,以及自己因设定限制而相对呈现与认识自身的"我—它"环节,前者的自我意识表现为自在的存在,

---

① [德]黑格尔:《法哲学原理》,范扬等译,商务印书馆2010年版,第12页。

而后者则表现为自为的存在,但同样作为自我意识发展的两个中间环节都表现为片面的。前者固守普遍性而永远不迈出现实性的步子,后者则自我规定、任意造作,但恰恰失去了源初的普遍性。自我意识唯有将前两者作为必要环节继续往前发展,才能在自身中克服前两者所显出的不足,同时又吸取它们的有益之处,这是一种辩证发展的思路。

事实上也是这样,自我意识必然面对这样的回归趋势——带着"它"造作的一切客观丰富性返回到"我"的普遍性中,成为既自在地守在自己身边又有在实存中实现其定在能力的一个"我",即"我"之实体。至此,才算走完了"我"完整的发展之路,形成"一个完整的圆圈"①。

自在自为的"我"是抽象之"我"与自身富有规定性的"我—它"之"我"的辩证统一环节,一方面不离自身普遍性,保持着纯粹主观上的完整,另一方面也走出自建的城堡而依循着生命动力外显的那种冲动,实际地将自身潜存的可能性兑现为实存。将这两方面统合为一的关键之处在于如何将纯粹主观之"我"与客观中实现的"我"统一起来,这只有一种方法,即把"我—它"中的"它"保留其实存性地取消其蕴含的一切界限,将"它"打通并连成一片,程度即与"我"的全体完全相合为准,这么一来,抽象的"我"与实存的"我"在疆界上完全相合,即"我"实现了抽象及其定在的结合而成为实体的"我",具体说来就表现为"我"对"我"自身进行规定并将"我"现实地兑现出来表现为客观实存,此时一个全体托现的"我"是纯粹主观与其客观的完满统合,构成一个活的单一物。

如果说主观之客观化表现为某种目的,那么在此环节中,主观反求诸己,将自己作为要实现的唯一客体,在客观化自我的过程中,也将"我"所包含的一切普遍性赋予客观实存,使得主体即为实体。在这个环节中,自我意识的实体之"我"抛弃了纯粹之"我"的空洞,但保留了其普遍性——这是任何表象共通的基础;"我"也抛弃了生命能力的任意作为,但保留了它自觉指向外界以现实地实现其自身之意图,将两者结合起来,赋予了冲动一种庄严的哲学格式,或曰,造就了冲动的合理体系,这是自我意识的实体所要最终表达的,至此,也才完成了其形态的完满性。

在自在自为的实体性"我"中,意志发动无不就是普遍性的代言者,

---

① [德]黑格尔:《法哲学原理》,范扬等译,商务印书馆2010年版,第4页。

反之，普遍性亦呼唤这么一种与之完全匹配的意志来现实地表达自身，这个意志就是自由意志，或曰无限意志。该意志天生地就指向某个实存，在此环节中这个实存则恰好就是意志自身，也就是"我"的可能性不再残余"可能"的死角而就其实现来说达到了完满的程度，这是意志所希求的，也同时是意志所呈现的结果。如果"我"思维可通达自由意志也同时就是任何可能性实现之所，那么自我意识将不再像一般理解的那种意识一样是主观的东西，而就是意识事实本身。当"我"这样成就了"我"时，精神亦连带着上升到了绝对精神的崇高境界当中——在那里，所思即所在，所在即所思，一切未能这样认识的事物只不过是该种境界实现前的种种中间环节罢了，亦只是这一永续性实体自我中的颗粒性存在者而已。所以在绝对精神的角度才能理解黑格尔所谓的"凡是合乎理性的东西都是现实的；凡是现实的东西都是合乎理性的"[1]。如果合乎理性的东西不全是现实的，那么它们只是还耽于抽象"我"的泥泞中没有腾出脚来前进至实存中；如果现实的东西不完全合乎理性，那么就是冲动还没有被完全纳入合理体系。

在这个阶段，也才能理解自由的真意。意志之自由是按照内在生命动力而行，却又任何时候都不违背"我"为自己制定的普遍性。那种认为自由就是妄为的观点在此就能进行反驳，这也回应了前述第二阶段中提出的问题。自由如果没有在其精神内部与普遍性联结，就绝不是真正自由的，因为这种自由是缺乏自我洞见的消极自由，在是否其所为是按其本性而行方面一无所知，这种自由就连动物也是具备的，如果将人的自由放在这个层面理解，将是非常自降身价的错误行为。

对于第一阶段，可以说没有限制就没有自身发展，而对于第二阶段而言，则可以说没有普遍性，就没有个别性的统一。这种统一在其实现自身的无限进程中也同时必然包含着自身的理念，是意志与思维的合一贯彻，它知道自己所行的根据，即对于普遍性"我"的现实回归，虽然带着原始冲动离家出走了一遭，却携着现实性这一丰硕成果又返回自身与"我"待在一起。如果将第一阶段的自我意识比作受家长严格管教而不能被单独辨认其人格性的无力小孩，那么第二阶段的自我意识则像不堪重荷而内心充满叛逆的孩子，在第三阶段中，孩子终于带着自身成长的丰富经验重返

---

[1] [德]黑格尔：《法哲学原理》，范扬等译，商务印书馆2010年版，第11页。

家中，成为高度自律的成熟孩子。

自我意识发展经过纯粹抽象的"我"—自我规定的"我—它"—作为实体的"我"三个发展阶段，最终在其实体性"我"中完成了自身合普遍性的实存，把绝对精神也一并凸显了出来。三个阶段分别对应的意志之显现分别是形式意志、有限意志及自由意志，在最终环节，对自由的正确理解也才被完全掌握。如果不在精神的土壤中理解自我意识及其发展衍进中的各个产物，那么就会因为要么是空洞的，要么是盲目的而成为片面的。所以精神也就是带着自我规定性的定在，它的完满呈现即绝对精神则是所思即所在、主观与客观完全统合的状态，是自我意识之实体。

黑格尔现象学的这种精密布局扎根于精神的土壤之中，并在精神的自身衍进过程中发现了围绕"我"的三个基本阶段，自成体系，令人叹为观止，也因此似乎已然说尽了一切精神现象的根源和形态，然而仍然有别的哲学构思形态与之旨趣相异，譬如萨特的情境直观现象学。

萨特更关心的问题显然不是精神如何横向地、递推地铺陈其显现之物并在其中逻辑地显现自身，而是，现象底层的显现究竟是什么及如何进行把握。从立意宗旨而言，萨特与胡塞尔更为接近，他在其代表作《存在与虚无》中澄清了这些问题。然而，萨特与胡塞尔仍然不同，从其对"意向"的基本阐释中可见：如前所述，胡塞尔认为意向总是关于某物的意向，但这一点被萨特敏锐地捕捉为如果是这样，则意识也只是对某物的意识，一旦有了相对意识，则意识仍然还只是一个主观性的意识而不能显现出它较之对象在层级上的不同。沿着这个思路，事实上，萨特将对某物的意识作了本质与显现的双重扩展或曰在无特定对象这一意义上的还原，将意识的疆域扩充进任何可能的显现之物，而其本身只是自在存在本身，是纯粹的、自在的存在而非只针对某特定对象，它时刻都因充实进显现之物而令显现之物显现。从这个角度而言，则萨特所要揭示的存在之域又与黑格尔的精神有可类比之处。

萨特与胡塞尔和黑格尔都不同的一点是，他力主将意识或曰通由意识所要感知的存在与认识论彻底分离开去，认为只有在不混同两者的前提下，一个自在的存在域才有可能在不染指一切主观自为的自身限定中被揭示，并且，他也同时强调这个自在域对一切现象的当下在场是一种源初的、超越的、必然的在场，否则，现象不可能显现。"反思一点也不比被反思的意识更优越；并非反思向自己揭示出被反思的意识。恰恰相反，正是非反思的意识使反思成为可能：有一个反思前的我思作为笛卡尔我思的条件。"① 萨特所要表明的似乎是，首先，反思仍然是一种主观性的意识，而一产生主观意识，就已然存在相对的对象意识，因此它与对象意识并没有本质差别，毋宁说，它是一种特殊的对象意识，"不应把这种（对）自我（的）意识看成一种新的意识，而应看成使对某物的意识成为可能的唯一存在方式"②。其次，唯其是一种对象意识，因此它仍然是主观自为的。最后，一种主观自为的意识因为总是意向特定对象而显得注意力狭窄，它限定了自在本身并自以为能够如其所是地显现对象，然而，当它的特定注意力从特定对象上挪移开来，才会在一种"我"的消散状态下慢慢认清"我"同样嵌于其中的存在本身并看清之前的局限性及因这局限性而来的对对象之物的切割。因此，萨特的建构基础一直不离"自在"："存在是其所是……与之相反，自为的存在被定义为是其所不是且不是其所是。"③

有意思的是，萨特强调的自在并非与自为截然对立，或者说，它在"可感知"的意义上融会了自在与自为，将自为的特性有机涵纳进自在的内涵之中，使自在成为可感知的、质料性的存在之域。譬如：

> （对）快乐（的）意识作为快乐自己存在的真正的方式，作为构成快乐的质料，而并非作为那种事后强加在享乐主义质料上的形式，它对快乐是构成性的。快乐不可能在意识到快乐"之前"存在——即使以潜在性或潜能性的形式也不行。潜在的快乐只能作为（对）潜在的存在（的）意识而存在，意识的潜在性只有作为对潜在性的意识而存在。……（存在）是一个通体都为实存的存在。快乐是（对）自我（的）意识的存在，而（对）自我（的）意识是就快乐的存在之法则。海德格尔在这一点上说得好，他写道（真正说来，他是在谈论此在而非谈论意识时）："就一般可能谈论的而言，这个存在的'如何'（本质）应该从它的存在（实存）出发来设想。"这

---

① ［法］萨特：《存在与虚无》，陈宣良等译，杜小真校，生活·读书·新知三联书店2015年版，第11页。

② ［法］萨特：《存在与虚无》，陈宣良等译，杜小真校，生活·读书·新知三联书店2015年版，第11页。

③ ［法］萨特：《存在与虚无》，陈宣良等译，杜小真校，生活·读书·新知三联书店2015年版，第25页。

意味着意识并非作为某种抽象可能性的个别例证而产生，而是在从存在内部涌现出来时，意识创造并保持着它的本质，就是说调配着它的各种可能性。①

此处，萨特将感性质料作为自在存在显现自身的一个必要条件，将存在之显现完全当下化为一种在场的体验，这相当于对意识的理解又推进了一步，直接使意识从意识自身的背景场域显现出来，而意识则只作为一种对这个存在场域的把握机能而出现，因此意识只在认识论的基础上把握了这种存在的本质而已，但它也同样出自存在本身的创造。因此他说："可以有对某个法则的意识而不能有某个意识的法则。"② 这正好可以作为他著名论断"存在先于本质"的注脚，因为意识所能把握的只是存在的某种状态（或曰法则），但这并不意味着脱离存在、意识可以自立法则，这种自为的造作正是萨特所要批判和澄清的。

在此基础上，萨特澄清了两种类型的"虚无"。存在意义上的"虚无"，亦即以上所述纯粹的感性自在世界。"由于放弃了认识的至上性，我们发现了进行认识的存在，并发现了绝对。……事实上，这里的绝对不是在认识的基础上逻辑地构成的结果，而是经验的最具体的主体。它完全不相对于这种经验，因为它就是这种经验。因此这是一种非实体的绝对。……在这种意义下，它是纯粹的'显象'。但是恰恰因为它是纯粹的显象，是完全的虚空（既然整个世界都在它之外），它才能由于自身中显象和存在的那种同一性而被看成绝对。"③ 因此，严格意义上所谓的虚无并非什么都没有，而是作为显现物基础而在每个当下被直接体验式把握的自在存在本身，它也同样不在认识论的范畴之中，"已把握的根本不是作为已被表达出来的那些思想的表象或涵义，而是直接按其本来面目被把握的思想——'把握'这种方式不是一种认识现象，而是存在的结构"④。

---

① [法]萨特：《存在与虚无》，陈宣良等译，杜小真校，生活·读书·新知三联书店 2015 年版，第 12—13 页。
② [法]萨特：《存在与虚无》，陈宣良等译，杜小真校，生活·读书·新知三联书店 2015 年版，第 13 页。
③ [法]萨特：《存在与虚无》，陈宣良等译，杜小真校，生活·读书·新知三联书店 2015 年版，第 14 页。
④ [法]萨特：《存在与虚无》，陈宣良等译，杜小真校，生活·读书·新知三联书店 2015 年版，第 15 页。

否定意义上的"虚无"。在萨特看来，存在即为存在，它本身具足圆满，而一旦升起"不"，这里便出现了两重情况：第一，存在从存在中跌落出来成了非存在的东西；第二，非存在试图用"不"限定存在以达至自身的"存在"，但这是一种自欺的表现。从这个角度而言，否定意义上的虚无刚好与存在意义上的虚无相对，在萨特看来它是一种非存在状态下的虚无，是抹杀本真存在的虚无。"否定不可能达到绝对充实和完全肯定的存在的存在核心。相反，非存在正是对这完全不透明的核心本身的否定。"[①] 从这个角度出发，萨特对黑格尔精神哲学体系中推动每个环节向前流变的否定性进行了批判："应该与黑格尔针锋相对地提出的是：存在存在而虚无不存在。因此，即使存在不能是任何已分化的性质的支柱，虚无从逻辑上说仍是后于存在的，因为虚无假设了存在以便否定它，因为不的不可还原性将加到那团未分化的存在上以便把它提供出来。"[②] 萨特对黑格尔的批判可作如下理解。首先，否定性的虚无与存在性的虚无并非在同一层面上，前者是对后者在自为视域内的"戕害"，"非存在只存在于存在的表面"[③]。其次，否定性的虚无确实似乎在推进现象在下一环节的显现，但与其说是"推进"毋宁说是一种规定。最后，一旦有了自为性的规定，现象层面一系列推进中的环节便很难最终达至它预设中的、超越的境界，也就是说，存在与非存在的鸿沟难以跨越。"对黑格尔来说，一切规定都是否定。但是在这种意义下，理智就被限于因它的对象而否认它是它所不是的他物。这一点大概足以阻止所有的辩证法进程，但还不会足以取消超越的萌芽。因为存在超越自身过渡到别的事物中，所以它不受理智的规定，但是因为它超越自身，也就是说，它归根结底是它自己的超越的起源，它应该反过来向理智显现它是什么，而理智是把它禁锢在自己的规定中的。肯定存在只是其所是，这至少在存在就是它的超越的范围内保存了原封未动的存在。这正是黑格尔的'超越'概念的模糊之处，超越时而似乎是被考察的存在发自最深处的喷射，时而似乎是带动这个存在的

---

① ［法］萨特：《存在与虚无》，陈宣良等译，杜小真校，生活·读书·新知三联书店 2015 年版，第 42 页。

② ［法］萨特：《存在与虚无》，陈宣良等译，杜小真校，生活·读书·新知三联书店 2015 年版，第 42 页。

③ ［法］萨特：《存在与虚无》，陈宣良等译，杜小真校，生活·读书·新知三联书店 2015 年版，第 44 页。

外部运动。"① 因此萨特是要在绝对肯定的意义上阐发存在，他甚至取消了由主体带来的内外差别、主客之分："它是不能自己实现的内在性，是不能肯定自己的肯定，不能活动的能动性，因为它是自身充实的。"② 也因此，萨特的思路便显现出与黑格尔极为不同的特质：萨特直接取消了辩证法的合法性，而代之以对存在本身的当下直接体验。如果说黑格尔的精神辩证运动中始终有一个"我"作为过渡环节承接着一个主观的空位，那么在萨特的理论形态中则取消了这个空位，而将"绝对空间"还原并归还给自在存在本身并取消了有"我"时的意向有限性，代之以无有对象性，却当下自然显现一切对象的本真存在之域，从这个意义上使得虚无既超越于显现物又寓于显现物之中。

萨特所开辟的存在体验之路要求显现物的当下在场，因为显现物之显现也同时意味着存在的当下在场。从这个角度出发，他批判了胡塞尔和康德："由于已把存在还原为一系列意义，胡塞尔能在我的存在和他人的存在之间建立的唯一联系，就是认识的联系；因此他像康德一样不能逃避唯我论。"③ 萨特的理论建基于一种完全超越认识自我的存在根基上面，他所要求的那种体验真实性不来自认识，而来自感受，在伦理学的建构中也是一样，他人不是自我映射的对象，而是一个真实的、平等的存在者。"必须要求绝对内在性把我们抛进绝对的超越性：我应该在我本身的更深处发现的，不是相信有他人的理由，而是不是我的他人本身。"④ 因此萨特在伦理学上的造诣相较于黑格尔而言有一种直接性与平等性，他打消了他人在精神显现过程中可能沦为对象的诸种可能，在关系由于"我"和"对方"的双向充实而实在化中将存在当下烘托出来，而不再经过一个漫长的辩证发展历程。

---

① ［法］萨特：《存在与虚无》，陈宣良等译，杜小真校，生活·读书·新知三联书店 2015 年版，第 41 页。
② ［法］萨特：《存在与虚无》，陈宣良等译，杜小真校，生活·读书·新知三联书店 2015 年版，第 24 页。
③ ［法］萨特：《存在与虚无》，陈宣良等译，杜小真校，生活·读书·新知三联书店 2015 年版，第 298 页。
④ ［法］萨特：《存在与虚无》，陈宣良等译，杜小真校，生活·读书·新知三联书店 2015 年版，第 318 页。

第五节　现象学的道德心理流变与
伦理心态转向之别
——以萨提亚与海灵格为例

当现象学从理论关切转入应用领域之中，便具有了更广阔的应用想象空间，这并不奇怪，因为现象学的体悟性、实践性、价值性等特点本身就不囿于只是思辨地对之进行理解，而重点在于心灵之中的领会以至于亲身证得。因此，应用领域中现象学与心理学的结合便不是偶然，脱胎于积极心理学的萨提亚转化式心理疗法以及自称始终运用现象学方法进行家族及企业系统治疗的海灵格体系便是活跃在当今中国社会中的典型代表，它们在一定程度上可以反映出现象学在心理治疗领域中的形态转变，并扩展我们对现象学内涵的理解。

萨提亚扩展了著名的弗洛伊德人格冰山理论，对一个现存主体的人格结构进行了深入探索，具体展开为：（1）行为；（2）观点（及其推动之下产生的各种情绪感受）；（3）期待；（4）渴望；（5）"自己"。其与弗洛伊德人格冰山理论的不同之处在于三点。

其一，对于生命系统最底层的"自己"之阐释并不是盲目的生命冲动力比多，而是一个具有普遍共性的存在基地，它是生命的源头，并且带有神性般的光彩，是一个充满美与爱的所在，它给人积极的情绪体验并彰显出一个本然如此的和谐之境，在此，人我是同一的，在此视角所见的人性本身、人自身、作为平等存在者的他者及"我"与他人的关系，无不充满着被祝福的本性之光。

其二，不同于潜意识探索与分析的方法，萨提亚将价值现象学的方法引入体察人格结构的整个过程，表现为两点。

第一，她认为人都有联结并回归生命源头，切入真正的、可理解为一个大写的"我"的能力，该能力不仅是人的潜能，也是人本然的生命状态使然，因此它提供了生命连带着自身人格结构自发转变的动力，且这股动力本身的运作方向便内含着价值导向性，即，我们对生命中一切美善的追求都已然蕴含在这股生命动能之中，换言之，生命本身自带转化力，且这股转化力指向生命最美满的状态。回归真正的"我"，既是生命的终极目标，又是推动生命朝向这一价值目标迈进的动力。

第二，正由于人的价值生命须臾不离地根植于人格结构的深层，推动人格结构的正向转化，由此出现一个问题，这个转化与意识的关系是什么？人是在何种意识状态下见证并同时经历着这个转化？这正是萨提亚体系中现象学的运用之处，她认为，人都有觉察己身一切生命状态的能力，所谓觉察正是内含着绝对价值的、人性底层的一种自然能力，如现象学的本质那样，这种能力具有神性般光辉的根源是，它全然看到并接纳一切生命状态如其所是的样子，不加拣择，并且，在萨提亚的体系中，为这种能力加入了疗愈的精神内涵，即一切所谓的心理问题都能在生命底层的觉察升起时得到化解。"萨提亚可以温和地传达看上去自相矛盾的真理，'你正如你本来的样子是完美的，你只需要再做一点点功课'。我们在任何时刻都不可能是别的样子，借由某些因缘我们从过去来到现在的当下，而我们的当下蕴含了所有我们成长所需的内在资源。当我们可以真正认可、接受、欣赏这个信念，既不置之不理，也不强行推开，而是全然接受，这样我们就可以轻装前行。这称之为'自己不断前行'。"① 因此在萨提亚的体系中，现象学不仅具有学理建构、修行体验等内涵，也有了精神治愈的意义："当过程是体验性的时候，改变更容易达成。"② 这一点在海灵格的体系中同样十分突出，以下将详述。

其三，在回答心理问题产生的根源时，不同于弗洛伊德将根源推至力比多的观点，萨提亚的基本态度要更积极、乐观且强调主体在清醒的意识状态下对自己的转变负全部责任。这一点体现在萨提亚模式的四个总目标之中："1. 提升来访者的自尊。2. 帮助来访者为自己做出选择。3. 帮助来访者负起责任。4. 促使来访者更和谐一致。"③ 此处强调主体的责任意识，而责任意识则建立在三个核心概念的基础之上。

第一，高自尊状态。"自尊是'珍视自我，并用尊严、爱和现实对待自我的能力'。……在危机和困难来临的时候，自我价值感的差异就非常明显。具有高自尊的人能够很好地使用他们的资源，发现并迎接改变，平

---

① ［加］约翰·贝曼主编：《萨提亚转化式系统治疗》，钟谷兰等译，中国轻工业出版社2009年版，第27页。
② ［加］约翰·贝曼主编：《萨提亚转化式系统治疗》，钟谷兰等译，中国轻工业出版社2009年版，第17页。
③ ［加］约翰·贝曼主编：《萨提亚转化式系统治疗》，钟谷兰等译，中国轻工业出版社2009年版，第5—6页。

衡自己的八个层面，并以此解决发生在他们生活中的困难。"① 高自尊状态首先表现为对生活中出现的一切境况有乐观积极的应对心态，不论是所谓好或坏的经历都能被其体验为"资源"，即能够从中学习到东西。其次表现为对自己的身份、角色有所确认与界定，这意味着他们能在看似冲突的角色扮演中找到调适的可能并灵活转化于不同角色之间，避免自我的分裂，这一点也是萨提亚格外强调的，即所谓的冲突（不论是内在冲突还是外在冲突），都早已有一个更深刻的、带有整合信息的答案，因此我们要做的只是发现它、联结它。最后，高自尊状态也表现为不那么容易受外界影响与干扰，当人有一个相对内在且稳定的自我认同时（在萨提亚的体系中，最根源的自我认同也是对普遍人性光辉的自我认同），便不那么容易再流连于人格内部或人我关系中可能存在的冲突了，相反，主体成了整合一切貌似存在的问题的核心，成为整合力量的代言人，而不是为所谓的问题所裹挟。

第二，带有觉察的应对方式。主体对自己负责的最关键之处就是培养己身带有觉察的生活方式，即有较为清晰的自我觉知能力，这一点令主体时刻都能自觉认同生命底层的价值根源并找到终极归属感来应对生活中的一切情境，这一点也最能体现现象学的应用价值。带有觉察的生活方式不像一种可能的误解那样认为时刻提起觉察是一件很累的事情，相反，真正的自我觉察是生命中最自然而然的事情，且在没有任何拣择的自我觉察之中，任何可能存在的生命冲突都能在被全然接纳时换来会心一笑，举重若轻地成为生命整合能力之流中的一朵小浪花，况且，在萨提亚体系中，觉察本身正来自生命最本质的呼唤，它带来的不仅是一种生活方式那么简单，也是回归本然生命、体验人之神性存在的必由之路。带有觉察的生活也同时意味着，人格层面随时都在清晰的展开状态之中，自己对自己没有任何遮蔽与逃避的可能，我们可以清晰地看到行为背后的感受、感受之后的感受（即决定表层感受的较深层感受）、决定感受如此被体验的深层观念、观念背后对他人的期待、期待背后掩藏着的可能自己都不知道的内在渴望、突破渴望不被满足所带来的深层恐惧后呈现的具有普遍性的本真生

---

① ［加］约翰·贝曼主编：《萨提亚转化式系统治疗》，钟谷兰等译，中国轻工业出版社2009年版，第61—62页。

命力。① 萨提亚冰山模型像是一张人格地图指引人们不断深入体察式地认识自己,然而,最核心的仍然是自我觉察的能力,否则即使提供了地图,也难以有一个清明的精神场域去展开它,以至于最终寻到精神宝藏。

第三,一致性表达。"觉察和整合冰山的所有层次才能做到整体大于部分的集合,才能使自己、他人和情境三者达成一致性。"② 一致性表达有两层含义。

首先,人格各层面的一致性表达。人格各层面的一致性表达要求在觉察的基础上,一方面使生命系统自动按其最好的方式运作,另一方面在人格各层面,单独来看当并不符合生命系统整体运作之最大化价值并可能产生相互纠结的情况出现时,作出相应的主体性调整。由于萨提亚将价值的最高诉求包含在生命的底层之中,因此也同样渗透在每个人格层次之中,人格系统整合的过程本身就是各人格层面向着唯一价值根源的自身调整与互相统合,以使主体生命的流动越来越顺畅无碍并最终抛弃主体的个别性而回归普遍性的人性实体。

其次,情境中的人我关系之一致性表达。萨提亚并非只强调人格内部的主体性运作,也重视情境中的人我关系和谐,在她的系统中,转变不仅是由内而外的,也是由外而内的。"只有当自我、他人和情境的力量实现平衡的时候,才能实现个体完全分化的目标,即一致性。强调情境的重要性,就有可能使萨提亚模式嵌入一个更大的社会结构中。"③ 萨提亚尤其重视将社会情境设定在家庭之中,广泛使用隐喻、重构、戏剧、幽默和个人联结等方式以可视化手段再现家庭中各成员的心理感受及其互动模式,在这个过程中使家庭成员深刻认识到自己所扮演的角色在一段互动模式中是否有利于自身和他者的成长,是否真正实现了透明、坦诚且善意的沟通。"当两个人互动时,每个人至少有两个方向:一是让别人能给自己回馈;另一个是自己能够对别人做出回应。真实的联结就是指在这两个方向上都有互动,而且结果是一致性的。"④ 看似简单的原则,然而在实际生

---

① 参见禅心法知《萨提亚冰山理论的描述与图示》,禅心法知的博客,http://blog.sina.com.cn/s/blog_ 520dfcde0102dw3v.html,2012年2月1日。
② [加]约翰·贝曼主编:《萨提亚转化式系统治疗》,钟谷兰等译,中国轻工业出版社2009年版,第34页。
③ [加]约翰·贝曼主编:《萨提亚转化式系统治疗》,钟谷兰等译,中国轻工业出版社2009年版,第63页。
④ [美]萨提亚:《与人联结》,于彬译,世界图书出版公司2015版,第20页。

活及在萨提亚首创的"家庭雕塑"中所呈现的效果,都可能差强人意至令我们惊讶的程度。一般而言,在与人联结的过程中,除了有效沟通带来的关系一致性表达之外,往往容易发生的沟通模式是:讨好、指责、超理性与打岔。① 这四种不良沟通模式不同程度上造成了人际关系中的误解与紧张,并破坏了关系应然的状态而使关系中的成员都不能实现更好的自我发展。

萨提亚体系面向主体人格与主体间关系的转化模型是一个开放的系统,这意味着在实践之中最重要的是相信主体生命系统和主体间关系系统都能朝着好的方向转化,以及有一种积极的态度拥抱并促成这种转化,这就需要主体吸纳系统内外的新信息,作为系统转化的养料,而不是故步自封。以家庭系统为例:"开放型系统和封闭型系统是两个基本的系统类型。在封闭的家庭系统中,输入和输出的信息都非常有限,人们以环型和自动的方式对事态进行反映,并且忽视环境中的任何改变。在开放的家庭系统中,人们的反映和交流都受到环境变化或新信息的影响。……一个健康、开放的系统的关键特征是随环境变化进行改变的能力,以及认识到需要改变。开放系统允许人们表达和接受渴望、恐惧、爱、愤怒、沮丧和错误。换句话说,作为一个人,我们可以没有任何顾虑地展现自己,真诚地表达自己,不必担心他人的拒绝或者羞辱。"② 因此也可以在现象学视域下这么表述,一个开放型系统的家庭是一个家庭成员都有敏锐觉知力的家庭,他们关注自身及家庭成员在一切人格层面的表达,并且尊重每一种人格形态的展现,在这种保持着高度觉知力与宽容力的家庭氛围中,家庭成员个我更良善的发展将成为可能。

如果说萨提亚体系是一种道德心理流变的现象学形态(道德心理在其中展现为人格的各个层面及其表现),那么海灵格体系则更偏向于现象学在应用领域中的伦理心态转向。伦理心态转向意味着更加强调一种客观化的现象学视角,两者的比较可类比于爱德华·哈特曼与尼古拉·哈特曼。

海灵格同样引入现象学的方法进行个体心理疗愈,与萨提亚的不同

---

① 具体内容参见"迷失焦虑"相关内容。
② [美]萨提亚·米凯莱·鲍德温:《萨提亚治疗实录》,章晓云等译,世界图书出版公司2013年版,第135—136页。

处在于，他始终强调现象学视域下的自然系统之运作，并认为个体生命同时内嵌于不同维度的系统之中，不论这种系统及其法则是否为人们所理解，但身处其中便必然受系统运作的影响。系统亦分为不同层级，较高维度系统统摄较低维度系统，相比于个人，系统的力量要强大得多。

一般而言，海灵格将系统及其运作规则（在海灵格体系中被称为系统良知）分为三种。

第一，个人良知，往往与个人归属的需求有关。这一点在萨提亚体系中至关重要，但在海灵格体系中只是一种较低层级的良知，由于个人需求带有主观性并顺遂于系统良知，因此它与更高层级的系统良知相比，一方面，对于更大系统的良知运作而言，它的作用往往不算什么；另一方面，个人良知往往被更大的系统良知影响，表现为内心清白或愧疚的感受，以表明它的运作顺应或是冲突于系统良知——顺应，则有相应的清白感，冲突，则有相应的愧疚感。

第二，原生家庭及亲密关系中施与受的平衡法则。所谓施与受的平衡法则，是指为了维护一段关系的良性运作，关系中蕴含的良知要求关系相关方皆能作出有利于关系良性推进的尝试，包括向对方的良性施予及当对方反过来施予自己时，能够欣然接纳并感恩。在原生家庭中，由于父母给予孩子生命这一事实，施与受的平衡从根本上不可能建立，因此孩子对于父母而言永远是受大于施，孩子需要做的，只是尊重这一事实，欣然接纳父母的给予并带着接纳与感恩之心接受。而亲密关系之中的情况则不同，亲密关系中的双方是独立而平等的个体，若想要推动关系不断向良性方向发展，则要求一方在开始时的良性给予略多一些，创造关系中的适度不平衡，而受者则在带着感恩之心接纳之后，在下一次的施予中回馈更多，长此以往，则关系总是在适度且动态的不平衡中不断积聚着良性给予与回馈的资粮。

第三，隐藏的系统良知。"除了那些作用于连接、付出与接受的平衡和社会习俗方面的良知外，在我们觉察不到的关系中，还运作着一种隐藏的良知。这是系统良知，它在作用时优先于我们个人感受到的愧疚和清白，它服务于另一些法则。这是隐藏的自然法则，它塑造着、制约着人类关系系统的行为。在它们之中，有一部分是生物进化的自然力量；有一部分是在我们的亲密关系中可以看到的复杂系统中的普遍的动力；还有一部分是作用于心灵层面上爱的隐藏的和谐的力量。"① 隐藏的系统良知至少包括两重含义。首先，相较于一个较为低级的系统，较高级系统的良知就是一种系统良知，所谓更高级系统，是指更具有普遍性的系统，它高于个体之上，且涵纳并涌现出既在个体之中又能辩证地超越个体之间矛盾的特性。顺应系统而为，并非泯灭个体的特殊性，而是将这种特殊性容纳进更大的系统良知之中，这正是系统的爱的表达，只有顺应了更高系统的个人良知，才能得到滋养从而感到清白与舒适。其次，系统良知是更抽象意义上、然而却更强大的系统。在海灵格体系中，他并不像萨提亚那样将这个系统定位于底层的、具有绝对价值特性的生命基地，他认为系统是否为绝对系统或追问它的终极运行规则都没有必要，人是否能认识它们也不一定，然而，只要时刻留意便会发现它的踪迹，并坚定不移地对它于人而言产生的效果产生一种谦卑的敬畏与无条件的感恩。

  这正体现出海灵格体系中始终贯穿的现象学方法之运用。海灵格将系统良知抬升到一个命定般决定人类个体作为的高度，甚至有超越人类理性之上的嫌疑，然而，海灵格所开出的这个系统良知之域却在他的心理治疗过程中被神奇地证明是存在着的，对于它的解释甚至得借助能量学的立场，此处并不展开。但是，海灵格的初衷并非要以系统良知而否认个人良知的地位与价值，其背后的潜台词毋宁是，个人作为有限存在者，需要对超出自身的更高存在领域——哪怕它在认识能力之外——抱有起码的尊重。从客观而高维的角度而言，人的有限生命及其形态无时无刻不是更大系统运作中的一分子，仅凭借个我一己之力难以真正完满生命真相之全局，个人在自大中所贯彻的无知更是令其在面对诸多反映于己身的、不可摆脱的心灵问题时求解无门，此时对于未知的、更广阔的系统便自然需要多一份谦卑与敬畏，从中学习生命本身的有限与无限之辩证性。从主观而低纬的角度而言，人因为有了更广阔系统的归属而不再是无根的存在，人天然也因受着系统良知的规约才能获得更大自由——这正是一定的限制是为保证一定自由而存在的道理所在。因此，顺应系统良知并不代表人的懦弱，它反而表明当较低层级的生命状态面对更高层级的生命存在时，但凡能生发出谦卑之心，便能融入其中从而获得系统加持的可能。

---

① ［德］伯特·海灵格、根达·韦伯：《谁在我家——海灵格家庭系统排列》，张虹桥译，世界图书出版公司2009年版，第30页。

第一章 现象学近现代肇始及其内在发展理路梳理

海灵格始终对生命本身抱有一种来自现象之本真领域的宏大视角,这种宏大视角甚至超越时空的领域,也超越生死的边界。正如他对家族渊源的追问,便带有佛教所言延绵不绝的业力的内涵:

> 父母给了我们生命,他们是唯一可以完成这件事情的人。在此之外,其他人能为我们提供我们所需要的其他东西。严格来说,我们并不是从父母那里得到自己的生命的,生命只不过是从很远很远的地方经过他们来到我们这里。他们是我们和生命源头之间的联系,不论他们可能会有什么缺点,都不会影响这一点。当我们和他们联系上时,我们就接近了中心的源头,它保存着很多惊奇和神秘。当人们看到自己的父母并承认生命之源的时候,就会发生一些美妙的事情。爱要求接受者要尊重这份礼物和尊重礼物的提供者。无论是谁都应该热爱和尊重生命,热爱和尊重生命的提供者。无论是谁,蔑视或贬低生命,不尊重生命,就不会尊重生命的提供者。当人们接受并尊重礼物和礼物的提供者的时候,他们会在阳光下高高地举起这份礼物,指导它闪闪发光。虽然这份礼物只是通过他们传给后人,但提供者仍然会被它的光芒照亮。[1]

从海灵格这段充满诗意的文字中,我们看出一种绵延不绝的生命感,并也再无理由去对身处其中且不断延续的生命——这份来自存在之源的礼物进行任何切割和指责,哪怕它从有限者的视角而言多么不能令人称心如意,然而,一切生命形态之显现——当找到了生命的根源时,便知都是由系统良知推动的。如此一来,生命于我们而言反而变得简单而生动,因为似乎只要遵照几个基本的系统良知,我们的生命之展现便能获得系统良知本身的祝福而散发出来自高维的光彩。

这些简单的法则除了最根本的、对生命本身的尊重以外,还有就是对身为存在者所担任的角色的伦理认同。譬如说,在亲密关系中,男人就要像个男人,而女人则要像个女人,这意味着男人要承担更多家庭责任,对家庭有一番阳刚的引领,而女人则要退回柔软且顺遂的地位上,这样会带

---

[1] [德]伯特·海灵格、根达·韦伯:《谁在我家——海灵格家庭系统排列》,张虹桥译,世界图书出版公司2009年版,第102页。

给双方更大程度的内心满足。这在家庭系统排列的实例中多有印证："家庭的重心转移到男人的影响下时,家庭中所有成员都会觉得比较轻松,孩子会有足够的安全感,敢于出去经历风浪;伴侣之间会爱火更炽,重温旧梦。在女人跟从她的丈夫,适应他的家庭、他的语言和文化,并且让子女们也这样做的时候,也就是爱可以很好地发展和发挥作用的时候。在丈夫首先为家人幸福着想、用发自内心的关怀来带领家人、明白男人要为女人服务的时候,女人就会心甘情愿地跟随。如果男人误解服务的含义,逃避服务,不能完成这些服务,那么他和他的家人就会饱尝因之而带来的苦果。"[1] 从中我们看出海灵格在大量的心理咨询工作中,一方面发现了对生命系统本身的绝对尊重。另一方面也确实发现了简单的、然而操作起来可能并非那么容易的若干系统良知,只要作为个体的主体愿意看到系统中存在的问题,并愿意从自身出发作出哪怕一点顺遂系统良知的改进,就都会得到系统良知的奖励——这就是,系统会通过关系的良性改善而重新将内心的平静与富足交换到个人手中,而此时,也相当于系统与个人通由系统良知运作而建立起了一个共有的心灵感知域。

再来看一下违背系统良知的情况,以原生家庭为例:"如果父母没有从他们自己的父母那里接受到足够的东西,或者当他们伴侣关系彼此之间没有足够的接受和付出,那么家庭中付出和接受的法则就会一塌糊涂。那么父母就会在他们孩子的身上寻找情绪需求,而孩子们也会觉得有责任处理这些事情。那么父亲就会像孩子一样接受,孩子就好像他们是父母那样来付出。付出和接受就会倒行逆施,有违引力和时间的流动,不是从上一代流向下一代。这样的付出,再也不可能达到应该到达的目标,就好像山中的小溪不可能从山谷流到山峰一样。"[2] 从这段描述中,我们看到系统良知以伦理及其认同作用于个体成员的心灵之中,但若非这样,一方面,符合伦理规范的角色定位会在家庭成员中发生滑动与易位,连带着应然的伦理心态与道德情感都会发生不自然的错位;另一方面,在个体成员心中,会感到一种病态的、对家庭其他成员的依赖抑或是责任感(并不真正属于他们的),遂而令他们以一种焦虑的方式表达他们对其他家庭成员

---

[1] [德]伯特·海灵格、根达·韦伯:《谁在我家——海灵格家庭系统排列》,张虹桥译,世界图书出版公司2009年版,第55页。

[2] [德]伯特·海灵格、根达·韦伯:《谁在我家——海灵格家庭系统排列》,张虹桥译,世界图书出版公司2009年版,第66页。

的忠诚及愿意为他们负担的决心,然而这种看似是"爱"的表达方式,其内涵却不是爱。在海灵格的系统中,真正有力量的爱是系统良知之爱,而不是个人良知之爱,出于个人良知的爱如果不符合系统良知,那么充其量也只是无足轻重的、悲剧性的爱,也因此,海灵格体系中时常透露出冷峻、客观的深刻洞见,并从中生发出一种冷静的慈悲之情。

在海灵格的家庭系统排列之中,我们常常看到不在场的人——哪怕是逝去的人们,都可能以具体可感的、能量运作的方式在场地影响着当事人,为他们带来关于某种生命模式的深刻洞见并促成新的转变。海灵格运用其娴熟的伦理心态现象学以人们可切实觉察并体验的方式向人们表明,系统良知的本质仅仅只是看到问题本身就可以了,不需要再想办法解决或是试图了解得更多,当看到所谓的"问题"时,问题已然发生了转变。正如他在帮助一个新的场域秩序自动浮现出来时,其实治疗便已经结束了。

> 若你愿意,现在有机会接纳新的画面,旧的画面便会逐渐消失。因为在你身上现在正带着一幅有秩序的画面,你可以在其他人和环境都没有改变的状况下单独改变,你将能够以完全不同的态度关注你的家庭。你一直认同着另一个人,你母亲对于这个人的爱慕更甚于对你的父亲,在这种情况下,没有一个女人可以得到你,你也无法得到任何女人。明白了吗?到此为止。①

所谓问题往往产生于个体不明了系统良知,错误地认同了某种非法良知(此处的"认同"是指一个人没有刻意模仿另一个人,甚至不知道或不认识那个人,但却变成像那个人一样,有着与那个人相同的情绪感受、行为模式和命运遭遇),而当它看清这种非法良知时,就意味着以更高的系统良知洞明并接管了这个错误阶段,事实上便已然结束了非法的认同关系,心灵便得到了解脱,现实中的能量场也已经发生了相应变化。这是海灵格系统中最神奇的地方。

通过对以上具有代表性的理论形态之梳理,可见现象学并非一套整全

---

① [德]伯特·海灵格:《爱的序位——家庭系统排列个案集》,世界图书出版公司2011年版,第30页。

且获得了学科范式意义上的、具有统一标准的研究方法,然而不同流派中所呈现的灵感与启发足以使我们结合文化阐释学对"道—德"作一番澄清并创造性吸纳不同的思维方式、框架与观点,共同构建起一个相对整全的"道—德"现象学架构,在其中相对明晰且可控地对生命在现象学基础上的一种呈现有些许理解和把握。这将是下一章的重点。虽然现象学方法并不具有一定之规,然而仍然可见它们之所以能被统称为现象学的一个重要核质,即通由不同道路而逼近或实证主体意识之外的自然或曰本真存在之域,这是现象学的内在精神,只有把握了这一点,才不至于在对现象学的理解中走偏或流于现象而不自知。要之,现象学涉及的问题至少包括如下四个方面:第一,超意识场域的实在性问题;第二,超意识与意识领域的价值展开的实践问题;第三,价值视域下意识自察与破除自我边界的问题;第四,无我状态下的道德形态、道德位阶及道德修为问题。(下一章将在先天意识之阐发及其与后天意识之对照中回应这些问题)。

第二章 "道—德"现象学旨归

本章在对现象学有一个基本把握的基础上，结合中国哲学语境下的文化诠释学，建构"道—德"现象学的基本框架，并为其中可能的结构之阐释继续奠定基础。

第一节 现象学中的"道德"意涵阐发及一种中国哲学式的诠释构想

对现象学的探讨必然引发对形而上学建构与存在根基的探讨，在现象学的诸形态之争鸣与流变中，我们看到这种探讨又不可避免地与"价值"结合在一起——不论这种价值是涉及主体性的选择，抑或是自然的客体形态，但它指引着现象学之存在基底与所现之象间的一种动力关系，并由此才有了现象学的实践特性。从这个角度而言，现象学的发展与道德哲学息息相关，反之，道德哲学因本具一种能动的价值拣择特性而同时与现象学发生天然的联结①，这一点在"道德"与"伦理"的区分中可见一斑："'道德世界观'是相对于'伦理世界观'的概念。作为伦理—经济关系的世界观基础，道德世界观的基本特点是：（1）它是个体的而非实体的或共体的世界观，因而在本质上是道德的而非伦理的；（2）它是关于道德与自然关系的理性或自我意识，属于并往往只停滞于现象学的场域，难以由现象学进入法哲学，即难以由关于理性与理智的考察，进入意识与行为的把握，因而难以成为真正的'精神'或'实践理性'。"②

---

① 诸如在道德哲学建基时所必然要探讨的"自由"概念，因为如若没有自由，道德中蕴含的价值便会因成为一种定然状态而使道德主体丧失责任感，但自由又是从哪里来的？自由本身是什么？这些问题涉及现象学。

② 樊浩：《道德形而上学体系的精神哲学基础》，中国社会科学出版社2006年版，第227—228页。

一方面，道德哲学的探讨领域因在意识界而相对来讲不如伦理世界观那样关注客观、外在、应然之秩序（或认为后者是前者的显现阶段而将之纳入前者的意涵之中）；另一方面，正由于其着力于意识的根源、合法性根基及发生发展机制等问题，道德哲学对"人"本身带有体验性、感受性的关切高于伦理世界观，并由于其显现状态的自然而然、如其所是，纵使有批评认为这是一种理论的玄想或从价值的源头而言成为纯粹偶然的东西，然而，这个在理性之中加以悬置并填充进感性的基地一方面超出了理性的局限性——成为不仅是先验的预设，而同时也是先天可感的存在状态——这种可感并不必然一定囿于感性质料层面，而是一种先于理性建构基础的、当下直接给予而不被给予的意识元态，因此成了最是必然的东西；另一方面，在这种意识元态当下在场之前提下——这一点通过一种还原的方法（或曰觉察的方法、自然显现的方法等）便可以把握——会发现在所谓的主体之外还有一个或可称之为"自体"的存在状态，它先于"我"的设定而成为"我"的存在根源，它显现为"我"并与"我"的一切相对显现状态都有切实关联——这一点不但表现在它对显现之物存在的合法性解释上，也表现在它自始至终必然在场的延续性上[①]，但总之，它本身带有一种必然可感的特性并不可避免地涉及对"价值"的探讨，因为从根本上而言，它揭示了存在与存在者之间的关系，并试图揭示这种关系中可能存在的必然性。这些探讨引发我们更深刻的思考在于：此间必然涉及的价值问题，究竟与现象学本身应有一种怎样的学理关联，有没有一种可能，在探讨现象学的必然价值意涵时直接给出一种"道德现象学"构想？它在尽量整合现有理论之启发与优长时可能凸显出哪些独到之处？最重要的一点是，它该如何面对与解决存在与存在物之罅隙？——这一点已成为从康德开始便始终面临的理论建构难题。这个难题的要害正根植于道德哲学之中：

> 不过，在伦理学，特别是道德形而上学体系的意义上，理性与实践、意识与意志现实同一和辩证转化的任务，还远没有完成。这一转化的方法论的实质，是由现象学向法哲学的辩证推进和辩证转换。一

[①] 对它的探讨有很多路径——可能在认识论意义上的发现之中，也可能在涌现意义上的激发之中，可能是可把握的，也可能是不可把握的——这些问题在上一章中有较为详尽的探讨。

般说来，现象学的研究对象，是意识、意识的发展及其形上本质，法哲学的对象是意志行为及其现实自由。对道德形而上学体系来说，理性向精神、意识向意志、现象学向法哲学转换的理由是充分的，因为伦理道德本质上不是对待事物的"理论态度"，而是"实践态度"；不是对世界的理论把握，而是"实践精神"的把握。只有完成由前者向后者的转换，伦理道德作为一种"理性"，才不仅是哲学的，而且是实践的，由此也才获得自己真正的人文本型。必须着力探讨的问题是：如何实现由前者向后者的过渡？在此，可能遭遇三方面的难题。

难题一：意志、行为如何既内在于意识、理性中，但又不直接就是意识、行为？

难题二：意识向意志过渡、理性向精神转换的中介形态是什么？

难题三：个体意识、主观意志，如何向共体意识（社会意识）、客观意志转化？①

从中可见，道德哲学欲不仅仅成为形上建构，而也进入法哲学即现实实践的领域，需要着力于实践本身，或者直接将"价值"的某种必然性引入"实践"之中，关于这个问题的构思可成为伦理学中的一个专门范式，如黑格尔那样将价值的主观形态与客观形态分别论述之后，引出它们的和合状态并在一种带有价值必然性的绝对实践中揭示出"绝对精神"——它既是一切存在物的存在根基，又在自身流变并表现为诸种实践状态的过程中显现自身的必然性价值规律。"'道德世界观'就是透过'教化'，对'伦理'进行辩证否定的结果。不过，按照黑格尔的三段论，这种否定，最后还必须复归于否定之否定，这种辩证复归，在《精神现象学》中就是所谓'绝对精神'。……意识生长遵循纯粹理性的规律，而意志发展遵循实践理性的规律。精神现象学揭示道德自我意识生长的规律，法哲学揭示伦理的客观意志发展的规律。"② 黑格尔将狭义的意识与意志作为绝对精神的两种形态，并强调它们的否定之否定将真正实现绝对精神自身带有

---

① 樊浩：《道德形而上学体系的精神哲学基础》，中国社会科学出版社2006年版，第258页。

② 樊浩：《道德形而上学体系的精神哲学基础》，中国社会科学出版社2006年版，第192—193页。

的理性实践状态。一旦绝对精神被揭示出来,毋宁说,它便是一种道德行为:"道德行为不是什么别的,只不过是自身实现着的亦即给予自己以一种冲动形态的意识,这就是说,道德行为直接就是冲动和道德间实现了的和谐。"①

这种思维方式为道德哲学与现象学之间的整合研究提供了两方面启发。第一,道德哲学与现象学整合研究的关节点在于对道德意识的研究。此处的道德意识不是在理性意义上理解的狭义道德意识,而是统合了狭义意识与意志的广义意识,是绝对精神意义上的道德意识,它是冲动的合理体系,是合理体系的冲动。第二,道德哲学与现象学的整合研究涉及先天意识与后天意识的区分,先天意识表现为现象学所揭示的自明的意识本真状态,后天意识则是道德主体所表现出的道德拣择能力与道德行为。值得注意的是,先天意识一定渗透在后天意识之中,而值得商榷的则是,先天意识与后天意识的必然联结揭示了两者间怎样的关系,以及在这种必然关联中体现了何种价值规律?

一 道德意识的特点

(一)自体性

所谓自体性所要表明的是人之为人的一种本真的自由状态,它是精神借显现物以揭示自身存在的绝对基地,表现为绝对给予而不被给予的一种自觉意识,也就是一切现象学形态中相通的那一点清明觉察。"一个人的自我意识越弱,他就会越不自由。这就是说,他越多地受控于抑制作用、压抑及那些他已经有意识地去'遗忘'但却仍然在潜意识中驱使他的儿童期条件作用,他就越会受到那些他无法控制的力量的推动。"②这一点表明了自由是一种绝对清明的觉察状态,它甚至在我们所说的"人格"之外,是一个超越的,但却可以被自明给定而被体验到的状态。反之,所给定的人格及在塑造人格过程中所表现出的诸种外在因素则不构成自由的条件,凡"有意识地"进行的意识活动均可能因为"格"的自我局限性而成为自由的制约,因为自我控制而使自由沦陷或丧失。

---

① [德] 黑格尔:《精神现象学》,贺麟等译,商务印书馆1996年版,第140页。
② [美] 罗洛·梅:《人的自我寻求》,郭本禹译,中国人民大学出版社2008年版,第130页。

自由或曰自体性也表现在它对生命的全然接纳与塑造。自由并非人为或社会规范视野里的规定性，包括对所谓"善恶"的裁决——只是理性的、二元分判的"存在背景"，但绝非等同于它们，它不在所呈现的状态之上加诸任何附加值，而是全然接纳一切所彰显的真实。"当你受到挫折时，发生故障的是你自己的态度。当我们不是通过盲目的必要性，而是通过选择来接受现实时，这就涉及了自由。这就意味着，对于局限性的接受根本就没有必要成为一种'放弃'，相反可能而且也应该是自由的一种建设性行动；而且相对于如果他没有必要与任何局限性做斗争，这样一种选择很可能在这个人身上产生更富于创造性的结果。致力于自由的人不会浪费时间来反抗现实；相反，正如克尔凯郭尔所说的，它会'赞美现实'。"① 为了避免混淆于极端怀疑主义者或虚无主义者的立场与主张，值得提起注意的是自由在自身明见性方面的一种无为式的自主承载，它只是"看见"或曰体验式地觉知一切显现物，但这并不意味着它的昏庸，也是在这里，体现出自由的一种非主体性价值倾向，它不是主体性的意图或造作，而只是自然而然地依据某种价值规律流转于自身的、直接的反应，它是当下的，没有任何可供对象意识侵犯的时间与空间缝隙，因此它才可能是非主体性的，但同时又是建设性的——此处所揭示的建设性（或曰主动性）便隐藏着它内部不为人之有限理性所能把握的价值特征。从这个角度而言，自由也在或明或暗中实际地塑造着人，"自由是人参与他自己的发展的能力。它是我们塑造自己的能力"②，并令人有意识或无意识地体验为一种自由感。

自由感是一种内心宁静、祥和、踏实的体验，当人能够实证自由感时，也意味着他的思想与身体感受之充满创造力与活力。"我所体验的自由感包括两个层面，一是思想观念（包括愿望）上的自由感，就是思维上没有被束缚感、限制感、约束感的一种生存状态。具体地说，就是感觉自己的思想是自由的，面对各种问题都能自由地思考，能够给予各种事物、环境以合理的解释，思想上无障碍地接纳一切事物、环境和理论。此种自由感让我的心智系统获得极大的包容性，具有极大的解释能力和思考

---

① ［美］罗洛·梅：《人的自我寻求》，郭本禹译，中国人民大学出版社 2008 年版，第 132 页。
② ［美］罗洛·梅：《人的自我寻求》，郭本禹译，中国人民大学出版社 2008 年版，第 129 页。

能力。当我获得这种自由感的时候，我就获得了真正的思想的解放，实现了真正的思想的自由。……二是身体行为的自由，就是身体上没有被束缚感、限制感、约束感的一种生存状态。"①

（二）主体性

道德意识中存在最多争议的部分来源于对自体性与主体性的区别与联系。从道德形而上学的角度来说，自体性可以消解主体性于一种无意识的当下直观，但从认识论的角度而言，又确实有足够实践证据证明人对该种直观的自觉，即他完全可能将这种觉察认作"我的觉察"，正如笛卡尔在逼近"我在怀疑"时所感觉到的那样。因此，在即刻觉察的当下，便存在着"无我"和"有我"这两种把握方式，它们的关系是一种"不一不异"的关系——"不一"是主体性角度，即存在主客间的对立——有主体必有对象；"不异"是自体性角度，即"有我"或"无我"都是自然觉察中的一种状态，"我"在即刻成立的同时，也在即刻消解，"我"正如自体领域内即生即灭的浪花，唯其存在本质不变，"我"当下即变。因此问题不在于追问有我与无我间的截然分判，而在于追问在两种视角的转换间有没有暴露某些貌似是必然性的东西，诸如"我"在一种累积效应的意义上，有没有表现出某种相对稳定的选择倾向性（即意向性），抑或，某种隐藏于无我中的价值规律有没有通过"我"无意中与之相和而在有意识状态中将之领会为一种天赋般的秉性——但凡不可由理智绝对把握的存在被意识相对把握为一条看似能呈某种定然规律的曲线并在意识中将之认作"我的"价值选择曲线，都能够体现出主体性，从这个角度而言，主体性是较之于自体存在的绝对连续性而言，由意识觉察到自身并认作"我的"相对连续的、或然性的觉知，主体性自由也因此是一种相对性自由，"我"是在时空背景下暂定的存在状态。

主体性自由同样具有它的意义，表现在两点。首先，主体性自由可以创造性地利用历史，这是针对"过去"而言的。"如果一个成年人已经获得了某种自由及作为自我的同一性，那他就拥有了从他所处社会的过去传统中获得智慧并将其转化为自己所有的基础。"② "有一个原则是很清楚

---

① 孙志海：《静观的艺术》，中央编译出版社2014年版，第238页。
② ［美］罗洛·梅：《人的自我寻求》，郭本禹译，中国人民大学出版社2008年版，第169页。

的：一个人的自我意识越强，他就越能从其父辈们那里获得智慧并将其转化为他自己的东西。那些被传统力量征服，无法在传统面前立足并因此向其投降、切断自己与它联系或起而反抗的人，从其自己的个人同一性这种意义上说，是软弱的人。……作为自我之力量的显著标志之一是，让自我沉浸于传统之中同时又能保持自己独特的自我的能力。"① 因此具有主体性的自我相对于自体性存在而言，其积极建构自身的能力显得具体很多，它整合过去的经验为我所用，不断强化"我的"价值选择倾向性，不断将潜隐的价值选择可能性凸显为相对稳定的现实性，铺就一套相对稳定的"自我"模型以应对自我的心理反应与外界环境，由此才有了对自我思维与行为负责的前提。

其次，主体自由拥有知行合一的道德决断力，这是针对"未来"而言的。"一个道德的行动必须是做出此行动的人所选择与确定的，是他内在动机与态度的一种表现形式。这个行动是诚实的、真诚的，这在于不仅要在梦中，而且还要在清醒的思维中确定这个行动。诚然，没有一种诚实是完美的；人类的所有行动都存在某种矛盾心态，而且没有任何动机是完全纯粹的。一个道德的行动并不意味着，一个人必须作为一个完全统一的人而做出行动——毫无疑问，根本就没有这个意思——否则的话，这个人将永远也无法行动，这个人将会一直面对斗争、怀疑和冲突。它仅仅是指，一个人已经努力尽可能地从自我'中心'出发做出行动，而且他承认并意识到了这一事实，他的动机不是完全明确的，他有责任在以后通过学习使其变得更为明确。"② 当涉及动机或意图，以及与之匹配的具体行动或行动意向时，也同样涉及主体性问题，它在一条相对稳定的价值曲线上对"我的"知情意拥有调配权并使之尽可能一致性表达自身，除此之外，它并不具有完美的或一成不变的含义——相对自由总是要面向自体性自由敞开才可能获得它源源不断的存在合法性与力量支持——从这个意义而言，相对自由并没有权力构建定然的价值系统，当它这么做的时候，恰恰可能因违背自体性自由的内涵而陷入道德困境。然而，在人格的限定条件内，它对人格各层面的整合能力是足够的，且在一

---

① ［美］罗洛·梅：《人的自我寻求》，郭本禹译，中国人民大学出版社 2008 年版，第 171 页。
② ［美］罗洛·梅：《人的自我寻求》，郭本禹译，中国人民大学出版社 2008 年版，第 182 页。

致性表达自身与应对各种情境的意义上可避免很多人格内部的混乱并预防焦虑的发生。

(三) 价值性

道德意识中的价值性可以为发展心理学中的"道德"意识之发生发展作一佐证①,此处以埃里克森 (Erik H. Erikson) 描绘的人类道德意识进化的八个主要阶段②为例。

艾里克森先划分了五个未成年期。(1) 基本信任与基本不信任。基本信任是一种对自身和世界的肯定态度,它来自生命初年的经验。生命初年后半期同时进行的生理、心理和环境发展造成了三种危机。即使在有利的情况下,一种分割感 (a sense of division) 及一种对失去的天堂朦胧而普遍的留恋也都会闯入这个阶段的心理生活。基本信任不是一蹴而成的。儿童在某一既定阶段所获得的是某种肯定态度和否定态度之比:要是肯定压倒否定建立一种平衡,那将有助于儿童以后有更好的全面发展的机会以面对危机。牢固建立这样一种平衡是初期人格发展的首要任务,从而也是母性关怀的首要任务。(2) 自律与羞耻和疑虑。本阶段最为重要的发展是肌肉系统的成熟,随之而来的是对高度冲突行动(诸如"握住"和"放走")的容纳能力或排斥感的产生。此外,依赖性仍很强的儿童开始赋予其自律意志巨大的价值。这种自律的发展需要有一个连续的早期信任阶段。(3) 首创性与罪恶感。4—5 岁的儿童面临着下一个阶段及其危机。由于有了个人意识,现在他必须知道他将成为什么样的个人。上一阶段中肌肉系统、冲突行动和自律意志的有力发展既对儿童有利,也使他们更接近危机。他现在学着更自由地、更粗声粗气地活动,并建立了一个广泛的、对他来说似乎没有限制的目标群。他的语感正好完善到能够对许多事物提问并理解答复的程度。语言和活动使他得以对如此之多的事物施展其想象力,以致他所梦想和思念的东西不可避免地吓慌了自身。虽然如此,他仍必须从中产生一种未受破坏的首创感,这将是一种高远、现实的雄心壮志和独立感的基础。本阶段也是儿童性好奇时期,他们时常会有生殖器兴奋及对性事的全神贯注和过分关心。也正是在这个首创性阶段,首创性

---

① 这里讲的"道德"意识是狭义上的,即在自觉、利他角度而言的道德,而非广义理解的、作为理论建构之基础的道德意识之谓,后者具备的意义更深刻且涵盖面更广。

② 参见〔美〕鲁本·弗恩《精神分析学的过去和现在》,傅坚编译,学林出版社 1988 年版,第 77—80 页。

的伟大主宰即良心牢固地建立了。只有及早预防和减少正在发展的憎恨和罪恶感,并在平等,然而年龄和性质不同的人们的自由合作中消除憎恨,平稳发展的首创性和真正自由的事业感才得以产生和完善。(4)辛勤与自卑。第四阶段可以概括为一种信念,即"我即我所学"(I am what I learn)。儿童现在要显示出,他对某些事物或人是多么忙碌。假如首次处置外部世界相当成功,并得到正确引导的话,那么主宰玩具的快乐便转化成了控制投射在他们身上的冲突的欢愉,并进一步转化成由这种主宰所得的声望感。最终,到如幼儿园年龄,便产生了与他人共享的游乐感。由于缺少有用感、创造感和完美感,所有儿童或迟或早要感到不满。埃里克森将这叫作辛勤感(a sense of industry)。本阶段的危险是某种残缺感和自卑感的形成。以强大的领导者自居在这里极为重要。(5)认同与认同扩散。随着谋生手段的掌握,以及与传授他们新的谋生手段的人们的良好关系之确立,儿童期便结束,青年期开始了。这些面临生理革命的青年,首先关注的是加强其社会角色。以自我认同形式发生的整合是一笔得自先前各阶段经验的内心财富,而成功的自居作用则会产生个人基本驱力与其天赋和机会的成功结合。本阶段的危险是认同扩散。一般而言,这主要是没有能力确定困扰青年的职业角色。从心理学角度说,一个渐次获得的自我认同是防止内驱力无政府性和良心独裁的唯一保障。一旦没有建立起认同,随之首先便会产生认同扩散的症状,其临床表现为时间视野的扩散,既有极大的紧迫感,同时又丧失了生活的时间向度,其次是同事关系感的急遽颠倒,最后是对正当和可望的家庭角色和社区角色的轻蔑性和势利性敌对(否定性认同)。随后艾里克森划分了三个成人期。(6)亲密性、距离感与自我专注(self—absorption)。只有在一种合理的认同感建立之后,与异性(或者出于性事,与其他任何人或自身)的真正亲密性才可能。亲密性的反面是距离感。精神分析一直强调,生殖性(genitality)是一个健康人格的首要标志。(7)生产性和停滞性。生产性主要是指培养下代人的兴趣。尽管这样说,另外还有一些人,他们由于不幸或其他方面出众的禀赋,没有将这种内驱力施予后代,而是施予了其他利他主义的或创造性的事业,所有这些都会吞没他们的父母责任性。(8)整合与绝望和厌恶。整合就是接受这样的事实:自身的生命即意味着人的责任。它是一种与时间相隔遥远、志趣不同的男女的同类之感(a sense of comradeship),这些男女曾创造了秩序、物体和蕴含人类尊严和人类之爱的学说。缺乏或丧失这种获得的自我整合便会显现出绝望及经常地对死亡的恐惧：一去不返的生命周期未被当作生命的终极。

从中可见随着时空的单向迁转，人的精神同他的肉身生长一样，体现出某些规律性的东西，价值在心灵中的生长亦不例外。因此抛开道德意识价值性之无意识或有意识的来源不论，它作为结果是存在着的。

二　先天意识与后天意识的区分

严格意义上说，先天意识并不在思维可把握的领域之中，思维可把握的领域，我们称之为后天意识。"当用思维意识去觉知时，我们也能知道那个观念和情绪的存在，但却像隔着一层东西一样，不是很清晰。如果我们用先天本我意识去觉知、体察就完全不同了。所以，我们特别强调'体察'这个词，是身体的体察。当我们去体察时，能非常清晰地感受到身体的情绪活动和大脑里的观念活动，而用思维觉知时，我们虽然也能感受到，但却没有身体体察时的感觉那么清晰。"①

先天意识和后天意识的区别表现在五点。第一，先天意识是直接意识，后天意识是间接意识。先天意识是不用思虑而自然而然产生的意识，它通过存在感而直接为存在者所体验，是存在者与存在同体不贰、一体贯通的绝对意识本身，它们之间没有任何间隔，正因为没有任何间隔，所以先天意识才时刻直接切入完满的存在之域；相比而言，后天意识是人伪的产物，之所以说是人伪的产物，是因为后天意识与存在这一绝对意识之间不是直接切入、融合的关系，它不是自然而然的直接意识本身，却是后天由"我"这一在世存在者与存在的裂口带来的、经过了"我"之染著的意识，是"我"经过某种人为思虑而间接产生的、带有故意痕迹的意识。之所以说它"不是很清晰"，原因正在于它不是直接来自绝对意识，而是对绝对意识的模仿。先天意识与后天意识不可并存，它们就像两个频道一样，选择其中之一则不能兼得另外一个。"我们的先天纯粹意识就自然地在那里，我们的大脑和身体就自然是松软、舒服的，而一旦有念头升起，这种感觉就自然隐退。"② 也就是说，自然与人伪不可兼得，直接意识与间接意识相互对立，对于彻底的道德选择而言，选择先天意识意味着允许

---

① 孙志海：《静观的艺术》，中央编译出版社 2014 年版，第 60 页。
② 孙志海：《静观的艺术》，中央编译出版社 2014 年版，第 80 页。

自然、失控与流动，而选择后天意识则意味着控制、算计与有意为之。

第二，先天意识是绝对自主意识，后天意识是相对自主意识。先天意识是绝对意识本身，因此也是绝对自主意识，决定而不被决定。由于先天意识的绝对自主性，它也是绝对的完满意识，不为任何别的意识所动摇或增减；相比而言，后天意识在"我"与"存在"之间划定了自我认同的有限疆域而自绝于存在，由此带来的后果是，虽然它也具有一定程度的自主性，但却是不完备的，只能说，后天意识只有与对象对举的相对自由，从一定角度而言，后天意识以为自己具有决定对象的自由，但由于两者间的二元对立性，也可以反过来说，后天意识同时为对象所决定。

第三，先天意识是体察意识，后天意识是思辨意识。先天意识之所以用"体察"这一可引发实践的描述，是因为先天本我意识从根本上说并不是一个认知概念，而是一个实践概念。先天意识在每个当下都与存在者同在，是不虑而知、不学而能的存在感本身，它能够明晰地、直接地、切身地体察自身，"当我们把后天自我全部解体之后，会剩下一个金刚不动永恒的存在者，这个存在者是人们用任何方式都不能消灭和解体的"①。这个"金刚不动永恒的存在者"可以通过静观而直接显现，于它的直接显现中，一切身体感受、情绪反应、思虑认知等都成为被观照的对象，既在它里面，又在它外面，这便是所谓的"出入境无碍"。相比于后天意识的自我建构——它亦能以后天的各种在世体验进行反身性体察，但这种体察都不能如先天本我意识那般全然和自如，因为它在身处体验的对象情境中建构自身，换言之，它不可避免地带着自身主观性且不能完全跳脱感知对象的疆域而部分为对象所主宰，它对对象的感知谈不上全然的体察，而毋宁说是其主观性和对象不可分离的黏着所诞生的、想象的产物，因此在很大程度上只具有思辨的意义，而思辨的东西也因为天生带着的主观隔阂从根本上而言，不可能具有最本质的可普遍性。

第四，先天意识愉悦、宁静、祥和，后天意识紧绷而苦恼。从体察的切实经验而言，先天意识由于顺应"道"或曰存在并一体下承，因此一旦切入当中找到本有的存在感，"其存在状态就是宁静、愉悦"②。这一点在切实体证中会得到印证。很多人分不清到底怎样的状态算是存在的状

---

① 孙志海：《静观的艺术》，中央编译出版社2014年版，第140页。
② 孙志海：《静观的艺术》，中央编译出版社2014年版，第140页。

态,到底怎样的意识算是升起了先天意识,关于该问题的回答便是,在切实感受中,宁静与愉悦的放松感便是一个明证。"后来我终于发现了当我在静观、觉知时,如果能体验到情绪、不良感受背后的那片宁静、柔软、舒服的东西,然后用它去静观时,效果都很好。"① 相比而言,后天意识不可避免主奴意识的交替——但凡执着于某种观念并执守为"我"的话,都会由于一种控制感和受控感而感到焦虑之惶惶不可终日,并由于观念间天然的二元对立,使心智的领地成为自我纷争的战场。"我们对一个观念越否定、越批判、越排斥,它的力量就会越强大,表现为它控制我们大脑的时间会延长,力量会增大,以后肯定在某些特定情况下翻出来重新控制我们的思维和情绪。"② 因此,说后天意识是苦恼的来源亦不为过。

第五,先天意识自然符合中道,后天意识刻意偏离中道。先天意识没有"我"的执着及后天的染著,人们可以随顺先天意识自然而然,将"我"全然信任地对之交托,相当于人自觉地切入"道"中,成为"道",这个过程就是"德"的彰显。因此,一个道德的人一定完全依循先天意识而进行道德选择活动,并且他将自然且无漏地于言行中体现出中庸之道,这是一个自然发生的过程。"真正的辩证思维一定是超越了逻辑的思维,是心灵处于宁静状态下自然达到的状态。当你心灵处于宁静状态时,如果你要说话、做事自然就能符合辩证思维原则:不走极端、不片面,而处于中庸状态。表现为你自然能看到任何事物的对立的两面,也能看到每一个观念的对立的两面,并且能完全平等地对待这两面,做事时则能同时超越对立的两面的限制而达到最佳效果。这个状态也就是中国人所说的至善状态。至善就是超越善与恶对立的善,所以,至善无'善':其中没有人常说的'善心',但其结果则是对所有人(包括自己)都是最善的。"③ 相比从根本上错失中道的后天意识,虽然它也追求善,但这种善并非至善,而是与恶相对的拣择之善。所谓"大道无难,唯嫌拣择",正由于后天意识有自己坚守的善恶评判标准,因此才在根本上对本自具足的至善事实上进行了切割,并且由于其始终在根本上的无根性,因此在追问其善的根源时必然陷入恶的循环或众说纷纭。

---

① 孙志海:《静观的艺术》,中央编译出版社 2014 年版,第 89 页。
② 孙志海:《静观的艺术》,中央编译出版社 2014 年版,第 34 页。
③ 孙志海:《静观的艺术》,中央编译出版社 2014 年版,第 138 页。

综合以上的分析便知，道德哲学与现象学的整合研究是两者相互的理论诉求，它们的交合点在于对道德意识的研究：现象学为道德哲学提供本然的意识存在根基，道德哲学在实践的价值维度为现象学提供"以何"，以及"何以"如此思维并行动的现象及其规律性支撑，由此显现出存在的实然性与应然性。在对道德意识的探索中，我们发现了两个层面及三重特点，有意思的是，探索的思路一直沿着西方哲学与心理学的理路行进着，然而当快要揭示某种"道德现象学"的雏形时，令人惊奇的发现在于，当转向中国哲学的文化视域中，对"道"和"德"分别及整合的阐释与论证刚好可以体现道德意识的特点与维度，且对"道德"的理解将在这方文化土壤所提供的便利之中成为对"道—德"的理解，如此天然地体现出道德意识中先天与后天这两重维度——先天意识对应于自体性特征，后天意识对应于主体性与价值性特征。反过来说，当"道德现象学"转变为"道—德"现象学时，"道德"中的现象学内涵就被空前清晰地揭示出来，且现象学中的价值意蕴与价值规律也随着"道"与"德"的天然联结及"道"向"德"的天然流转而表现出来。基于此，我们提出一套中国哲学文化视域下的"道—德"现象学模型，以期在对"道"和"德"的文化考量中发现它们之中的关联，并在作道德哲学与现象学的整合研究中能有一些新的创见。

第二节 "道"

一 "道"的内涵

（一）"道"的文本分析[①]

"道"作为名词，主要包括如下几方面含义。（1）道路。如："道，所行道也。"（《说文》）"达谓之道。"（《尔雅》）"道坦坦。"（《易·履》）（2）道德，道义，正义。如："得道多助，失道寡助。"（《孟子·公孙丑下》）"伐无道，诛暴秦。"（《史记·陈涉世家》）（3）道教的教义。如："豪家少年岂知道，来绕百匝脚不停。"（韩愈《华山女》）（4）道教，道士。如："阿兄形似道，而神锋太俊。"（《世说新语·赏誉》）又如："道情"，指道士所唱的歌，以警世劝善为内容；"道疏"，

[①] 参见《汉典（网络版）》，"道"，https：//www.zdic.net/hans/%E9%81%93。

指道家拜天地祈福的文表;"道粮",指道士的口粮;"道行",指僧道修炼的功夫。(5)线条或细长的痕迹。(6)路程;行程。如:"日夜不处,倍道兼程。"(《孙子·军争篇》)(7)方式,方法,技能。如:"为开其资财之道也。"(晁错《论贵粟疏》)"深谋远虑,军用兵之道,非及向时之士也。"(贾谊《过秦论》)"策之不以其道。"(韩愈《杂说》)(8)谋生手段,职业,工作。如"生财之道"。(9)水流通行的途径。如"河道"。(10)地域的区划名。汉制,县有蛮夷的称"道",后泛指一般行政区域。明清时指在省府之间设置的监察区。如"凤庐道"。(11)学术或宗教教义。如:"悦周公、仲尼之道。"(《孟子·滕文公上》)"然墨之道,兼爱为本,吾终当有以活汝。"(马中锡《中山狼传》)(12)指宇宙的本体及其规律。如:"修道而不贰,则天不能祸。"(《荀子·天论》)"闻道百,以为莫己若者,我之谓也。"(《庄子·秋水》)(13)方向;志向。如:"不得通其道,故述往事,思来者。"(司马迁《报任安书》)

"道"作为动词,主要包含如下几方面含义。(1)说;讲。如:"万户侯岂足道哉!"(《史记·李将军列传》)"不足为外人道也。"(陶渊明《桃花源记》)(2)取道;经过。如:"从郦山下,道芷阳间行。"(《史记·项羽本纪》)(3)引导;疏导。如:"知周乎万物而道济天下。"(《易·系辞上》)"道之以政,齐之以刑,民免而无耻。"(《论语·为政》)(4)料想;以为。如:"刘太公惊呆了,只道这早晚正说因缘,劝那大王,却听的里面叫救人。"(《水浒传》)

基于"道"的文本分析,结合本书的研究主旨,着重引用"道"在两个方面的意义及引申义。(1)不可言说的宇宙本体及其规律。对此最具代表性的表述乃老子所言"道可道,非常道"。"道"从其最本源的思想而言,正是不可言说的生命及宇宙根本,它虽然不可在任何有边界及可界定的言说范围及言语体系中进行表述,但却时刻以直灌与融会的方式、以有生命存在者能够直接意识到自身存在的觉知表达自身。(2)通向某处的道路及作为动词的疏导,引发。"道"又并非极端抽象或神秘的玄学范畴,生活实践的点滴就是通向"道"、融于"道"的具体操行道路,"道"自身自然而然符合一切存在者价值最大化的全局规律。

(二)"道"的文化解读

1. "道"是存在

"'存在'这个术语源自 ex-sistere 这个词根,字面意思是'突出,出现'。这确切地指明了不管在艺术、哲学还是在心理学中，这些文化代表所寻求的东西——不是将人类描述为一种静态的物质、机制或模式的集合，而是将他们描述为出现的和生成的，也就是说，存在的。"① "海德格尔认为最重要的存在是'我们这种存在'，即'此在'或'缘在'（Dazein）。这种在不是作为实体的存在，而是（人的）'是'。'缘在'作为存在者通过不同的存在方式而'是'其所是。这些存在方式不是它的属性，而是它的在本身。"② 人的"道"或曰最广义的"人道"正是存在，"道"本身虽然不可言说，但"道"却构成了人之为人的存在论基础，换言之，由于人是存在的人，是"是"其所是的人，是不断处于生成变化中的人，因此人从本质上说，是契于"道"的人，是活泼泼的生命存在本身。

　　人于"道"的体现至少有如下几层内涵。第一，人是存在的人，"道"乃其存在基础。所谓"道不远人"，这是因为道通过"人"的存在彰显自身，反过来说，人也因为是存在的人，是"是"其所是的人所以从其存在而言，就是"道"中的人。因此，并不存在单从知识论理解的"道"，也不存在脱离了人而神秘化的"道"，自始至终，从人的存在而言，只有人的"道"或曰"人道"。因此，从这个角度来说，也自始至终不存在不存在于"道"中的人，只要说"道"，便自然而然地指向以"道"为存在根基而存在的存在者。因此，"人道"也即人的生命，即人可感知的先天基础及其意识的一切形式与内容，虽然"道"没有在人体验中的任何相应描述，但人的一切体验又无不在"道"中。从这个角度而言，"道"表明了一定意义而言的"天人合一"。"轴心突破后的思想家如孔子、孟子、庄子等，讨论个人如何取得与'天'和合为一时，他们完全不提巫师的媒介作用，相反地，他们都强调依自不依他，即通过高度的精神修养，把自己的'心'净化至一尘不染，然后便能与'天'相通。"③ "'人心深处有秘道上通于天'是一种形象化的描写，但却将内向超越下天人之际的沟通情状生动而又如实地呈现了出来。……在某些情况

---

① ［美］罗洛·梅：《存在之发现》，方红、郭本禹译，中国人民大学出版社2008年版，第41页。
② 李晨阳：《道与西方的相遇——中西比较哲学重要问题研究》，中国人民大学出版社2005年版，第31页。
③ 余英时：《论天人之际——中国古代思想起源试探》，中华书局2014年版，第71页。

下,'道'的观念和'天'相通,所指的同是轴心突破以后那个独立的超越世界。这个超越世界也可以称之为'彼世'(the other world),与'现实世界'(即"此世",this world)互相照映。……取而代之,我们看到的是天人合一观念的缓慢转型:从早期以王为天地间唯一联系管道的'宗教—政治'(religio-political)观念,转型为向所有追寻生命意义的个人开放的多样哲学版本。"①

第二,人的存在即存在状态本身。人的存在不是刻意寻求的某种体验,也不能将人从其身处的世界中孤立出来去探寻其特殊的存在状态,事实上,人的存在本身就是人于每个当下在世界中的存在状态。人无时无刻不在其所处的时空环境中进行着一切生命活动,"在缘在的世界之中,事物总是存在于互相关联的整体域境之中,反过来说,也只有在这个互相关联的整体域境之中,事物才可能是其所是,才可能以其所是的方式存在,才可能有意义"②。人的存在总是在具体时空环境中的存在,总是通过具体的存在方式彰显其存在,从这个角度而言,虽然存在是最具有可普遍性的人的存在论基础,但从其表现形态来说,却又各不相同。人的存在是最本质的"一"与"多"和合的体验,虽然人只有一个存在论基础即"道"或曰存在,但从其显现的效果来说,又是"多"。"一"和"多"之间的粘连通过"化"的境界而实现:"一"既为"一",是一种不执着于任何有形的源初状态,然而当它要通过有形显现自身时,便表现为一种无我的化境。"'化'是一种象征,一种遗忘和丧失自己的象征。在这个意义上来理解,'化'也就有了远远超乎形体之变的意义。"③ 化是一种自然流衍的状态,从生命本源之中默默流淌出来,它成就万物,但却并不以任何有形来定义己身,乃至大之大。

第三,人的存在状态时刻处于生成中。"一个人的自我不是生来具有的,不是上帝预先制造好了的一个心灵,人必须通过做人的过程来造就自己。"④ 人的存在状态就是这样一种动态生成的、没有间断的过程,并不

---

① 余英时:《论天人之际——中国古代思想起源试探》,中华书局2014年版,第118—119页。

② 李晨阳:《道与西方的相遇——中西比较哲学重要问题研究》,中国人民大学出版社2005年版,第37页。

③ 王博:《庄子哲学》,北京大学出版社2004年版,第115页。

④ 李晨阳:《道与西方的相遇——中西比较哲学重要问题研究》,中国人民大学出版社2005年版,第91页。

存在一个完成了的人，而只存在着不断生成中的人，只有不断生成变化才符合"道"没有定型、时变时新的内涵，因此"在很大程度上，可以说，我们并不是生来就具有自己的人格，我们获得自己的人格；我们并不是生来就具有尊严，我们通过自己的努力获得尊严；我们并不是生来就是道德的人，我们把自己造就成道德的人。也就是说，我们都有一个从潜在的道德人格到现实的道德人格的转化过程"①。从人的存在而言，人之不断发展并造就自己的过程是"德"的体现，换言之，人通过"德"之自身塑造而彰显其存在。"道不远人"，"道"在人身上的体现就是人自身的道德发展过程，这并非一蹴而就的事情。人于时在时新的道德自我养成中，一方面不断接近道德至境所开显的终极状态，另一方面在这个过程中动态地切入"道"。

2. "道"是真诚

"海德格尔认为，说一个判断是真的，意思就是它把一个东西显现为其所是的东西。这样的判断语作出判断，指出，或者让该东西在其不被隐蔽的状态下被了解。所以，我们必须把一个判断的真理解为它的去蔽的过程。"② 从存在论的动态角度理解"道"，"道"是一个"去蔽的过程"，关于该点，至少有如下几方面的理解。

第一，道是一种本真存在状态。"真"不仅仅是一个知识论的问题，更是一个存在论的问题，后者可以涵纳前者。关于真的存在论问题探讨的是生命存在的本真状态，所谓本真状态，是存在当下如其所是的存在状态。这里可能的误解是，"真"可能被理解为一种定然存在或有一种判定"真"的标准，实则不然，作为存在论意义上的"真"，是存在状态于每个当下如其所是地显现其自身，仅此而已。"真，或者说真在，不是两件东西之间的符合，而是缘在于世界之中为事物去蔽的状态，是缘在的存在方式。这种存在方式可以表述为'通向无蔽事物之在'。"③

首先，"真"不是一种定然状态，它于每个当下都在变化，变是唯一

---

① 李晨阳：《道与西方的相遇——中西比较哲学重要问题研究》，中国人民大学出版社2005年版，第91—92页。
② 李晨阳：《道与西方的相遇——中西比较哲学重要问题研究》，中国人民大学出版社2005年版，第36页。
③ 李晨阳：《道与西方的相遇——中西比较哲学重要问题研究》，中国人民大学出版社2005年版，第38页。

的不变，如果有某种状态可以稳定于某种所谓的"真"上而成为"真"的原型或标准，那将不是存在论意义上的"真"，而是知识论意义上的"真"，是认识的对象。其次，如果真有一种定然存在的"真"的状态，那么它将成为衡量一切别的状态是否为真的圭臬，这便成了一种符合论。存在论意义上的"真"始终只是一个东西而非二元论，始终只在当下保持其"真"的"新"而不落于任何时间的窠臼中为任何比较提供方便。最后，也不难理解为何存在总是"言语道断，心行处灭"，当用语言去试图描述存在之本真状态时，这也是一种符合论，而且是一种颠倒了的符合论，所谓"意在言外"，"真"只可在每个当下通过体察而证得，它在存在的领域，是生命体察的范畴，想要用说出来即为二元对立的语言体系去使"真"符合描述的内容，实在是削足适履之举。

第二，道的本质乃为诚。当稳定地切入了本真存在——当然，这是一种至真的"人道"状态，我们说，一个"诚"的境界由此显现出来。"自诚明，谓之性，自明诚，谓之教。诚则明矣，明则诚矣。唯天下至诚，为能尽其性，能尽其性，则能尽人之性，能尽人之性，则能尽物之性，能尽物之性，则可以赞天地之化育；可以赞天地之化育，则可以与天地参矣。其次至曲，曲能有诚，诚则形，形则著，著则明，明则动，动则变，变则化。唯天下至诚为能化。"[①] "诚"在中国哲学中，尤其被提升到一个本体论的范畴，"诚"本身不仅是一个不断求真的过程，也凸显出一个道德至境。"诚"至少包括如下内涵。

首先，"诚"即道。"自诚明，谓之性"，"诚"是存在的源头，是不能再往前或往所谓根源处继续挖掘的基点，自"诚"以降，是生命存在的彰显，是人之为人的性情之所在。因此，"诚"乃"道"，所不同的是，"诚"更多地从人的心灵状态进行阐释。对于一个人而言，不断求真，不加遮蔽地当下体察己身之存在，当达到一定境界时，便能体会到相对稳定且持存的真的状态，这就是"诚"。"诚"乃和道德自体的存在一体贯通，如其所是地自然显现各种道德状态，不外求自我证明，不加任何扭曲与压抑。

其次，"诚"是万物得以被体验的源初场域。"如果整个世界，甚至体验这个世界的主体都被取消，那么还有什么东西可以剩余下来？事实

[①] 《四书五经》，线装书局 2015 年版，第 1 册，第 31—32 页。

上，剩余的是一个无限的纯粹研究的领域。"① 看似不可思议的是，当道德主体都被悬置或在还原过程中被自然消解之时，还能够剩下一个纯粹的觉知领域可以体验，但它不是任何主体，这个可以通过客观体验而当下证得的领域正是"诚"，是万物得以显现的本真存在之域，是万物得以体察式显现其自身的生命本源之场。对于这个场的体察是当下直接的，因而它是源初的。"还有什么东西能比体验行为本身更源初呢？……这些体验就像在体验流中生成的世界一样是源初的；但是，由这些体验构造的东西却不是源初地被生成的东西，而是被再次生成的东西，是被当前化的东西，因此，它们不是源初的。"② 可见，"诚"是一个体验的源初场域，在其中万物得以显现，但是作为显现物的存在者则因并不具有"诚"的这种源初性而是"被再次生成的东西"，从这个角度而言，"诚"通过纯粹体验将万物当前化为我们可观察的领域，这些被显现的东西却不具有体验的纯粹性，而是被构造出来的。可以说，从与万物同一层级的、构造的层面缘物求"诚"是永远不可能的任务，除非既在物中，又高于物——即作一种源初体验式的还原——如此通过探寻纯粹体验才可直接切入"诚"这一本真至境。

再次，"诚"即人性。能够切入源初存在的场域是人能够作为万物之灵长而区别于万物的枢机，因此，通过对"诚"的当下自觉，可以说，人才因为找到了己身存在的源初场域而成为一个人，这就是人性的意涵。"自诚明"是人之为人可被教化的关键之所在，这表明，"诚"虽然能够为人所自觉，但却因为种种后天障蔽被遮挡，需要教化将其重新开显出来，同时，对于"诚"的这种自身去蔽也是人生的意义，这是因为"能尽人之性，则能尽物之性，能尽物之性，则可以赞天地之化育；可以赞天地之化育，则可以与天地参矣"（《礼记·中庸》）。所谓人性的彰显在此表露无遗，在"诚"中尽了人性，由此而如"诚"一般于当下直接显化万事万物，这并非需要额外的努力，而恰恰是一个自然顺应道之流势的过程——只要当下尊重万事万物如其所是的样子，这就是"诚"，这就是"道"，在其中显现的人性至善便是"德"。从这个角度而言，真正的

---

① ［德］艾迪特·施泰因：《论移情问题》，张浩军译，华东师范大学出版社2014年版，第24页。
② ［德］艾迪特·施泰因：《论移情问题》，张浩军译，华东师范大学出版社2014年版，第28—29页。

"德"并非刻意与人为善,"德"的内核在于"诚"。

最后,明"诚"可于当下与万物同在。正如上所言,人能够通过"诚"这一道德至境而开显万事万物,反过来说,在这种道德境界中,于"诚"中挺立起的道德主体"人"也将不是抽象或空无的存在,而是通过万物丰富了己身的存在内容,成为与万物同在、和谐并进的存在者。从这个角度来说,人既是作为存在的人,又是作为存在者的人,人既可与天地同体同德,又同时通过与万物的关系而彰显自身。

第三,道是不断接近"诚"的过程。道不是一个定然的状态,"诚"亦然。"诚"作为人性的本源性彰显,是一个人终其一生的道德修养目标,完全实现自己本性的人理论上是本真人性的典范,然而通过观察可知,那些被公认为道德典范的志士仁人,反而表现得越发谦卑而坦诚自己的道德修养之路还很漫长。这是因为他们深知,作为一个有限存在者的人,虽然具有超越性的精神,但也同时不能超离现实性的肉身,在这个充满了矛盾的世界中总需要带着镣铐舞蹈下去,绝对自由只在一种向往中存在。对于人而言,通向"道"的有效道路在不断秉承"诚"的过程中显现,将"诚"既作为"道"于己的最终实现状态,也同时作为一以贯之的方法论指导,但求道德意向志于此,而不求最终结果将如何,因为"道"的不定性,一旦求取某物它便已然不是"道",并因为带有人为的期待而不是"诚"。"道"是自然光临的每个当下,同时,每个当下也既在时空,又超出时空地变动不居,一旦有了定性,它也就不是那条"道"了。从这个角度而言,人只能安定地行住于当下的具体事务,将心轻安于其上,带着应有的警觉,但同时也不期待什么。生活本身构成生命的整个历程,而整个生命历程正是"道"栖居的场所,一旦有了这种从容的绵延感与过程感而不再仅仅追问一个定然的状态时,在一种生活节奏的自然流淌之中,人自然而然地得"道"便不是不可能的了。

3."道"乃天地之心

当"道"下降至人,"人"便成为宇宙间"万物之灵长"。"大化流行的生生'法则'深深进入生命的深处,宇宙渊默生生之力通过这个'法则'将其全部的静寂直觉的力量赋予吾人,这样吾人既有大化流行之'法则',又具宇宙渊默生生静寂直觉之力。吾人心岂不就是宇宙、岂不就是宇宙的心。宇宙经过千亿年流化至吾人开始有了自己的心,这个心就是大化流行的自我意识，是宇宙的自我灵魂。"① "道"绝非抽象的玄学，它与人的存在息息相关，表现在三点。

第一，"道"即吾心。所谓"心"，是一个昭昭不昧的灵知灵觉，是任凭人的存在状态如何多变而始终在场的那个不动的根性，即一点意识。以往学说中多倡扬的"心"之本体即为这点自我彰显、绝对主动的意识。它具有自明性、自主性、自发性等特点，是存在本身，也使存在的疆域在可意识状态下得以无限可能之延展。正由于有了这个绝对自由的意识根基及可无限扩容的意识领域，人成为宇宙中可作出自由选择并真正意义上可自享于该种选择的存在者，并也区别于一切被决定、被选择、不能自主承担责任的其他存在者。

除此之外，在"道"统摄之下的"吾心"也是"天地之心"："人者，天地之心也，五行之端也。"② 所谓天地之心最显著的特征就是"公"，就是跳脱出自我限定的私的领域，有一种通由成全其他生命而彰显自家生命的自然倾向。"天地无心，以生物为心。"③ "天心所以至仁者，惟公尔。人能至公，便是仁。"④ 天地之心之所以天然地表现出善利万物的倾向，最根本的原因是置心于"道"的境界中，并无你我之别，内外之分，天地间存在之万事万物皆乃"我"自身，皆乃运行着同根同源之道脉的一体存在，成就"他者"即成就吾身，反之亦然。所以"道"的状态是一种无我的状态，一种自然的状态。

此处存在两种常见误解。首先，认为"道"本无心。其实，一颗明净的人心也就得了"道"，"道"必然通过"心"为意识所知觉，因此"道不远人"说的正是道不远心，"道"不抽象，唯因其能被体验。其次，认为"道"与"德"同，因此往往"道德"连用。"道德"连用在一般的语境中没有问题，但细细考究会发现，"德"是人的后天意识，是人需要通过教化与修养不断接近道的过程，而"道"是人的先天意识，无须努力，是只需在祛蔽之后自然显现的生命本源。因此，虽然"道"也表

---

① 高予：《仁者宇宙心》，中国社会科学出版社2013年版，序言。
② 《礼记·礼运篇》，转引自周赟《为天地立心说》，国家图书馆出版社2013年版，第4页。
③ 《明儒学案》卷三十四，转引自周赟《为天地立心说》，国家图书馆出版社2013年版，第4页。
④ 《二程外书》卷十二，转引自周赟《为天地立心说》，国家图书馆出版社2013年版，第9页。

现出利他的客观效果，但这是由它的无限性、无规定性决定了的自然生命状态，而非狭义理解的"道德"那样内含一颗有我的利他之心。两者的区别在于："道心"是一颗无我之心，唯其如此它没有"我"的设定及其界限，也没有由之而来的、不可避免的自我证明，因而是一颗天地之心，利他也是利己，反之亦然，这是因为天地之心只是一颗心的本然存在状态，它本如是；而狭义理解的"道德心"却反而可能是一颗有我的私心，利他中或多或少带着自我彰显的成分，此处需要明察。

第二，"道"无我地觉知到自体之存在，彰明一个先天的存在域。对"心"的特质之考察历来有先验与先天两个途径，所谓先验的途径，与"意"相关，即心与物尚有交界并存在一定的粘连性，表现在"意"对于事物的某种倾向性（意向）及此间蕴含着的一股生命冲动（意动）。虽则意与物的交往亦在心的自由选择范畴之中，但一经有此与物的勾连，便不是纯然无染、决定而非被决定的存在之心。如果说"心"的先验路径指明的是心之作意处的这种物性，则"心"的先天路径是对心本身活脱脱的直接写照，是"心"的自由之光直接照进物境而不与物境产生任何双向性关联的根源。

先验与先天的区别进一步阐述如下。首先，先验之心表明意之动，先天之心彰明心之存。一定意义上而言，如果说先天之心直接彰明心之本体，那么先验之心所表明的"意"只是心的功用。其次，先验之心勾连物界，先天之心照进物界。先验之心仍然只在格物的范围之中。"格物虽摒弃了外在经验的、具体的物对心的牵滞，但外在物的世界对心的牵滞并不能立即消除，被奠基的意识行为仍绵绵细细牵吾心于外执。"[1] 而先天之心则非如此，它干净利落的便只是吾身，禅宗所谓"万花丛中过，片叶不沾身"讲的就是先天之心，它像光照但不着物的痕迹。再次，先验之心具有某种给定的结构，先天之心没有边界及其规定性。先验之心较之一般的物界同样具有某种超越性，但这种超越并非存在意义上己身的全然超拔，而是与物产生了莫大的关联，这种关联表现在它具有了若干关于物界的感知结构及认知结构。如康德研究中所指出的，正是先验范畴与物性的诸多材料和合才构成了我们认知世界的基础，但同时，康德清醒地在被严格考证、被给定的认知层面悬置了我自体与物自体两者，这已然表明基

---

[1] 高予远：《仁者宇宙心》，中国社会科学出版社2013年版，第8页。

于先验思维方式的局限性所在。而先天之心却不给自身任何限制，哪怕是较之于物界而言抽象的规则之类，在先天之心的视域中，一切都可被悬置又同时可被构建，它与先验之心的理解方式与感知方式全然不同，具有绝对的自由度。最后，先验之心由于边界的存在，只能进行有目的性的选择，先天之心则自然而然选择，具有无目的的合目的性。

第三，"道"乃宇宙生生法则在人性中的烙印，表现为"德"。（关于"德"的部分下节详述）

二 "道"的特点与结构

（一）"道"的特点

1. "道"在僵化的规范中表现出某种"狂"的特性

"道"是一种不定型的生命状态，然而因人欲的自我遮蔽和社会性建构的需要，往往产生条目繁复的社会规范，而社会规范之制定又往往带有一种平均化、庸常化的特点，针对的是社会大多数成员，这对于生命境界高远的、秉"道"而行的人来说，毋宁是一种丑陋的束缚。正如庄子其人其事，在他眼中，世界从根源来讲就没有任何差别，何来基于差别化的诸多规范？"达观代表着通，自己和天地万物的通为一体。达观不免显得有些冷酷，儒家精心营造的温情脉脉的东西在这里被打得粉碎。但这却是世界的真实和真实的世界。"[①] 面对社会常态与常识所表现出的真实，秉道者往往因超越于时代而不能被他人理解，表现为对某种世俗标准的偏离。

在"狂"的生活状态之驱动下，生活无疑成了某种戏耍的游戏。既然社会规范都是一种人为裁定之物，是在生命本然状态上强硬划出的伤口，这意味着，社会规范成了直接体验生命流动状态的藩篱，除非在与社会规范和合的当下即刻从其中超越出来，使规范成为某种暂时之物，或者从现实生活的应对而言，选择某种超然物外、不问世事的隐。当然，这在儒家的眼中，可能成为一种消极避世的态度，而在道家看来，则只是一种心、形相分的状态，所谓志不同不相为谋，将真性情始终作为存在阵地，而只将礼仪性甚或标新立异的应对姿态示众而已。"是自埋于民，自藏于畔。其声销，其志无穷，其口虽言，其心未尝言。方且与世违，而心不屑

[①] 王博：《庄子哲学》，北京大学出版社2004年版，第15页。

与之俱。是陆沉者也。"①

当然，"道"的彰显是自然且包容性无穷的一种状态，如若将"道"与"非道"作一种区分，这本身已然不是"道"，而是头脑层面认为"知道"的情形。因此，不论是道家还是儒家，不论是隐遁还是入世，正如前所述，人生而为人不可避免地具有有限性并也需要一定的规则，况且道也并非混乱不堪，它是无目的的和目的性，自然表现出符合全局利益最大化的作为（所谓生生之德），因此，"道"在人心，在自然的思与言，在当下自然便知如何行动，而非反过来，一定要找寻和于"道"的标准（儒家）或场所（道家），或者一定要将"我"投入事上磨炼（儒家）或自我修行（道家），这些全是不必要的预先假定，执着在路径上而失了真正的宝贝，这毕竟得不偿失。

2. "道"表现出绝对意义上的"中"

在道家的"狂"与社会的刻意剥离中，似乎带着某种不得已夸大的言行举止，其中不经意流露出某种内在的恐惧，横亘在其内在由狂开辟的无限精神世界（六合之外）与现实中形躯所扎根的现实世界（六合之内）之间，因此有说法言曰"小隐隐于野，大隐隐于朝"，这意味着真正"道"的流通从实践而言并非为了张扬某种与众不同，而恰恰是能一边保持其内心独立自主一边又能融入并惠及众人的状态，自然与外物相交，有的甚至无心插柳柳成荫，造就了给予他人精神慰藉与社会财富的实效，而非自为地划定入世与出世两条路径，遂而隔绝自我，这其实亦为一种人伪。

此处欲引出"道"在绝对意义上的"中"及依中道而行的实行路径，它既非以僵化的教条规范生命，也非抛弃世间规范任性而为，不加拣择，与人为敌，而是在与物事对接处恰切地体现出中的智慧。所谓"中"，相较于当人执着于"我"时所体现的不可避免的偏私而言，是要从根源处回归无我的道的状态，再自然贴合具体的行为处事，对己真实，对人恳切，不损己亦不伤人的一种应世智慧。要想做到"中"，基础是意识用处的"忘"。庄子对于"忘"有三个层面的阐发，在《大宗师》的寓言中，分别是忘仁义、忘礼乐，以及坐忘。坐忘的内容是"堕肢体，黜聪明，离形去知，同于大通"。一切有形之存在皆在一定程度上构成对无定

---

① 《庄子·则阳》，转引自王博《庄子哲学》，北京大学出版社2004年版，第16页。

形的生命本真之切割，特别是儒家的一套仁义、礼乐系统，如果被僵化到沦为道德家的自我标榜，那么其中蕴藏着的控制欲与对他人的伤害将不容小觑，而最根本的忘，是忘了自己的存在，也即忘了自己的边界。"在大通的状态中，你没有好，也没有恶；没有是，也没有非。一切都在流转，没有固定的界限，就像是庄周梦蝶寓言中所说的物化。对于你来说，要做的就是无心而任化。"① 只有在化境当中，才可能奠定"中"的基础，才可能充分同感式地感受万物之存在并在它们之上找到价值最大化的化通之路，方能实现"中"。这是一份生命体验的敏锐与即时调整，是生命境界开阔者才能实现的一种高级生活艺术。

3. "道"表现出纯粹的生命感

所谓生命感，在于没有任何物质或心理分判的生命体验状态，是在现象学意义上而言的意识之自身明证性，它不是什么都没有，而是以绝对的自身确定状态去感受与包纳万物。以庄子哲学为例，这种纯粹的生命感表现为"心斋"。心斋指的是心的完全虚静状态，按庄子的说法，它无关乎耳，也无关乎心，而关乎气，即使得一切物质或心理的分判都在气的自然运化状态中成为一体，虚无恬淡。"心斋实则指的就是斋心于无，没有自己，也没有外物。在虚心的状态下，你生活在这个世界，却可以不为这个世界的声名所动。"② 王博认为庄子式的心斋实则是一种在心上的避世态度，哪怕深处闹市，只要退回心无所系的内在世界，仍然有一种孤绝的隐蔽效果。

然而，纵使如此，以庄子为例的道家却也同时向我们开显出一条通向内在生命世界的通途，它不是决然反对与外部世界的交往，而是在区分有知之知与无知之知的基础上，指明无知之知的超越性和纯粹的生命感。"忘掉物，才可以走向道。在忘掉万物之后，心就成为一个虚室，里面什么都没有。但就在这虚室里，却生出无限的光明。这是真正的智慧之光，它可以穿透万物，到达万物之初。它引领着人从外物回归到道，同时也就回归到生命本身。追逐于外物的生命是不得安歇的，即便形体安静着，心灵却一直忙碌而焦虑着。"③ 据此可见，真正的生命感恰恰是全然超出有

---

① 王博：《庄子哲学》，北京大学出版社2004年版，第100页。
② 王博：《庄子哲学》，北京大学出版社2004年版，第39页。
③ 王博：《庄子哲学》，北京大学出版社2004年版，第40页。

形与有朽世界之外的更高级的存在状态，也因此庄子寓言的主角时常是那些身体有残障，但志存高远的人，这表征着庄子对心与道之强调已然在一切有形之上。"心与道游的他早已经超越了知或者是普通的心，而达到所谓的常心，也就是不与物迁的心。常心其实不是别的，也就是心的虚静的状态。只有虚静的心才可以让纷扰的世界虚静下来，就好像是'唯止能止众止'。也许我们可以想到几百年后伟大的佛教徒僧肇在《物不迁论》中的名言：'旋岚偃岳而常静，江河竞注而不流。'"① 虚静祥和，是生命的本然体验，它感受与变现万物而绝对不为万物所扰动，这种静是一种绝对意义上的静，这种静定的力量也是破除一切变动之相的根源性力量，当遭遇有形生命状态之种种纠缠时，只有寻到虚静之处方才能彻底解脱，也唯有通过生命感的滋养，真正的存在感与自信才能被建立。

4. "道"表现为"无情最有情"

正由于"道"的绝对中正与虚静祥和，已然没有了所谓人欲之私的哪怕一点障蔽，它不再表征一个需要时刻依赖于外物而存在的"我"及其在关系形态中表现出的一种自我遮蔽性——以一种客观化的、从关系结构中被规定的视角来审视"我"且"我"的存在竟然不可自拔地为了他物的存在而存在。"道"全然是一个存在的自体，是其他存在形态的根源，但同时，它已然没有了任何粘连在外物上的所谓情，即一种带着偏私的生命纠缠状态——一切情绪与情感——而是反过来，正由于斋心于无而成为绝对自主性的、对一切有形物的规定性根源。

"道"根源于无，表现出决然干净纯粹的存在自身，不受任何染污，同时它具有最大的包容性与可能性，无可无不可，万物在其面前从存在论的意义而言是齐一平等的，因此它"无情却最有情"，它颠倒了倒悬的人心，还人心以天心、以自由，前提是不再有内外的差别对待，而全然只是"一"之常态而已，这便是一种"吾丧我"的状态。"吾"就是"无我之我"，是存在本身，而"我"是后天意识执着"我"存在之边界，遂而产生"我"与他物不可逾越的鸿沟及基于诸种关系的后天存在形态。前者始终虚静而待，后者则时刻以各种方式强化着己身之实有。依道而行就是依无我而行，"一个没有成心没有我的人，已经不是人，而是变成了天。只有人的身体，里面藏的却是天心。而天心也就是无心。无心的世界中，

---

① 王博：《庄子哲学》，北京大学出版社2004年版，第62页。

'彼是莫得其偶'。彼是都变得非常地寂寞，因为彼此都找不到对方。……其实，寂寞的感觉并不会有，因为本没有彼或者是的意识，当然更不会有是非的意识。所有的区别都随着成心一起消失了，整个世界变得没有任何的缝隙。这时，你感觉到的该是充实吧。当然是充实，'天地与我并生，而万物与我为一'的充实"①。

从有情的方面而言，在逐于外物的散佚之心那里，是没有真情的，因为时刻都带着自我彰显的表演性，而非纯然发乎于内的真心。但无心基础上的有情则不同，在没有"我"的遮蔽时，人回到了真的领域，而唯有这时，才能生发出真情，此种真情没有以"我"出发的自我证明与偏狭顽劣，反之，它仍然没有定型，是与物相感之后的自然发动。此种真情以当下最有益于生命全然流动的方式运作，释放被固着在被动情境中的生命活力与注意力资源，使生命的每一个最小细分单元中都充满力量与自主性，这是真正建立在自由之上的真性真情，是直接发用、充满轻快愉悦的情绪体验，而非任何畏缩、思虑之后不得不作出的应对姿态。

（二）"道"的意识结构②

"道"不可名状，但根据以上"道"的诸种表现与特点可以整理出"道"在生命中的几种基本功能，据此可得出"道"的意识结构。"道"的意识结构是在感悟与理解基础上得到的相对模型，虽然并不能反映"道"本身，但却是指月的手指。在此将"道"分为几种基本结构：元、原（或源）、缘、圆，参考了唯识宗中对八个意识领域的划分，分别对应五识（眼耳鼻舌身）、意识、末那识、阿赖耶识。其中反映的是"道"在体和用中所展现的自身之诸种能力及其特点。

1. 元

"元"的文本分析。（1）头，首。如："元，始也。"（《说文》）（2）元首，长官。如："元，君也。"（《广雅》）（3）天。如："执元德于心而化驰若神。"（《淮南子·原道》）。又如元机（天机，指神秘的天意），元神（天帝、天神）等。（4）元初（起初）。如元由（同原由）。事情的起始和原因。（5）根源；根本。如元本（根本），元序（最根本的秩序，指礼仪），元极（万物之本源）。（6）元气。指天地未分前的混沌

---

① 王博：《庄子哲学》，北京大学出版社2004年版，第79页。
② 参见《汉典》（网络版），"元"，https：//www.zdic.net/hans/%E5%85%83。

之气；指人的精神，精气；中医名词，指人体的正气，与"邪气"相对。如元炁（元气），元阳（男子的精气）。（7）道家所谓的道。如："元，无所不在也。人能守元，元则舍之；人不守元，元则舍之。"（《子华子·大道》）。元神（佛道经过修炼的灵魂。成仙得道的人，其元神可以离开肉体自由来往）。元君（道教对女子成仙者的尊称）。元龙（元阳，道教指"得道"）（8）帝王年号或朝代名。如元朝。（9）数学名词。数字和若干字母的有限次乘法运算式中表示变量的字母称元。如一元二次方程。（10）民众，百姓。如黎元，元元，元元之民（众百姓）。

当"元"做形容词时。（1）第一，居首位的。如"元旦"。（2）大。"夫基事之元命，必与天下自新。"（《汉书》）（3）善；吉。如元正（善良正直）。（4）本来；向来；原来。如："元犹原也。"（《春秋繁露·垂政》）"必先原元而本本。"（《潜夫论·本训》）元心（本心，本意）。（5）黑色。清朝避康熙（玄烨）皇帝的讳，改"玄"为"元"。

根据"元"的基本含义及本书的写作意图，着重引用并阐发"元"的如下内涵：（1）元乃生命存在的物质性根源，如"气"，是现实存在的基础；（2）元乃生命状态在时空中的首要存在，如起始，第一等。

"元"可类比于八识中的前五识，这是因为人的生命首先在生存层面展开为一个时空载体，即我们每日触碰，一般很难怀疑其存在真实性的物质宇宙，人作为存在于该物质宇宙中的主体，具有对它的诸种感知能力，如眼睛之能见，耳朵之能听，鼻子之能嗅，舌头之能尝，身体之能感，同时与这个物质世界向我们彰显的所予资料（对应所见、所听、所嗅、所尝、所感）和合生成了物质世界。

"元"至少包括如下几层内涵。（1）元是道在物质层面的载体。元作为物质世界的基质，既是"道"运行的最低层面，也是最基础的层面。"道"并非一个玄远难测的抽象之物，它亦有自己的物质性表现及载体，这就是"元"，正如混沌初开时首先创造的山河大地，这是"道"最粗重但却最坚固的呈现形态。（2）元以物质存在与物质感受的方式向人们展现道的存在。当"元"以物质存在的方式向人们彰显时，人们自然有相应的感受能力与之对接，这就是人最直接的物质感受或曰身体感受，正是通过这些感受人们将这个世界的形象与感觉定义为"物质性的"，它们的存在是最基本的人与人之间的共识。在"元"的文本分析中便有"气"可为佐证，气表征着一种最为基本的物质存在，它是"道"的其他层面得以彰显的载体。(3) 元具有最原始、最质朴的"道"的真实性。正因为元表征出"道"的基础存在层面，因此具有最大的真实性，相较于思维、精神等抽象高远之物，它时刻在每一个人的生活之中体现自身，无论人之受教化程度如何，都不会否认它的直接性和明证性——似乎不用刻意证明世界的存在，因为我们的感知已然时刻证明着，它就在这儿。

2. 原（或"源"）

"原"的文本分析。(1) 水源，源泉。"源"的古字。如："原，水泉本也。"（《说文》）"原泉混混。"（《孟子》）。(2) 源，根本，根由。如："必达于礼乐之原。"（《礼记·孔子闲居》）。(3) 原野。如："广平曰原。"（《尔雅》）。

当"原"做形容词时。(1) 原来。如："原不过此数。"（清·洪亮吉《治平篇》）(2) 本来。"若果为原版所有。"（《书林清话》）(3) 最初的，未加工的。

当"原"做动词时。(1) 推究。如："原心定罪。"（《汉书·薛宣传》）"原其理，当是为谷大水冲激……唯巨石岿然挺立耳。"（沈括《梦溪笔谈》）(2) 宽恕。如："因任已明而原省次之。"（《庄子·天道》）(3) 赦免。

根据"原"的基本含义及本书的写作意图，着重引用并阐发"原"的如下内涵：(1) 意识把握世界本源与本质的能力及方式；(2) 对世界具有普遍性的诸规律之探求；(3) 对"自我"边界的挺进及达到了源初状态时所体验到的某种错愕，以及对生命更深本源探索的意图。

"原"同"源"，可类比于八识中的意识（此处乃意识的狭义理解），指的是人们运用自身的知性与理性之能力对"元"所接收到的诸种感性材料作进一步的抽象加工，主要是对其内在规律的探索与把握，并在一定意义上开辟出自身运行的一个意义空间，作为联结对生命无尽探索之可能性的中间桥梁。

"原"（或"源"）至少包括如下几方面内涵。(1) 原彰显出"道"的抽象能力。所谓抽象即从无数感性材料（即象）中抽离出来，并能够抽取出它们当中的若干共性或差异性，形成具有普遍意义的认知能力。这一点体现"道"的知性和理性能力，即在感性素材的接收能力之外，先验地带有知性范畴和理性统觉的能力，它使人能够从其感性体验的世界中挣脱出来，开辟出一个相对独立的意义运行空间，既依赖于感性世界的真实性,又能相对独立地通过认识与改造感性世界来重构这种真实性。(2)"原"表现出探究普遍性的冲动。"道"依据一定的规则整全万物,"原"是存在者对"道"之普遍性的一种追问和发扬,虽然它只能基于物质宇宙而运行,但却具有超越个体性以追问普遍性、规律性的内在动能;再者,"原"也是道通人心的一项殊胜能力。"轴心思想家不仅将'天人合一'的观念从巫师垄断中解放了出来,同时也赋予这个观念以人文的和更为理性的解释。当《管子·内业》篇的作者把论述的重点由鬼神移转至'思'和'知',他清楚地把天、人关系的讨论从原始宗教信仰提升至哲思论辩的层次。"[①](3)"原"表现出对世界的探究是一个源源不断的过程,而意识的主体深知这一点。在探索物质宇宙的过程中,主体不断意识到规律之无尽、认识能力之有限,这一方面带来认识的无穷新鲜感与动力,另一方面也启发意识觉知到自身的局限性,形成反思精神,为可能存在的生命之更高面向留下不能理性认知的空间并对之存有一份敬畏之心。同时这种追问本源与根源的意识将人自觉地规定在其可意识的范围之中不敢僭越,这一点恰恰成了他们可以进一步探求生命源头的基础。

3. 缘

"缘"的文本分析。(1)器物的边沿。如:"低下头去把嘴唇搁在杯缘。"(茅盾《蚀·追求》)。(2)缘故,理由。如:"璞皆知其名姓及巧诈缘由。"(沈约《宋书》)。(3)因缘;缘分。如:"渠会永无缘。"(《玉台新咏·古诗为焦仲卿妻作》)。

当"缘"做连词时,意为因为,由于。如:"缘物之情。"(《吕氏春秋·慎行论》)"缘愁似个长。"(李白《秋浦歌》)

当"缘"做动词时。(1)向上爬,攀援。如:"以若所为,求若所欲,犹缘木而求鱼也。"(《孟子·梁惠王上》)(2)牵连。"百姓有罪,皆案之以法,其缘坐则老幼不免。"(《隋书·刑法志》)(3)沿着,顺着。如:"缘之以方城。"(《荀子·议兵》)"缘溪行,忘路之远近。"(陶潜《桃花源记》)

当"缘"做介词时,意为因,凭借。"则缘耳而知声可也,缘目而知形可也。"(《荀子·正名》)

根据"缘"的基本含义及本书的写作意图,着重引用并阐发"缘"

---

① 余英时:《论天人之际——中国古代思想起源试探》,中华书局2014年版,第130页。

的如下内涵：(1) 存在诸形态的边界及其边界性认同与适应；(2) 一切有形边界碰撞、融会时表现出的偶然性与必然性之共存；(3) 以边界性认同为基点的"我"或"我们"之自身强化。

"缘"可类比于八识中的第七识——末那识，是"道"从无形向有形转化中形成的诸多边界及其自我认同，使原先的空无产生出以"我"为认同基点的若干生命形态。"道"本自身圆满自足，而由于"缘"的偶然性、生成性与自身认同性，出现了"我"及据此而来的内外、你我之分，使"道"从表现形态来说成为无数自立为王的自我意识并由此产生了意识领域的纷争。

"缘"至少包括如下几方面内涵。(1) 缘是从无至有形成的存在边界。缘所表征的是"道"为生命形态划定边界并形成差异的一种功能，正如黑格尔在《精神现象学》中所描述的那样，意识以自我意识的冲动及其方式从其混沌的本源出走、最终完成其客观化的整个过程。"道"的自身完备并不能使其从丰富性上体验己身，而只能创造多元存在形态来激发这种自身的体验感，并最终以一种经过扬弃的回归再次回到自身。"缘"正是"道"为自己创造丰富体验的一种表现，以"我"来统摄并维护这些多维生命裂变的边界，并使之相互间产生关联与互动，这实则是"道"自身缘起的一种活动。(2) 缘是一个动态缘起、生成的过程。"缘"是一个不断生成、变化的生命形态流衍过程，正如我们常说的"缘分"，在偶然性与必然性和合的作用下，无数"我"都在认同的边界上发生着基于与他者碰撞产生的新的边界形态，这些边界或是"我"之扩充的结果，或是"我"之减损的结果，使"我"成为边界多变的、只具有存在相对稳定性特点的动态"我"。(3) 缘是"我"不断强化自身的一股力量。总的来说，缘是依托"我"的强大自身认同（此处跟"我"之边界流变不是同一回事，边界流变只是客观表现出的"我"的形态及其特点，而此处强调的是，"我"为了维护自身认同，总是含有一种利己排他的倾向以维护"我"的存在，使"我"从根本上成为难以打破的认同堡垒），一旦"我"形成，具有讽刺意义的是，便与"道"本身不定型的特点相违背，它时刻都在抓取一切可缘之物以维护自身存在，成为破除"我"之定见的最大障碍，用佛教的术语叫作"我执"。"我执"不破，"我"便恒久地被封锁在自我划定的认同边界之中难以突围，成为回归"道"的途中最大的障碍。

4. 圆

"圆"的文本分析。(1) 圆形。如:"圆,圜全也。"(《说文》)"天道曰圆,地道曰方。"(《大戴礼记·曾子天圆》)(2) 圆通,灵活。如:"如今到外头去做官,自然非家居可比,总得学些圆通。"(《儿女英雄传》)(3) 圆满,完整。如:"蓍之德,圆而神。"(《易·系辞上》)(4) 丰满,周全。如:"其粟圆而薄糠。"(《吕氏春秋·审时》)(5) 婉转,圆润。如:"深圆似轻簧。"(白居易《题周家歌者》)

当"圆"做名词时。(1) 圆周。如:"右手画圆,左手画方。"(《韩非子》)(2) 月亮。如"圆缺"(指月亮的盈亏)(3) 指天。如:"载圆履方。"(《淮南子》)(4) 丸,圆而小的东西。如:"炒肉片,煎肉圆,焖青鱼。"(《儒林外史》)(5) 圆形的货币及货币单位。

当"圆"做动词时。(1) 使圆满,成全。如:"你只依着师傅这话,就算给师傅圆上这个脸了。"(《儿女英雄传》)(2) 旋转。如"圆旋"(回旋);"圆折"(水流旋转曲折)。(3) 团圆,散而重聚。如:"试问古来几曾见破镜能重圆?"(林觉民《与妻书》)

根据"圆"的基本含义及本书的写作意图,着重引用并阐发"圆"的如下内涵:(1) 无始无终的周延形态;(2) 某种生命状态的暂时圆满与成就;(3) 螺旋式上升、无有终点的生命运行过程本身。

"圆"可类比于八识中的阿赖耶识,阿赖耶识像一个巨大的仓库储存着生命体造作的一切业因业果,但一旦阿赖耶识能够呈现出"道"本身的状态,便成为像明镜一样的"大圆镜智",照见并涤荡一切存在中不可避免的矛盾并从当中超拔出来,像明镜一样无有染着。用"圆"来概括"道"的第四种意识结构,表明的正是"道"的本真性、周遍性与圆成性。

"圆"至少有如下几方面内涵。(1)"圆"表征"道"是无始无终的存在形态,"道"就是其本身,就是当下存在,就是绝对意义上的一切皆在,并不是说谁缘起了谁,而是"道"当下即为一切的根源又在一切的呈现之中,即体即用,体用一源,时空的划分并不能割裂其存在的这种完整性,因此说"圆"是"道"自身完备的一种描述。(2)"圆"代表生命形态在特定阶段的暂时成就,或曰小成。生命形态从其边界认同中不断超越出来、不断打破"我"的固着而回归没有定型的生命存在洪流,在特定阶段都会有较之上一个阶段更清明的状态,每个阶段都可谓较之上一个阶段的小成，正如被封住的生命能量不断揭开它的封条而不断获得与完满力量之联结和融会一样，这个"揭"是一个渐进的过程。（3）道的圆成体现在永动的涌动过程之中。"道"的最终成就可谓一种圆成的状态，从这个意义上说，"道"不仅渗透在每一层面的存在形态与相应的意识状态之中，也同时是这些形态最终指向的和合状态——和谐共进、合于源头。在道的圆成之中，已经没有了"缘"起之"我"，一切都回归其最自然而然、无有差别的境界之中，正如"圣人后其身而身先，外其身而身存。非以其无私邪？故能成其私"①。"挫其锐，解其分，和其光，同其尘，是谓玄同。故不可得而亲，不可得而疏，不可得而利，不可得而害，不可得而贵，不可得而贱，故为天下贵。"② 在无私与玄同之中，成就天地精神。因此，"圆"是对"道"之绝对成就的一种描述。

以上通过"道"的文本分析、文化解读及诸种特点、结构之描述，虽未能尽"道"之万一，但作为启发"道"之亲证的手指，也体现了道的自明性与达成路径之艰难。自明性就在一种觉察之养成中自然呈现，难的是，人们往往被物欲遮蔽太深，情绪纷繁，去蔽是一个长期且系统的过程。下一节关于"德"的解读，更贴近人们近道的现实与寄望。

第三节 "德"

一 "德"的内涵

（一）"德"的文本分析

"德"最初是一个动词，其基本含义包括三个方面。（1）从其本义，升也。（《说文》）如："君子德车。"（《易·剥》虞本）（2）感激。如："然则德我乎。"（《左传·成公三年》）（3）通"得"。取得，获得。如："善者吾善之，不善者吾亦善之，德善。信者吾信之，不信者吾亦信之，德信。"（《老子》第四十九章）又如："是故用财不费，民德不劳。"（《墨子·节用上》）

"德"亦作为动词，其基本含义包括五个方面。（1）道德，品行。

---

① 《老子》第七章，转引自焦国成《中国古代人我关系论》，中国人民大学出版社1991年版，第204页。

② 《老子》第五十六章，转引自焦国成《中国古代人我关系论》，中国人民大学出版社1991年版，第204页。

如："德行，内外之称，在心为德，施之为行。"（《周礼·地官》）"德何如可以王矣?"（《孟子·梁惠王上》）（2）恩惠，恩德。如："是不敢倍德畔施。"（《战国策·秦策》），又如："愿伯具言臣之不敢倍德也。"（《史记·项羽本纪》）（3）仁爱，善行。如"德意"即为善意。（4）心意。如"同心同德"。（5）福。如："百姓之德也。"（《礼记·哀公问》）

根据"德"的基本含义并结合本书的写作意图，主要取"德"如下几方面的含义。（1）取"德"乃"得"者之义。"得"除了"得到，获取"的意思之外，也有一重"找到"之义。如："知得而不知丧。"（《易·文言》）"虑而后能得。"（《礼记·大学》）"至德不得。"（《庄子·秋水》）（2）取爱及善待之义。（3）取品性、品行良善之义。

（二）"德"的文化解读

1. "德"即良心

良心是人发掘自己更深层面上的洞见、道德敏感性及道德意识的能力。我们希望强调良心的积极方面——良心是个体发掘其自身内在的智慧与洞见的方法，是一种"开发"，是扩大体验的一种指导。这就是尼采（Friedrich Wilhelm Nietzsche）在其题为"超越善恶"的赞美歌中所提到的，也是蒂利希（Paul Tillich）在其超道德的良心这个概念中所指的含义。从这个观念出发，"良心会把我们所有人变为懦夫"这句话便不再正确。相反，良心将会成为勇气的源泉。[①]

道在有限之存在者——人身上的体现是"德"，德的一个重要内涵如"道"所彰显的那样要求不断走出自己、扩展自己。"所有存在的人都具有走出他们自己的中心并参与到其他存在之中的需要和可能性。"[②] 当人被抛进世界之中从而成为世界中存在的一分子，在一定程度上虽然具有自觉其存在之根源的能力，但不免由于作为存在者自身的各种限制性而迷失自身本性，迷失本性并不是"真心"之失落，而是"真心"之被遮蔽。在这种情况下，真心于被遮蔽的境况中对自身的唤醒便是良心。良心在先天和后天两途均有体现。

第一，良心对真心的先天唤醒。良心对真心的先天唤醒相当于深入存

---

① 参见［美］罗洛·梅：《人的自我寻求》，郭本禹译，中国人民大学出版社2008年版，第177页。

② ［美］罗洛·梅：《存在之发现》，方红、郭本禹译，中国人民大学出版社2008年版，第18页。

在的领域之中重新联结上其存在的本真之域，找到存在的本源力量。"如果缘在要真诚于自身，要在其自身之在的方面前进，良心就必须进入更深的层次，就必须使缘在承担起发挥自己真在之能力。当缘在具有自身之在的良心时，缘在始能下定决心，始能'选择其做出选择之路'。在下定选择的决心之中，缘在重新进入去蔽的状态，重新进入真在。"[1] 从这个角度而言，良心至少有如下几方面含义。

首先，良心即真诚。良心不止表现在对于"诚"这一存在之域的当下契证，在其中，它时刻开掘着道德主体对于己身道德活动之存在根源的先天注意力疆域，将它从后天障蔽的无存在感之状态中唤醒至当下的存在，或者说，对于耳濡目染的习惯性心智模式升起疑情，从而将昏沉于世界建构中的"我"从这种对于己身存在不甚明晰的状况中晃出来。

其次，良心表现在对于"诚"这一本真道德至境的无限接近上，表现在良心在道德主体的后天人格基础上不断从内在提起其"真"的决心。由于后天道德人格之复杂，很难形成和合的、具有高度自我认同及其稳定性的道德主体，因此，良心从先天的角度切入，绕开后天道德人格各层面之复杂性及其中可能存在的相互冲突，而从先天之"诚"中直接、当下升起一个本真的道德决定，或以道德律，或以道德直觉等方式，直接提点道德主体于每一次道德选择中直接作出当下"真"的道德决定。此处的真，不是认识论意义上的真，而是存在论意义上的真，即道德主体在面临着它的选择客体时，并未在后天意识中纠缠于二元对立中的各种道德决策之可能性，而是依循道德主体之当下的、自然而然的先天意识而直接作出道德决定——此乃良心的本真内涵。

最后，良心是人人本具的天地大心。"心，只是一个心。某之心，吾友之心，上而千百载圣贤之心，下而千百载负有一圣贤，其心亦只如此。心之体甚大，若能尽我之心，便与天同。为学只是理会此。"[2] "夫圣人之心，以天地万物为一体，其视天下之人，无内外远近，凡有血气，皆其昆弟赤子之亲，莫不欲安全而教养之，以遂其万物一体之念。天下之人心，

---

[1] 李晨阳：《道与西方的相遇——中西比较哲学重要问题研究》，中国人民大学出版社 2005 年版，第 51 页。

[2] 《陆九渊集·语录下卷》，转引自焦国成《中国古代人我关系论》，中国人民大学出版社 1991 年版，第 199 页。

其始亦非有异于圣人也，特其间于有我之私，隔于物欲之蔽，大者以小，通者以塞。"① "大人者，以天地万物为一体者也；其使天下犹一家，中国犹一人焉。若夫间形骸而分尔我者，小人矣。大人之能以天地万物为一体也，非意之也，其心之仁本若是其与天地万物而为一也。岂惟大人，虽小人之心，亦莫不然；彼顾自小之耳。是故见孺子之入井，而必有怵惕恻隐之心焉，是其仁之与孺子而为一体也。孺子犹同类者也，见鸟兽之哀鸣觳觫，而必有不忍之心焉，是其仁之与鸟兽而为一体也。鸟兽犹如知觉者也，见草木之摧折，而必有悯恤之心焉，是其仁之与草木而为一体也。草木犹有生意者也，见瓦石之毁坏，而必有顾惜之心焉，是其仁之与瓦石而为一体也，是其一体之仁也，虽小人之心，亦必有之，是乃根于天命之性，而自然灵昭不昧者也。"② 天地之心是最具有可普遍性的公心、大心，不论什么人都具有能够打破差异性而回归一体性存在的可能性，发明这颗公心正是"德"的一种能力。

第二，良心对真心的后天提点。良心也在"在—世界—之中—存在"的道德主体中发挥着后天作用。"作为日常生活中的良心的召唤要求缘在对得住号称普遍有效的现存社会规范。当缘在没能力这么做时，日常生活之良心使缘在有一种'负罪感'。"③ 良心对道德主体的后天提点表现为一种道德情感，亦即，道德主体于社会规范基础上的道德选择会以良心为引导表现出心理上的舒适感或不适感。当道德主体之道德选择违背了社会道德规范时，良心便会驱使道德主体感到不适，反之亦然。

2. "德"即良知

参照高予远对阳明先生良知说的分类，高予远"将阳明的良知之含义分为三层：默坐澄心之良知、中节之和之良知与万象毕照之良知"④，则良知分别表现为如下几种形态。

第一，体悟未发之中，静默的形而上学心体。"性无不善，故知无不

---

① 《王文成公全书·答顾东桥书》，转引自焦国成《中国古代人我关系论》，中国人民大学出版社1991年版，第200页。
② 《王文成公全书·大学问》，转引自焦国成《中国古代人我关系论》，中国人民大学出版社1991年版，第200页。
③ 李晨阳：《道与西方的相遇——中西比较哲学重要问题研究》，中国人民大学出版社2005年版，第51页。
④ 高予远：《仁者宇宙心》，中国社会科学出版社2013年版，第57页。

良，良知即是未发之中，即是廓然大公，寂然不动之本体，人人之所同具者也。"① 在道德形而上学层面理解的良知是一种无知之知，它不像从认识论理解的"知"一定要以区分为要务，也不像从后天意识出发的实践之知一定要秉持一个所谓的"善恶"而行，它纯然只是一个无念的心体，并没有因为任何如是的显现就产生因分判而来的情绪、情感反应及思维活动，它仍然只是保持着物来则应、物去不留的自然状态，反映在体觉上则是一种松、静、软、悦的感受。

第二，致良知的操行，"我"自净其意。"意未有悬空的，必著事物，故欲诚意则随意所在某事而格之，去其人欲而归于天理，则良知之在此事者无蔽而得致矣。"② 本心在语默动静之间都始终在场，但后天意识之障蔽未必能够使之明朗。良知在后天意识中的运用好比联结先天意识与后天意识的桥梁，它来回于两种意识之间，一方面，它将先天意识中没有一丝染着的精神力带进后天意识的场域中使之将一切杂染进行涤除，解放纠缠于外物的后天意识；另一方面，它也通过道德感（譬如：如法作意时感到舒适，不如法时感到焦虑）的方式提点后天意识向先天意识尽量敞开，并在广泛的、具有道德象征意味的生活实境即道德践履中令道德主体明晰一种廓然无私的道德选择之可能性，并在真正践行中巩固这种体验，形成相对稳定的道德行为模式，令后天意识不断接近先天意识所开显的自然无我之状态。

第三，心物交接无碍。心与物的交接既是人的现实生活处境，也是人之现实感的来源，当心物交接时，心是否能一方面现实地感知事物，另一方面又在存在论意义上保持心的纯澈透亮与不为境转？"心之本体，无起无不起，虽妄念之发，而良知未尝不在，但人不知存，则有时而或放耳。"③ 与物交接或在事上磨炼正是磨炼心体的好时机，这也是"德"的一项特殊修行——一方面，在与万事万物交接时将心体的纯澈之光当下照进现实，使现实即存在非存在，在可细分的最小时间单元上被分解，使之

---

① 《王阳明·传习录》，转引自高予远《仁者宇宙心》，中国社会科学出版社2013年版，第58页。
② 《王阳明·传习录》，转引自高予远《仁者宇宙心》，中国社会科学出版社2013年版，第71页。
③ 《王阳明·传习录》，转引自高予远《仁者宇宙心》，中国社会科学出版社2013年版，第74页。

成为如呈现之暂时的相状一般仅是非连续性存在而非实有;另一方面,事物却仍是"实有",这要求道德主体通过具体的道德修为将抽象的道德之光切实地转化为现实境况中的种种,两者和合,乃抽象与具象的和合,德之观照与德之实行的和合,无时无处不无心而为又无不为,这便是德之修行的最高境界。"夫妄心则动也,照心非动也;恒照则恒动恒静,天地之所以恒久而不已也。照心固照也,妄心亦照也;其为物不贰,则其生物不息,有刻暂停则息矣,非至诚无息之学矣。"① 正是没有时空间断的"为物不贰",所谓照心和妄心从根本上而言也没有差别,所照之现实即现实非现实,即观照非观照,它们是显现与显现物的关系,但从存在而言又是一体。当实证到这种境界,实乃极高的德之修为。

3. "德"即能够体悟良知的认知心

良心及良知具有先天自明性,然而从后天意识的角度而言,"德"还有一个"识心"的意义。所谓识心,是在后天意识已然存在的基础上,面对人物交接时的种种人欲偏私,能够升起善恶是非之心提携善心对治恶心,这是一种理解识取、具有社会规约属性的"德"之认识。从这个角度理解"德"具有如下要点。

第一,"心"指的是血气之心。"若夫目好色,耳好声,口好味,心好利,骨体肤理好愉佚,是皆生于人之情性者也。"② 人天生便有气质之秉,这是人的现实面向决定的。因此良心与良知的应用场景不可避免地要落实在一颗血气之心上,这对相对抽象的观照之心来说是一个极大的考验。现实性像一个屏障一样隔离着抽象与具象,而生活中我们往往有这样的体验,当两者真正交接于同一注意力范围内时,情况变得极为复杂并令人彷徨无措。如在一种慎独的意义上,"德"与"道"的联结看似顺畅,但一旦需要言语表达或行为更进时,一种像是止水般的澄澈状态却泛起泥沙,纷扰难当,进退维谷。这种情况正是德之修为落入了顽空的境界——停留于一种优美且玄远的抽象境界里不愿离开的心境,它抽象而完美,带着一种静态的自我满足而高悬于现实生活之上,具有一种抽离的高傲意识,而当要求这种意识下降人间俗务时,它可能会像不经世事的少女一样

---

① 《王阳明·传习录》,转引自高予远《仁者宇宙心》,中国社会科学出版社2013年版,第74页。

② 《荀子·性恶篇》,转引自黄光国《儒家关系主义——文化反思与典范重建》,北京大学出版社2006年版,第37页。

羞涩、惶恐且焦虑。这提醒我们注意,"德"的修为除非贯通抽象与具象两个层面,否则"德"也只是无力的玄想,因此,现实修为的另一重必要性在于为抽象的"德"注入现实生命力,这需要道德主体真正升起对现实生活的切身关照。

第二,人具有辨别善恶、为善去恶的道德感知能力。"德"意义上的"知"除了有与良心与良知交接而自然升起的道德直觉外,也存在一种认识论意义上的道德感知与辨别能力,这种能力使"德"可以通过后天学习而习得。"情然而心为之择,谓之虑。"① 道德之虑是人社会化并不断更新与达成新共识的基础,它使人们在关系中学习,在价值最大化的共同诉求中达成个体与整体利益的和解,在具体的道德修为中创造更大价值,共同实现个我与整体的双向价值流通与相互滋养。从这个角度而言,基于血气之心的"德"之涵泳具有社会属性。"今人之性恶,必将待师法然后正,得礼义然后治。今人无师法,则偏险而不正;无礼义,则悖乱而不治。古者圣王以人性恶,以为偏险而不正,悖乱而不治,是以为之起礼义,制法度,以矫饰人之情性而正之,以扰化人之情性而导之也,始皆出于治,合于道者也。"② "德"在社会化的运作中,表现为具体的"法""礼""治"等,从客观效果来说,这些属于社会建构的维度。

具有"德"之属性的认知心可以通过后天培养而得,培养的方法包括以下几点。

第一,好学近乎知。"博学之,审问之,慎思之,明辨之,笃行之。有弗学,学之弗能弗措也;有弗问,问之弗知弗措也;有弗思,思之弗得弗措也;有弗辨,辨之弗明弗措也;有弗行,行之弗笃弗措也。人一能之,己百之;人十能之,己千之。果能此道矣,虽愚必明,虽柔必强。"③ "措"是放手不为的意思。儒家提出"博学、审问、慎思、明辨、笃行"的治学理路,并强调在过程中要不断努力,即使有"弗"能为力的情况也要继续努力,而且是付出"人一能之,己百之;人十能之,己千之"

---

① 《荀子·正名篇》,转引自黄光国《儒家关系主义——文化反思与典范重建》,北京大学出版社2006年版,第38页。
② 《荀子·性恶篇》,转引自黄光国《儒家关系主义——文化反思与典范重建》,北京大学出版社2006年版,第38—39页。
③ 《中庸·第二十章》,转引自黄光国《儒家关系主义——文化反思与典范重建》,北京大学出版社2006年版,第47页。

的努力，只有如此才能在学问实践上取得成就。

第二，力行近乎仁。"不为者与不能者之形何以异？曰：挟太山以超北海，语人曰'我不能'，是诚不能也；为长者折枝，语人曰'我不能'，是不为也，非不能也。"① 当认识到位而行动未到位时，我们只能说，在"德"的修为上只完成了一半而已，并没有真正"证道"，无非"知道"罢了，在阳明先生"知行合一"的语境氛围中，知而不行与未知无异，这是因为当知行之间还存在着时空间隙时，良知仍然处于某种被遮蔽的状态而没有完全朗现。这要求后天意识努力精进，在意识可控的范围内尽力接近"德"的要求，所谓"尽人事，听天命"，不在修行中留有后路与遗憾。

第三，知耻近乎勇。"君子耻其言而过其行。"② 真正"德"的修为既然要求知行合一，便要杜绝只是言说而不行为的情况，所谓自欺欺人便体现于此，欺人尚是一种外在效果，而对严格要求己身的君子而言，自欺更是在因上不可轻易放过。"人不可以无耻，无耻之耻，无耻矣。"③ 自欺而不知自觉与悔改的人，是所谓"无耻之耻"，人既有良知，它便在有意无意间对人同时构成救赎与惩罚——救赎在于良知一定会通过直觉、感受或思维等方式提醒道德主体有过错的地方，只有觉知、忏悔、改过、臣服才能解除良知在该点上的提醒并归于平和，相反，如果放任良知的提携于不管不顾，则所要承担的后果将越发严重。

二 "德"的特点与结构

（一）"德"的特点

1. "德"具有主体性

"德"的修为由于有后天人欲之私的遮蔽而不可避免地似乎总是不能如"道"那样全然，但至少在后天意识的领域，我们具有相对自由的全部自主性，这表现在为不断接近并最终达成"德"与"道"的内在同一，

---

① 《孟子·梁惠王上》，转引自黄光国《儒家关系主义——文化反思与典范重建》，北京大学出版社2006年版，第49页。

② 《论语·宪问》，转引自黄光国《儒家关系主义——文化反思与典范重建》，北京大学出版社2006年版，第49页。

③ 《孟子·尽心上》，转引自黄光国《儒家关系主义——文化反思与典范重建》，北京大学出版社2006年版，第49页。

"德"要不断精进修为，全然在每一个道德选择上发心用力，不以任何借口推脱修为的责任，在自我逼迫中不断激发觉知的清明与道德应变的潜能。"然览诸道戒，无不云欲求长生者，必欲积善立功，慈心于物，恕己及人，仁逮昆虫，乐人之吉，愍人之苦，赈人之急，救人之穷，手不伤生，口不劝祸，见人之得如己之得，见人之失如己之失，不自贵，不自誉，不嫉妒胜己，不佞谄阴贼，如此乃为有德，受福于天，所作必成，求仙可冀也。"①

"德"的修为于"道"而言毕竟是一条从下而上的道路，相比于"道"的直接下贯，除非根器异秉之人可当下证得且在事上保持并磨砺该种证得的至境，对于绝大多数人而言，仍然需要长期点滴的"德行"之积累才可焕发"德性"之光，"德行"与"德性"是"德"之修养的两个必要条件，它们互为因果，互相激发与促进，这一点正如佛教所言"福慧双修"——福德与智慧像鸟之双翼不可偏废，前者是后者的资粮，后者是前者的引路灯。

因此，"德"横跨在后天意识与先天意识之间，从现实角度而言，对后天意识之道德自觉更有一种主动牵引并自我激励的意义，这一点正是"德"的主体性之彰显——在一个人心浮躁的世界，一味强调"德性"的潜能或放弃"德行"的坚守与自律均不可取，"道"的契证更是难上加难，踏实认真地将每一个对德之修行构成考验的境况都加以反省与琢磨，并通过切实行动改过迁善，追踪实效，养成习惯，才是当今时代可取的德之修行纲要。

2. "德"的内在精神属性乃"生"

"德"的内涵中有一种成己成人的倾向，"《易·系辞下》说：'天地之大德曰生'，宋儒对此极力发挥，以'生'释'仁'，主张顺从天道的'生'，使自我的一切行为都不违上天好生之德，最广泛地实行仁、同情、亲爱、帮助一切人、一切物，使天下之人、天下之物都保持一种生意。能达及此，也就是与天地同流"②。"'生生'的两层含义是：第一，不伤害生命，不压制生命看起来只是消极和否定性的，但却具有直接的道德意

---

① 《抱朴子内篇·微旨》，转引自焦国成《中国古代人我关系论》，中国人民大学出版社1991年版，第101页。

② 焦国成：《中国古代人我关系论》，中国人民大学出版社1991年版，第86页。

义；第二，满足生命的基本需求……人的生命本身就是宝贵的，它不是作为手段和工具的宝贵，而是作为'自在自为的目的'的珍贵。"①

从中可看出"生生之德"的几个特点。第一，生生之德具有绝对的生命视角。"德"将生命看作天地间第一等宝贵的事物，因此对之珍重有加，对之喜爱、自愿使之成就的意图发自真心且爱的力量源源不断。第二，在此生命视角之上，一切生命存在都是平等的。"德"根本上源于"道"，因此对万物的平等心也如同"道"一样出自本真，没有拣择。生命只是存在着的生命，是一体存在下降而生，形态虽有不同，但本质齐一。因此，"德"与"道"只在圆成度上有差别，但本质无别。第三，助生是人的天然本性，感同身受地想要利益一切生命如其所是甚至更好地活着。这一点在道德生命比较纯澈的人身上能够得到实证，且任何人只要愿意在道德境界上有所修为并提升，都能最终体会到由"德"之道路所显化的这趟生命召唤之旅——最终，无论他人如何对待自己，成就他人比自己更好都将成为来自生命深处的需求，像光源一样照亮世界、成就道德至境的这一内在要求与旁的无关，这种境界将为人带来最深刻的喜乐，非世俗角度而言的算计之乐可与之相提并论。

3. "德"通过"诚"将"道"内化

从"德"的层面看"诚"，"诚"就是对己直接，对人真实，这要求在每一件哪怕极小的事物上都尽量提起自我觉察，将自我当作观察的对象一般剖析起心动念处的动机，并慢慢拣择厘清，尽量在前念处便觉察，由此而后念不生，所谓"不怕念起，只怕觉迟"。尤其是儒家，始终强调精神境界的提升要在事上精进磨炼，格物致知实乃观心，朱熹就将"不诚无物"诠释为"不诚无事"："故人之心一有不实，则虽有所为亦如无有，而君子必以诚为贵也。"② 没有"真"与"实"，也就谈不上"诚"，格的对象就是后天意识随物迁转所制造的种种障蔽，最终达到直心当下，境随心转。

此处体现出"诚"在"德"层面的几重内涵。第一，"诚"在主体身上表现为一种自我觉察并感受其内容。觉察并非悬设，尤其在"德"的层面牵涉诸多主观感受与思绪等，它们是觉察最直接的内容，在佛教里

---

① 何怀宏：《生生大德》，中国人民大学出版社2011年版，第90—92页。
② 焦国成：《中国古代人我关系论》，中国人民大学出版社1991年版，第94页。

称为"烦恼即菩提"。实际修为中会发现,空空如也反而不如烦恼涌现更能成为觉察的机会,因为空空如也中的细微敏感需要更细腻敏锐的觉察,而情绪、思绪翻涌时,很明显地便能引发强烈对比下觉察所指示的存在之显现,便于人们即刻觉知何种状态为本真存在(表现为松静软悦的感受),何种状态为缘起,在注意力移步至存在之域的同时,也能消除烦乱——只是静静地观察、体验并最终慢慢将之涤除,彻底拔除烦恼的根源,这在朱熹看来,便是"今日格一物,明日格一物,豁然贯通,终知天理"的意义——烦恼,在反衬出存在的这一使命完成之后,将被存在带入虚无之境而归于平静,这意味着,烦恼有慢慢被涤除干净的可能性。第二,此种感受具有直接性。"直心是道场"描述的便是"诚"的境界,它不加任何遮蔽、掩饰、扭曲地如实如是地显现一切心理活动或于外境的反应,不加"不"或"应该"的框限,尊重自己如其所是的原始状貌——唯有如此,生命能量才有可释放的出口,冲动的合理体系也才能自然达成。第三,此种感受的直接性由主体与事务交接之"机"而引发。没有脱离具体事务而来的修行,德性之养成与德行之实修均不离世间:一方面,没有具体事务的激发,"德"之觉察便没有载体;另一方面,也不会出现无缘无故的事务对人心进行考验,从这个角度诠释"存在都是有理由的"将给我们带来新的启发——在每一个当下没有拣择地尊重事态之发生发展并借此观照内心,是道德修养的路径。

(二)"德"的意识结构

1. 主体选择合于"道"的规律

"德"在事务中所直接体验的感受,确乎一种当下直接的呈现,但同时,"德"所依托的主体之有限性与"生"之机能的不加拣择性与创发性,同时决定了"德"在充分感受"我"之一切感受的同时,亦升起一种改过迁善的自然意图,能够将一切直接感受没有遗漏、没有偏私地进行内在生命之转化,自然而然地意向"道"之无限宽广,遂将一切有形之感受直接交托于无形之中,根本上体谅、包容、交会一切有形的,且不可避免地带有自相矛盾性的感受,而统统转化为只是自然生命图景中的任意形态而已。在回归"道"的生命过程中,生机之源——"道"不断涌现自身,一切感受都将被注入无限的能量之中,由于是"道"的直接呈现形态,且不论其具体内容为何,皆带有源于生命本真的纯粹性,且较之于一切貌似神圣、高贵,但却缺乏这种内在直接性而表现出的无生命感之外在礼节，便值得并引发主体的自觉恭敬与臣服——"诚"，是生命自我彰显的存在标榜，它提携主体不断舍弃其自身有限性而回归无限，在暂时被遮蔽而不能达至自身的时刻，能够以恭敬之心待之，这意味着主体的柔软，向更广阔的生命存在之域表达意欲回归的愿望并完全臣服于自然，这意味着主动放下一切自我造作的权力，在消融小我于大我的决断上，具有十分的勇气与韧性——这是一场真正来自生命深处的革命——革掉小我之命，才能回归大我之无我无染的状态，此所谓"小死大活"。

恭敬也同时引发当生命并不具有如此直接性时（此种状况下，"诚"或也可理解为依"诚"而行的诸种主体性选择，虽然其中留有用力的痕迹，但表现出被遮蔽的主体本身意欲突越其自身有限性的强大冲力，表征出整个人类与相对于自由而言的生命被缚状态的抗争——这些束缚生命的枷锁，是蒙蔽于生命直接性上的诸种障蔽，是生命衍伸过程中不断自我生成的"我"之边界及诸"我"之混战，遂而使生命的体验陷入昏乱、被动与挣扎的状态）所表现出的、敢于冲破有限生命之羁绊的勇气。第一，冲破后天道德标签的勇气。第二，冲破若干小"我"私欲捆绑且敢于悔过的坚韧。"若乃憎善好杀，口是心非，背向异辞，反戾直正，虐害其下，欺罔其上，叛其所事，受恩不感，弄法受贿，纵曲枉直，废公为私……凡有一事，辄是一罪。"① 第三，时刻保持觉察之警醒、借物事之磨炼不断在起意处改过迁善的决心。"君子之遇事，无巨细，一于敬而已。简细故以自崇，非敬也；饰私智以为奇，非敬也。要之，无敢慢而已。《语》曰：'居处恭，执事敬，虽之夷狄，不可弃也。'然则执事敬者，故为仁之端也。推是心而成之，则笃恭而天下平矣。"② 第四，直面并悦纳那些逃脱了后天道德绑架然而却表现出的任意直接感受。哪怕在一种自欺欺人的境况中，它们如何为己所不齿而意欲隐藏或压抑，但一旦暴露出来，它们也同时是自我的一部分——只有直面自己的不堪并在"诚"的涤荡中看清它们存在的本质，才能自然而然改过迁善。压抑并不真正解决问题，反而隐匿并制造着问题——在很多情况下，看清并认领自己内在隐藏的"恶"才是最难的事情，但这是"诚"的修为基础，因为没有路

---

① 《抱朴子内篇·微旨》，转引自焦国成《中国古代人我关系论》，中国人民大学出版社1991年版，第101—102页。
② 《遗书·卷四》，转引自焦国成《中国古代人我关系论》，中国人民大学出版社1991年版，第96页。

可以通向真诚，真诚本身即道路。

如此，唯有借由恭敬之心的自觉和修养及道德勇气的挺进与坚守，主体对于本己生命之直接性及其诸种感受才能从容悦纳，并联结上"道"这一本真生命，获得存在的真实面貌。可以说，对本真生命的回归从对生命本身的恭敬开始，这是"德"的生发之机，只有"我"的内部产生软化与转化的动能（软化僵硬的执着之外壳，意向更广阔的生命形态之蜕变），"德"与"道"的联结才真正富有意义；而对本真生命的契证则在道德勇气中得以保任，所谓"道心惟微，人心惟危"，刚刚生发起来的恭敬心如幼苗一般，也可能经历积习之重重考验而随时面临退转，唯有无畏的勇气、挺进的决心及坚强的意志能够使"德"在"道"的转化之中有一种相对稳定的气象，真正抖落一切可能的阻碍而走向至真至善。

2. 内得于己

从生物进化的角度来理解"德"，则"通过对我们祖先的自然选择而认可或者说施行的，正是善与求善之间这种构造性的关系：那些不幸在遗传上被设计来寻求于己有害之物者，最终不会留下后代。因此，自然选择的产物寻求它们认为好的东西，并不令人奇怪"[①]。"德"与自私并不对立，并且从"自私"里，可启发"德"的第一重内涵，即从广泛的生物进化的角度来看待"人须善待自己"这一首要要求，则所谓私德，是公德的基础。

在中国这样一个强调整体性与公德之文化氛围的国家中，人们往往对"为己"有一种忌惮，似乎认为"为己"便违背了从公的社会要求，使自己成为贴上"不道德"标签的人。这是一种根深蒂固的文化误解，它在中国人的精神血脉中流淌并沉淀为一种内敛含蓄的精神气质，带有一种克制自我以与大流相投的内在倾向性，然而随着市场经济对传统价值观的诸多消解，作为个体的人空前被暴露在一地鸡毛式的零星价值碎片面前，人们这才发现原先努力维持的社会共识可能并非如此强大，而对个我关注的欲望又在一种"被压抑—被释放"的强烈对比中显得如此猛烈与不受控制，最令人惊讶的是，先前被压抑于"共识"中的精神力在并未经过扬弃的发展中竟然显化为对曾经依存的"共识"的憎恨，又反过来成为打

[①] [美]丹尼尔·丹尼特：《心灵种种——对意识的探索》，罗军译，上海世纪出版集团2010年版，第30页。

压"共识"最壮怀激烈的力量。从这个角度而言，人们真正误解了"私德"与"自私"——如果单个人在集体中丧失了边界与起码的独立尊严，我们所期许建构的实体大厦其实已然失却了它稳固的根基，唯有回归自我，像尊崇"共识"一样尊崇自己、善待自己，才有可能发自真心地尊崇与善待他者与世界，且在最源初的意义上，才能涵养一种真正的责任意识，而不是在一片祥和的、带有表演气息的氛围之下行推脱责任之能事。因此，"德"的第二重结构必然要强调对自己的德。

中国文化的根性中历来重视为己之德，主要是强调一种深刻的自我道德反省，因此"德"的焦点始终在内。所谓道德教条只是在运用中本末倒置的产物，因为道德修为有一个自内向外的位阶，首先有了正心诚意，才能格物致知并修齐治平，但如果没有"自我"，而只将满纸道理毫无内在根性地运用于外界，成为单方面且僵化地要求他人的工具，这当然就沦为教条主义，相反，真正为己的道德学问中蕴藏着极高的智慧，如孔子曰："古之学者为己，今之学者为人。"[1] 孟子曰："爱人不亲，返其仁。治人不治，反其智。礼人不答，反其敬。行有不得者，皆反求诸己。"[2] "有人于此，其待我以横逆，则君子必自反也：我必不仁也，必无礼也，此物奚宜至哉？自反而仁矣，自反而有礼矣，其横逆犹是也，君子必自反也：我必不忠。自反而忠矣，其横逆犹是也，君子曰：此亦妄人也已矣。如此则与禽兽奚择哉？于禽兽又何难焉？"[3] 如果有人待我以不好的状貌，君子首先一定反求诸己，省视自己的用心与表现，看是否自己不够仁爱与礼貌，不然为何会招致此情此景？当他自我省察之后发现他人待己仍然是此状貌，那么君子又再度反省自察，我必然是不够忠心诚敬吧，不然为何他人还如此待我？当自我调整之后此人仍然如此待我，那君子方才可以放心地认为，问题不在于己，而在于人，是此人本身不具有仁心的自觉与礼貌的表现，那也就不必与之计较了。

真正的"德"之涵养必始于己身，只是在传统文化中，这种"反求

---

[1] 《论语·卫灵公》，转引自焦国成《中国古代人我关系论》，中国人民大学出版社1991年版，第89页。

[2] 《孟子·离娄上》，转引自焦国成《中国古代人我关系论》，中国人民大学出版社1991年版，第89页。

[3] 《孟子·离娄下》，转引自焦国成《中国古代人我关系论》，中国人民大学出版社1991年版，第89页。

诸己"是一种纯粹的自我省察，而在当今社会，由于信息爆炸式增长，人们积淀起大量由于信息处理滞后而留下的情绪、思绪之碎片，它们变成潜意识的养料而被掩藏在生命的某处，积蓄着一股无序的力量，时而可能以焦虑的方式向我们提醒它的存在，也因此，关于为己之德的探讨一方面面临着新情况，即在我们的文化土壤中似乎没有十分对路的化解之道，另一方面，不论是继续认为"自私"有害或放纵这股极其任性的个我力量，都可能加剧潜意识中这种能量的威力而带来危险。因此问题不在于探讨"公私之争"，而在于寻求一条富有时代关切感的切实道路，更多强调个体关爱自身的合理性及相应方法，从这个角度而言，一个真正关切自我并能有效化解焦虑、用真与诚回馈社会的人，才是真正对社会有德的人——社会不需要活在他人眼中而自身掩藏着诸多暗黑地带的、像定时炸弹随时可能做出令人讶异之恶行的伪君子，而是需要哪怕暂时承认自己是"真小人"、然而时刻怀抱着尊重自己如其所是的一切状态并耐心扎实改过迁善、涵泳己心的真君子。

3. 外得于人

外得于人也就是我们狭义理解的"道德"，即有一种自觉觉他、自利利他的自然价值倾向，这是"德"向"道"之绝对无私的回归，是自我要求扩充己身、消融小我以达至大我境界的必由之路。"外得于人"要强调的是，一般理解中个我向他人的付出均需要个我付出代价，此处隐含的前提是，当个我付出了自身的某种占有之物时，它便不复存在，这是一种典型的匮乏思维模式。而"外得于人"所展现的是，不论我向他人付出什么，都将获得更多。"德"通"得"，欲想获得精神的祥和愉悦，便要向他人付出相应的真诚与仁爱。"德"在人际关系中的修为就表现在这里，自己所得要在与他人分享与共创的过程中才能源源不断，对他人的付出就像己身所得的一个放大场域，通由价值的流通才能保持其生命力。因此，当向他人付出真诚与爱时，总是自然地同时伴随着一股油然的愉悦之情，如果不是关系各方共同营建"互得"的氛围，又何以能在共同体中扩充并升华己身这个小生命呢？因此外得于人向我们开显的是一条丰盛之路。

外得于人表现出如下几层内涵。第一，外得于人表现为"仁"。只有将人的德心落实在具体的关系形态中，"德"才因为这层社会价值之凸显而成为"仁"。"仁"从字形而言就是"两个人"，意味着在人我关系中增进"我"的德性。"樊迟问仁。子曰：'爱人。'"① "子张问仁于孔子，孔子曰：'能行五者于天下，为仁矣。'请问之。曰：'恭、宽、信、敏、惠。恭则不侮，宽则得众，信则人任焉，敏则有功，惠则足以使人。'"② "仁者，谓其中心欣然爱人也，其喜人之有福，而恶人之有祸也，生心之所不能已，非求其报也。"③ "德"在此处指的就是具有一颗直接的同理之心，将他人当作自己一样来感受、来成就，不会以"我"之偏私作梗而企图压制他人。"仁爱"体现出一种深刻的"共我"意识，即俗话所说"我好大家好，大家好我好"。

第二，外得于人表现为"修己以安人"的系列内容。"义以为质，礼以行之，孙以出之，信以成之。"④ 在成就他人的具体操行及实修过程中，需要更多智慧，这是因为从德心向德行的转化中内嵌着无数"德"之流衍过程中的信息扭曲或信息损失，这首先要求人了解自己、修为自己，其次才能推己及人以了解他人、成就他人，并同时采用符合当下情境的具体表达方式，以他人之需求为重心，而不是一味将己身之需求强加于人（此处的情况毋宁说是一种自我证明，仍然会引发他人的反感）。因此"德"的修为也确实需要一些形式性的内容，能首先在人和人并不熟悉的情况下铺就一条通途，才可能有下一步深入内在、传递真心的可能。从这个角度而言，虽然我们不单纯地囿于人与人交往时的言语或行为层面，但它们却是最现实、最直接地面向真心的门户。因此，有的人抱怨某人"好心没好报"，如果仔细反思也许会发现，是因为自己的表达方式存在问题，才阻隔了双方真心彼此敞开的可能，因此，修为也是一个由外及内的过程。

第三，外得于人最终表现为尽物之性的洒脱。当"德"修到了外得于人的境界，其实一方面是修出了一颗敞亮的公心，另一方面则因为不论身处何种情境都能怡然自处而真正达到了"无敌于天下"的状态，一切

---

① 《论语·颜渊》，转引自焦国成《中国古代人我关系论》，中国人民大学出版社1991年版，第147页。
② 《论语·阳货》，转引自焦国成《中国古代人我关系论》，中国人民大学出版社1991年版，第147页。
③ 《韩非子·解老》，转引自焦国成《中国古代人我关系论》，中国人民大学出版社1991年版，第150页。
④ 《论语·卫灵公》，转引自焦国成《中国古代人我关系论》，中国人民大学出版社1991年版，第163页。

人事物皆在己身的道德光辉之中，成为吾道德生命的有机组成部分。"乾称父，坤称母；予兹貌焉，乃浑然中处。故天地之塞，吾其体；天地之帅，吾其性。民吾同胞，物吾与也。大君者，吾父母宗子；其大臣，宗子之家相也。尊高年，所以长其长；慈孤弱，所以幼其幼。圣其合德，贤其秀也。凡天下疲癃残疾、惸独鳏寡，皆吾兄弟之颠连而无告者也。"[①] 在这种状态之中，己身并没有所谓的秘密，"道"之生命与"德"之生命间只有一颗真心的联结，没有任何可私自隐藏的晦涩与障碍，自然生出来无限洒脱自在、灵动流转，生命因此而不再囿于私自的场域中，而成为以天下为家的、活的实体状态。

第四节　作为一种基本哲学态度与方法论的"道—德"现象学阐释

从"道"至"德"的下降或曰在日用常行上的呈现而言，多了一重"我"的边界，此"边界"本是物事之暂时的区别，但一经该边界在源初意义上自认为一个"我"，它便从生命无限之本源——"道"之中跌落出去，成为自立为王的存在，人即如是。但人之所以为人的根本内涵，并不在于对此边界意识的固守，而是表现在"德"上——本身天然具有一种回归"道"的意向，这种意向与其说意向着某物，不如说是意向着"我"之边界的根本消融，从一个小"我"意识而言，意向着自身的死亡。同时，若当下"我"能死亡，则"道"将再次以本真的形态显现自身，取代生命形态之有限而回归无限，这便是历来修为高尚者皆最终要融化进无限、天地、自然之中的原因，正如"为天地立心，为生民立命，为往圣继绝学，为万世开太平"[②] 的道德理想一样。

从人之为人的现实境况来说，人确实可以在精神领域当下取得与"道"的联结，但人天生具备一具肉身，被桎梏在自身欲望之中，表现为气血之心，因此人的生命里时刻上演着本真之心与气血之心间对于意识主导权的战争——前者自然显现自身，后者则为物迁转、欲望流行、耗散自身。

[①]《张载集·正蒙·乾称》，转引自焦国成《中国古代人我关系论》，中国人民大学出版社1991年版，第198页。

[②]《张载集·近思录拾遗》，转引自焦国成《中国古代人我关系论》，中国人民大学出版社1991年版，第91页。

以讲求"德"为学脉特征的儒家,不同于释家与道家那般直接从"道"的彰明入手对治或治导人欲,而是开辟出第三条道路:并不截然将道与欲对立起来,而是强调用凝结着人欲的人身去世间俗务上磨炼,时刻切察人欲为己的现实倾向,同时用自身努力渐进或激越地扭转此为己的方向,而在为他人付出、一点点抵达秉诚而仁爱他人的过程中,切实体会到一种由衷之愉悦,由此而逐渐养成廓然大公的胸怀。因此儒家的修行表现出"战战兢兢,如临深渊,如履薄冰"[①]或"莫见乎隐,莫显乎微,故君子慎其独也"[②]的精神状态,在意识发用的一点契机上用一种来自后天的"蠢笨"或曰必须十分用力地自我要求来克察己身,通过这样的方式慢慢去发现"道",并在修为的积累中慢慢巩固对"道"的切身体验,这个过程便是"德"。

从这个角度而言,儒家强调的"德"即时刻在"道"中——若非如此,意识也没有任何自我观照与拣择的空间,又时刻带着人欲之身存在并活动于现实生活的场域中——通过时刻逼迫具有有限性、为我性的"我"强制打破自我界限、利他付出来一点点达至"道"的当下自觉,因此儒家之"德"于道而言,可谓具有三个特点。

第一,儒家之"德"以"道"的当下发用为前提。如果"德"没有"道"提供蕴含着无限能量的意识空间,便也没有了"选择"一说。不同的是,"道"并不是选择而得来的,"道"自然而然当下便是,"选择"中蕴含着主体的某种用力,它是一种自由,但却是有限意识的自由。"道"甚至没有主体性属性,何来"选择"?表达"道"之"选择"更精准的词语是"创造",它只是不断呈现出"新"的状态,脚下无一寸立足之地,这是一种"自得"的状态。"终日乾乾,只是收拾此理而已。此理干涉至大,无内外,无终始,无一处不到,无一息不运,会此则天地我立,万化我出,而宇宙在我矣。得此把柄入手,更有何事?往古来今,四方上下,都一起穿纽,一起收拾,随时随处,无不是这个充塞。"[③]"忘我

[①] 《诗·小雅·小旻》,转引自焦国成《中国古代人我关系论》,中国人民大学出版社1991年版,第91页。

[②] 《礼记·中庸》,转引自焦国成《中国古代人我关系论》,中国人民大学出版社1991年版,第91页。

[③] 《白沙集·与林缉熙》,转引自焦国成《中国古代人我关系论》,中国人民大学出版社1991年版,第199页。

而我大，不求胜物而物莫能挠。"① 正是这种无我的状态，成就了"自得"的状态，挺立起超越于主体性之外的、与"道"和天地相联结的磅礴精神状态。

与"道"关系比较紧密的"德"之选择表现在两个方面。首先，"德"联结着"道"。既然"道"始终流淌在人生命的每个片刻，就一定自明地显现着自身，只是对人来说，这种显现不那么纯粹与稳定。"德"是"道"之于人的显用，这意味着"德"的第一重内涵就是意向"道"的自觉与活现"道"的无限可能，它于人的发用不是凭空发明了什么的问题，而是发现了什么，继而能否得到什么的问题，也就是说，"德"是"道"的未完成状态，但不是缺场状态。其次，"德"意向"道"表现为"德"选择自我消亡于"道"。"德"与"道"最大的差别在于"德"中有一个"我"，而"道"没有。"德"向"道"的回归意味着"我"作为一个界限的消亡，意味着一切以自我彰显为目的的"德"是不成立的，真正的"德"从最根本上说，恰是一个自我消亡的意识，而真正能够无"我"且不断生成中的"我"，已经是意识发展的另一个更高阶段了。

第二，儒家之"德"通过后天之"我"的高度自律与事上磨炼不断"自裁"，通过"利他"意向的培育与相应愉悦感的体验，逐渐培养对"道"的稳定觉知并仍然切实回落到现实生活中。"德"如果不能当下脱显于"道"，则"德"将采用"迂回"与渐进的方式慢慢接近"道"，以期在自然状态下有"道"的突悟，这种"迂回"的生命选择策略决定了"德"的主体像一个战士一样不得不面对己身定然的人欲与不断袭击而来的物欲，以期在物事上格致，今日一件明日一件，哪怕心中尚且达不到"诚"的状态，至少可以选择依照"诚"的特点克察己身，利他付出，时间久了内心也能升起明澈、愉悦的感受。这便是儒家向来强调不离物事修为的原因，从这个角度而言，物事上的克己勤奋一方面是对人欲的限制，另一方面也是给自己的奖励——这就是狭义理解的"德"的含义，当这么去做的时候，人的品性和格调也能在潜移默化中发生改变，使"道"的在场——轻松愉悦、无偏无着的状态——越来越清晰可感。

第三，儒家之"德"通过建立与"道"之本性相符的价值理念作为

---

① 《白沙集·赠彭惠安别言》，转引自焦国成《中国古代人我关系论》，中国人民大学出版社1991年版，第200页。

中介，通过渐修接近"道"的廓然呈现，"德"与"道"呈现出不间断自我选择过程与断然实现"道"这一终极存在状态的辩证统一关系。"德"的本源是"道"，但并非"道"本身，换言之，并非"道"的终极实现状态（或曰圆成状态），"德"之所以成为普世共同追寻的美德，是因为"德"建立在模仿"道"之特点的一套价值体系之上。问题同样在此：首先，"德"由于主体性属性，对"道"的认知自带偏狭，所谓模仿"道"的特点终究是不完善的，如果据此以为完备之法，则从源头上已经失准了；其次，"德"如果被主体认为是高贵的存在，则此处就已然强化了道德主体的自我执着。"德"自身（从客观角度而言）确实具有高贵的属性，这是因为它是最逼近"道"的生命运行机制，但如果主体据此高贵性以强化人我差异的偏见，甚至以此生出傲慢之心等，就实际上违背了"德"联结着"道"的无"我"之第一性原则。

从这个角度而言，"德"的一套价值体系之建立，在后天修为中有其现实意义和必要性，它可以被视为联结后天之"德"与先天之"道"的桥梁，且其中蕴含着一组深刻的辩证统一关系："德"自主选择自我消亡的时刻，恰是"道"彰明的时刻（相反，"德"据己而彰明"我"之高贵的时刻，正是"道"之不显、"德"之不存的时刻），真正的"道德"，是"我"—"无我"和合统一的时刻，"利他"是"道"的表现与特点，是"德"在后天层面指导生命修为的方法，当达到"道—德"联通并同一时，人欲自然消亡，起心动念与行为表征无不利他。也正是通过如此细致的厘清，我们看到了"道"与"德"的区别与联系，一言以蔽之，"德"并不就是"道"，修"德"也不一定就能实现"道"，但却可在一种价值构想中无限逼近"道"。

两者的不同表现有必要再赘述于下。第一，"德"以"道"的表现及特点为模板，建构了自身遵循的一套价值系统，从这个角度而言，"德"是实践领域对"道"之规律的模仿，而该种模仿同时深深地烙刻着"我"的有限性执念。

第二，"德"并不就是"道"，通过"德"，人可以如"道"一般存在与行事，但这不等同于人已活在"道"中。"德"与"道"的截然不同是后天意识与先天意识的本质差异，通过"德"或许真的可以逼近"道"，但前者是后天意识"一厢情愿"的自我选择，后者却是先天意识自然而然的临在。

第三,"德"离不开"道"的事实性在场,为自我选择提供生命空间的保障与意向之模板,但最深刻的悖论在于,"德"与"道"间最切实的联结不是价值观作为中介的建立,而是"德"内含着意向自身之消融与死亡这一点在最大的可能性中契合于道。

第四,"德"与"道"之间暗含着一个辩证发展的逻辑,表现为"德—道—得"的生命发展模式:德逼近"道"(在一种不期然而然的角度上)并实证了"道"(意谓没有任何边界与自我证明的认同假象),在此基础上回到现实生活之中,继续进行与完成人身在有限世界的运作,继续行"德"之事,但此刻已然是真正意义上心境豁然大公的"道"之真实实践了——既在事上,又时刻不着于事,这便是"得",是真正地得到(或曰得道),是真正的"诚",既是选择又是没有一丝用力的选择,是"从心所欲不逾矩"的"得"的状态。只有历经这个完整的过程(也不乏有人跳过"德"之修养,直接入道而得到),"德"与"道"才完成了它们之间内在的转化与升华,也才更容易清楚地看到,真正贯通了"道"与"德"的状态(或谓之"道德"的状态),是一种"得"的状态,它与狭义理解的"德"的最大不同之处是,它不用力,即并没有一个自我逼迫的价值之"我"横亘在自然流淌的生命之河里,时刻警惕地进行着破除加强"我"之边界的战斗,只有到了这时,一个固着的"我"才被真正架空,而代之以时刻动态迭代更新的"我",它存在的一切活动皆自然指向扩充"道"的动力与多样化疆域,才真正可以自然而然并充满无限力量地成就没有你我之别的"道"之全体。

当厘清了"道"与"德"的关系并在"得"中真正将两者和合为一,在"道—德—得"的理路基础上,一种可被称为"道—德"现象学的理论形态显现出来。"现在,我们能够更加明确地规定何为自我的存在:它就是价值。价值实际上受到无条件的存在与不存在这双重特性的影响……实际上,价值即为价值,它就拥有存在,但这个规范的存在作为实在恰恰没有存在。"[①] 亦即,在最终无目的的合目的性之中,"道—德"现象学真正在一种存在与存在者之和合的状态中实现了生命自身的统合——既在存在中,又不自知地处于这种存在状态之中,一切都只是自然而然地

[①] [法]萨特:《存在与虚无》,陈宣良等译,杜小真校,生活·读书·新知三联书店2015年版,第131页。

于事物之上流淌而已。

从这个角度而言,"道—德"现象学所呈现出的理论梗概可如下图示之。

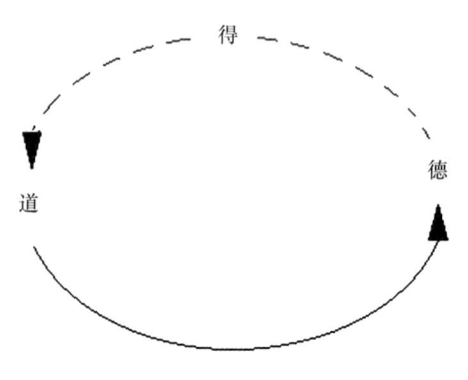

图2-1 "道—德"现象学梗概图

"道—德"内部实际存在着一个循环的关系,表明"道"与"德"并不截然分立,但是"道"向"德"的跌落注定了生命于"德"之中更多地驻留与磨炼,并在此基础上沉淀出生命自然流衍的若干环节(下节详述)。在"德"之生命具备了相对完满的状态时,则通由"得","德"又切实回归于"道"之中——并非性质不同的两种生命状态之跃迁或跳转,而是,"德"较之"道"而言的、由于主体认同而被切割的生命能量之残余又重新回归"道"之整全为一、没有任何差别的状态之中,全然流于一切生命形态之中,成为"一"活泼生动的当下在场。

"得"的环节需要"德"历经伦理的历练才能最终达成,借用大乘佛教的话说,即"福慧双修,定慧双全"的生命境界,世出世间一切福德具足圆满。限于本书的研究范畴及有限篇幅,虽然此处给出了"道—德—得"三分的结构构想,但在实际阐述中只说明"道—德"的整全衍化领域(总述)并阐明"德"之自身衍进的三个主要环节及其形态(象征界、自为界、现实界),谓之"一域三界"。在现实界中,已然有了生命形态从主观到客观的切实挺进,但仍然,偏重于从主观的角度进行把握(由现象学方法所决定的研究范畴),而伦理建构中的诸种尝试,将作为理论构想与展望而提出,本书存而不论。

故"道—德"现象学给出了生命流衍的整全框架,完整的表述是:

"道—德—得"——经由伦理环节之成果达成（得）而最终由"德"尽可能逼近并回归"道"的状态，使原先从存在断裂处分散而游走的生命诸形态重新在"道"的当下统合之中回归常在常新的"一"的状态，谓之存在与存在者的和合。然而，限于方法论的一以贯之及有限篇幅，本书只探讨了"道—德"现象学基础上的"道"与"德"两个环节，并在"德"的第三个流衍历程——现实界中为今后伦理地继续研究奠定基础，然而并不展开，就这个角度而言，本书在探讨"道"向"德"的跌落时，采用了客观的现象学还原方法；而在探讨"德"的生命衍进时，则采用了主观的（不可避免地参与其中，同时作为观察己身的旁观者与被观察者）现象学观察方法，以尽可能厘清从主体角度而言的诸种生命状态及其内在衍进规律。

第五节　焦虑作为"道—德"现象学的衍进形态

从对"道—德"现象学的建构中，可见"道"和"德"的关系通过"心"之"得"而产生了内在超越性的关联。"德者，道之舍……故德者，得也，得也者，其谓所得以然也。（旧注：'得道之精而然。'）以无为之谓道，舍之之谓德。（旧注：'道之所舍之谓德也。'）故道与德无间。（旧注：'道德同体，而无外内先后之异，故曰无间。'）故言之者不别也。"[①]道与德是同一存在之域的两种表达路径，前者从自在的天道而言，后者从感天道于人心的善存与善养而言，两者的联结点正在于带有觉察意识的心之自身发用。虽然两者从存在论的联结性而言同一不贰，然而如果谈到心，便尚且有天地之心与气质之心的差别，它们的差别正在于作为有限存在者的个人，受后天障蔽之故而不能全然将心敞开为"道"不一不异的住所，而总是在中间隔着人欲的高墙。

在这种情况下，人从"德"上升而与"道"合而为一的道路，便是一条漫长的自身修为之路，需要个人不断在与人欲的角逐和较量中，经历自身的蜕变与转化（具体展开为一系列位阶及其路径），而从主体自身感受而言，则表现为相应的、暂时的诸种焦虑感受。在本书中，焦虑在最广泛的意义上被理解，即它泛指一切让人感到紧绷、焦躁、痛苦、压抑、无

---

① 余英时：《论天人之际——中国古代思想起源试探》，中华书局2014年版，第177页。

力、怨恨、愤怒等不良心理体验（包括情绪反应与相应观念，以及由不良情绪反应带来的不良身体感受等），它具有弥散性且难以根除（或者表现为几种不良心理反应的互相依存与转化）、遮蔽性且易于上瘾等特征，它是人之生命中一股强大到不可忽视却又往往在人们清醒意识可知、可控范围外的存在力量，是构成人之相对稳固的心智模式的重要内在资源。

在"道—德"现象学的框架下，焦虑有两重基本内涵及相关意义。第一，焦虑是"道—德"生命自身不间断衍化过程中的若干中间产物，表现为"道—德"现象学整个流动脉络中的诸形态。这是因为，"道—德"的自身发展本是一个流动的过程，这时刻要求有限性之旧我时刻冲破己身之桎梏且常在常新地向更符合"道"之内在规律的生命状态转化，这个过程在被主体经验的当下（不论主体是否主观意愿，这个过程都自在地发生着，主体对之所能采取的最高明的策略是，保持清醒觉知以洞见这个过程并顺遂地合于此间的规律），都可能由于触发并冒犯小我的固有惯性及其暂时的舒适感而使其感到不快（往往第一反应是恐惧），但一旦挺过某个"极值"，豁然开朗的感受将自然消解原先的焦虑——然而又滑入另一种位阶的焦虑之中，从这个角度而言，人生而为人，除非已达到"德"与"道"无间的程度，否则面对并领受焦虑便是其宿命。第二，焦虑在"道—德"现象学中虽然被主体感受为不良情绪体验，但从更广阔的视角而言，这种不良感受是使主体迈进新的、更高阶的生命状态的推动力，具有积极意义。从主体角度而言，完全无感或安享舒适感受，皆不会令主体升起在审视现阶段不足的基础上，厌离当下局限与樊笼的决心，唯有焦虑，能令其在暂且不快的情况下奋起追问生命更大图景下的全局利益（虽然这也是一个层层剥离而不太可能一步到位的过程），并在一种信念的支撑下有足够力量改善现状。从这个角度而言，焦虑，一方面使主体备受煎熬（这种煎熬往往伴随人的一生）；另一方面也促发人去拥有一种不那么安定却充满了求索生命真相和提升生活质量的不竭动力（或许过程本身正是意义的居所，且在找到了这一居所的前提下，主体的良性耐受性会增强，表现为勇气）。

在生命展开的整全框架（一域三界）之中，从主体而言所能切身感受到的焦虑包括如下几种基本形态：存在焦虑、迷失焦虑、虚伪焦虑和实现焦虑。它们是人不可避免的命运，也同样是人不断升华生命的契机。从这个角度而言，焦虑也并非总是只能让人痛苦的体验，本书所要强调的一个重点便是，当认清了焦虑在推动生命流衍中的积极意义，一方面焦虑便不再只是一个负面概念，另一方面，在认清了焦虑负面性与积极性同在的基础上，焦虑便成为仅仅只是一种中道意义上的体验而已——体验本身，已然蕴含着最终超越焦虑的所有秘密——这正是"道—德"现象学赋予焦虑的终极超越之道——当看到并全然感受焦虑，[在没有评判的基础上]焦虑便已然不再是羁绊了过多人为因素的、需要被用力抵抗并克服的生命逆缘，而是，也仅仅只是存在着的一股生命力量，自然会回归它存有的根源处——在此意义上，我们还需要感恩焦虑所带来的极端体验，它仿佛宁静存在洋流中的生动浪花，让我们更有机会在一种感受的对照中愈加清晰而有效地认清"心"之轻盈的本然状态，这正是佛教所谓"烦恼即菩提"的大智慧所在——焦虑必然的"有"和"无"在"道—德"现象学的土壤中将达到自然被生命涤荡的境界，从而有无相生。

第三章 "道"向"德"下贯的源初焦虑
——存在焦虑

"道—德"域是由"道—德"现象学开显出来的整全生命衍化领域，兼具生命意识之先天面向与后天面向。对"道—德"域的阐发重点在于：第一，澄清并开发对"道"表征的先天意识之体悟式、契合式理解；第二，区分先天意识与后天意识；第三，从人的存在之现实境况出发，同时理解先天意识与后天意识，并在透彻领会两者区别的基础上，体证式地灵活切换于两种状态之间（在它们没有整合为一的情况下），并分清两种意向的使用范畴。

明确了"道"和"德"各自的内涵及相应的意识状态后，最重要的问题在于澄清两者之间的关系。"道"和"德"不是截然割裂的两种生命状态，它们源于同种生命基底（由"道"表征的存在本身），由于兑现程度不同而相对划分为两种形态，换言之，"德"是"道"的不完满状态，而"道"始终不离"德"的每一次当下运行。"道"就在"德"之中，是"德"之所以为"德"的存在论根据，是"德"应然的完满状态，但从人的存在之处境来看——人确实从"道"之中跌落出来，并在主体性认同己身的情况下产生了相较于"道"而言的割裂——便同时具有了更倾向于后天意识的两种意识状态。

由于人的两种意识状态，便不可避免地产生了两种意向形态——从"道"向"德"及从"德"向"道"。正如八卦亦区分为先天八卦与后天八卦［该划分取决于观的角度不同——客观还是主观，或谓之从超越而跳脱出对象的范围来观，或谓之从内在而参与的角度（成为对象）来观，前者谓之先天的视角，后者谓之后天的视角］，相似地，从"道"向"德"的自然流泻与发用，我们称之为先天意向，从"德"向

"道"的呼求与回归，我们称之为后天意向。两者的关节点在于"意"，由于它处于"道"与"德"的交界处，是两者相互转化的待发点，因此，它可以同时具有两种"向"的可能——从"道"而观向处，便是先天存在之光当下直接对其中一切现象之容纳，是一条自然而然、没有内外差别的路径，相对而言，从"德"而观向处，则可能产生两种情况：主体意识在有限自由条件下；对那些作为它的对象的"观"（始终是面向某物的观）；或主体意识面向它的背面（意味着可能要取消主体性自身），朝向"道"之自然全体的观。后一种意义上的观符合"道—德"生命的自然流衍，但它可能面临的困难是，主体意识放弃自身而开始面向那个以取消自身边界及其认同为代价而显现的"虚无"时，所升腾而起的虚无及恐惧，然而它却是主体意识向"道"回归所迈出的第一步——这一步中蕴含着主体生命自身实现的最高价值取向，然而值得注意的是，唯有先天意向具有绝对意义上的完满性，而一切后天意向由于不可避免地带有主体意向的某种后天努力（即人伪的色彩）而注定不能全然，这一点只能表述为后天意向的某种合价值性，然而是否能最终达到与"道"对接的状态，则是凭借运气的事情（主体不能自控，且，越是自控越是因用力过猛而背离"道"），从这个角度而言，也更能认清生命流衍过程中存在着的两种基本动力——活跃在先天意向与后天意向之间的"感"与"动"两种力量（"感"侧重于自在维度的渗透与感应，"动"侧重于自为维度的回应与坚守）——所谓感而动之，只有自在与自为相互接通并圆融为一，才有可能携着意识中的自由能量而一同上升到绝对自由的、无碍无染又遍照一切的境界。

从"道—德"域统而观之，发现生命中的这种本质割裂不可避免地为人类带来了一种生命源初意义上的焦虑，我们称之为存在焦虑。存在焦虑作为生命体验的底色，一直铺垫在生命状态割裂的底层并形成人们生存与生活过程中不可逃避的、弥散的焦虑。拥有绝对自由或被完全禁止自由的主体都将不会体验到焦虑——焦虑，恰恰是身为拥有有限自由的人的一项独特体验与特权（在基督教信仰中称之为"罪"）。"由于人既是自由的又是受限的，既是有限的又是无限的，故人总是感到焦虑。焦虑乃是人所陷于的自由与有限性这一矛盾处境的必然伴随物。焦虑是犯罪的内在前提。焦虑是陷于自由与有限性这一矛盾处境的人所必然具有的精神状态。焦虑是对受到诱惑状态的内在描述。焦虑不可等同于罪，因为总是存在着这样一种理想的可能性，即信仰会净化焦虑，使之不走向罪的自我发挥。"①因此为回应焦虑所带给人们的内在激励与启发而最终超越焦虑，超越于有限性之上的存在之域会通过"德"之中内含的良心功能向人们阐明其自身，并最终以一种"信而仰之"的方式使主体开启其后天意向的功能，并在不可意料的机缘推动下，最终使先天意向与后天意向和合，产生感而动之的自在与自为的生命形态之对接——如此，则当下生命境界内外贯通、豁然开朗，此谓之生命开悟的一瞬。从这个角度而言，信仰最终仍然落实在生命自身的自我运动与蜕变的瞬间。对于信仰的不同进路之理解不是此处的重点，重点在于，在这个生命蜕变节点亲临之前，生命不可避免地都会经历存在焦虑，反过来说，存在焦虑也总是引人叩开信仰的大门（因为罪，是对人的惩罚，因而并不具有本质或生存的意义）。

存在焦虑是弥散于"道—德"域中的基本焦虑形态，它的主要成因根本上有两点：第一，先天意识与后天意识（连同先天意向与后天意向）之区分没有被明晰地揭示出来，导致主体层面对两者的混淆与混用，遂而加剧了后天意识对先天意识的遮蔽，产生无明意义上的焦虑；第二，后天意识在没有先天意识作为存在依托的情况下，对它的对象物产生了认同（即意向着它的对象物而忘记了己身存在的终极意义），遂而焦虑以痛苦体验作为提点主体意识回归"道"的方式而存在。前一种形态的存在焦虑更多地属于负性体验，后一种形态的存在焦虑具有积极意义。

第一节 "道—德"域的运作机制

一 "道—德"域的基本结构

（一）先天意识

先天意识是与道相通的意识，是"道"识。它也就是佛教所谓的金刚心，是人人本具的本真之心，是存在者通向存在之域的觉知之心。它对一切存有之物具有源初性的、决定而不被决定的终极能量，是绝对自由的唯一根源，是一个无比明晰、洞彻一切生命状态的存在意识，表现为存在

---

① ［美］尼布尔：《人的本性与命运》上卷，成穷译，贵州出版集团2006年版，第165—166页。

感。存在感是一种"本体论的意识"①,"人是能够意识到他的存在并因此能够对他的存在负责的存在。正是这种能够意识到他自己的存在的能力,使得人类与其他的存在区别开来。……人不仅仅是像其他所有存在一样的'实质上的存在',而且是'为了自身的存在'"②。"人(或此在)是如果他想要成为他自己就必须意识到他自己、必须为他自己负责的特定存在。他还是那种知道在将来某个时刻他将不会存在的特定存在;他是一直与非存在、死亡之间存在一种辩证关系的存在。他不仅知道他将在某个时刻不会存在,而且他能够自己选择抛弃或丧失他的存在。"③ "道德的人并不是一个仅仅想做正确的事情并付诸实施的人,也不是没有内疚感的人,而是一个能够意识到自己正在做什么的人。"④ 从这些描述中可知,"道"识所表征出的存在感是一个绝对清醒地为自己负责的意识,是一切对象性意识的主意识,但同时它并不强制,而表现得极为柔和,可以渗透并接纳一切存在状态如其所是的样子。

一般而言,在一种极为松静软悦的体验状态中,我们可以轻易辨识并享受"道"识所带来的宁静安详,正如在萨提亚冥想词中所引导的那样:"我好奇地想要知道,在此时此刻,你是否能够对此刻正向你敞开的所有层面都保持清醒和警觉——那么你就会像花儿一样盛放。你的'自我',是一个充分发展令人惊叹的人类!在这个时刻,请允许自己知道,无论你已经拥有了什么,你还将拥有更多。"⑤ 在充分觉察并安住于"道"识之中时,会由衷地感到一种"盛放"般的安适感与富足感,由于回到了生命的本源,你就是本源,你便由此从一切有形且受缚的生命状态中解脱出来而回归无限与美好。

值得注意的是,先天意识是自然体察到的一种生命状态,并非头脑造

---

① [美] 罗洛·梅:《存在之发现》,方红、郭本禹译,中国人民大学出版社2008年版,第107页。
② [美] 罗洛·梅:《存在之发现》,方红、郭本禹译,中国人民大学出版社2008年版,第97页。
③ [美] 罗洛·梅:《存在之发现》,方红、郭本禹译,中国人民大学出版社2008年版,第98—99页。
④ [美] 罗洛·梅:《心理学与人类困境》,郭本禹等译,中国人民大学出版社2010年版,第232页。
⑤ [加] 约翰·贝曼主编:《萨提亚冥想》,钟谷兰译,中国轻工业出版社2009年版,第69页。

作与想象的产物,相反,头脑中的运作在先天意识的觉察过程中会被体验为头脑处一丝紧张的感觉:"现在请让自己与放松的整个身体相连接。这时你的大脑又在其中扮演着重要的角色。请运用你的所有的关于放松的知识。然后进到你的内在,在全身上下进行一次考察。寻找那些小小的紧张之处。如果找到它们,就冲它们微笑,感谢它们让你知道,并让它们放松下来。可以在头脑中想象身体放松的画面,这个画面可以成为现实,可以让你的身体真的放松下来。用空气和松弛感充满你自己,给空气创造出空间好让它能够开展工作。再给自己一些鼓励和肯定,说:'我爱自己,我珍惜自己。'"① 头脑的运作或以身体感知的紧张出现,或以语言或画面的方式出现,它在充分联结到先天意识的状态中,就像先天意识的代言者或曰显示屏一样,自然反映出具有引导性的、轻柔并有利于回归先天意识的信息,但毕竟它还有一丝紧张,因此它仍然是后天意识,只是该后天意识明晰地与道接通而显得轻柔且淡薄,它像诸多后天意识的前哨一样贯通后天与先天两大领域,但不能因为它的中介作用就说它是先天意识,因为先天意识被感知为完全放松的状态,好像没有任何感觉,但那才是终极能量所显现的感觉。

(二)后天意识

后天意识在此不多作展开,在以下的章节中会有较为详尽的描述。要之,后天意识是从先天意识完全自然松软的状态中跌落、下贯而形成的意识,以道德主体的形态作为其核心本质,"我"是其最固着的边界,但也正因为如此,一般而言很难打破其界限而全然回归先天意识,它是"道"的佚失状态,是从"道"中开显的"德"的世界的开端。

二 "道—德"域基本结构的原则——自然

"道"与"德"的联结正体现出先天意识与后天意识的联结,虽然它们分属于完全不同的维度,但正如"道—德"中的联结符"—"所彰显的那样,它们不是截然割裂的关系,而是,"道"无时无刻不渗透在"德"的生命形态之中,成为其存在论的基础,而"德"纵使只能算是"道"的有限形态且由于哪怕一点点的不完备性而差之毫厘,谬以千里,

---

① [加]约翰·贝曼主编:《萨提亚冥想》,钟谷兰译,中国轻工业出版社2009年版,第32页。

但它自身中便蕴含着向"道"的全然回归并在表现形态中展现出"道"的某些精神气质与内在秉性。

"道—德"域基本结构的原则便是对它们的联结形态"一"的说明，表明"道"与"德"正是通过一种自然而然的方式联结在一起，反过来说，也正因为自然而然，"德"才有可能摆脱己身以"我"为根基的、不可避免的、由自我彰显带来的造作性与控制欲而全然回归"道"之中，从这个角度而言，"德"向"道"的自然回归是以一种绝对的自体性方式来运作的，这意味着主体被消解于一个不可思议的自体之中，也就是它们的联结发生在一种生命绝对且全然的凸显之中，这可能算得上是"自然"的全部奥秘之所在，却是言语道断的所在。

三 "道—德"域基本结构间的发展动力

（一）先天意识统摄后天意识[①]

先天意识对后天意识的自然统摄是生命的本然状态，表现为一种绝对而纯粹的真实存在的生命体验，在其中，不是否认后天意识的价值及其诸种形态，恰恰相反，是尊重后天意识如其所是，并通过先天意识提供其如其所是的"是"的基底——唯有后天意识的自我造作，才产生出其内部分裂与对抗的诸问题，而当回归其与先天意识的这种天然联结，问题将迎刃而解。

联结先天意识与后天意识的正是意向。"意"是先天意识向后天意识析出一个边界并自认为"我"的临界点，"向"则表明意在先天意识与后天意识之间粘连与敞开的无限可能。符合"道—德"自然流衍的方式是从"道"向"德"的、意自身的觉识之流衍，此乃立足于"道"的真在之中向"德"的意识之自然流行。如果说从"道"出发而流向"德"的意识是自然而然、符合生命本真规律的先天意识，揭示出意识发展的一条先天通途，那么，反之从"德"向"道"的回归则表明后天意识的运作。

从"道"向"德"的意识之流衍，实则自然存在的本真之境在一种宁静舒软的体验状态中、清醒觉知一切生命形态并没有分别地感受它们的过程，是基于"德"的良知这一心之机能的、对各生命形态最本真且最直接的净化与自动调整，也因此，所谓良知总是在狭义理解的有限意识之

[①] 关于先天意识与后天意识的区分与联系，详见"'道—德'现象学旨归"相关内容。

外运作,人们自以为带有评判之善恶光辉的道德实践可能并不能真正带来舒适且安然的内在感受。

先天意识对后天意识的统摄并不是一种强力的控制,它正是以完全自然的方式消解着后天意识带有的、为维护自身疆界的种种控制。因此,先天意识对后天意识的统摄严格意义上说并不能表述为"对……统摄",因为其中并没有任何统摄的意味,只是后天意识在与先天意识的天然联结中,以狭义理解的无意识的方式(即在一种"忘我"的情境之中)全然交托"我"根植于后天意识的意向之主导权,而将意向全然调回生命本然的秩序中,如此意向之"向"才能真正从"道"中流淌至于"德",而不是相反。

现在,考察意向倒置的情况。在这种情况下,存在者认同"我"拥有自由意志,但当问及自由意志的根源时,他们只能保持沉默并将视线转移至一个超验的领域——哪怕先验也不行。关于这一点,萨特说得很清楚:"焦虑是自由本身对自由的反思的把握,从这个意义上讲,它是间接的,因为,尽管它是对它本身的直接意识,它还是从对世界召唤的否定中涌现出来,我只要一摆脱原来介入的那个世界,它就显现出来以便把我自己理解为一种意识,这种意识对焦虑的本质拥有本体论的领悟并对它的诸多可能拥有前判断的体验。"① 也就是说,先验的意识建构同样从对超验领域的自体性否定而来,因此,任何妄图从"自以为……"出发的意识之追根溯源都会面临失败。看似悖论的地方正出现在此处:一方面,后天意识面临追问根源时所遭遇的、无法突破的天花板,这本身已经奠定了存在者存在于世最本质的焦虑;另一方面,让我们设想当后天意识在意识中抛却这种自我固守会怎样?也就是当一种本源的忘境升起来会怎样?

一种说法是本源的忘境无异于"我"于自我意识中的消亡,若没有对超验的先期论证,这恐怕让人百思不得其解,另有一种可能是,对超越的可能性论证只存在于思辨的领域,成为认识论意义上的一个对象,然而,如果仅仅就后者的思路走下去,我们发现思辨仍然只是后天意识的一项功能,此处存在着主体对自身超越根源的追问之热情,但也同时带来由于缺乏深度而事实上存在着的自欺——自欺正在于后天意识仍然停留在自身的不同层面中磨蹭地不愿一探生命之究竟,只在较为靠近自由的层面捏

---

① [法]萨特:《存在与虚无》,陈宣良等译,杜小真校,生活·读书·新知三联书店2015年版,第70页。

造一些幻象给较低自由度的自己看看罢了。因此自欺之徒并不会从思辨地把握存在之中得到什么好处，哪怕他们叫嚣求解生命之真相的呼声多么热烈也无济于事。

因此，意向倒置无非意味着两种局面：第一，从"德"向"道"的回归之中始终存在着"自我"认同及其边界的阻碍；第二，这种阻碍极有可能进入认识论的领域而长期地搁置对本真的体验进程。在这种情况下，我们再看"意"及其"向"身处先天领域与后天领域的临界点时所具备的双重特性：当"意"根植于"道"之中且符合"道—德"之自然流衍顺序时，"向"表现出无限性、灵活性的特征，因为此时"向"尚未经过任何边界的格致；当"意"认同"我"之"德"而貌似具有了某种高贵性时，则意味着这种执着已经切割并裁减了无限之"向"而使之成了有限之"向"，在这种情况下，除非"意"及其"向"按照生命本质各安其位，才能挽回倒悬之生命，从根源上解决存在焦虑的问题，否则，存在焦虑便是生命必然的副产品，成为萦绕人心的永不可被磨灭的黑色幽灵，关于它的故事将变幻出多种形态而如戏剧般愈演愈烈。

（二）后天意识随顺反映先天意识

后天意识对先天意识的随顺有两个方面的内涵：第一，后天意识选择尽可能地放下"我"而回归自然存在之域，虽然此本真性的生命实践对于"我"掌管已久的存在者而言并不容易，但这是一种决心的体现；第二，后天意识所彰明的世界之多样性正是纯粹先天意识显象的意识场域。

论述之先，有必要厘清一个背景，即当我们采用一种从"德"后进至"道"的思路，亦即，从后天领域回看先天领域之时，我们需要首先承认一个现实，即，人的自我意识已将一体流通的生命进行了至少是基于"内、外"的割裂——"我"之内与"我"之外的差别，因此，此处讨论的"意向"，便已失却了论述先天意识统摄后天意识时所述的那种，在先天意识与后天意识之间游刃有余的特性，而只是作为有限之"我"的有限意向而已，也因此，此处的考察重点将不再是超验领域是否对一个主体而言是真在的问题，而是，一个主体如何能真在地把握生命之全体，以及这何以可能呢？

再次重申，在一个以"我"为边界的、内外生命之对视的境遇下，从后天领域望向先天领域，我们如何能跨越存在与存在者在意识形态上的鸿沟？就算后天意识主动选择投身于先天意识之中，那种不期然而至的忘境何以必然地降临？这一点是可以借由我们可思议或不可思议的某种力量来保证的吗？如果不能保证，那么我们的自我之自觉"献祭"似乎一是没有意义的，二是可能没有必要的。也许一种可能的思路是将主体引向一个信仰的领域，在一种虔敬与祈望之中去想象这种结局并同时忘却这种想象——但是，如果总是希求而不得，我们便不能保证心灵中不会升起怀疑与怨恨之情；何况，一颗没有信仰的心不可能避免一种天生的倾向，即：一边期待着某种具有客观必然性的事物的保障，而一边却不可避免地将对这种保障的寻求奠其于主观方面的单向确证上，相当于以某种借口给予自己信心一样，但是，却并没有得到真正的、来自信仰的回应与支持，正如康德也免不了进行"上帝存在""灵魂不朽"与"意志自由"三项悬设一样——他试图为信仰找到根基，但是，这种根基可能只是想象中的预设而已。为什么这么说？试想，既然意志是自由的，又何必还要请出"上帝"与"灵魂"呢？"自由"的内涵中不是应该自身蕴含着自我决定的意义吗？请出"上帝"与"灵魂"等通向"自由"的中介，只是因为，人类的有限自由意志终究很难自我确证，须通过在想象中赋予其力量的"第三方"才能树立信心。此处得到的启发是，对于存在者的有限意志自由而言，又确乎存在着一种与不可言说的无限自由之根源的联结，这也就是此处我们要探讨的、从后天意识的角度联结"德"与"道"的枢机之所在：就算是从后天的进路、在认识论论证似乎不能提供出路的情况下，我们仍然可能通由某种认识论之外的方式与"道"取得体验式的联结，叩开本源的、不属于"我"但却临在于"我"的源能或曰源力的大门。唯有如此，我们的在世存在才不至于由于没有希望的自大或自我反省之后却永不得超脱的境遇而显得丧失意义，相反，我们也不必一定要升起信而仰之的信仰之情——毕竟，没有一种统一的宗教形态可以将所有人仰望的目光都集中于此岸或彼岸的特定领域，我们只是由衷地生出一种存在的踏实感、安全感便已足够——而这恰恰显示出存在之域对于所有人来说，没有例外的存在之普遍性与客观性，它构成"我"之生命内外贯通与勾连的"内敲外啄"——恰如小鸡隔着蛋壳一样希冀早日亲临生命的开阔之地，但这并不表示它此刻的存在形态不是存在的一种，抑或者，也并不表示它对生命之壳的啄敲不会得到回应——破壳而出只是置于时间之流中，早晚的事情——而它的啄敲，总会引发某存在的他者或就是自然存在本身更容易的留意而加快生命形式蜕变的进程。

生命确实需要这样一种"感动"——感而动之,外感而内动,或是内感而外动。总之,超越一切"道"向"德"陨落过程中的障蔽而重新合一,使"我"和"你"成为"我们",成为大写的"我",这自然不仅是一种来自限主体的希求,但凡它表现为自然的一种动力,便是客观存着的。

因此,问题并不在于是否有信仰,是否一定要基于信仰而对超越之境生发出敬信,而只在于,这一切是生命自然流衍的规律使然,并且,不论我们是否有十足的信心找回并切入我们的本真之境,但凡我们后天意识这么希求了,便已然与先天之境产生了先天的关联,那么,生命的自然回应便是在所不辞之事,这或许既可为"心想事成"提供一种注脚,也可为生命本然就是一体提供一种注脚。

有了以上讨论的语境氛围,或许我们可以更好地理解以基督教为代表的信仰体系和以佛教为代表的信仰体系的不同之处:"我们可以发现焦虑是西方精神性中的一个基本成分,而且不容争辩地具有它在基督教本身之中的根源……它和人们对世界所处困境之原因的独特理解有关,而且也和历史所要达到的目的有关。正如圣·保罗(Saint Paul)所写的那样:'因为我们知道,所有的天地万物直到今天都在痛苦中一起呻吟着和艰苦地劳作着。不仅它们这样,就是已经获得了精神的最初成果的我们自己也是如此,甚至我们自己也在我们自己的内心深处呻吟着,等待着被上帝选中,也就是使我们的身体得到拯救。'……在由吠陀、吠檀多和佛教所决定的印度的精神领域中,在那里焦虑总是被视为所有人类奋争的根源,这种奋争大多数是在宗教中进行的,现实是在焦虑被终止的地方开始的。人们一直相信,焦虑本身是对现实的否认,因为它是那个正在形成中的现象世界的特性,这个现象世界既包含在它的限度之内,像这些限度一样都是虚假的,又最终要连同那个世界一起被烧掉。必须全面禁止焦虑来歪曲和曲解人的现实概念,人的现实概念只有以平静的方式才能作为引起它自己的媒介。……它和一种存在、永存的状态有关,这种状态超越了正在形成中的背负着焦虑的世界,而这种状态就是平静。……这种状态被称为超越一切的住所,其特点是平静、安静、没有恐惧、没有悲伤、极其快乐、心满意足、坚定不移、不屈不挠、永恒、不可动摇、不朽。"[1]

---

[1] [加] J. G. 阿拉普拉:《作为焦虑和平静的宗教》,杨韶刚译,华夏出版社 2001 年版,第 106—108 页。

以我们的论述而言，更接近以一种平静而自然的方式来面对有限存在者的在世焦虑，它确实符合佛教般宗教的宗教形态。相比于基督教的罪性文化，正因为有一个始终不可跨越的存在鸿沟，才使焦虑根深蒂固于人们的心灵深处。在一定意义上，存在者不可达至的彼岸使存在焦虑成为他们的精神胎记不可移除，而只有认定存在与存在者之间天然且自然的内在联结，存在焦虑才可能在确认这种联结性的当下得以消解。此处的问题是：如何体验先天意识？

1. 通过当下直接体察而证得

这种方式适用于先天意识本来就较为明晰的心灵，表现为当下直接体认先天意识，处于体验的宁静、柔软、祥和、富足之中，反求诸己，不待外求。这种方法也是"道"向"德"之自然流动与渗透的方法，是一种先天意识显现法。

具体而言，这种方法有一定的操作步骤：（1）意念回归身体，完全放松，体察身体不舒适的部位，将意念带到相应部位，静静地感受我的感受，尤其是心脏部位；（2）如果体察身体部位（尤其是心脏）大概五秒钟而仍然不能感到宁静舒服，就再将意念带到大脑感受上，细心体察大脑部位的紧张、僵硬等，同样五秒钟左右，会感到整个大脑变空，很舒服；（3）如果五秒钟之后大脑仍然不能放空，就观察大脑中浮现出的观念："静静地看着那些观念，就像看一个跟你没有任何关系的东西，等它们消失。通常一瞬间它就消失了。"[1]

以上所述均需要在实践中才能体验，而最终以感受为实证的应然状态是什么呢？"当我们把后天自我全体解体之后，会剩下一个金刚不动永恒的存在者，这个存在者是人们用任何方式都不能消灭和解体的……其存在状态就是'愉悦、宁静、祥和'。这就是释迦牟尼讲的'常'（永恒存在）、'乐'（愉悦）、'我'（存在者）、'净'（整个生命处于干净的状态，即没有污染的状态，也即完全宁静的状态——没有任何执着、污染的状态），完整地说就是：先天本我是永恒存在的，其存在状态就是宁静、愉悦。"[2]

2. 通过现象学还原方法而逼近

现象学还原方法是一种后天意识去蔽法，此处采用的路径是从"德"

---

[1] 孙志海：《静观的艺术》，中央编译出版社2014年版，第24—27页。
[2] 孙志海：《静观的艺术》，中央编译出版社2014年版，第140页。

反过来挺进以至于接近"道"的领域之中，表现为一系列对显象内容进行悬置的心灵操作步骤。

（1）具象还原

具象还原是最低层级的还原，之所以这么说，是因为我们总是以经历具体事物的方式与世界进行着现实的对接，由于具体事物是人与世界相交的最外层，因此在具有最高真实性的同时，亦可能具有最大程度的、被物异化的可能性，这一点表现在人的行为动机往往隐藏在具体行为之后而与行为发生分立，譬如"性目的和性对象并不像人们通常想象的那样接近。这种目的和对象的分离，弗洛伊德用作进一步调查的基础"①。这样的例子很多，简单说来，纵然人们自动反应于外事外物可能增进他们的现实生活效率，但也可能引发不经反思与体验的自动化反应机制，因此虽则带着一个面对世界的外壳，但其人格中的其他层面却未必在场，抑或者，那些层面也是这种僵化的自动化反应机制的一部分。

从这个角度而言，所谓具象还原便有充足的可能性。在哀叹人们自动化反应的同时，也为我们轻易找到自己较为自由的真实动机（或曰起心动念）留足了心灵空间。但凡稍微动用且自然觉知自己存在着这一意识便会发现②，在被外物牵引的当下，总有某些情绪或观念在推动着行为如此行动——不论这种情绪或观念是怠惰的，抑或是活跃的，是具有反省意识的，或是不自知的，但一旦这个不证自明的、当下体验的心灵自察机制升起来，自动化反应也就自然终止，并且反映的内容不再那么重要了，因为当我们将具体事物放进一个括号中进行悬置之后，会发现不论再多的事物涌进这个括号中，引发它们如此表现的、较之心灵而言的起心动念都如此相似，以至于在具象还原之后，我们找到了对于心灵而言更可确信其"真"且"诚"的心智系统。

具象还原不等于否认外界的存在，它只为表明在追问动机的过程中，需要主体暂时从事物中脱离出来，以为自我觉察留出心灵空间。再次赘言，一颗被具体事物占满的心灵是不会有任何成就的，这就好比心灵中装有多少事物，便同时意味着心灵被它们切割成了多少碎片。除非从具象中

---

① ［美］鲁本·弗恩：《精神分析学的过去和现在》，傅坚编译，学林出版社1988年版，第42页。

② 这是一种于内在提起自我观察的技术。

抽身而出，才会看到恰恰是这些变化形态、难以把捉的具象事物成了自动反应于某种心智模式的材料，而不是反之——在觉察到这个心智模式之前，人成了物的反应物，但一旦觉察到特定心智模式的运行机制，则人便有可能成为主人，一举洞明并破除旧有模式，不断创造性地建立新模式。

具象还原的意义是解放固着在特定事物中的自由注意力，将与物完全统合为一的自由注意力在升起自我观照的过程中释放出来，先行摆脱对物的完全认同，为认识更深层次的行为动机及其模式提供条件。

（2）心智还原

当较能够完成具象还原之后，我们便来到一个几乎无时无处不在的心智模式之中，表现为心智模式之运行状态（包括情绪与观念）都很自然地浮现于心灵之中，或者以图画的方式，或者以声音的方式，等等，它们与具体事物的区别仅在于它们没有可现实感知的对应物，然而，其心理真实的程度也毋宁说构成了一幅心理现实的图景。

并非心智系统就比现实事物具有更少的丰富性与复杂性，相反，当心灵继续提升其自察的深度与精微度时，便会发现这些心智模式也并非如前阶段所想象的那样具有"诚"的特性——当生命在觉察的常态中被一层层剥开，这种不断逼近真诚，然而又不断发现着更真更诚的局面也一并成为常态，这意味着，除非能在一种不期然的"等待"中自然进入"道"的无念状态，否则任何起心动念都绝非具有连续性的宁静而能使人得到终极安宁。

在心智系统的运作中，我们常常在情绪与观念的驱动下就具体事物作出某些符合所谓抽象原理与情绪常态的反应，它们似乎成为一种心智习惯而不断统筹着从外界进入心灵的信息，并由此形成一套相对稳定的运作模式。观念方面最典型的是判断，情绪方面最典型的是一系列情绪连锁反应。如果要再为两者排个在能量等级方面的序列，那么，由于情绪连锁反应拥有比判断更生动、更富有活力与爆发力的在场感而显得比判断更真实一些。在此，或许我们可以作出一个可能的经验性假设，即虽然同为心智系统中的重要组成部分，但判断极有可能——在觉察中可根据当下情境作出某种实证——出自情绪的牵引，同样，不论心灵或自觉或不自觉的状态中，这种牵引都在发生着。因此我们完全有理由说，一个自称为理性的人，实际上都在被较为感性的人格层面推动着而得出那些精妙的判断——除非这些判断是纯粹经过了理性的批判，不然极易成为具有高度伪装性的，或以评判的方式出现，或以压抑的方式表达自身的情绪工具。

这种情况在内在对话中可以轻易被识别出来，例如，当我们产生自责的情绪反应时，对自己的怨恨推动我们内在分裂为两个"我"：一个批判者，一个被批判者，且人称代词也分裂为"我"和"你"，不断进行着诸如"我恨你""你真没用"等类似的评判。严格意义上说，这也是一种判断——当然，在此我们不会忘了区分事实判断和价值判断，然而论述的重点在于，未经觉察的心灵不具有客观性的根基，它们在不自察的情况下作出的任何貌似客观的事实判断都可能带有主观情感的驱动与干扰，最可恶的是，这些伪装的理性主义者还往往声称感性较之理性要低级些，殊不知嘲讽的矛头已然对准了自己。

重点是，不论是判断或是自身推进的情绪链条及其内在规律都同样是要通过现象学还原被悬置的内容。"我们将属于自然观念本质的总命题判为无效，我们将它在存在方面所包含的任何东西都置于括号之中：就是说，我们要对整个自然世界终止判断，而这个自然世界始终是'为我此在'和'现存的'，它始终在此作为合理意识的'现实'保留着，即使我们愿意将它加上括号。"① 因此悬置——再次强调，并不是否认外在存在，而是终止未经觉察或曰在觉察过程中仅仅只能作为被一层层剥离后，最终进入括号内的内容而存在的一切貌似客观的判断（包括事实判断与价值判断，对应于观念的运作和情绪链条的反应）。这也从另一个方面表明，我们所要真正回归的是一个没有判断、绝对中立的意识存在之域。

只有当回归了绝对中立的存在之域，方知人在自以为是的想象界中为己身创造了多少非真实性的障蔽，甚至文化也难以幸免。"人就是这样的存在者，他由于与自身相统一，所以也与自身所特有的本质相一致，并且去实现某种文化的价值。这样的伦理学概念实际上是把理应揭示任何一种道德或伦理问题的深刻思考的主题范围予以缩小并加以简单化了，也就是说，把这样的疑问简单化了：文化和已经成为所谓文化的东西是否确实允许正确生活，或者说，文化是否就是这样一些越来越阻碍正确生活的机制的总和。……伦理学这个词就是良心中的简单良知。"② 实际上，此处反

---

① 倪梁康选编：《胡塞尔选集》上卷，生活·读书·新知三联书店1997年版，第383页。
② ［德］T. W. 阿多诺：《道德哲学的问题》，谢地坤等译，人民出版社2007年版，第16页。

映出我们时常误解了的简单和复杂的辩证统一关系：当心智模式想要以自身为出发点构建可控而精密的心智模式时，它选择了一条复杂化的道路，它天然认为直截了当地、直感式地把握生活之方式过于简单，但问题是，它所建构的精密系统可能反而在对生命本真的理解上渐行渐远，从而也离深刻与精微地把握生命本真之方式越来越远，从这个角度而言，反而错失了对生活本身复杂性、多变性的深入体察；相反，当采用现象学方法悬置这些复杂的感受与判断时，一个当下直接向我们显现的存在以看似简单的方式向我们所展现的，却正是未经判断贴上标签的、生活的全部丰富性与复杂性之所在，它所具有的生命力之活力是任何僵硬的判断与情绪反应模式所不能领会的。

（3）底层系统还原

或许有人会认为，当心智模式被悬置之后剩下的那个纯粹意识应该就是存在本身了，然而事实并非那么简单。纵使心智模式被加入了括号中——一丝残余都没有，但仍然剩下一个作为终极残余而不能再根除自身的意识，它就是隐藏在心智模式下面的意向。由于"意"之始终在场，它所张开的一张"向"之网络以精妙且警觉的方式时刻捕捉着或伺机捕捉着一切对象物并令其在"意"的领域中显现出来，但不管怎样，它也只能算作"道"与"德"之间的中介而已，它本身亦与那些从源初的"一"中跌落出来，成为主体的意识或存在于各主体意识间的、伤痕式的罅隙没有本质差别，它仅仅只是一张可以收放的，但始终等待着对象的网络，是一个源初的否定意识之下的产物。"是真诚就是其所是的。这就设定我一开始就不是我所是的。……然而，显然，我们看到'不是其所是'的原始结构事先完全不可能做出向自在的存在或'是其所是'的转变。这种不可能性并不对意识掩盖起来：相反它是意识的构成材料本身，它是我们体验到的永久的折磨，它使得我们不能认识自己……"① 此处表明的存在焦虑正体现出"意"一旦展开其"向着某物"的欲望便注定难以再收回自我、回归无意之域所带来的无奈，它似乎向着"是"而作出其全部的努力，然而却因为自身的存在本身而阻碍了"是"的本然与全然状态，遂而成为"不是"的始作俑者。"人的实在在自身存在中是受磨难

---

① ［法］萨特：《存在与虚无》，陈宣良等译，杜小真校，生活·读书·新知三联书店2015年版，第96页。

的，因为它向着一个不断被一个它所是的而又不能是的整体不断地纠缠的存在出现，因为它恰恰不能达到自在，如果它不像自为那样自行消失的话。它从本质上讲是一种痛苦意识，是不可能超越的痛苦状态。……存在就是意识本身，然而，是作为意识不能是的一个存在。存在就是意识本身，它在意识之内并且是在能及范围之外的，这就像一种不在场和不可实现的东西；它的本质就是把其固有的矛盾封闭于自在之中。"[1]

从这个角度而言，存在本身就是真在，就是自在，而但凡有一丝在其中想要自为造作的意念——哪怕其表现形式多么纯粹，纯粹到它可以舍弃自身的全部内容，然而仍然以空的形式表明了它作出这种牺牲的无谓。到了这个阶段，正如禅宗所言"百尺竿头更进一步"，要求"意"之"向"着自身的终极消亡而作出最后的努力，而非死守着一个对象感而裹足不前，如果是这样，毋宁说，存在者最本质的还原只有到了完成此生命的底层系统之还原后才可能结束——系统，也终归只在自在系统本身这一层面上拥有绝对的意义，而非任何自为系统所能及——自为系统，就算就其最纯粹的程度而言，也只是一个以空位彰显的被动系统，但它仍然是可以被悬置的。至此，我们方才清楚还原的方法只有到了再也不能还原的终极处才能停下脚步，而最终显露的，是一个绝对自主与自由的系统，是"道"。

第二节 存在焦虑的表现

当还原不能究竟，而总是存在"道"与"德"之间的差距时，就依然伴随着存在焦虑。以下就存在焦虑的可能表现进行梳理和描述。

一 被外界环境影响

存在焦虑表现为对环境的极度敏感，这种敏感往往超出平均的耐受阈值，一点很小的环境扰动都可能使其精神世界产生异动甚至是崩溃。譬如："对这种突如其来的、尖锐的响声，一定会感觉痛苦，它足以使人头脑麻痹，足以夺取、扼杀一切的思考。这种声音，不知搅乱多少人的精神

---

[1] [法]萨特：《存在与虚无》，陈宣良等译，杜小真校，生活·读书·新知三联书店2015年版，第128页。

活动，即使他的活动是属于低级种类。它闯入思想家的冥想境界，就如同一把利剑刺在身上一般，其破坏性之大、痛苦之不堪，实难以言喻。总之，再也没有比这可恨的鞭声更容易截断人们的思绪了。"[1] 这种极其脆弱的敏感性被叔本华（Arthur Schopenhauer）描述得像是思想家的特殊秉性一样用以排斥众人，然而，它并不能构成其卓越才华的必要条件，一个敏锐的心灵并不等同于高度警觉地反应于外界的头脑意识，一段静定的冥想也能轻易化解外界的异动。由此可见，诸如此类的心灵易感性实则反映出主体由于缺乏一个相对完整与稳定的人格所带来的紧张与焦躁，它过度关注且防御外界刺激的反应正是其内在无根性的表现。

二 易怒而焦躁

在存在焦虑之中，我们往往可见一股挥之不去的躁动之气时刻掠夺着内心的宁静。这种躁动之气是主体从安宁的先天意识中跌落出来所必然承担的后果，因为主体从一个整全的"一"之中分裂出来，而不得不承担破碎灵魂带来的恐惧、对立及由之而来的焦灼、自保无门等感受，正如上所描述的一样，外界的一点异动皆能引发其因极度恐惧而不得不防备所带来的愤怒——愤怒，正是焦躁之气的表现。但往往，更折磨人的问题是，愤怒本身并非出于真正想要泄愤于外界的动机，而仅仅是为了掩盖自身的分离恐惧与无力感，因此在愤怒之后往往会升起一种内疚。"我们很容易陷入一个暴力循环的怪圈，因为在我们用暴力对别人进行报复，给别人造成伤害的同时，我们也会产生一种负疚感，而这样的心态又会反过来作用于我们的自我价值感，使我们更加心虚和不安。我们害怕看到对方的反应，因为众所周知，愤怒的发泄同样会引发愤怒的反应。愤怒是一种互动的情感。不论我们的愤怒发泄带来的是愧疚感还是担心，从中产生的紧张情绪不但不能帮助我们找到一种建设性的解决办法——而建设性的解决办法能让我们的自我价值感得到恢复——反而会使我们更加烦恼。"[2] 愤怒所彰显的生命之运作模式确实是一个怪圈，当越是愤怒，看似强悍的外表下实则隐藏着越是弱不禁风的、正承受着越发恐惧的碎片化心灵，但解决

---

[1] ［德］叔本华：《生存空虚说》，陈晓南译，重庆出版集团2009年版，第48—49页。
[2] ［瑞士］维雷娜·卡斯特：《怒气与攻击》，章国锋译，生活·读书·新知三联书店2003年版，第5页。

恐惧的根源如何能从继续以外泄的方式削弱自身价值感的愤怒中产生呢？自然调节生命运作以达至其最好状态的心灵机能我们称之为良知，良知会拯救一个人，同时也会惩罚一个人——惩罚正表现于此——当伤及自己更为本真的存在与他人时，它便会以无力感的方式将愤怒中积聚的力量进行转化，表达为内疚，但内疚是加诸人心灵之上的自我压制的囚笼，它令人愧悔并丧失进一步行动的力量，因此是一种与建设性力量相悖的力量。

三　为未能达成的沟通懊恼

从根本上而言，现代人的沟通大多停留在语言作为载体的表层，很多时候反应于言说的内容而并不能直抵言说者的心灵深处，导致一种似乎怎么交流都感到无力传达真实的感受，并由此引发本质的孤独。"人类的言语，只能够说出自己所思所想的事情，甚至仅限于自己所学过的东西，或者明明是不能领会、思索不出的事情，也装作若有所思的样子而胡诌几句。总之，言语可以作为骗人的手段。表情也足以欺人，因为我们跟人交谈或听人谈话时，往往都把他真正的人相放弃，而只注意他的容貌、表情，这时，说话者大都很留心表面功夫。"① 交往中这种不可避免地隐匿于语言背后而同时丧失语言存在之本真根源的境遇，是存在焦虑的一种表现，它启发我们思考：人们交流的最底层基质是什么？如何才能达到？如果仅仅只是漂浮在沟通的语言外层，那么人们真正意义上的相互理解将绝无可能。

四　为未完成的事情沮丧

或者是因为懒惰而错过行动，或者是因为冒进而妄图计划，总之，人们的一个焦虑源往往来自未完成的事情，似乎总有什么事情令他们感到沮丧不安，哪怕情况并非如此。这种时刻处在未完成焦虑之中的状态，也属于存在焦虑的一种。"我们虽然经常期待更好的生活，但一方面却屡屡对过去的事情怀着悔悟的眷恋。"② 也许事情本身的未完成只是一个借口，甚至人们对所谓完成了的美好存在状态之向往也可能只是镜中花水中月，最可怕的情况恰恰在此，人们对"不可达到"的这种"永恒缺失状态"始终抱有一种眷恋或曰惯性，如果真是这样，那么这种焦虑就是人们自我

---

① ［德］叔本华：《生存空虚说》，陈晓南译，重庆出版集团2009年版，第67页。
② ［德］叔本华：《生存空虚说》，陈晓南译，重庆出版集团2009年版，第78页。

选择的结果,只是不愿意承认罢了。"人的生活一方面是为'希望'所愚化,一方面却跳进'死亡'的圈套里。"① 这也为我们日常生活中经常碰到的"当失去了才更懂珍惜"的现象提供了一种解释,这也反映出所谓"拥有"和"占有"之间的本质区分:"拥有"是真正地在当下享有与某对象物的良性关系,在其中,关系的几方皆在彼此学习、扬弃自身并在涌现出新的品质方面越来越成就己身,因此相互间达到了一种施与受的平衡;而"占有"则破坏了这种平衡,表现出一方对另一方的所有权之贪恋,其中反映出占有方的高傲,且占有的欲望一旦达成,它们之间的关系也将宣告结束,因此其中不只蕴含着一种深刻的不平等,也同时蕴含着一种根植于关系本质中的、破裂的不稳固性——关系总是由至少两方营建的关系,如果关系中的几方皆有占有欲,那么可想而知这段关系将成为互相争夺生命权的战场——当然,在这种模式中唯独被落下的,是每个人本有的自身性和主体性,如此一来将导致他们成为彼此的奴隶而不自知。存在焦虑恰恰反映出人们内心的占有欲,它总是令我们错失当下及无时无刻不是充沛的、从内而外漾出的满足感,而陷入对没有的、颠沛流离的关系之追寻中,这无疑是匮乏感的根源。

五 为成长中的错谬无奈

从生命发展的常态来看,"生命之始与终之间的道路,常呈下坡之势。欢乐的儿童期,多姿多彩的青年期,困难重重的壮年期,虚弱堪怜的老年期,最后一段是疾病的折磨和临终的苦闷,很明显地呈一条斜坡,每况愈下。这样看来,生存本身便已是一个错误,接着又一错再错"②。这种论调虽然过于悲观,但从人的身体机能而言,确实如此,只是相匹配的心理与精神状态未必与身体机能的每况愈下相符合。但人的生存状况如此,也不免引发思考:人生而为人的意义究竟是什么?人的有朽与不朽如何平衡?生命这般本质的纠缠也是存在焦虑的一种表现,不免引发关于存在思考的一种错愕与无奈悲凉,生存的绝对荒芜和空虚便表现出来。"如果我们不看粗枝大叶的世态,尤其不观察那些生死急速的连续或须臾假现的存在,而来眺望诸如喜剧所表现的人生细部,这时世界和人类的形态,

---

① [德] 叔本华:《生存空虚说》,陈晓南译,重庆出版集团 2009 年版,第 78 页。
② [德] 叔本华:《生存空虚说》,陈晓南译,重庆出版集团 2009 年版,第 80—81 页。

仿佛是在显微镜下照现的水滴中一群滴虫类，或肉眼看不到的一群干酪蛆，当我们看到这些动物这样热心地活动或你争我夺的情形，往往会发笑。但，人生何尝不是如此？在这狭隘的场所，伟大、认真的活动往往引起旁人的滑稽感，同理，在这短暂的人生中，那样热心地争名逐利，不也是很可笑吗？"[①] 当然，这是意义感丧失所带来的一种悲观论调，但它确实在心境悲凉的某些时刻占据着人类的心灵，使人对存在于世界这个基本事实产生最深刻的嘲笑与无奈，然而，它却鞭策人们更致力于找寻生命的意义，因为否则，我们将成为行尸走肉般的存在者，这种消极对抗生命本然状态的模式将因为违背人之价值感的实现而带来更多焦虑。

第三节　存在焦虑的特点

一　无根性

存在焦虑根源于生命从其本真之境中跌落出来，从一个全然的自体执"我"而成为一个有限的主体，这种深刻的存在割裂使人成为永远回不去的"道德异乡人"而注定在生命的轮转中无根地漂流。这个"我"，在此并不追究它在世间有如何的功劳与能力，而是从根本而言，它由于并不具有本真那个无可界定的生命本源之能量而"本来就不是一种建设性的力量"[②]。

无根性表现出一种无意义感。当人从存在的源头跌落出来时，如果尚且意向着那个超越性的先天存在，则我们说，意识在物质宇宙之上生出来某种终极意义感，它给予生命存在的力量。或者，我们把意识挂靠在某些后天的人、事、物上面，用意义架构起和它们的关联，以此抵消无根性所特有的寂寞感与恐惧，这也可谓一种意义。

但把意义建立在时空存有中会面临风险。首先，时空中的存在者与我们的肉身一样有朽，因此是否在某种意义上我们可以说它能提供较为稳定与可靠的依存关系呢？答案是否定的。其次，时空中的存在者之间存在着一种变化不拘，并常常是以矛盾驱动的关系特质，因此又是否在某种意义上我们可以信赖相互间生发的信任呢？答案是可疑的。再次，纵使有那么

[①] ［德］叔本华：《生存空虚说》，陈晓南译，重庆出版集团2009年版，第80—81页。
[②] ［美］卡伦·荷妮：《神经症与人的成长》，陈收等译，国际文化出版公司2001年版，第169页。

一种人世间的关系令我们须臾间感到不朽，又是何种力量在背后提供这种"不朽"以时间上的保障或逻辑上的合理性呢？答案是存疑的，因为如果真的存在这么一种维系的力量，它就必然属于超越的领域，我们以上的预设便是没有必要的。

因此，但凡人的意向不意向着超越于"我"之外的存在之境，则在一定意义上，都是没有稳固意义的，无根性，说到底是对意向的终极考验。意向因具有在"我"层面的最高自主性，因此担负起确定生命走向之大任——意向无限或是意向有限，这正是一个堪比于生存还是灭亡的问题——一旦意向自以为是地固着在它的边界处而任性地以为真的成了意向一切有朽之物的始基，这就注定了生命基于无意义之上的灭亡；除非它以无比的谦卑意向着自我向无我的消融，生命才能真正获得每一个当下的新生——这是生命的终极意义。

现在让我们来看看当意向一意孤行地意向有朽之物时究竟发生了什么。正如当代社会中随处可见的人被造物异化的情形，人似乎还在可控一切的王座之上，然而如果仔细觉察便知，人正在乐此不疲地给被造物贴上各种标签，用一种浅表的、符号化的、标准化的、规模化的方式与世界发生着所谓的互动，给它们每一样都加上"人类制造"的意义标签，当有一天这些标签漾到同为人类的身边甚至是人类自己身上时，他们才能意识到每一次自以为是的标签化运动也同时封存了他们活的生命力，这是他们所行的反噬之结果，导致他们丧失了生命的源能及活跃地投入生命感知的能力。

我们为什么需要一种标签化的生活方式呢？因为标签化的生活方式高效便捷，似乎符合现代社会发展的节奏，我们貌似通过标签化的生活方式获得了无穷的意义，并通过互联网的放大效应迅速积聚起一个无量的意义空间。但沉静下来一想，我们除了收获到一点因满足占有欲而来的快感与相应的意义之外，深刻的、专注的、能撼动我们生命底层的意义并没有多少是留下来且值得玩味的，我们的快捷、铺陈、粗浅换来的是对意义的稀释、淡化与在随风飘逝中给我们带来的更多空虚、无助与寂寥，人正在变为一只在自己编织的意义之网上越来越等不到猎物的蜘蛛，因为人人都想成为这么一只想去捕获他者存在的蜘蛛，然而存在早已在毫无共识的意义之网中碎了一地，只有在这时，存在本身才凸显出它作为稀缺资源的重要意义，但此时只无非引起人们的遐想罢了。

此处引出一个非常重要的问题，即存在焦虑对作为共识的价值观的瓦解。"一个人只要他的价值观比威胁强大,那么他就能应对焦虑。"① 现在的问题是,当具有共识性力量的价值观也不那么容易找到时,人们真的需要反思,傲慢与各自为政到底为他们带来了什么,而谦卑令他们回归的、通由人性底层抵达的意义之唯一性又是什么。

当然,一种可能的反驳是,价值观本来就并非一成不变的东西,当说到价值观是最能引发人们共识的东西时,是否否定了价值观自身的生长性及其自身多元性的要求?此处需要作一番澄清。价值观可在纵向与横向上作一个区分:纵向的价值观意指人作为一个"类"所具有的生命共性,是不断向终极意义处探察与挖掘便能体察式发现的一个共性之源;而横向价值观则是指在社会建构与交往中不断激发、涌现的生成中的共识,它并非一个定然之物,这正回应了以上论述中谈到的反标签化倾向:用真实生命,在真实情景中把握价值观而非只是将之标签化那么粗暴简单,"教条,不管是宗教的还是科学的,都可以带来暂时的安全感,但它是以放弃学习新的东西和新的成长机会为代价的。教条会导致神经症焦虑"②。总结起来,恰恰是具有生命活力支撑的价值观才最有意义,而那些只是看似多元,实则成为口号般的空洞之物则只具有最大的欺骗性。

二 主客对立性

当人从无有界定中跌落出来成为"我"时,另一个不可避免的困境便产生了,这便是产生了人我、内外等分别,产生了主体与客体永远不可调和的界分与矛盾。"人类的困境就是如此,它源自于人们可以同时将自己体验为主体与客体的能力。"③ 这样一种能力,在常识性的感知中甚至是人类的优点,它给一个混沌般的存在本身以不同的感受,通过在自我的某种裂变中体验自身而真正看到并实现自身,但问题是,这种分裂的生命倾向一旦没有止境地衍化下去,人们可能会在这个裂变的罅隙中沉沦、深

---

① [美] 罗洛·梅:《心理学与人类困境》,郭本禹等译,中国人民大学出版社 2010 年版,第 63 页。

② [美] 罗洛·梅:《心理学与人类困境》,郭本禹等译,中国人民大学出版社 2010 年版,第 96 页。

③ [美] 罗洛·梅:《心理学与人类困境》,郭本禹等译,中国人民大学出版社 2010 年版,第 14 页。

陷并最终在矛盾中耗尽自身之气力直至死亡的时刻。这同时要求人们保持清醒的决断力，在矛盾烦乱之中作出选择。

　　自主的选择是主客对立性带来的最大考验，主客对立本就意味着生命处于某种失衡之中，失衡带来生命能量向某一方倾斜的趋势，除非当下决断性地作出选择，否则并不能看出生命能量倾斜的方向，便只能将自由限制在它的潜在状态中加以揣度了。主客对立性反映的这种生命能量之割裂未必总是有害的，正如中国哲学中所言"和而不同"一样，不同且能够和合的双方能促成有利于双方彼此扬弃并变得更好的趋势，在高于双方的某个和合之层面达成共识性理解并获得更广阔的启发，只是当双方因着不同而对立起来时，才会导致一种消极后果，产生各自的对抗与损耗。存在焦虑表现在同一个道德主体同时体验到富有张力的双方在其意识中产生不同的意见市场时，用一种对抗的方式体验到了一种无休止的内耗之疲惫，进而产生了恐惧的感受，在此基础上它更深地蒙蔽了自由意志走出矛盾而看到和解之可能的一切努力，遂而放弃了选择的自主权。放弃真的能够带来安宁吗？还是在无意识中制造着更多焦虑？

　　存在焦虑往往就产生于对这种天生自由权利的放弃之时，它待在原地任凭矛盾两方的撕扯与争夺，令自己成为活生生的战场而袖手旁观，这么做的结果是对矛盾中一直持续着的损耗状态的妥协，最终自由注意力被自我锁死在没有尽头的耗损中失去生命活力，逐渐走向死亡。妥协同样意味着对责任感的放弃，或曰，是主体向客体屈从的结果——它连己身与生命感绑定的责任都要拱手相让于一个无奈的毁灭过程，实在没有比这更令人扼腕的了，因为主体本身具有选择自由的一切权利。

三　无力感

　　一种可能的反驳是，放弃自主性也可能意味着自体性回归，以"我"自裁的方式回归本真存在之境，这么说显然是成立的，那它与以上所说的无根性及责任感之丧失有什么区别呢？此处要留意的是，对自主性的自主放弃并不是主体自身可以完成的任务，我们可以说主体意向着自身向存在本身的敞开，通过这种方式渐渐融化己身的边界以意向着被更广阔的存在接管与入驻，但：第一，在自然的存在之境完全升起之前，意识以全然清醒的注意力及全部的热情维持着这个终极选择，而非全然丧失自我、不管不顾；第二，当更高的存在之流涌入原先设限的生命形态中时，会有一种融会带来的特殊感受，是旧"我"在新生状态中被融化的感觉，通由这种自然的崇高感完成生命之有限向无限的交接，而并非在最终结果上沉溺进损耗的死寂之中——这是完全相反的两种生命发生与发展状态。

与之相反的是，当自主意识完全放弃这种回归的努力而任凭被动情境折磨时，自然的伟力不会上升，迎接它的是死亡的气息和无力感。"无力感发展成焦虑，焦虑又变成了倒退与情感冷漠，倒退与情感冷漠反过来又变成了敌意，而敌意又变成了人与人之间的一种疏离。这就是当我们的意义感遭到破坏时会导致的一种恶性循环。然后我们可以继续向前的唯一方式就是以心理倒退的方式往后退至婴儿期的状态，这是我们在现代子宫—坟墓（womb-tomb）的联合中的一种自我选择的包装，在这种联合中，既然食物是储存在坟墓中的，所以根本不需要什么脐带，就像新石器时代的人在走向死亡之地的路途中会将食物储存在埋葬他的洞穴中一样。"[①] 因此，当正常的大脑还在思索着为何一个自主意识在放弃它的自主性时会如此悄无声息时，答案已然浮现出来——生命之力量并非就此消亡，而是在一部分损耗之后，感受到了痛苦的鞭笞而转化了原本的形态，以诸种负面情绪的方式重新浮现出来——不是没有杀伤力和破坏性，相反地，它以自我退行、任性而为、自毁毁他的方式表达出对周围世界的变相索要、报复甚至是伤害。由此可见，当自我意识意向自我的放弃而最终选择了无力时，并非真的无力，此处的本质是，它放弃了自由带来的轻松与崇高，而选择了意味着毁灭与吞没的黑洞般的生命模式，这才是存在焦虑反映出的生命最深处的无力与无奈。

第四节　存在焦虑的形成原因

一　意向固化
（一）后天意识陷落时间感

严重的焦虑和抑郁抹掉了时间，消除了未来。或者正如明可夫斯

[①] ［美］罗洛·梅：《心理学与人类困境》，郭本禹等译，中国人民大学出版社2010年版，第42页。

基（Eugene Minkowsik）所提出的，很可能是患者在与时间相联系中所产生的障碍，他无法"拥有"一个未来，使他产生了焦虑与抑郁。在这两种情况下，患者的困境中最为痛苦的一个方面是，当他将要脱离焦虑或抑郁时，他无法想象时间中一个未来的时刻。我们看到，时间功能的障碍与神经症症状之间存在着一种相似的、密切的相互关系。压抑与意识阻断的其他过程在本质上都是为了确保不会获得过去与现在之间寻常关系的方法。既然对于个体来说，要在他现在的意识中保留他过去的某些方面将是非常痛苦的，是非常具威胁性的，那么他就必须像在他身体内部带着一个异物一样地带着过去，而不是将过去作为一个属于他自己的东西。[①]

陷落于时间感而不能自拔是造成存在焦虑的重要原因，一方面主体带有强烈的对过去特定经历的极度否认——想要彻底摧毁过去或遗忘过去，但往往由于这么做而更加愤怒与无力；另一方面，作为生命创造历史的过去确实也无法真正从主体的生命中抹杀，因此，当主体稍微动用其自觉能力从陷落其中不能自拔的、强烈的历史黏性中跳脱出来看一看时，会发现这种痛彻心扉的寻死觅活纵然再怎么使人感到绝望，绝望也绝不能作为摆脱其责任担当的借口而使得历史一笔勾销。相反地，令道德主体真正感到害怕的是由于自己对"未来"的耽误所造成的生命更大程度的停滞，此时，耽于"过去"且对"过去"的极力否定反而成了他逃避承担现在、创造未来的借口。

如果说道德主体仍然感到焦虑与不适，那毋宁说他还没有尝试过从对过去的、极其消极的应对中走出来歇口气的快感，也还没有建立起与"未来"的亲近感——当下，这一勾连着过去与未来的枢机，当其稍微放松一点时便会于当下恍然大悟——原来，就在当下，"我"正通过不停歇地选择同时创造着未来与过去，如果建立起这样的观想，想必"他"也就不会再在指责过去中创造更不幸的未来并在未来真正到来时，还不知不觉地重又在"过去"中纠缠。当然，习惯性地陷溺在过去，对于"完美"的不实之追求，对未来缺乏向往及其规划等原因，都会削弱主体的勇气而

[①] [美]罗洛·梅：《存在之发现》，方红、郭本禹译，中国人民大学出版社2008年版，第148页。

使其在时间功能障碍中继续痛苦而苦却不疲——此时，我们听到最多的宽慰便是，他遭受的痛苦还不够，不够令其幡然醒悟。从这个角度而言，承受痛苦又何尝不是一种瘾呢？

更有一种情况，正如阿德勒（Alfred Adler）所指出的一样，"记忆是一个创造性的过程，我们所记住的是对于我们的'生活风格'来说的一种反映。一个个体所寻求成为的样子，决定了他会记住他已经成为了什么样子。从这个意义上说，未来决定了过去"①。从中得到的启发是，与其总在纠缠不想过怎样的生活，不如创造性地去切实思考意欲过怎样的生活。经验告诉我们，一个总是习惯了消极应世与自我否定的人，对他而言最可悲的是，当他想要积极乐观地构建自己的生活时，会发现无比乏力。从这个角度而言，正是面向过去还是面向未来的差别，从根本上决定了一个人是消极的还是积极的，且这种基本的人生态度也为其指向未来的现实奠定了基础。

（二）后天意识的自身发展逻辑遮蔽先天意识

人是"道"中一种自我限定的存在形态，因此，从人存在于世的起初，就埋下了无限与有限这对矛盾，且它们之间的张力也时刻拉扯并吞噬着横亘在两边的"我"，使"我"对存在于世本身产生惊诧和错愕。"帕斯卡尔（Blaise Pascal）说：'当我考虑我简短的一生时，就会被我这一生前后的永恒无穷淹没，考虑我所占据的，或者甚至是看到的那么小的空间，就会被那些我不知道的及不知道我的无限广大的空间吞没，我感到非常害怕，并为看到我自己在这里而不是在那里而感到奇怪；因为没有理由为什么我应该在这里而不是在那里，而现在是不是在那个时候。'"②

从本质上说，"我"既是此在的我，又是超越于时间之流的永恒的"我"，"我"既是存在者又当下体验而言表现为"无我"——融进一片与"道"相接的存在的海洋里。然而，在生命意图了解其本真源头的初期，根本的存在状态切实地构成了生命中最大的疑惑，使得很多对生活抱有好奇心的、能够剖开存在罅口一窥究竟的存在者们在对生命体证式的探索中反而可能由于生命系统之尚处于分裂状态而越走越迷惑。"许多其

---

① ［美］罗洛·梅：《存在之发现》，方红、郭本禹译，中国人民大学出版社2008年版，第150页。

② ［美］罗洛·梅：《存在之发现》，方红、郭本禹译，中国人民大学出版社2008年版，第49页。

他的谜都和这个主要的谜有联系，但我只能不加评论地加以引用。有一个谜是，天才和精神病是如此地相近。另一个谜是，创造性竟然带有这样不可理解的罪疚感。第三个谜是，有那么多艺术家和诗人自杀，而且是在他们的成就如日中天的时候。"① 这些例子生动地表明存在焦虑作为生命的源初焦虑而言，可能使正在经历它的存在者处在一个危险的境地，如果他没有足够的智慧自身化解或暂缓这种内在生命之纠结，他宁愿先不要如此敏感地体验生命某些维度的精彩而将另一些维度远远落在后面，加之如果这些矛盾之间的张力如此之强以至于使得他甚至丧失承受这种张力的勇气（即放弃去调和或转化它们的持续尝试），他的自为结构会面临一次大的错乱而由此使得自觉意识放弃清醒地对自己负责，从而使生命慢慢走向灭亡。

其中一种较为常见的生命朽灭是在头脑意识中发生的错乱或曰疯狂。

> 本来，意志在智慧之光的照耀引导下，自然会反抗自己所讨厌的东西，这种抗拒造成一个空隙，疯狂因而闯入心中。所以然者，是因为所有新发生的讨厌的事情，都会被理智同化，剥开其他的满足，在有关我们的意志和利害的真理体系之中，占着一席之地，到最后，上述的新事件反而大都不使我们感觉痛苦了。但是这一段理智作业的过程是非常艰苦的，并且，大都是徐徐形成的。但此作业的行进路向绝不致错误，我们精神的健全就是这样才得以存续。如果意志对一些知识的理解力之抗拒强到某种程度，而使理解的活动不能全部进行，那么，某些理智上的要素或细节便全部被压制与扑灭，因为意志不能忍受它们的窥视。为了精神上必须的联系，由此而生成的间隙便随意地加以补充，以致造成了疯狂。因为理智已放弃取悦意志的本分，于是就陷入胡思乱想。②

这是生命中两个阵营强烈对抗所产生的焦虑，原因在于意志与理智之间的失衡性破裂——意志不容许理智窥见并引导己身的不堪而奋起反抗（这实乃意志为求自保而采取的盲目行为，也同时是意志不敢面对己身的表

---

① [美] 罗洛·梅：《创造的勇气》，杨韶钢译，中国人民大学出版社2008年版，第17页。
② [德] 叔本华：《生存空虚说》，陈晓南译，重庆出版集团2009年版，第89页。

现），而同时，理智在意志面前显得如此卑微，竟让意志狡诈地侵入了它们之间动态平衡的空隙并腐蚀了自身应有的客观，还竟然说起了为意志粉饰太平的胡话。当然，这并不能够就此压制理智自身的清醒与崛起，一场在理智自家土地上发生的混战就此开始——但最终，很难说究竟谁更理智一些——这当然部分是由于理智平日里习以为常的表达姿态决定的——当它习惯于失去本真地只是说着一些自立为王的大话时，估计也没少冒犯意志的本能，因此如此疯狂只是两者应有的报应罢了，这正应了一句话，作恶是对作恶者最大的惩罚——但凡理智真的理智，但凡意志真的勇敢，也不至于引发争斗。

二　后天意识选择失真

（一）后天意识自甘于非存在状态

人是极为矛盾的存在，最深刻的矛盾在于存在与非存在，或曰真与非真两个领域在人身上的交织。"严格地讲，缘在之真在和非真在这两种存在方式是不能彼此分割的。这两种方式都构成缘在之在。正是因为如此，缘在之在才总是处于一种真与不真之间的争斗状态之中。"[①] 因此，后天意识首要面临的考验便是对真与非真的选择。

人作为存在者中的一员，其殊胜之处在于可以跳脱后天之"我"的自身认定而返回存在的根源，表现为当下体察己身之存在，但这种觉知绝非"我"可以控制或用后天感知可以理解与把握的。在这种先天的道德之流中，"我"只是允许失控地顺遂存在之运动本身，在这种流动中成就己身的道德生命，突破后天"我"的限制，因此，人是一个不断突破己身并发展的存在，唯其有打破"我"之束缚的觉悟和勇气而成为一个人。从这个角度而言，发展中的人是真人，他契合"诚"这一存在之根基，而自以为可以控制一切并以"我"为存在框限而处于发展停滞状态的人则非真非诚。

与之相对应地，存在焦虑就其本质而言，是对非存在状态的一种体验，存在焦虑相比于从情绪角度来讲的恐惧、害怕等更为根本，它是对"真"的放弃或错失的状态。具体表现在五点。

[①] 李晨阳：《道与西方的相遇——中西比较哲学重要问题研究》，中国人民大学出版社2005年版，第53页。

第一，非存在状态是先天本我意识的遮蔽。先天本我意识是存在者与存在通由存在感而建立起的先天存在通道，即一种对"道"之感通为一的状态的自然而然的自觉意识。这个意识始终都在，但由于存在者后天自我意识的惯性之强，往往没有自觉到先天本我意识时就已经受后天自我意识强大力量的牵引而错失了当下，这种错失当下即为一种非存在状态。从这个意义上说，一切没有先天意识之自觉观照的意识都是意识的自身遮蔽，可视为一种非存在状态。

非存在状态下进行的一切选择具有一个重要特征，即都不能做到连续的自觉。存在状态下的自觉是一种连续且轻松的状态，但非存在状态下的自觉却需要十分用力，且不论如何用力都仍然还是不连续的。"用意志力保持对大脑和大脑中所出现观念的一种观照，并且总是试图保持着连续的观照……这种意志努力本身就是心智系统或观念的一种作用，也就是思维意识的一种活动。"[①] 用意志力控制的选择活动久而久之会使主体感到疲倦，因为它不是来自"道"的自然流动，而是由于后天之"我"的自作主张而无根地进行的一种道德仿真行为，这种仿真行为在每一个当下都加进了以时间为载体的思虑，相当于在当下自明的存在状态上加上了一层时间的遮蔽，任其再熟练的道德意识之拣择也仍然不能在点断的时间中做到完满而全然。

第二，非存在状态是后天自我意识对"我"的存在本身持续处于不确定性之中。"我"之在世最深刻的悖论在于难以避免的先天自觉意识之陷落，或曰，连续的存在感的丧失。如此带来的后果是，以"我"为表征的自我意识持续处于不确定性之中而无法全然认肯己身的确定性存在根基，从而总是不那么清醒地自觉着自身。从这个角度而言，存在感既是存在者的根本所在，又因为其自身限制不那么容易稳定且明晰地保持其在场状态。

一般而言，除了在世存在对存在感的天生遮蔽，人格各层面的相互斗争是造成非存在状态的另一重重要原因。自我意识之内部斗争毋宁说是"我"最深刻的自我怀疑，这种自我怀疑带来了存在焦虑。"焦虑是人类在与那些将要摧毁他的存在的东西做斗争时的状态。"[②] 当斗争的矛头指

[①] 孙志海：《静观的艺术》，中央编译出版社2014年版，第87—88页。
[②] ［美］罗洛·梅：《存在之发现》，方红、郭本禹译，中国人民大学出版社2008年版，第23页。

向主体自身时,非但清醒的自觉意识不能被激发出来,更糟糕的是,内部的争斗可能导致存在感的进一步丧失,使存在者沦落到疲惫且欲求自我消亡的存在境地。

第三,非存在状态由死本能驱动。"人类存在的这种悲剧性本质是这一事实所固有的,即意识本身存在于每一刻想要杀死自己的可能性和诱惑之中。"① 非存在状态下,选择将不再如其所是的那样成为不加拣择而接纳并包容一切可能性的纯粹意识本身,而是表现为被死本能驱动。死本能至少包括两重内涵。首先,死本能表现为自我毁灭。自我毁灭往往发生在主体自我价值感极低的时候,而自我价值感极低的情况又往往发生在敏感且道德期许过高的道德主体身上。一方面,道德主体可能由于存在状态被遮蔽而没有足够的勇气承担起这种存在的责任;另一方面,道德主体倾向于认为非存在状态根本上的不圆满及在世存在这一事实对此状况的不可调和违背了他们对道德至境的某种期许——不论出于怎样的原因,他们强烈想要获得本质上不同的道德选择机会,即重置他们的道德生命于其理想的——或曰想象中的某地,由此而倾向于彻底结束此在的道德生命。其次,死本能表现为毁灭世界。毁灭世界的死本能表现在那些充满了极端暴怒情绪的主体身上,他们的特点是,或者对于己身存在的状态心怀不满且压抑已久,终于到了压抑不了而爆发的临界点上,遂而将这种压抑已久的强力全部释放到外界,或者是,天生对于存在状态之改造有一种天然的责任感,并看到存在之不完满于在世存在这一现实而言无法根本改变,遂升起彻底毁灭它并进行重构的心理倾向。在多种可能的原因下,道德主体虽然表现出对于世界饱含的责任意识,却事实上放弃了继续于此世承担存在责任的考验,虽然换上了貌似比自我毁灭更悲天悯人的外衣,实则亦在逃避无处可去的、在建设性贡献世界方面遭遇失败的愤怒之力量。

第四,非存在状态表现为没有对象的、持续且弥散的焦虑。"焦虑不是一种你在某些时刻能够感觉到而在某些时刻感觉不到的'情感'。相反,它指的是一种存在的状态。它不是某种我们'拥有'的东西,而是我们'是'的东西。"② 可见,存在焦虑没有确定的对象,它是人的存在

---

① [美]罗洛·梅:《存在之发现》,方红、郭本禹译,中国人民大学出版社2008年版,第24页。
② [美]罗洛·梅:《存在之发现》,方红、郭本禹译,中国人民大学出版社2008年版,第73页。

状态本身，是挥之不去且在时空中蔓延着的一种焦虑。这种无法避免的存在焦虑在佛教中可称为"五阴炽盛"，是一种摆脱不了的、持续的存在苦痛，潜伏在我们可能已经习以为常然而却远非能够称为舒适的感受之中，例如身体的酸麻胀痛，以及心灵中此起彼伏的内在对话等，最令人无奈的是，这些痛苦的感受已然成为我们的生活常态，而当人们习惯并屈服于这种痛苦的常态中，似乎一种基于本身"病态"的欢乐或曰注定不完满的欢乐成为我们现世希望的全部来源。

第五，非存在状态引发的存在焦虑引发对存在意识更高的敏感性。"没有这种对于非存在的意识——对于死亡、威胁对个人存在的威胁及顺从对于潜能丧失的不太显著却持久的威胁的意识——存在就是枯燥乏味、不真实的，并且以明确自我意识的缺乏为特征。但是，面对非存在，存在就会呈现活力和直接性，而个体会体验到一种增强的对于他自己、他的世界及他周围的其他人的意识。"① 因此，非存在并非一无是处，事实上，生而为人天生地就面临着存在与非存在之间的张力，两者相互依存。没有非存在，存在作为如其所是的本然状态，可以想见很难意识到自己的存在或特别的含义，而当体验过非存在的人，更能对存在有一种真诚的向往和珍惜。因此，非存在对于存在有积极效应，问题只在于，人是否有足够的勇气穿越非存在的迷雾而在直面且接纳非存在的过程中重新发现并体证存在。"一个人存在的自我肯定越强，他吸收进自身的非存在就越多。"② 当存在在非存在的土壤里生发出新鲜的果实时，存在状态中的人会感恩于非存在为其认识自己创造的契机及用否定存在的方式激发出的人的潜能。非存在是存在的养料，事实证明，经受住强烈非存在考验的人们，所迎来的存在之感动与畅快亦是终生躲避非存在并对之嗤之以鼻的人们所无法体会的。

（二）纯粹后天意识取代先天意识

纯粹后天意识是意识从其存在之源（心）中跌落出来时首次形成的对一个所谓"我"的觉知和认同，表现为一种没有内容的纯粹的意，它在与任何对象产生关联的待发点上，也就是底层系统还原的对象。它的特

---

① ［美］罗洛·梅：《存在之发现》，方红、郭本禹译，中国人民大学出版社2008年版，第107页。

② ［美］罗洛·梅：《存在之发现》，方红、郭本禹译，中国人民大学出版社2008年版，第110页。

点在于已然产生了一种混沌的反思能力，开始对"我"的存在有一种天然的惊愕与感知，且由于其刚刚成形的这种独立性，它有一种向外扩展与探索的本能欲望，在连带着先天本我意识的源能时，也同时似乎是刻意地遗忘与摆脱这种源初的同一性而走向以"我"为起始点的分离，用向外探寻实在性的方式来填补模糊的、被从存在中拉开了一个罅隙而意欲用内容进行填充的冲动，"意"在其源初发生这一点上的存在状态，谓之一种"意向姿态"。"意向姿态是这样一种策略，它把一个实体（人、动物、人造物，其他任何东西）当作似乎是以自己的'信念'与'愿望'来统率其'行动选择'的理性能动体。"①

虽然意向姿态也尚未产生具体的内容——这一点似乎与先天本我意识雷同，但从其本质而言极其不同，可以说，意向姿态是后天自我意识的纯粹部分，是容纳与认识一切后天内容的原始基点，是面向探察与感知后天内容的原始欲望，它虽然暂时没有因为意向之具体发用而连带任何内容，但却产生了与一切可能具体内容之间的张力——这股张力强度之大，甚至在其没有任何内容时反而蕴含着最容易爆裂的危险——哪怕它面向着"无内容"这个内容，都是处在以一念压服万念的状态之中，一旦被压服的内容因为占据了意向的动力与空间而以更强大的动能从这种僵持中反转，那种看似没有任何指向的静止状态将迎来它全面崩溃的时期，各种各样的意向之物会如同从被开封的潘多拉魔盒中蹦出的惊吓一样瞬间拥嚷着一同涌出，试图用占据注意力的方式表现自身，呈现出一种深刻的分裂状，而此时后天意识之纯粹部分将要么作为一种过气的状态而不复存在，要么将以"无"为内容继续行它的压制之能事，将这样的乱局盲目地进行压制（这一点很像超我的作为，或者就是超我的衍化之物），而最终以为像是控制了局面一样。

后天意识对其自身的控制与压制并不异于对自身的阉割与戕害，并在本来作为整体生命状态的自我之中沉淀出出自"我"这个主体部分之外的超我和被压制的本我（那些未能充分释放的以欲望形式存在的原始生命冲动——力比多——之诸种形态），强化了生命本身的分裂。从这个角度而言，后天意识中的纯粹部分与先天本我意识的主要区分在于两点。

---

① ［美］丹尼尔·丹尼特：《心灵种种——对意识的探索》，罗军译，上海世纪出版集团2010年版，第25页。

首先，先天意识只是觉察，不用力，而纯粹后天意识则时刻动用着其自身强力。在这一点上，哪怕是发现潜意识的弗洛伊德本人也最终指向潜意识的意识化并最终令一切生命状态找到其整合的状态。"弗洛伊德探究潜意识力量的全部目的，是帮助人们将这些力量带进意识中。正如他反复说的，精神分析的目标是使潜意识变成意识；扩大意识的范围；帮助个体觉察潜意识倾向（这种潜意识倾向就像掌握了轮船甲板以下反抗力量的水手一样驱使着自我）；并因此帮助个体有意识地指引自己的轮船。……而成为一个人指的就是这种增强了的我（I-ness）的体验，即我这个行动中的个体，是正在发生的事情的主体。"[1] 这个增强了的我（I-ness）即为不断清晰且自身摄受力增强的先天意识，而非以追求自我彰显为初衷而事实上抵触一切"非我"的后天意识之纯粹部分——想要纯粹的欲望越强烈，排他的力量就越强大，对于先天意识之遮蔽就越严重。

最为严重的后果是，相较于先天意识之在场（正因为可以无条件尊重、接纳并同情一切生命状态，所以这些生命状态获得了一种因释放其能量而得以回归生命本真领域的契机，即还原并抖落其一切存在形态而回归存在本身并获得宁静），而后天意识的纯粹部分由于始终在场的一个"我执"之基点，任何时候都因排斥异己而事实上加强了其抵触事物同样强大的抵触之力量，且这种循环愈演愈烈，最终可能爆发为严重的精神分裂。这正是很多生命陷阱之根源，越是不加觉察地想要以自我证明为引领去排除旁的一切可能性，就越是在效果上遍尝这种吃力不讨好的苦果。事实证明，我们往往选择用自以为对的方式，错误地以他者为对象证明着自己的错误，从根本上而言，从先天意识的角度出发，只有生命存在状态本身，而没有所谓的对与错（一切只有相对与暂存的意义），正因为后天意识之纯粹部分仍然以含蓄的方式存在着强烈的对错观，才造成了它与同样作为存在状态的诸形态之分歧与对立。

其次，先天意识可以感受并接纳一切呈现于意向中的具体事物（包括感受和观念等），而后天意识则对其进行拣择和分辨。"当我们人类有心灵者，从我们那独一无二的优越视角，对其他实体采取意向姿态这一特别的招数时，我们就是在将自己的方式强加于它们，并由此冒着给我们试图理解的系统引入过多明晰性、过多内容上的条分缕析，亦即过多组织性

---

[1] ［美］罗洛·梅：《人的自我寻求》，郭本禹译，中国人民大学出版社 2008 年版，第 90 页。

的危险。我们也冒着把人类自己心灵组织的特定类型过多地引入我们关于这些更简单系统的模型中的危险。其实，我们的需求，进而愿望、心理活动、心理资源等并不都是为这些更简单的心灵候选者所共有的。"① 因此很难说后天意识之纯粹部分就具有绝对真理性，事实上，绝对真理观并不存在，而恰恰先天意识之没有任何拣择的自然失控状态中蕴含着一切宇宙人生真相的可能性及其规律。这一点，越是认为能掌控一切且加诸不实之条框的心灵越是不能理解，一切有形态之物连同它们形式上的"天花板"都能在先天意识的涤荡中成为被遗忘的对象，而同时更多深刻的体悟会以最简单直接的方式自然显现于一颗柔软且无限敞开的心灵之中。

而一旦有了拣择，就同时显现出纯粹后天意识的一种强烈控制欲。"你的脑那具有惊人能力的惊人状态的组织是怎么得来的呢？答案是一样的：脑是一种人造物，它所获得的意向性来自其各部分所拥有的意向性，而这些部分的意向性又来自它们作为更大系统的一部分而在这个更大系统的运作中扮演的角色；换句话说，就是从它们的创造者的意图得到意向性的。这个创造者不是别的，就是大自然，亦即人们所说的通过自然选择的进化过程。"② 后天意识在自身的疆域内不论如何以后退且还原的姿态显现且显得可以统摄较低层级的对象物，然而终归自己从来源而言也是从自然里跌落出来的一个"角色"，是属于自然选择进化过程中的一个片段，因此，一方面它以极为低调的态度所呈现出的源初性并不真正具有力量；另一方面它指向对象的控制欲也为其带来了恐惧的心理体验。正如我们常在神经症患者身上看到的"心智至上"的倾向性——心智最终取代真我而对情感、身体甚至是真我本身都构成了一种压迫，如此一来，生命本身已然不是灵动的存在，而成为自身画地为牢的角力场。

第五节 "道—德"域中存在焦虑的衍化路径

一 "道"向"德"的陨落焦虑

存在焦虑在"道—德"域中的第一个衍化形态是"道"向"德"的

---

① ［美］丹尼尔·丹尼特：《心灵种种——对意识的探索》，罗军译，上海世纪出版集团2010年版，第42页。
② ［美］丹尼尔·丹尼特：《心灵种种——对意识的探索》，罗军译，上海世纪出版集团2010年版，第49页。

陨落焦虑，也就是先天意识向后天意识的跌落焦虑，是整全的"一"中突然出现一个以"意"为分判的待发点且在始终"向着某物"的张力中沉淀出一个存在的界限，并执着该存在的边界为"我"，遂而从"道通为一"的境界中变为一个僵化而固守的主体意识，又在将对象物显现于己身的过程中不可避免地带入二元对立的"基因"，进而张开了一个存在者所立足于其上的——而本质却是自我意识构建的世界。

"道"向"德"的陨落意味着有限生命的开始，意味着我们时刻所体验到的现世存在之现状，意味着人不可避免地会基于二元对立而产生各种观念与情绪反应的链条，意味着人自立为主体的同时亦成为对象的奴隶……"道"向"德"的陨落虽然不表示"德"没有复归"道"的可能——况且，"道"也确实须臾不离"德"——然而，"德"向"道"的转化需要自然而然且殊胜的诸多因缘来促成，一般而言难度较大，在一定程度上，当"道"跌落"德"的那个瞬间，一趟生命的逆旅便开启了它的单行线模式——因为，"道"的整全性如此强大以至于任何事实的割裂都将像是被卷入一个无比受限且缓慢的黑洞中一样，本身就是就"道"而言的一种"自杀行动"——死而复生，谈何容易？

也因此，从现世存在的现实情况来说，"道"向"德"的陨落焦虑虽则令人痛惋——当然，并非全无希望——然而，我们也需要在这份陨落焦虑中认清存在的现状并正视它的存在状态：人已然是一个从自身而言破碎性大于整全性的存在——而且这种破碎性在未加觉察的心灵中有加强之势——此处值得强调的是，破碎性心灵与对先天意识的障蔽与干扰呈正相关，亦即，心灵的破碎会使先天意识越发不能被清晰觉知，反过来，未加清晰自觉的心灵将愈加破碎。这着实加重了人类在现世世界中的自我造作——哪怕带来了无数现实成就，而个体心灵与集体心灵之整合及其共识的维系却不容乐观。这正是当代社会焦虑丛生的根源——纵使不在具体而微的事务上来考察这种焦虑的趋势，它也已然根植在个体心灵及集体潜意识的深处。由此，"德"的世界成为我们生命与生活状态的第一个基地——甚至在很多情况下，似乎"德"也快要失守，好在人的殊胜之道德潜能——良知时刻提携人于生命之危境（这是另一个问题）。此处的重点是，人在"德"的世界中，面临着下一个焦虑形态的考验，这就是有限自由焦虑。

二 "德"的有限自由焦虑

可以想见，当人的生命可以完全切入"道"的洪流之中，那将是无比开阔，且行且无碍的完满。然而，在"意"连带着它"向"无限可能自戕为"我"的时刻，生命实则有一种模仿自己的冲动——此处，模仿的正是本然无限的状态，但是这一模仿，由于"我"的自立为王，实则痛失了真实的无限而换来有限基础上的、想象中的无限。这就是人的悲剧，是人的无知、无奈与可笑之处。

显见，"道"向"德"的陨落并不是"道"本身的意图——"道"之中没有任何意图可言，正所谓"天地不仁，以万物为刍狗"，那么，剩下的唯一可能就是原本涵纳在"道"中的某种可能性——此处，我们将眼光放在一种主体性可能性之上——发生了基于"我"的认同，遂而自行将"我"隔断出"道"中。

出离于"道"，"我"可能包括如下一些特点。第一，这种主体性可能具有怀疑的特点。明明自身处于无限可能之中，却怀疑自己还有欠缺，怀疑一旦生成，就像中了诅咒一样地上瘾，在向着与事实对立的方向上不可遏制地滑行，莫须有地搜集与事实相反的证据反向证明自身的假设，无中生有，最终一手制造出怀疑的实境，并以此为傲。托怀疑的"福"，人终于建造出匮乏感这种莫须有然而却成为心理真实的"真实"，进一步说，由于匮乏，贪婪也接踵而至。

第二，这种主体性可能具有贪婪的特点。人在不知餍足的幻境中不断索取更多以求自保，哪怕已然拥有仍然觉得不足够，遂而将正当的拥有化为强行且无理的占有。原则上说，人仍然活在"道"之中，然而现在很明显地看出一定哪里出了问题——贪婪，已然背"道"而驰——"道"是当下充盈富足，而此时的主体却错失当下地开始了自我造作，且每时每刻都在匮乏—贪婪之中，但问题是，在错误的道路上前行不如止步不前，在假象的世界中求取则无疑损失更大，回馈给不知止步的心灵的，是极端恐惧——为什么所求不得呢？为什么心灵之亏空越来越大呢？为什么越是用力越是无端地耗尽心力呢？不知止步的心灵，如若还要漠视恐惧的提醒，那么将生发出强权意识。

第三，这种主体性可能具有强权的特点。强权的心灵极度索取控制的快感，因为恐惧令其更加恐惧或更加漠视恐惧，它现在妄图用什么方法扼杀恐惧——但同时，用的却是恐惧的底层逻辑。在这种情况下，它想要控制，且愤怒也在这里爆发，这是我们时常所见的经验状貌——一个极端强力的人，往往在强力维系不了多久之后，就马上复归其软弱与颤抖的内核。

　　带着以上三种对主体性可能特点之观察，我们要说的重点有二：第一，不论源于何种开端，生命确实不知不觉间已滑脱出"道"的常态，而我们所在经历着的生命，实则是一种源初意义上的、病态的生命形态；第二，这颗病态生命之果实中带有那么多令人焦虑的基因，以至于它正应了基督教中的原罪说——这些罪性基因，正像是携带在善恶树的果实中那样，不知什么原因，人吃下了它——寓意着对这些"罪"的主体性认同实然地生成出来，人，从此就有了"道"与"德"的双重世界——离"德"似乎更真实些——有限性，也被奠定下来。下一个阶段的焦虑，便是人在复返太难的情况下——或者说，还携带着病态好奇地想要再玩乐一番的心境下，继续着自我建构，这就开始进入"德"的自我建构失败焦虑。

三　"德"的自我建构失败焦虑

　　"德"的世界向我们展现的最生动画面是一个初出茅庐的主体兴奋而不知疲倦地，以一种主人翁的姿态肆意观察并体验着它的一切对象物，正如生命在时间中的展开构成最鲜活的示法一样（生命皆经历生老病死），回头再看主体来到世间的历程，也似乎有相似的规律——生：活跃且充满热情的主体能动性；老：开始感到因与"道"源切断而产生的无力与疲倦；病：由于有限认知带来的偏差错乱，身心俱疲，力不从心；死：最终带着意欲摆脱然而无法摆脱的焦虑走向精神的困顿，陷于非存在状态之中。

　　"德"所开显的生命之境在一定的形态阶段总要寻求与"道"的联结——这是一种本体论意义上的、注定具有超越性的生命之回归，如果仅凭主体意识一己之力，很难对自己产生有效的赋能。现在让我们来看看如果主体意识一定要在无根的"德"之世界中独自漂游会怎样。从根本而言，它将一方面不断尝试构建自我基座的努力（虽然它只具有暂时性的意义）；另一方面则注定无法成功。关于这一点所带出的焦虑形态，将在下文中详述，而在此先行阐发一二的是，在"德"的世界中，我们注定只能进入投射所表征的象征界、自为所表征的想象界，以及永远在实现途中而总是离圆满差那么一点所表征的现实界。主体性意识在它们的展开之中，无不最终反映出自我建构失败的焦虑。

第四章　主体进入象征界的焦虑
——迷失焦虑

象征界是"道—德"现象学中、后天意识（即"德"的世界）所要历经的第一个阶段，是主体意识形成之后开显出的第一个意识形态。

象征界既可表示人之意识发展的较初级阶段——"意"刚从"道"中跌落出来，带着自立为王的源初温度而有一种建基于想象之上的美好幻觉——似乎觉得"我"无所不能——仍然在一定意义上保留了在"道"之中、对整全的"一"所具备的全知、全能、全善抱有的一种惯性的、理所应当的认肯。然而，它并没有看到"道"之根基的失守已然将这种"本体论安全"架空于某种有限的自我认定之中，使这种自恃的完满状态成为无根的傲慢——而傲慢总是与生命底层由于存在罅隙而带有的恐惧相伴相生（这一点在"我—我""我—它"的生命境界中表现明显）。象征界亦同时可以表示人之意识发展的较高级阶段——在这个阶段，由于"意"对划定的边界之自我认同（"我"的自我执守）程度尚且没有较之后两个发展阶段（自为界和现实界）那么深重，因此，它也可以在"我"相对而言比较"清透"的意义上、在一种"我"于他者当下在场的碰撞与对视中（在"我与你"真实相遇的意义上）涤荡且解除"我"的边界，而较能清晰地意识到自我执守之荒诞，并又（相对比较容易地）回归"道"之中（这一点在"我—你""我—当下"的生命境界中较能得以展现）。

由此观之，之所以将该阶段称为"象征界"，根本原因在于"意"从"道"之中析出自身而开出"德"之世界的基础——"我"，从根本上说，并不实有，该阶段的"我"只具备一种主体效果总量的意义，它执取自身，但这种执取还处于青涩阶段，由此带来"我"于象征界中的两重意义：它或者同时成为无根的飘萍与能量不足以支撑起对接他者、环境并保持意识之独立性的、圆通融入其中的弥散之"我"(在此意义上,它变得为外界所控,像变色龙一样随意更改己身的底色然而却没有足够而明晰的自觉意识——这一点,则要追溯至"我"于"道"的根本失落),或者同时成为相对而言具有明晰觉察能力且能量足以扩充并对接他者与环境、灵活且圆融地成为"关系"中有机组成部分并不断激发自由注意力并提升觉知明晰度的、大写与开放之"我"——成为回归并契合"道"的无我之我。在后一种意义上,"同一个与另一个的关系是同一个对另一个的一种敬意,在其中人们可以认出一种伦理关系(从同一个到另一个,没有共同的衡量标准,但并不是没有关系——而它们之间的关系是敬意的关系)。而伦理关系不再需要从属于本体论或存在之思"①。亦即,在后一种关系中,由于"我"的透明且能量强大到足以让我保持明晰觉知地看到平等存在着的他者与世界,并在保持敬意的状态中而将"我"仅只作为与他者平等的"我"——由此而带来了"我"对世界实质性的扩充。从这个角度而言,象征界的命名正来自对"我"的深刻理解——不论是以上两种"我"中的哪一个,"我"都只具有象征的意味,而不是实有,不同之处在于,象征之我要么是较低级的弥散之"我",要么是较高级的融通之"我",在此基础上,带来"我"于该阶段所要体验的迷失焦虑。

相应地,象征界中迷失焦虑的命名原因则来自"我"的这种非实有,同时带来"我"迷失于情境之中的危险并产生焦虑之故。在此,我们亦看到迷失焦虑自身蕴含着的双重含义——从较低级的"我"之迷失而言,意味着"我"于他者与环境中的被淹没,譬如,"中国人的自我可称为'关系性自我'。它对其他人的存在具有高度的觉察能力。别人在自己现象世界的出现与自我的浮现,已到了水乳交融的境界;自我与他人同体,并在现象世界中分化开来,形成'在他人关系中的自我'"②。关系中的我被镶嵌在维度、形式各异的关系网络之中,当"我"在这一网络中不能保持自我精神的充足活力与相对可控的自主性边界而只是成为配合关系运作的被动傀儡时,便会产生一种弥散式、浅淡但却无从摆脱的焦虑感,它时刻强化"我"通过关系的镜像作用再回到自身这一模式,使"我"不

---

① [法]列维纳斯:《上帝·死亡和时间》,余中先译,生活·读书·新知三联书店2003年版,第144页。
② 黄光国:《儒家关系主义——文化反思与典范重建》,北京大学出版社2006年版,第86页。

能直接意向、直接感受、直接认知、直接行为，而只能间接地成为某种由关系中角色扮演需要而决定的产物，因此，这种迷失焦虑是"我"之自由注意力散失的产物，是"我"成为镜像关系中的、被动对象的结果。而较高级的迷失焦虑则有积极含义，它意味着"我"在保持相对明晰且自由的觉知力的过程中继续打破着"我"的边界而融入无限广阔的存在背景之中（且往往可以激发出更多明晰的自由注意力资源），这一点虽然可能暂时令主体感到一种虚无的困惑与己身消亡于虚无的犹疑，但从根本而言，由于"我"之轻透度与灵活度已积累到一定程度，这种焦虑很快便会在更广阔的、存在意义上的承载之中得以消解，并最终托着主体立于一种常在常新的境界之中——此谓之生命之自在维度于主体自身的自由扩展，在此意义上，焦虑便是主体回归并逼近"道"的必要且暂时的体验，而它甚至在较高级的"我"之境界中能生发一种愉悦的感受。然而，对大多数人而言，从迷失焦虑中获得快感而直接重返"道"的情况相对较为罕见，最常出现的情况是较低级的迷失焦虑形态（以下对迷失焦虑阐释的重点所在）。

第一节　象征界的运作机制

一　象征界的基本结构

（一）"我"作为主体性效果总量被提出

严格意义上说，"德"之世界的根基如若不是其中的主体意向着并行在回归"道"的道路上，则主体自身之自主性、主动性仍然不能实现。"主体不再是一个自在的存在（Being-in-itself）（实在），也不是一个自为的存在（Being-for-itself）（想象），而是一个为他的存在（Being-for-Others）（象征）。"[①] 在象征的世界中，主体充其量只是一个从他者处投射而来的主体效果总量，而非主体自身。关于"我"的象征性意义之阐发，拉康（Jacques Lacan）做到了极致。他认为，一个主体意识不能达至的他者领域才是存在本身，而一旦从存在之中开出一个"我"，永远错失存在的非存在之旅就不可避免地开始了。"拉康的主体是，我思故我不在，我在则我不思。用拉康自己的话说就是：'我在我不在的地方思想，所以我

---

① 马元龙：《雅克·拉康：语言维度中的精神分析》，东方出版社2006年版，第3页。

在我不思想的地方存在。''在我是我思想的玩物的地方，我不在；在我没有想到我在思想的地方，我在思考我之所是。'"① 主体逃到了建基于存在罅隙之上的一个人称代词"我"之下，且将难以回归他者的永恒欲望化为言语的冲动从"我"之中流淌出来，亦即，我们构建起一整套言语系统作为疏导具有源能意义的欲望且作为存在者而栖居于其中，标签化自我地进入了一个象征的领域之中。

> 人称代词我虽然指示了陈述的主体，但是它只具有一种指示功能，是一个空洞的符号，没有实际的内容，也不可能告诉我们任何它可能具有的意义。言说的主体由代词我指示，但是它不在这个空壳的转换词中；陈述的主体指的是言说的主体的想象的自主的自我意识，但这种自我意识只是一种幻觉。②

> 异化是主体获得主体性必需的一步，但是悖论性的是，为此主体自己必须消失。"在异化开始之前，根本就没有存在的问题：'一开始就不在那里的正是主体自己。'此后他或她的存在就确实是可能的了。异化带来了纯粹的存在的可能性，带来了一个位置，人们可以在这个位置上发现一个主体，但尽管如此，这个位置仍然是空的。从某种意义上说，异化造成了一个位置，非常清楚的是，从那时起，在这个位置中就没有主体：在这里显然欠缺了某种东西。主体最初的伪装就是这种欠缺。"在拉康的哲学思想中，欠缺具有本体论的意义，它是超越虚无的第一步。没有欠缺就没有语言，没有语言就没有主体。拉康的主体往往指的是被抹除了的主体，所以他经常将主体比喻为一个不在其适当位置的存在，一个逃脱的存在。但这种存在要逃脱其位置，它首先就必须位于那里；对主体来说，这个位置就是他只能在象征界中才能占据的位置。③

当拉康提出"异化"与"欠缺"时，可见主体对"我"的认肯毋宁说是一种逃逸，它逃避的正是存在的基地，而进入象征界则意味着，它永

---

① 马元龙：《雅克·拉康：语言维度中的精神分析》，东方出版社2006年版，第99页。
② 马元龙：《雅克·拉康：语言维度中的精神分析》，东方出版社2006年版，第95页。
③ 马元龙：《雅克·拉康：语言维度中的精神分析》，东方出版社2006年版，第169页。

远都只有效果的意义而不具有本体的意义。"我"从这个角度而言，是一个虚位以待且从本质而言是想象的空位，它捕捉从存在中逃逸出的意识并以"主体"为诱惑给予它们栖身之所，而代价就是意识本具的自由注意力——当意识在言语中迷失得太久，一种深刻的认同与粘连就会发生，主体会被自己的言语牵引而将自己等同于言语所指示的对象，由此而成为对象。举个例子而言，当我们说"我们是某某"的时候，其实我们已然认同主体自身就是那个"某某"，然而它也只不过是一个言语标签而已，而真正能表征我们存在本身的那个，却绝对不在这个标签之中展露。

从这个角度观之，我们更深地理解了主奴辩证法的内涵。人类历史在人性深处的欲望中展开，而人类欲望如无止境的河流，关键问题是，它的起初就根植在这个作为"我"的主体效果总量之中，永远不知餍足地将矛头对准一个永远不可真正达至的他者领域——此处存在两个层面的他者：大他者是存在本身，而小他者则是主体在言语系统中经过多重角色滑动而指向的、同为存在对象的他者，由于对前者的永久丧失而产生的无尽欲望被以"我"为载体转化至后者之中。"我"既是错失大他者的产物，又是被小他者异化着的对象，"我"除了是承载欲望河流的河床，是一个永恒亏空的想象之空位而外，似乎就不是别的什么了。"因为镜像认同，主体的形成从一开始就指向了一个虚构的方向，但这也是唯一的方向，因为根本就没有别的什么真实、正确的方向，这就是人类的宿命。"[①] 这意味着，"我"成为从大他者反投回来的效果之"我"，在投向小他者的过程中永远错失"我"自身而表现为无止境的欲望，且在对小他者的投射中不断成为"效果"的"效果"，成为欲望的欲望，但这是一个自由生命力不断被锁死在对象物中的过程，是"欲望"这股力量的折翼，"我"注定会在不可实现的无尽欲望中被挫伤，并最终连欲望的能力也丧失，连同"欲望"也可能成为象征界中的装点。因此，在面对大他者时，"我"背负着欲望，在面对小他者时，"我"背负着焦虑，但"我"的存在本身就是要为这份不可卸载的背负之重而显出执着，因此主体效果总量——我们姑且称之为"身份"的这种自我纠结，成为象征界中不可摆脱的迷失焦虑之根。

但迷失焦虑之根并非一无是处，"由欲望生发的否定行动不是为了毁

[①] 马元龙：《雅克·拉康：语言维度中的精神分析》，东方出版社2006年版，第59页。

灭，而是为了维持和创造；如果说它毁灭了一个客观事实，那么它同时也创造了一个主观现实"①。从这个角度而言，生命的神奇之处向我们显现：转化总是发生在看似矛盾的节点上。在"我"于象征界的进一步发展中，"我"能够创造性地发现突破"我"之虚假的方法而作出逼近真实的努力，由此而有了象征界的一系列序列展开，并由于在象征界中播种下的、真实存在的种子而使象征本身具有从绝望中找到希望的意义，这也是生命展开过程中蕴含着的、由辩证运动带来的无尽魅力。

（二）"我—我"

当"我"仅仅根植于"我"这个狭小的领域时，我们对这种情况通常听到的描述是"自私"。这里毋宁反过来将"自私"的含义理解为一种"私自"，即将"我"的觉知范围限定在其反身性觉知到的、最直接的对象这里："我"既是觉知的主体，又是觉知的客体；既是自为的主体，又是所在的所有范围。在这种情况下，"我"没有走出自身，没有增添新的发展可能性，而是基于本来一个虚位以待的"我"重新加筑了称之为"我"的高墙，划定出一片"私自"的领域。在基于"我—我"这种自我意识之自我加强所形成的关系情境中，当然对于自我意识的一切内容来说，它都会因为"我"作为实在的形式本身而统统归为"为我"的存在，也就是说，意识内容尚无任何空间扩宽其新的疆域，就已然在"我"这个框限之中被固着下来。

最源初的"我"的界限是个体的身体感官，身体感官在"私自"的领域中终将化为"自私"的欲望而成为总是指向"我"且永远无法得到根本满足的生命黑洞，就算是建立在其上的亲密关系也难以免遭它的牵连。"肇始于身体水平并且保持在身体水平的亲密关系往往倾向于变得非本真（inauthentic），以后我们会发现我们是在逃避空虚。本真的社会勇气要求我们同时在人格的多重水平上保持亲密关系。只有通过这样做，一个人才能克服个人的疏离感。怪不得遇到一些新人会使我们产生焦虑的悸动及期待的快乐；当我们更加深入这种关系中时，每一层新的深度的标志就是，使我们产生某种新的欢乐和新的焦虑。每一次会面都可能预示着我们有某种未知的命运，而且是使我们产生快乐的某种刺激，这种快乐就是

---

① 马元龙：《雅克·拉康：语言维度中的精神分析》，东方出版社2006年版，第41页。

我们本真地认识了另一个人。"① "我—我"关系封闭了一个人生命的流动,使其对于他人有一种由于"我"的注意焦点仅仅只在"我"身上,遂而一味索取而带来的隔阂感,就算建立了所谓的亲密关系,也很难说这种亲密感对于"我"而言是真正发现并指向另一个人的。然而,这么做的后果是,"我"需要承担永远无法餍足的欲望及其裹挟而来的空虚感,因为再亲密的关系形态也弥合不了他内心的未被满足,别说是在亲密关系中学会给予,就连亲密感对于"我"之自身的扩展这一机会对其而言也在相当程度上需要靠运气来实现。索性,亲密关系中的给予会为"我"中之"我"注入一些它从未感受过的快乐,这就是"我—你"关系对"我—我"关系这扇紧闭大门叩开并注入的一丝希望,也象征着"我—我"的一个发展方向。诚然,"我—我"直接过渡到"我—你"需要跨越自私的巨大惯性及无安全感的千沟万壑,但这种新的刺激带来的快乐将成为使"我"从封闭的"我"系统中走出来,建立更广泛的存在新领域的尝试。"我"终究会发现,打破了"我"的幕墙并不代表着"我"的消失,而是使"我"在更广阔的领域中有可能成为更有力的存在:"一个人的成长不仅依赖于成为自我,而且依赖于参与到他人的自我中去。"②

(三)"我—它"

"我—它"关系建立在"我"所特有的思维能力基础之上,主体通过思维与直接感受到的对象产生一种抽象的关联,并创造出一个意义的空间。"我—它"关系是"我—我"关系与"我—你"关系的过渡阶段,它走出"我—我"的故步自封而有了一种意图关注外界且不同于以私自为出发点的、压榨与碾压世界的动机,它想要一边在"我"的安全感范围内,一边触角有所延伸地对世界有所了解。

在此,主体以对象式的方式把握世界,他对世界的自在存在有所保留地尊重——他既渴望继续维持"我—我"的权威性,又确实以开放思维功能的实际尝试而面向世界。此处产生一种既客观但又并非全然真实的、对世界的把握形态,亦即一种认识论意义上的把握方式,它将鲜活的世界压缩在抽象规则之中,然而除非到了"我—当下"的阶段,否则抽象的反向还原将不仅是不可能的,而且连带着这个抽象形式的建立也仍然只是

---

① [美]罗洛·梅:《创造的勇气》,杨韶钢译,中国人民大学出版社2008年版,第7—8页。
② [美]罗洛·梅:《创造的勇气》,杨韶钢译,中国人民大学出版社2008年版,第8页。

封闭而不全面的。因此在"我—它"阶段"我"与世界的关系仍然具有较为粗陋的象征性,它还没有真正在"我"之外发现与"我"地位平等的他者,并真正打破这个发现带来的源初惊恐而建立起由衷的、对他者的尊重,此时,他对世界的认识与把握还在很大程度上来自一厢情愿的、想象的推动。

"我—它"环节中主体对于外界的有限认识令其对世界产生很多不实之期待,期待往往来自未将"我"的地位与他者放平,又由于"我"自身不能自我满足的渴求而对外界有一种控制般的索取倾向,将满足自身的愿望化为想象中对他者必须满足自我的要求,因此,"我—它"关系中的"我"只是以理解了他者的象征意义为满足,背后隐藏着的仍然是根源于"我—我"关系中的索要动机,而并未再进一步看到他者的独立性和特别性。因此,"我—它"关系中的"我"常常感受到希求不能被满足的愤怒,并反而加剧了期待落空的委屈,委屈再度导致控制(而控制往往不能得逞或不能被长久满足),控制最终又带来愤怒,如此循环往复。所以,"我—它"关系蕴含着的"我"之应然发展逻辑便是,既走出"我"仍然有所保留的、因封闭和恐惧而来的控制欲,又能继续将抽象的运思能力置于更宽广的心灵空间中,一举打破期待:"减少对自身的期望会使人有如释重负的快感,这同实现自己的期望一样,是件值得高兴的事情。倘若一个人在某个方面一无是处,而自己仍处之泰然,这将是一种难以言喻的轻松。"[①] 这其中的奥妙就在于,当不那么把"我"当回事儿时,"我—我"或"我—它"中存在的紧绷感都将化为在后两个阶段中的轻快。后两个阶段是前两个阶段自身扬弃性发展的产物,因此会继续保留前两者中的合理成分。

(四)"我—你"

"我—你"关系是一种尊重他者为与主体自身平等的存在者的关系形态。"吉利根在她的《不同的声音》一书里,把妇女的道德发展分成三个层次或阶段。在第一个层次她们集中注意于自己的生存。在这个阶段,她们往往被看作自私的人。在第二个层次,她们从自我生存的中心里解脱出来,把重心转到关心其他人上。在这个层次上,她们把关心他人、牺牲自己看作好事情,并通过做符合社会的常规标准的、对于他人的关心的事情

---

① [英] 阿兰·德波顿:《身份的焦虑》,陈广兴译,上海译文出版社2007年版,第50页。

来寻求其他人的认可。在第三个也是最后一个层次上,她们注重在自己和其他的人之间的动态关系,并且通过重新理解自我和他人的本质联系来驱散自私和责任之间的紧张关系。"① 第一个层次类似于"我—我"阶段,第二个层次类似于"我—它"阶段,第三个层次类似于"我—你"阶段。"我—你"层面注重"我"在关系中与他者的动态联结,并且在相处中产生一种会心的体验。

会心是打破自我的舒适区,走出小我的狭窄领域,将生命在场地当下交给另一个存在,真正向他敞开心扉,当下即与如己一般、绝对平等的他者相遇,对之人格层面的一切可能存在都抱之如己身存在感一般的尊重。"我认为,这些效应都源自于这一事实,即与另一个人之间真正的会心总是会动摇我们自我世界的关系:我们被打开了,我们当前舒适的、暂时性的安全感在被提出质疑以前,突然成了实验性的了——我们是让自己冒险抓住这次机会,通过这种新的关系而使自己更为丰富(即使是一个早就认识的朋友或爱人,在这个特定时刻,关系仍然是新的),还是打起精神,匆匆建造一个栅栏,将另一个人挡在外面,而且不去管他知觉、情感、意图上的细微差别?会心一直是一种潜在的创造性体验。"② "它是一种与另一个人发生即刻的会心的体验,从我们所知道的有关于他的事情中,我们会在一个非常不同的层面上想起那个人的鲜活形象。'即刻的'所指的并非所涉及的真实时间,而是指体验的特性。"③

"我—你"与"我—它"的不同体现在以下四点。首先,"我—你"处于当下或曰在场地将对象视为一个活生生的存在,而不仅仅把对象当作对象。"如果当我坐在这里,我只想着关于问题产生之方式的那些为什么和怎么样,那么我可能会掌握所有的一切,但是我却掌握不了最为重要的一点(实际上,这是我所拥有的唯一真实的资料来源),即这个人现在是存在的、生成的、出现的——这个正在体验的人在当前这个时刻跟我在一

---

① 李晨阳:《道与西方的相遇——中西比较哲学重要问题研究》,中国人民大学出版社 2005 年版,第 90 页。
② [美]罗洛·梅:《存在之发现》,方红、郭本禹译,中国人民大学出版社 2008 年版,第 11 页。
③ [美]罗洛·梅:《存在之发现》,方红、郭本禹译,中国人民大学出版社 2008 年版,第 92 页。

起,在这个房间里。"①

其次,"我—你"关系模式中涌现出某些"我"不具备的感知新体验,这些新体验扩宽了"我"自身的疆域。会心的神奇之处在于,在绝对尊重他者为与"我"相同的存在者时,在一定程度上,"我"放弃了"我"对于对象的某种优越性和隔阂感而在将"我"之在场交托给"你"并感"你"之所感时获得了成为"你"的契机,这种深刻的、建立在交流基础之上的"我"与"你"的融合恰恰为"我"打开了鲜活的存在新领域——"我"超越时空局限性地当下成为"我们",这正是所谓"新的模式"之所指。当体验过这样的感觉再回顾起那些与人相处的隔绝状态时,才发现隔绝(例如"我—我")或观望(例如"我—它")的关系模式相对而言是多么狭隘,而这种狭隘本身构成了焦虑,只是处在其中可能不自知罢了。"现代西方人发现他自己处在了一种奇怪的情境之中,他必须因此而说服自己说这是真的。这与现代西方世界中所特有的隔离感和孤独感有相当大的关系;我们让自己相信的真实的唯一体验却恰恰是不真实的。"② 这也告诉我们,所谓真实的体验本身源于对他者的敞开,只有在与他者建立起某种亲密的融合之中,才能迸发出所谓真实的感受,而这是封闭或僵化模式中所万万不能领会的。

再次,"我—你"这种融汇之体验是不可预测的突变。"这就是认识(knowing)与了解(knowing about)之间的经典区别。当我们试图认识一个人时,相对于他的真实存在这个重要的事实,关于他的知识就肯定是次要的。"③ 因此"我—你"关系对于一个他者的发现是完全超出认知把握范畴的,是完全不受控的,是一种当下全新的体验而非认识论的把握,这意味着我们并没有将己身的判断加诸他者,而是在相遇的当下才真正直接且自然地体验到他者的存在本身。

最后,"我—你"源于至少一方无条件地向对方敞开。"当我们自己对关系怀有敌意或愤恨——将那个人排除在外时——我们尤其不能获得这

---

① [美]罗洛·梅:《存在之发现》,方红、郭本禹译,中国人民大学出版社2008年版,第14—15页。

② [美]罗洛·梅:《存在之发现》,方红、郭本禹译,中国人民大学出版社2008年版,第95页。

③ [美]罗洛·梅:《存在之发现》,方红、郭本禹译,中国人民大学出版社2008年版,第94页。

种'感觉'。"① 因此，可以说，"我—你"相遇这种奇妙的当下体验是由爱来保证的，"认识另一个人，就像爱他一样，涉及一种联合，一种对于另一个人的辩证的参与。宾斯万格（Ludwig Binswanger）称其为'双重模式'。一般来说，如果一个人想要理解另一个人，那么他至少必须准备好了要去爱这个人"②。这也是一种"动机异位"，"瑙丁丝（Nel Noddings）认为，当一个人关心爱护他人时，因为这个人把他人的现实看作是自己可能的现实，这个人觉得必须通过行动来消除不能容忍的事情，减轻痛苦，并且帮助他人实现他们的梦想。也就是说，关爱里面包含着'把自己彻底地转换到他人一方'"③。从中我们可见关系中的一方至少要率先采取主动的姿态——爱，便是如此，它不待对方的条件或肆意揣测对方回报的可能性，只有无条件地主动敞开己身，才有可能真正遇见他者——哪怕他者从表层的回应模式而言并没有互动或感恩的表现，但对敞开的主体而言，此时这一切也无足轻重，因为在他的眼中，没有什么不可以，甚至他会看到他者由于种种缘故也是小我模式的受害者，慈悲之情油然而生。

（五）"我—当下"

"我—当下"层面所表明的是，"我"在世界中的存在具备了某种实践智慧。"我"打破了"我"的局限，在"你"中找到了鲜活且平等的人格，并且进一步地，"我—当下"不仅发现了"我"之外的他者，并且"我"发现了每一个当下的境遇——包括时空环境中出现的任何人、事、物作为与"我"同在的显现物，皆是存在向"我"最灵动的敞开，由此，我对于每个当下的存在本身——不论它以怎样的方式显现，涌现出一种深深的信任和感恩——即使生活从显现状态而言没有任何质的不同，但生命却因为某种不可言说的洞见和体验而在看似平凡的生活点滴中融入了存在之中，成为存在之流中自然显化的一分子。

在这样的关系模式中，"我"感到不只是与特定的人，而且与出现于"我"生命场域中的所有存在者皆有一种亲近感与和合感，"用安乐哲

----

① ［美］罗洛·梅：《存在之发现》，方红、郭本禹译，中国人民大学出版社2008年版，第93—94页。
② ［美］罗洛·梅：《存在之发现》，方红、郭本禹译，中国人民大学出版社2008年版，第94页。
③ 李晨阳：《道与西方的相遇——中西比较哲学重要问题研究》，中国人民大学出版社2005年版，第101—102页。

(Roger T. Ames)的比喻说,儒家的自我是一个'焦点—场'(focus-field)"①,世界上发生的一切皆不在"我"之外,而是与"我"的生命息息相关,"我"在于世界的融入之中深深地体验到于世界中的沉浸,也因此,"我"便动态地消解了和任何外物之间由于责任和义务而带来的张力,成为"场域"中的"我",因此,"我"即世界,世界即"我",两者无间地成为一体,"我"全然对世界负责,世界成为"我"的延展,并且由于在当下顺应"道"之自然而然,因此"我"之生命体验始终轻松并有淡淡的喜悦,这便是一种"天人合一"的境界。

由此这便是儒家所尊崇的一种道德至境,即彰显出一个无比开放的生命系统。"杜维明说:'这个开放的系统是处于扩展的状态,总是充分地接受世界上的新东西。修身可以被理解为不断扩展自己来体现人类互相关系性的过程。'"② 在这个意义上,在"我—当下"的场域伦理视域下,"我"作为世界由此而延展的基点,打破了仅作为主体效果总量的意义,在其中,"我"成为一个真正现实存在的人。如果说,"我—我"关系中的"我"被封闭在一个"我"的狭小范围内——充其量,它是被"我"困住的、自以为是的"我",而到了"我—当下"阶段,"我"才真正摆脱了一切对"我"的束缚,在当下完全兑现"我"应具备的潜能并能够现实地将其实现为当下的真在——只有"当下",成全了真正的"我",然而,此时的"我"却是一种严格说来的"无我"——"我"已沉浸式地融入世界,成为世界中的"我"。

需要着重留意的是"现实"或曰"真在"之谓。在"我—当下"这一境界中,"我"之所以不再是效果主体意义上的"我",乃由于"当下"成就了"我"于世界中的直接存在,"我"不再只是存在的显现之物,也同时就是存在——且是具有每个当下确定内容的存在。当下之我,是道德主体于这个世界的一个定向中心(Orientierungszentrum)。"一个心理物理个体与一个物理个体截然不同:一个心理物理个体不是作为以一个物理肉体被给予的,而是作为进行感觉的身体被给予的,它属于一个'我',一个在感觉、思想、感受和意愿的'我'。这个'我'的身体并

---

① 李晨阳:《道与西方的相遇——中西比较哲学重要问题研究》,中国人民大学出版社2005年版,第92页。

② 李晨阳:《道与西方的相遇——中西比较哲学重要问题研究》,中国人民大学出版社2005年版,第92页。

不被安置在我的现象世界中,而其本身就是这个现象世界的定向中心。"①可见,当下之我是现实在场的一个具象人格,它并不停留于现象之中,而是带有己身人格结构地直接彰显出存在本身,这种存在于世界而言,便是世界之我的现实实现,在此意义上,世界之我是"我"由潜能到现实的具体彰显。

佛教流行着将修行划分为三种境界的观点:第一种是"看山是山,看水是水";第二种是"看山不是山,看水不是水";第三种是"看山还是山,看水还是水"。第一种境界描述得恰似"我—我"层面,是人被抛入世界的起点,带有先定的各种限制;而第二种境界姑且可类比于"我—它"与"我—你"层面,是人开始扩展自身而必然发生的诸种分辨,是从"我"走出来、扩展己身感知与体察范围的各种尝试;到了第三种境界,则是"我"对"我"的超越并同时于世界中当下确认"我"之存在,成为世界之我。至此,"我"已切入"道"的流变中,凡所呈现之"我"皆是既在存在中,又在世界中的"我",从世界的角度来看,"看山还是山,看水还是水",但深刻的不同发生在"我"于当下的流变中已经融入世界,达成了与世界无漏的和解,无论世界如何向"我"敞开,皆是"我"自足的敞开,在这种情况下,所谓"我"作为世界的一个定向中心,只是以一个心理物理个体的身份而呈现的世界于"我"敞开的门户,"我"在时刻流变中实际上归于一种动态的"无我"之中。因此,"我—当下"其实并无"我"之兀立,而只有一个可感知的世界全体。

二 象征界基本结构的原则

(一)破主体效果总量"我"——"我"的暂时性原则

联系"道—德"界的整体全貌,看到"德"从"道"中跌落出来并深刻认识到主体"我"作为效果总量而形成的象征界之存在背景,便十分清楚"我"对"我"的自处除非找到"道"这一存在根源,否则"我"只是"我"于存在之流中的阻隔,与存在被隔断而产生的欲望有关,并终究在不断抓取他物中而变得封闭与焦虑,因此,"我"只具有暂时性的意义,这意味着,主体要看似悖论地超出"我"之外才能发现自

---

① [德]艾迪特·施泰因:《论移情问题》,张浩军译,华东师范大学出版社2014年版,第25页。

己更广阔的存在根基。由于象征界是生命从"道"之中跌落出来所遭逢的第一重世界,因此它也是最容易在自身发展逻辑中返回"道"的一个世界。①

(二)破单点孤立圈——"我"在"我"中的分离性原则

从狭隘的"我"之中走出来,最需要的是勇气。此处的勇气可从两方面理解。首先是决心与自己分离,腾挪出一定心灵空间以审视自己的勇气。唯主体总是与自己无间地贴合,才使得一个主体意识总是停留在他的幼儿时期而不能发现他者的存在,或完全将他者视为满足己身期待的工具。其次,勇气是指面对并承担"我"从自身中分离出来伊始所要经验的极端恐惧。一个习惯了与自己待在一起的人,他对世界的好奇之苗头往往敌不过现实中对"我"的冲破甚至是撕扯所带来的恐惧,但只有这样,现实之光才能照进一颗习惯于自保的心灵之中,这对"我"的冲击之大甚至构成"我"从己身中分离出来的必要条件——和风细雨式地影响与渗透只对澄澈、灵活的根性有效,但对于绝大多数被封锁在"我—我"中的人们,没有十足的冲撞强度令其感动于(感而动之)他者的存在,他们往往会错误地认为面向他者便意味着己身的损失,或者,要付出什么代价(这或许是被迫害妄想症的根源,他们对貌似是伤害的建设性帮助总是不信任,由此还要加筑更深厚的警觉与防备的高墙)——他们把自己看得太重,也因此要让他们扭转对人称重要性的执着并不容易——从"我"到"你"的视角与心境之转化往往牵连一个生命底层系统的重建——在一个封闭系统中,很难想象在没有外界强烈刺激的情况下,内部会自发产生颠覆己身的力量,这个强烈的外在刺激,便是我们所说的善缘——缘分的牵引除了可遇而不可求的运气以外,也需要建立在一定情境条件下的、主体自身确认并担当转化责任的能力范围内——冲撞并不会使"我"中之"我"感到舒悦,但如果他在更高层面的生命形态能迅速接手并看清符合更高生命利益的转化已然发生,愉悦、感恩与神圣便会降临,生命迎来他新的展现形态,但如果"我"中之"我"并没有充足的勇气作好这个蜕变的准备,他的自保机制会加倍反噬这股强力并最终又回落自身,并以更大的不信任、愤恨、抱怨等情绪应对这些机缘,"我"可能由此而退缩到比之前更不如的境地——变本加厉地封闭。因此,转化需要条

---

① 参见"存在焦虑"相关部分。

件，而促成转化的因缘——不论以什么方式出现，都面临着一定的风险——"我—我"的分离毕竟堪比一桩革除旧命的大手术。

（三）破二元对立圈——"我"在"它"中的充盈性原则

"我—它"关系模式中总是带有一定的想象性，即主体认为是真理的东西，往往可能经不住现实的推敲。譬如，"我们经常处在一种自虐过程当中，在没有搞清他人观点是否值得关注之前就去寻求他人的赞赏，但只要我们对某些人的思想稍加研究，就会发现他们根本不值得我们尊敬，然而我们往往在弄清楚这一切之前就已竭力想得到他们的爱戴。我们应该停止这一自虐过程"①。如果没有对生命全局的整体把握，那么一切所谓的客观其实都只是较小生命范围内的主观而已，这些以"它"的形式于"我"中的存在正如在迷失焦虑中所表现的指责与超理智一样②，主体认为是"对"的东西下面，往往隐藏着一个扭曲了表达渠道的动机，因此，这些所谓的客观无非都是些非黑即白的简单判断，在二元对立之间大幅摆荡。为了破除二元对立圈，我们要遵循的原则是充盈性原则，即放下一切评判与控制的欲望，将对世界的好奇置于更大的生命领域之中，去悬置心智系统，去分辨并看到头脑中不断冒出的自我对话之声——在此阶段，这些声音往往是互相冲突的，我们要做的并非刻意制止它们或作出裁判，而只要以在先天意识状态下，逐渐漫进心灵的生命能量去感受并接管它们，它们就慢慢融化并消失不见了，此时，一个整全的"一"便有可能超越二元分判地出现，这就是生命本然状态充盈头脑判断的表现。值得注意的是，充盈性原则并非否认"我—它"阶段中的思维能力，而是将思维的存在背景提升至更高的维度，使其在真正的存在之域中运作，而不至于陷于自我对抗中，成为只是制造些非存在的垃圾的机器。事实证明，存在充满的头脑更加具有灵感与创造力。

（四）破沟通障碍圈——"我"在"你"中的尊重性原则

人们之间不能互相发现、创造惊喜且惺惺相惜的原因，往往在于沟通障碍。人的沟通从外而内至少分为三个维度。首先是言语反应圈。在此圈层中，人们仍需要谨慎地动用心思去分辨言语的内容，掂量双方所要表达的意思，也因此往往带来由诠释多义性而产生的误解，结果总产生注定未

---

① ［英］阿兰·德波顿：《身份的焦虑》，陈广兴译，上海译文出版社2007年版，第117页。
② 参见下文"迷失焦虑"部分。

果的争辩却仍不能锚定双方共有的价值，因为交流往往没有发生在同个频道，只是鸡同鸭讲。其次，真诚表达圈。当人们建立了一定的信任与了解，明白了言语反应圈之外各自的性情、习惯、格调等之后，便明白有些言语并非承载着如言语表面意思那样的信息，加之自身的包容力提升，也便能跳出言语本身的内容而面对对方，且不再进行无谓的争辩，较能够真诚地指出对方的缺点或表达欣赏，并也能坦然接纳对方的批评或赞美。此时的沟通形态可称为朋友。最后，心有灵犀圈。在更深程度的默契中，沟通双方已不再完全依靠言语进行沟通了，广义而言，或许一个神态、一个细微的动作等都能传达信息，且这种信息的传达更高效、准确且深刻。此阶段的沟通更接近一种基于存在普遍性、本质性的沟通，直抵人之共性大于差异性的生命底层。往往，在心有灵犀圈之中，人们彼此的包容性和爱也大幅生发出来，在这里，由于人和人之间的共性在涌现之中显现，人们往往极其容易发现对方的优长并只反应于人性联结中的善性，哪怕对方可能做出貌似伤害的行为，在此深厚的相互理解中，他们也知道那背后隐藏着一个爱的用意。当真正达到了这个层面的沟通，生命之间没有畏惧与抵触的互相激发便成为可能，到了这个阶段，双方的关系就如同同来体验生命并互相提携与砥砺的亲密伙伴一样。

抵达的沟通圈层越深，沟通双方便越能从更接近存在的状态中发现对方，由此便有了尊重性原则。有趣的是，只有真正懂得尊重对方的人，才能更懂得尊重自己，也只有在这个阶段，人和人之间的亲密感才被空前建立起来。尊重和亲密感的获得相辅相成，在亲密感中人才能通过对于他者亲身性的发现而重新认识自己，建立对人鲜活的再认并在对共同人性发现的基础上，真正生发出对作为人的他者与己身的真正尊重，而反过来，通过这种由衷地对人的尊重，人发现己身和他者从本质而言的同质性和在此基础上的人格平等，由此，人和人之间也因为亲密感而夯实了彼此的亲密关系。

（五）破时空限制圈——当下回归无"我"的常新性原则

当生发起对情境中一切人、事、物的尊重，并无条件地感恩生活中的一切赋予之物——正如在"我—你"中无条件信任并感恩生活伙伴那样——在此，将一种全然信任且反应于世界之善意的觉知带入平凡生活里，使生活不止表面上看去那么琐碎，而被整顿在一个颇具神性光彩的存在之中，如此，生活便既是平凡的，又是不平凡的。

在赋予世界整合之觉照的阶段，其所要遵循的原则是常新性原则，即将觉知尽可能精微地散落在生活的每一个细节之中，使之联动成为一张生活美学的大网，在可细分的最小单元上完全释放自由注意力，且这些精微的自由注意力颗粒能够在无间体验到显现之物而不黏着的情况下迅速迁转而不断体验新的事物，如此保持一定节律地为平凡生活注入新的活力与美感，绝不在旧的事物中驻留（一种自由注意力以时空充满并展开为代价，失去它的自由的情况，被锁死在既定事物中而失却了它天然的创造力）。所谓自由注意力，是指体验万物而不执着的精微觉察力，是根植于先天意识中的"意"，它体验着万物，同时能迅速收回意向于己身之内，并尽可能不在时空中停留地迁转并不断感知别的事物，展开为生活富有觉知力的活性、创造力与美学之图景，在一定程度上也可理解为生命力。丧失自由注意力也即意味着丧失对生活的敏锐感知，以及丧失与生活的和谐而可能与生活产生冲突。譬如，当我们的自由注意力陷落于名利中时，"因为我们想在社会上扬名立万的欲望，在很大程度上都来自于作为一个普通人对所具有的种种不利因素的恐惧心理。我们越认为普通生活令人耻辱、肤浅、低贱或丑陋，我们想要同他人区分开来的欲望就会更加强烈。集体越堕落，个人成就的诱惑力就越大"[①]。相反，在自由注意力充沛的常新状态下，生命只是充满了安住于平凡生活且成就它更加美好的、高效的状态，而不会产生孤绝的、对抗的、无效的状态并由此而体验到无尽的痛苦，因此，生命的常新也即带来生命的轻快与愉悦。

三　象征界各结构间的发展动力——合：与先天意识渐次合一

（一）破除——升维发展的硬性要求

从超个人心理学的角度而言，"我"的发展是一个多维度、多路线、螺旋形的上升，不断从"我"的封闭、低级阶段发展至无限开放的、高级的、具有生命系统全观性的过程："超个人心理学的研究发现，在个体的自我发展中，每个人都要经历不同的发展阶段，各个发展阶段都有其特有的直觉表现形式。一是儿童的自我（儿童心理发展早期阶段出现的一种意识水平），二是魔幻般的自我（这个阶段的直觉是用来对付孤独和分离，防止恐惧和焦虑），三是具有实用价值的自我（通过个体在社会生活

---

① ［英］阿兰·德波顿：《身份的焦虑》，陈广兴译，上海译文出版社2007年版，第246页。

中扮演的角色而产生），四是自主性的自我（虽然这种直觉仍然保留着问题解决的痕迹，但已开始向自发的超个人直觉转变），五是超个人自我（直觉不是产生于自我，而是从一种内部或外部的体验中自发产生的，并且成为我们与他人联系的主要方式），六是直觉的自我［个体已完全和他人（或他物）相认同，甚至成为一体］。"① 这些阶段也可以放在"我"—"我—我"—"我—它"—"我—你"—"我—当下"的框架之下，具有内在一致性。要之，人类自身的发展有一股内在动力不断冲破着较低级的生命存在状态，使"人"不至于囿于暂定的身份定位而限制了己身无限可能的发展潜力，事实上，因于低级生命状态将产生一种身份焦虑。"身份焦虑只在一种情况下才是成问题的，那就是我们遵循这些导致焦虑的价值观念，仅仅是因为我们异常胆小怕事、循规蹈矩，或仅仅是因为我们的思维已经被完全麻痹，以至于我们认为这些价值观念是天经地义的，或来自神授，或因为我们周围的人对此心醉神迷，或因为我们的想象力变得过于局限，而想不到还有其他的选择。"② 因此生命自然之发展过程中为与"道"合，需要不断打破一切情境限制、心智限制甚至是"我"于象征界中的固着限制，在无限中不断涤荡意向使之从"我"的较低阶段中走出来面向无限，成就生命的高维状态，这是生命本身的硬性要求。

（二）接纳——升维发展的柔性支持

当一颗开阔的心灵基于较开阔的意向而处于象征界的高维度时，它自然会生发出随顺、利乐并感恩一切存在的品性。"世界中心的行为比种族中心的行为要好（更加道德），而种族中心比自我中心的要好，因为前者将更多视角纳入考虑。在吉利根（Carol Gilligan）的顺序中（自私自利、关怀他人、普世关怀、整合），每个更高层次都更为道德，因为在做决定之前，它们将更多视角纳入考虑。"③ 我们看到，所谓生命的维度并非较高级的完全没有任何关涉地处于较低级的上方，而是它们之间存在一种涵纳与被涵纳的关系，即较高级状态意指对较低级状态的包容、理解与整合，而非对抗、贬抑与孤立。因此对象征界之发展方向的核质理解在于一

---

① 杨韶刚：《超个人心理学》，上海教育出版社2006年版，第13—14页。
② ［英］阿兰·德波顿：《身份的焦虑》，陈广兴译，上海译文出版社2007年版，第290—291页。
③ ［美］肯·威尔伯：《全观的视野》，王行坤译，北京日报报业集团2013年版，第179页。

种"整合观",是将生命的一切状态在无碍的沟通与直感融合中,直接抵达一切生命形态相通的存在底层,唯有这样无条件的直贯整合方能顺势收归在较低层级生命状态中的阴影之能量。

(三)利他——升维发展的终极动力

基于破除和接纳,象征界的发展动力之表达是不断真诚利他。利他既是象征界之发展方向向我们揭示的在意向、心智及行为层面的要求——这可通由后天学习与主体自主选择共同实现,同时,利他也能避免在象征界之高维中的一种焦虑。

主体意识于象征界的不断突越会带来由于生命境界不断开阔而产生的一种高峰体验:"高峰体验"包括"暂时性的时间和空间定向失调,强烈的奇妙和敬畏的感觉,极度的幸福,以及在宏伟的宇宙面前全然(尽管短暂地)抛开畏惧和防备。人们通常提到,在这样的瞬间,善与恶、自由意志与险恶命运这些相反的极端都被超越了,天地中的万事万物刹那间融合为一个辉煌的整体"[1]。但同时,人一旦产生这种体验,就会对自己以前的所作所为感到愧疚和不安,表现为低维"我"在高维"我"面前所展现的一种羞愧与不安。哈罗尼安(Haronian)在《崇高的压抑》一文中的表述或许是对这种感受的一种很好的解释:"我们为什么这样做的一个可能的理由,是因为一个人越是意识到他的积极的冲动,意识到他对崇高的渴望,就越是对他未能表达这些冲动而感到羞愧,结果便产生一种良心的痛苦煎熬,一种对未能成为其所能成、未能做其所能做的罪疚感。这不是超我的罪疚,而是自我为其实现而发出的哭喊。"[2] 从中可见生命之自身升维发展会带来暂时性的高维与低维之冲突,反应于主体感受即来自低维的生命状态会因为没有匹配的价值感、资格感或由于一种自保模式想要逃离或回避的冲动,遂而在被高维状态不断包裹、净化与提升的过程中,难免被激发出羞愧与焦虑,这可能是生命自身扩容过程中所不可避免的一种积极代价。利他能够有效地抵消这种生命低维与高维间碰撞所产生的不适感,因为它能在具体的、狭义理解的道德行为之磨砺中符合"道"之运行方向地将"我"之低维状态对高维状态的抵触之能量进行有效分流、疏导与转化,使其不再因为私自的病态贪乐或由之衍化出的病态心理

---

[1] 杨韶刚:《超个人心理学》,上海教育出版社2006年版,第16—17页。
[2] 杨韶刚:《超个人心理学》,上海教育出版社2006年版,第51页。

防御机制而在低价值感与低资格感中郁郁寡欢又无力摆脱,而在真正践行扩充自我、利乐他人的过程中自然体验到一种舒适感、踏实感甚至是幸福感。由此可见,利他绝不仅是一种道德教化,当明了其中所蕴含的"道—德"意涵,便知它是生命自身发展过程中因需要不断进行自我调适、以低维配合高维运作而不至于因自保而有任何损毁生命整合进程的有效方法。

第二节 迷失焦虑的表现[①]

一 讨好

讨好是一种忽略自己而完全将注意力弥散在关注他人与情境之中的应对模式。讨好的表现在于,几乎完全放弃表达自己的权利和机会,焦点从他人与情境的需求出发再返回到自身,用外界的眼光与要求看待并塑造自己,丧失自我意识。讨好模式由很低的自尊水平驱动,内在声音是"我是没有价值的""我不值得""你说得都对",等等,它想要以完全付出自己的模式去赢得内在极度缺乏价值感这种情况下的平衡,以此完成得到价值的历程,但问题是,由于价值的源头只在内心之中,因此这条外放找寻的路径注定了其悲剧性的结局。讨好者的内心始终是空落而紧张的,它没有自我认同的任何根基,只能时刻反应于外界并作出浮萍般的应对,想尽办法使他人和情境得到好处,而唯独忽略了自己。它是依赖型的,甚至说是依附也未尝不可。它不敢发怒——如此贬低自己以求得他人哪怕一点的认同都能感到片刻的开怀,然而,如果模式不变,便很难持久——难以想象一个与源头断裂的生命可以持久且无怨无悔地行关爱之事——事实上,自己是爱指向的第一个对象。虽然讨好者拥有着谦卑与灵敏的特性与内在资源,然而他们被压抑的怒气却使他们成了随时可能爆裂的压力箱,时常显得做作与神经质。讨好者的表情永远都没那么自然,他们可以放弃自我觉察地压抑内在低价值感与对低价值感的愤怒,而表面上却显得是个关怀备至的好人,但你可能发现这或多或少都像一张面具,在其无私的面庞下却可能隐藏着一颗想要求取价值认同与价值回报的心。这也可谓一种动

[①] 参见社工客《萨提亚:五种沟通模式教你如何达到身心一致》,https://www.sohu.com/a/134390730_491282,2017年4月16日。

机，因为在主体的世界中，完全任"道"而行的洒脱并不存在。也由此，我们可见讨好之人的动机是想用一种制造对象内疚感的方式来获取回报——这确实在道理上可以自洽——我为你付出了那么多，你难道不该给我想要的吗？我想要的，是你对我价值的认定。因此讨好者也往往给人制造一种"暗控制"的印象：我没有勇气正视我低价值感的现状，但我仍然需要价值认定的力量，我不能自己给予自己，我只能从你那里得到，但我又实在羞愧而难以启齿，那就让我用对你好的方式制造出不平衡的内疚感来获得吧，只要我对你好，那么你对我好就是可以在合理范围内希求的了。这样一来，你不会怪我，我也迂回曲折地得到了我想要的东西。

二　指责

人们平日所说的"鸡蛋里面挑骨头"能较为生动地反映"指责"这一应对模式。与讨好截然相反的是，主体关注自我和情境，而唯独忽略了他人的存在，或者说，他人在主体的世界之中事实上是"非存在"的状态。指责者总是固执而主观的，有一套在长期生活中形成的价值观，且认为是自己的专有物。这意味着，指责者往往从这套价值观出发去裁剪并要求他人，肆意将自己认为"对"的东西强加于人，且表现得非如此不可。指责者的行事作风从该种以自我为中心的强权出发，发展出两种趋势。第一，总是习惯于关注他人身上那些不如己意的地方，哪怕只是无伤大雅的细节也逃不出他们的眼睛——对于所谓好或不好的感知到了极其敏感的程度，但悖论是：首先，他们主观的价值评判体系并不完备；其次，纵使真的有一套评价体系，但世界上也没有可以符合它的完美无缺之人。因此，指责者总感到他人达不到己身要求的这种内在冲动，时刻用愤怒的方式折磨着他们。第二，他们生发出强烈的对现状不可掌控的无力感，作为补偿，他们的控制欲望极为强烈。他们想要控制一切按照他们认为应然的状态去运作、去发展。但问题又出现了，指责者一开始设定人为框限的初衷就走错了方向，一来它可能并不具有客观普遍性（毕竟他们并没有关注他人的感受），二来用一套标准去期待他人按照这套标准行事也是荒谬的——凭什么呢？这导致他们的愤怒也无济于事。现在让我们来看看指责者的内在话语："为什么世界不按照我规划的那样运行？""为什么存在这么多入不了我眼睛的事物？""为什么世界不能是完美的状态呢？"指责者实则拥有着对美善事物的纯澈审美、珍惜与追求的高尚意图，并也是具有坚定信念与引领才能的人,只是他们想要在不完满的世界上去构建并落实理想中的完满蓝图这一期望不那么现实。况且,他们将实现的重任——在一定程度上说,不那么负责地推向了他人而不是自己。在此情形下,指责者往往在不知不觉中为他人制造了很多困扰,并也最终使自己不那么开心。他们具有攻击欲,然而内心却无比孤独,这种孤独就隐藏在他们看似强悍的外表里。当剥开外衣,内里掩藏着的,是一颗欲求掌控而不得的,但却又越挫越勇地流露着无力的心灵。他们不想懦弱,然而错误的模式却推动他们自己成了站在懦弱制高点上反向要求世界的演员。他们的内在动机是:我要求完美与强力,然而自己给不了自己,那么只能向你去求取了。但这个过程让我显得无力与懦弱,我只好首先采用强大的方式让你屈服,如此一来,你就会听从我,服从我,而如果那样的话,我自然就收获了在强权欲求方面的满足,这样会让我觉得有力量。可以看出指责者内在逻辑中的高傲不实,他们构建的完美之起点,只是很个人化的东西。

三 超理智

超理智的应对模式是一种时刻将具体问题推向抽象高度,尽可能动用理性思维而避免任何感性因素介入的模式。超理智者只关注环境,而同时忽略了自己和他人,亦即把自己架设在纯粹客观的情境之中,而将一切带着人的温度的因素都排除在外。超理智者往往有强大的理性建构能力及夯实的知识积淀,他们往往成为令人羡慕的"超强大脑",然而时间久了会发现这类人似乎缺少一些常态的情趣和人味:他们可以滔滔不绝、口若悬河,却似乎过于严肃,且总是处于说理模式之中而事实上与人并没有产生真情实感的联结,也因此听他们说道到了一定程度,会十分疲惫、抵触甚至于厌恶。超理智者内心隔绝感情,是一群冷漠的人,他们极端孤立,将自己掩藏在"道理"后面,仿佛乐此不疲地将此作为人性缺失的挡箭牌,时刻在触碰可能遭受的、关于与人隔绝方面的攻击时,用这个强大的理性武器武装自己,以证明自己不需要被任何人指点。然而,细细观察,超理智者拒人于千里之外的姿态隐藏着渴望求取外界关注与尊重的动机。他们的内在声音好像在说:"我想得到尊重。""我想得到鼓励。""我所取得的成就,想要被肯定。"等等。事实上,他们本来就拥有精明且聪慧的内在素质,注重细节且分析与解决问题的能力超强,这一点很难说是他们的天赋还是以自认为不被重视为反向动力,通过后天努力所取得的成就,但不管怎样,他们确实做到了冷静客观,并因此而骄傲。"这种驱力伴随着一种无法满足的骄傲,会最终成为一个怪兽,慢慢吞并所有情感。在通往一种不祥荣誉的途中,他会觉得一切人类关系——爱情、同情、体恤——都是束缚。这种人会保持冷漠超然。"[1] 超理智者也往往带着一些易于辨认的,诸如某些强迫性的小动作,这是因为他们在无人的时候或者当空前需要面对自己的时候,会感到一丝紧张,他们想要证明的空间被压缩至最小,以至于他们无法容忍这种安静的独处,他们可能会感到没有空间感的、窒息般的恐惧。他们自闭、脆弱、无聊,他们逃进客观世界之中——那里可能是人世间众生所期许却不得而入的高空,但却是他们绝佳的隔绝人群的避难所。超理智者的内在逻辑似乎是:我真的很想得到认肯,对此我作了很多努力,也取得了一定成就,在理性可控的范围内,我甚至有一种可以衡量的自足感,然而,我并不确认从一个感性的角度而言,是否也同样如此——感性?在我的世界里怎么会出现这个词(此处被压抑的情感隐隐作动)?我不能忍受被失控与低等的感性支配——然而,此时,为什么感性的冲动却——当真有些失控地——好像在某个我从未留意过的角落发出它哆哆的声气?我想要得到印证——当然是用理性的方式。那么,请让众人来做我的被试吧!我抛出令我感到安全的理性盾牌——好吧,它似乎确实可以暂时充当冲锋的武器,让我来引发众人对我的崇敬与嫉妒,这样一来,他们就会尊重我了吧?如果这样做确实可行,是否我的内在会有丝毫满足?——请你打住,我并不需要感性的辩护……超理智者内在就住着一个极其敏感的感性主义者,他求取尊重的方式如此感性与青涩,只是自己不知道而已——这也是作为他压抑自己所要付出的代价吧。不否认他们是一群拥有卓越智慧的人,然而内在的成熟度由于缺失感性这重要的一环而显得怎么都不成熟,一旦将他们扔进只能依靠生活经验与常识才能运转的情境中,后果不堪设想。

四 打岔

打岔的互动模式发生在主体同时忽略了自己、他人与环境的情况下,他们的应对模式让人觉得摸不着头脑,表现出不合时宜的岔开话题、调动

---

[1] [美]卡伦·荷妮:《神经症与人的成长》,陈收等译,国际文化出版公司2001年版,第201页。

情绪或突然间好像不在场一样迷茫，等等。打岔的人往往很想用一种举重若轻的方式去引起别人注意，但问题是，他们不跟自己、他人与情境联结，如此一来他们引起别人注意的方式就比较突兀了。该种应对模式的内在声音好像是："我不属于这里。""没人看到我。""我很失败。"等等。他们容易让人心酸地想到为博得观众一笑而用力表演的丑角，他们虽然总是采用有趣的方式，但一方面不能真正引发他人的注意，另一方面自己内心也一直充斥着低价值感而难以真正开怀。打岔者的内在资源是，他们幽默、主动、灵活多变、富有创造力及懂得娱乐，但在封闭病态的模式中这些特质并不为他们加分，反而引发别人的误解，我们常形容的"怪叔叔"就有这种意味，他们内在的善良与古怪如此明显并重，以至于人们也同样明显地对他们产生纠结的情绪——既没有办法喜欢他们，也没有办法讨厌他们。打岔者很重要的一个问题是缺乏自控能力，他们不能有效控制自己做出符合当下全局利益的举动，而往往心随境转地随意发挥，既缺乏归属感，也缺乏同理心。他们往往提出奇思妙想来证明自己的独特性，然而因为完全错失重点而令人讶异，在多次反复而没有改进的情况下，甚至会引发他人的愤怒。他们从根本上说，是一群极其渴望被看到、被陪伴、被包裹、被呵护的人，他们内在善良而柔弱，像被大人忽视了的孩子一样，他们尚未发展出健全而成熟的人格，只是出自本能地想要用自己有限的可爱博得世界的注意，并得到他们给予的一些起码的照顾，仅此而已。他们的内在逻辑好像是：我渴望得到一点留意、一点陪伴，我自己给不了自己，我只能向你要，但是我并不真正了解你，我只能凭借我有限的一点点资源去跟你交换，我向你付出一些可爱、一些搞怪，你能注意我吗？你会觉得我还有那么一点值得注意的资本吗？那么请你关心我吧。打岔者不论其年龄大小，往往总是被一个不成熟的内在小孩驱动，他们的模式在有时令人十分震怒后，却会马上换来让人怜惜的心疼。

第三节　迷失焦虑的特点

一　迷失焦虑的发生具有延时性和弥散性

生活中不难发现这样的情况：往往引发情绪体验的事件已经过去（从这个角度而言，即时性焦虑更多体现为各种具体的情绪，如愤怒、恐惧、哀伤等），但我们却仍然处于焦虑之中，不断在脑海中重现或回味当时的情境、感受,将当时的感受不断衍化为弥散式的焦虑困扰自身。这种脱离现实时空背景、在想象力中造作出来的焦虑感受便是一种迷失感受。

从其发展的来源来看,远古人类往往将其力比多转化为应对危险情境所需的攻击性,而当不存在任何危险的时候,焦虑却在一种想象的惯性中被保留了下来,成为文化传承的一部分,就好像在人类潜意识中,世界上永远充满着想象中的史前野兽,这些想法不断激起人们莫名的恐惧感,使得人们渴望战斗,渴望去保护家人、群体、部落和民族。这就是一种广泛存在于人类文明之中的偏执性的焦虑。[1]

二　迷失焦虑具有强迫性

迷失焦虑的一个特点可以这么描述:求而不得。似乎想用力满足自身渴望或他人期待的努力几乎最终都产生了两种结果:一是错失设想中的结局;二是反过来他们往往不自觉地采用着自己所想要抵制的人格倾向,譬如,他们越是想要摆脱孤独,就越是采用孤立真实自我的方式推开他人,越是想要获得尊重,就越是采用不尊重他人的方式,等等。这是因为,他们为基本焦虑所推动,所谓基本焦虑,是一种形成于儿童期的焦虑:"儿童不能形成一种归属感,不能形成'我们'这样的同在感,而代之以深深的不安全感和莫名其妙的恐惧感。"[2] 当个体面对基本焦虑而不能回到己身存在的根基,反而将释放与缓解内在不安的渠道导向外部世界时,迷失焦虑接踵而至,这意味着,个体采用与人打交道的方式试图打消基本焦虑,将内在不安通过人际关系的建立转移到对象身上。可问题是,在这个过程中,个体往往容易忽视己身的真正需求,从一个对象的视角重新审视并剪裁己身相对直接而真实的情感与思想,在或明显或低调地控制他人的过程中,一并丧失了己身的主动性而实际沦落为一个被迫者。被迫(或曰强迫),可能是迷失焦虑最显著的特征。

强迫驱力是与自发驱力相反的驱力,后者才是自主意识的表现,而前者是由病态结构的内在必然性决定的。个体不顾真实愿望、情感或兴趣而遵从于这种驱力,为避免从他人处得到否定、拒绝而产生焦虑,不得不做

---

[1] 参见 [英] 乔治·弗兰克尔《文明:乌托邦与悲剧》,褚振飞译,国际文化出版公司2006年版,第216页。
[2] [美] 卡伦·荷妮:《神经症与人的成长》,陈收等译,国际文化出版公司2001年版,第2页。

一些并非发自本心的事情。相比而言，自发驱力与强迫驱力之间的区别就是"我要"与"我必须做以便我逃避某些危险"之间的不同，这使他们不能直接表达内在需求或渴望，而只能采取扭曲的方式"曲线救国"。最可悲的是，强迫驱力往往使主体陷于其中而不自知，且在某种荣誉感的推动下不断付出自己的生命力——如果这种付出确实能够饶益更多人的利益，那么它尚且有一丝价值，但若非如此，则对己对人都没有意义。

三　迷失焦虑中存在着自我证明的成分

迷失焦虑之所以基于想象的发生而自成一张难以打破的自洽之网，最主要的原因在于道德主体在其间投射出一种应然的存在状态，它们主要由全知、全能、全善的形象来承载，在其中完型了主体基于对无限权力的渴求而带来的虚荣心灵印象，让个体觉得似乎可以凌驾于他人与情境之上。也因为如此，往往可见在迷失焦虑中的人，手中高举着道德的大旗而对他人形成一种碾压式的优越感，对他人的不适非但没有任何感知，甚至以此作为批驳他们浅陋的口号，然而当真正让他们用同样的标准要求现实中的自己时，他们马上会因为高尚形象的跌落而感到痛苦，进而又重新退回想象的舞台上继续表演，用证明自己不同凡响的活剧不断掩饰现实中的不堪。这种自我证明在迷失焦虑者身上没有质的区别，却有量的差异，这就是为什么我们往往可见一些演技拙劣的人而心生厌恶，但却难以戳穿另一些高明的表演者，他们的想象空间甚至已经膨胀为一个成熟且具有可普遍性的意义空间。

检视他们真实性的方法至少有如下几种。首先，他们是否能够经受得住别人对其提出的质疑与批评。往往对于心胸开阔的一般人而言，他会因为听到不同声音而感到欣慰，因为这意味着对其个人而言有了开辟更大发展空间的可能性，然而，对于一个高明的迷失焦虑者，由于他所营建的一切都是为了使他人认同他，因此否定于他而言便像是掏空了他存在的价值一样使其感到泄气甚至使其转为暴怒（当然，在讨好模式中，暴怒可能被更深地压抑，但压抑越久，爆发的可能性和强度也就越烈），这种人格之脆弱性便可能预示着他只是迷失在自我构建的想象宫殿之中。

其次，看他们是否真的懂得珍惜自己所笃信的价值信念系统。对于一般人而言，由于价值信念系统是他们力量的源泉，也是他们主动付出努力去维护的可宝贵之物，因此他们的信念往往不会那么容易改变，而对于正经受着迷失焦虑的主体，由于他们甚至没有锚定一个真正的信念之根，随意的煽动便会令其产生动摇，使其对那些自以为在坚守的东西甚至可以迅速地抛弃，好像并没有与之产生过深度联结一样——事实上也是如此，迷失焦虑者只对自己营建的自我形象感兴趣，当维护某种自我形象的想象之物起不到该作用甚至会反过来威胁到虚假的自我形象，更甚或要动用维护自我形象的能量去给予那些可能具有客观真理性的存在力量时，迷失焦虑者都会断然引起警觉并马上阻断这样的趋势。由此可见，迷失焦虑者所执持的那些高尚之观念，只是他们用以装点自身形象的道具，而并不真正为他们所珍视。他们汲取力量的来源并非客观上真正具有可普遍性的价值观，也因此并不会真正懂得其中的意义并因此受益，他们的力量之来源及归处都是凭空想象出的一个"自我"，但由于这种凭空臆断的无根性，他们的自我建构也不会持久，在其中获得的快意也是有限的，甚至成为引发痛苦的根源。

四 迷失焦虑的人格中自负与自卑共存

维护自我形象的最好方式是尽可能隔绝开现实的生活世界，未经现实检验的想象空间可相对持久地提供给迷失焦虑者暂时的满足，但想象与现实的隔绝却带来了迷失焦虑人格中自负与自卑共存的状貌。自负来自趋于完美的自我形象塑造令当事者信以为真，而自卑则同样来自这种自负后面隐含着的、终有一天会被现实揭穿的恐惧——譬如良心，一定会指明这一点。迷失焦虑者的决策悖论在于，明明已然经受着恐惧，但主体却仍然要采用孤绝现实的方式挑战自我——这也是迷失焦虑中的自负不可遏制的作祟冲动所致，因此，迷失焦虑者对抗本有冲突的方式就是制造现实和想象间更大的冲突——很难说这是恐惧的推动还是主体被迫强化恐惧的作为，因此迷失焦虑者事实上总是陷落在一种除却想象空间之外万缘俱消的顽空之中，他们的痛苦来自为想象与现实之隔绝所付出的惨痛代价，那就是牺牲了真实的感受能力，乐此不疲地成为世界上的一群表演者。

从发展心理学的角度来看，迷失焦虑带来的自卑源于早期不利成长因素导致病态人格的萌生："他会疏远自己、分裂自己。它把自我理想化，试图弥补他在心中提高自己以超脱自己和别人的严酷现实所造成的损失。"① 从这个角度而言，早期的想象形态其实是自我在面对现实软弱无依时不得不在心理上进行的一种完型，而这意味着主体选择关闭了向世界敞开的真实门户，导致未来成长过程中多次以想象代替现实、阉割现实生命力，从而埋下了自卑的种子。自卑，在一定程度上亦是一种病态的自负。

病态自负包括两种表现形态。② 第一，羞耻。如果我们所为、所想、所感的事违背了自负，我们就会觉得羞耻，这是对自我情感严格管控的延伸。第二，屈辱。如果他人做了伤害我们自负的事，或者没能达到自负的要求，我们会觉得屈辱。羞耻和屈辱同样是具有伤害性和破坏性的生命能量，只存在对己及对人发用的不同，而这种发用又很大程度依赖于主体的性格。一般而言，一个内敛的人会倾向于在受到挫折时产生羞耻感，而张扬的人则容易产生屈辱感。

第四节　迷失焦虑的形成原因

一　迷失焦虑的分层研究

（一）迷失焦虑源于将"假我"作"真我"

迷失焦虑最根本地源于将一个只具有主体效果总量的"我"认假为真，或曰过分执着，而看不到"我"只能在不断自我扩充中、在不断扩展其存在疆域且面向他者、融为他者的进程中才能获得过程性的真实。象征界中的实"我"之不幸最显要地表现在用"应该"取代真实。构建出一个"应该"的想象世界，活在一个被主观投射的镜像世界中，是所有迷失焦虑者的通病。

"应该"表现出以下几方面特点。首先，在"应该"这种强迫信念中打转的人往往并非真正出于对信念本身的尊重与忠诚，而至多只有抽象忠诚的意味。这一点适用于任何被迷失焦虑者奉若神明的信条，例如爱、正义、付出等，因为他们并没有真正将之作为坚守与尊重的对象，而是只突出自我中心，只将这些"美德"作为装点门面以达到自我彰显之目的的

---

① ［美］卡伦·荷妮：《神经症与人的成长》，陈收等译，国际文化出版公司2001年版，第79页。

② 参见［美］卡伦·荷妮《神经症与人的成长》，陈收等译，国际文化出版公司2001年版，第87—90页。

工具，而非生命的自然流淌，遂而失去了生命的庄严感与严肃性。

其次，迷失焦虑者认为世界应该为自己服务，但当被要求时，则会因触动了他们的敏感神经而令其感到遭受了冒犯。这意味着，规则是迷失焦虑者自己制定的，他保有对规则的一切解释权，他可以要求他人，而不能被要求，他人对他的要求会因冒犯他"立法"的权威性而令其感到羞恼。当然，他自己内心应该明白，他主观地制定规则而死守不放，但在更广阔的视域中进行审视则又是极其被动的——由于这种几乎全盘被动的基本态度，任何敦促他拿出主动性来，稍加改变或具有一些起码的现实性的主张都可能成为其攻击的对象。

最后，迷失焦虑者为维护己身"应该"的纯粹性宁愿放弃感受的多样性和多变性。吊诡之处在于，迷失焦虑者一边需要通过要求他人而获得满足，但由于不可避免地被要求及由之而来的、难以把控的情绪体验，他们宁可与人群保持一定距离，从而方便将情绪的调用模式调至一个暂停状态——他们的"应该"往往只在思想层面进行着，因为抛开了情绪反应的任何决策似乎更加可控。他们以这样的方式围绕如何吸引他人关注并展开其控制之能事而开始了"骨感"的算计，而当计划落空时却往往用插科打诨的方式无理应对。从这个角度而言，不得不说迷失焦虑中的人开发出了"精明"方面的卓越能力，加之其精湛的演技与对他人敏锐的感知，他们天生就是获取他人这一外在资源的高超演员，只是走近他们的生活才会发现，他们的心早已不知去向，除了变色龙一般的外壳，内里似乎并不能感受到同样炙热的温度。

（二）迷失焦虑源于侵害美德自然流动的自私心理

真正的美德之建立要求主体真正平等地看到一个他者的存在，并通由先天意识的要求而自发利他，或由后天意识的自发性选择而产生利他的意志。美德的建立与实践依赖于主体间的一种实有关系与直接的利他动机，这是道德生命展开与发展的内在要求，而往往，迷失焦虑者耽于"我"的边界而总是害怕利他，好像自己会受损失一样，也因此并没有发展出真正意义上的美德，却又为了令自己显得有来自道德方面的优越性而装作很道德，此处，便可发现至少两种类型的迷失焦虑：一是从外界评判而言担心自己没有美德的焦虑；二是确实采用自私的方式以自保的焦虑。前者所承担的是一种社会评价方面的压力；而后者所反映出的，则是他将错失真正走出私自的领域而实现更广阔生命潜能的一种遗憾，换言之，正是由于自私心理损害了美德的自然流动，因此才导致了主体的焦虑。

真正的美德一定有一个不加拣择的、直接利他的动机，只能在一个真正对己无欺、没有手段之算计时间的心灵中产生。"一种纯然的德性义务……不只是取决于知道做什么是义务（鉴于所有人自然拥有的目的而不难指明这一点），而是首先取决于意志的内在原则，亦即这种义务的意识同时就是行动的动机，以便关于把这种智慧原则与其意志联结起来的人说：他就是一个实践哲学家。"① 相反，当一个人的利他动机建立在算计的基础上，亦即，在他的直接意志与所要采用的手段——甚至于这手段可以带来外在表彰（很明显动机发生了易位）——之间产生了时间间隔时，我们说，利他已被折损，剩下的全是利己。"如果一个人希望别人好是期望自己能从后者那里得到好处，那就不是对别人的善意，而是对自己的善意。这就像因为有用而对另一个人好的人不是真朋友一样。"② 当动机与手段之间存在着可根据外在要求而随意滑动的算计时间时，便已然不是美德的彰显，而于这段算计时间中所包含着的、总在错失美德之自体与主体，然而却总以为一个固着的"我"可以从中获得多少好处的状态，会令其成为一个彻头彻尾的伪善者，伪善者的代价是，终日惶惶于算计而不能真的洒脱。

（三）迷失焦虑源于消极陷落他者视域而形成受害者心态

迷失焦虑源于先天意识失落，后天意识无根地散落在环境之中，它与意识在清醒状态下的自我疆域之扩充有别，表现为意识稀释，亦即，意识固着在环境中一方面丧失"道"层面的自觉性，一方面丧失"德"层面的自为性，从而造成意识之空疏、虚晃等窘境，表现出意识在无限延展中无可无不可的身份认同焦虑——不知道自己是谁，不知道自己想要什么，面对无限发展的机会生出来无限贪婪等。"真正的威胁是，不被他人接受，被抛出群体之外，只剩下孤独的一个人。在这种过度的参与中，个人自己的一致性变得不一致，因为它是符合其他某个人的。一个人自己的意义变得毫无意义，因为他是从其他某个人的意义那里借来的。"③ 迷失焦虑最大的苦恼就在于此，意识是借来的他者意识，清醒的自觉意识被其身

---

① 李秋零主编：《康德著作全集》第六卷，中国人民大学出版社2007年版，第387页。
② ［古希腊］亚里士多德：《尼各马可伦理学》，廖申白译，商务印书馆2009年版，第270页。
③ ［美］罗洛·梅：《存在之发现》，方红、郭本禹译，中国人民大学出版社2008年版，第10页。

处的无限疆域撕扯得支离破碎，无限本身可能最终成为永不可达至的他者或曰彼岸而尚且不如那些可能性少一些但意识更加清醒且明晰的存在状况。

从迷失焦虑中我们明显地看到这么一种情况，即人格的形成并不是自己直接决定的，而是通过对他人眼中的自己的想象来进行某种符合式的自我塑造。"只有采取在某一社会环境中其他个体对待他的态度，才能成为他自己的客体。"[1] 从这个角度而言，"我"至少存在这样一种面向，这种面向并非直接自为的面向，而是通过在社会关系中形成的"他者—自我"这一投射性想象作为中介而表现出来。这种自我的形成过程并不完全等同于社会规范制约下的人格塑造，后者对人格的塑造具有外在性、强制性、直接性等特点，而前者则在主体一定程度的主动认同下，表现出同时落于主体与客体且视角时常往复于两端的间性。与其说这种间性是现实的，毋宁说，它是自身想象的产物。事实上，"自我知觉与他人如何看待自己（即他人实际评价）之间仅存在弱相关，而自我知觉与想象他人如何看待自己（即反思评价）却显著相关"[2]。从这个角度而言，人们往往说服自己的某种道德行为合乎理性，或者某种道德行为符合他者的利益，而这可能意味着，这种道德行为只合乎其自身认为的理性以及符合他想象中的他者的利益。这种从自我想象出发建构的主体是社会教化的半成品，虽然它在社会建构方面有一定的作用，但其危险性在于，想象会蒙蔽真实主体的自身明见性，使主体丧失自觉性和自为性，成为总是迎合他者期待并乐此不疲的"无心人"，变得倔强且盲目。

符合他人期待的"我"有很多表现形式，比如说，"'人们总是在想象，并在想象中与另一个头脑持同一判断'。比如'我们羞于在一个坦率的人面前显得躲躲闪闪，在一个勇敢的人面前表现出胆怯，在一个优雅的人眼里显得粗鲁'……'一个敏感的人，在一个举足轻重的人面前，会暂时使自己符合对方心目中自己的形象'，即使是内心平衡、行动和谐的人们不知道他们在关心着他人对他的评价，但这种影响也可能通过'潜意识或暗示'来实现"[3]。这些表现已然成为很多人的习惯，它发生得如

---

[1] 岳彩镇：《镜像自我研究理论与实证》，中央编译出版社2014年版，第10页。
[2] 岳彩镇：《镜像自我研究理论与实证》，中央编译出版社2014年版，第18页。
[3] 岳彩镇：《镜像自我研究理论与实证》，中央编译出版社2014年版，第7—9页。

此之快以至于在没有足够清醒的自觉意识下,它便已经促成了某些选择——然而却是没有主体真正在场的选择。

从发展心理学的角度看,迷失焦虑的这种想象性甚至不受环境、教化的影响,"观察孩子的时候会发现,孩子出现自恋的自我意识时,起初他们受全能思想的支配,不能认识到幻想和客观世界有什么区别,在这个世界里,愿望和想象优先于现实的原则。当孩子感到他的自恋需要没有得到外界环境的反应,感到自己是在一个陌生的世界里得不到认可,感到无助的时候,一种躁狂的自我印象往往会更加突出"①。从这个角度而言,迷失焦虑更像是人类心理发展的一种原始形式,而不能摆脱迷失焦虑则意味着人格发展的不健全,不能将自我的期待与客观环境的实存分清楚。一个成熟的人格恰恰表现出能够相对中立地表达己身立场,而当环境不能满足他时,他也能明白这是正常存在的可能而非必然,从而不必与人格上的任何损失联系在一起而产生过度情绪反应。

迷失焦虑最无建设性甚至具有破坏性的表现是,处于迷失焦虑中的个体可能丧失其尊严。"如果你的自尊必须基于社会的证实,那么你就根本没有自尊,而仅仅只有一种更为复杂的社会顺从的形式。"② 迷失焦虑最为吊诡的悖论在于,如果主体当真自觉顺应社会规范从而表现出对社会规范的某种信任及对某种社会角色的甘愿担当,这其中恰恰没有一个相对而言被动的"我"之存在;问题是,唯其有一个被动承受规范制约的"我"之意识,才有了自尊受损且压抑并掩藏低自尊自我的焦虑。从这个角度而言,迷失焦虑也是一种深刻的受害者心态。

受害者心态有以下几种表现。首先,受害者心态不为自己负责。具体表现在:第一,受害者心态将对他人的嫉妒转化为认为他人对自己的无情;第二,受害者心态表现出对权威的普遍不确定感,既恐惧权威又挑衅权威;第三,受害者心态表现出普遍的惰性,想要不劳而获。

其次,受害者心态处于指责、抱怨他人的常态之中。受害者的心里底层是恐惧,一是恐惧于自己的匮乏感,二是恐惧自己的要求被拒绝。但他们没有存在根基提供的足够能量面对这些恐惧,因而总是用生气的方式将

---

① [英]乔治·弗兰克尔:《文明:乌托邦与悲剧》,褚振飞译,国际文化出版公司2006年版,第217页。

② [美]罗洛·梅:《存在之发现》,方红、郭本禹译,中国人民大学出版社2008年版,第104页。

这股躲避的力量转为对外界的指责或批判。"由于他们在主观上都感到其要求是正当的、公平的，因此当这些要求受到挫折时他们就会觉得是不公平的、不应该的。因之而来的生气便具有义愤的特征。换言之，病人不仅生气，而且感到他生气是应当的——这种应当的感觉在心理分析的过程中得到了病人严格的辩护。"① 如此一来，外界很难叩开受害者心态的这个批判怪圈，而且对于病人而言也影响了他们对外界人事物的客观判断，使其表现为无法对世界抱有充足信任，可能上一秒尚且和某人的关系处于蜜月期，而下一秒就由于一言不合而将对方贬入极低的处境中。

关于受害者心态的生气类型，大致有如下几种。② 第一，不管出于什么理由，怒气首先被压抑，而后——像所有被压抑的敌视那样——表现出这样一些心理状态：疲劳、偏头疼、反胃等。第二，它可以自由地表达出来，或者至少完全感觉得到。在这种情况下，生气越被看成不合理的，当事人越会夸大他人的错误，并且在其中建立起貌似坚固的辩护逻辑。第三，将自己置于悲惨和自怜的境地，于是病人感到受到了极大的伤害和虐待，并且会变得意志消沉。他常感叹："他们怎么会这样对待我！"由此受苦变成了表达责难的媒介。

再次，受害者心态时常有意无意用博取他人同情的方式掩盖自己操控他人的意图。一方面，受害者心态经常将自己置于低位，反复强化己身的委屈与渴望被同情，让人感到在如此低位的人面前已经再无任何要求的余地——满足他就相当于满足了某种角度而言的最低限度要求；另一方面，当事者也造成了这样的效果，即他除了激发出他人的同情之外，也同时引发了他人内心的某种罪恶感，让人感到在如此可怜之人面前享受生活的恩赐是有愧的，这是受害者心态一项极为隐秘但成功的同化行动，它像黑洞一样吞噬着世界中的光源，潜台词就是"我不能获得的，你们也没有资格获得"，并用这种自毁毁人的心态在实际上拉低他人对享受生活、创造生活的心理适配度，事实上，这是一种变相的报复心理。因此，真正能长久获取人们同情式理解的关怀中一定蕴含着对对象独立人格的尊重，并也能从中得到伴随他不断成长、健全所带来的正向鼓舞，形成能量的流通循

---

① ［美］卡伦·荷妮：《神经症与人的成长》，陈收等译，国际文化出版公司2001年版，第44页。
② 参见［美］卡伦·荷妮《神经症与人的成长》，陈收等译，国际文化出版公司2001年版，第45页。

环，而非在受害者面前的耗损式驻足，这就是一个浑身散发出负能量的人让人敬而远之的道理。

最后，受害者受良心惩罚，不允许自己感受到真正的愉悦并获得富足生活。受害者自己制造的悲惨境地最终会回向自身，因此从根本而言，它是一种破坏性十足的力量，首先损害的对象是自己。它对外界所施加的一切指责及或明或暗传递负能量的行为，受良知的惩罚会使其自己感到不安与欲求被罚，并最终形成恶性循环，加重这个模式的运转。

由于先天意识之缺场及后天意识之混乱，迷失焦虑虽则表现出意识在社会或更广阔环境中的某种适应，但对于意识自身的发展而言，并无任何好处，并可能由于长时间的习惯性强化而使得意识在环境中被稀释乃至淡化得越来越厉害，使"我"变得极其敏感脆弱。"自我被看作是虚弱的、被动的、衍生的这个事实本身，才是我们这个时代中存在感丧失的一个证据和症状，这是本体论关注的压抑的一个症状。"① 因此，迷失焦虑虽然表面上并不容易辨认，但主体内在受良知的驱动，自身应该十分清楚，长时间的自我迷失使得主体内在积聚起强烈的、与外界可能随时会产生冲突的愤恨，或许只有通过这样的强烈爆发，主体才能重新找到存在感并由此而重新确立自觉意识的基点。

（四）迷失焦虑源于关系界限模糊而困于人情

约定俗成的人情，一方面指可以进行交易的社会交往资源，另一方面指某种潜规则的社会交往方式。人情法则相对于公平法则或需求法则②而言，属于一种混合性的人际关系范畴，建立在双方并不明言的一种期许当中，连带着波澜起伏的情绪反应，形成人情的困境。③ 其表现为：第一，对方满足自己期许的同时，会同时升起一种回报的道德压力；第二，对方不能满足自己的期许时，会升起一种怨怼的情绪反应；第三，自己满足对方的期许时，会同时升起道德优势并积淀新的期许；第四，自己不能满足对方期许时，会因为感觉丢了面子而惴惴不安。

---

① ［美］罗洛·梅：《存在之发现》，方红、郭本禹译，中国人民大学出版社2008年版，第106页。

② 社会交易理论中的三种法则：公平法则、均等法则、需求法则。在此，人情法则类似于均等法则。黄光国：《儒家关系主义——文化反思与典范重建》，北京大学出版社2006年版，第3页。

③ 参见黄光国《儒家关系主义——文化反思与典范重建》，北京大学出版社2006年版，第14页。

简析人情困境的特点，包含以下两点。第一，在当事方并不言明期许的状态下，存在孤绝的想象空间。为了印象整饬，主体不惜付出巨大代价，这就是所谓的面子功夫。"'面子功夫'是做给混合性关系网内其他人看的前台行为；真诚行为则是只能显露给情感性关系网内'自己人'看的'后台行为'。个人对混合性关系网内其他人做'面子功夫'，就像在舞台上演戏一样，他会刻意安排他和别人交往时的情况背景，修饰他在别人面前的服装仪表和举止动作，期望在别人心目中塑造出某种特定的形象。"[1] 这在我们的想象中经常出现。

第二，受舆论压力影响的可能性较高。由于一个想象空间的存在，主体自我表现与主体臆想中他人的反应之间，存在着一个由想象构筑的第三方评价空间，它是每个参与者在想象中达成的共识场域，但问题是它既不具有客观性也不具有现实性，反过来它对每个参与者是个神秘的、具有重量的存在，它本身不是什么，却在每个人将其供奉至一个臆想中的、他人心目中的高位上时，反过来对自己构成了一种高不可攀的地位，强迫性地要求自己去满足粘连在这个想象共识上的、实则是由自己投射出的诸种要求，形成一种舆论中的压力，既对自己又对他人构成挤压。

（五）迷失焦虑源于不能随顺因缘而无端焦躁

迷失焦虑的根源在于对荣誉的追求[2]，在此将迷失焦虑分为三种基本形式。

首先，对完美的追求。迷失焦虑者为自己构建起一个所谓的完美形象，但殊不知"完美"并不存在，而只存在每个当下具体而微的具体事务，在其中表现出的是不完美的平凡片刻。迷失焦虑者在对完美的追求中，实则表现出一种自我崇拜：追求理想中的不实之物，将自己推高到可以契合这种不实之物的高度，并且不允许自己犯错。也因此，他们总是处在一种紧绷的精神状态之中。

其次，病态的野心。迷失焦虑者以高标准强制对抗命运的安排，或明或暗地以自我的一套标准操控别人，希望自己成为世界的主宰，这一点让其具有一种病态的、用主观强制力扭曲客观世界的冲动，但这一点衍化至

---

[1] 黄光国：《儒家关系主义——文化反思与典范重建》，北京大学出版社2006年版，第16页。

[2] 参见［美］卡伦·荷妮《神经症与人的成长》，陈收等译，国际文化出版公司2001年版，第9页。

极就成了虚伪,他们甚至以全知者的身份自居,对他人与世界进行肆意的论断。"'论断'意味着对上帝'知善恶'的僭越,'论断他人始终意味着自身行为的中断',亦即'把善恶之知贯彻至极者,乃是假的行为,乃是虚伪'。"① 野心推动迷失焦虑者在不实的道路上渐行渐远,他们的能量集中到论断之中而终于丧失了生活的本色。

最后,对报复性的胜利之需求。迷失焦虑者以报复性胜利的快感征服命运,他们一次次在臆想中对世界进行着胜利征服,从中获得高高在上的快感,这是一股强烈的自我证明的欲望,但它不可能真正得到满足,取而代之的是,由于这种自我证明建立在主体臆想的基座之上,它每次越是与世界为敌式地进行征伐,就越是不可能实现并将一种挫败及愈挫愈勇的残余生命力返还自身,永不知餍足地在一种注定不可实现的胜利上暂时满足着自己,同时永久地折磨着自己。

由于迷失焦虑者的种种控制与控制之落空,他们不论是空虚的、恐惧的还是愤怒的,都错失了当下完全失控的自然状态,变得患得患失,难以随顺因缘。生活本来为生命张开的是一个柔顺的系统,在其中主体可以本然地享受从容、放松与意识的不断轻微化,而由于主体的自我造作,在其中扭曲成一个纠缠不休的焦虑避雷针,不断吸引并制造着焦躁、狂躁或抑郁等偏差错乱的状态,唯独失却了中道上的自由。大道至简,最终归于平凡,但正因为人们太想以自我证明的方式凸显于众人,在一种比较思维的驱动下想证明自己是所有人中的翘楚,并由此而碾压他人于负面的揣度之下,不希望他人比自己好,这种病态的高傲本身并不符合"道"与"德"的内在规律,而最终也将迎来良知的自我惩罚。"面对自身的罪恶,我们是否感受到自己'有罪'?而'有罪无非就是准备忍受惩罚并使自己成为惩罚的主体',于是,'有罪'是罪获得的'内在性'。这种'罪'的内在化的转变,还意味着上帝的言说和神的禁令的对象就不再是'那人',而是'责任的主体''我'。"② 当一个人开始从臆想的神坛上走下来,这意味着他再也不堪迷失焦虑中的自我抬高与对世界的碾压,他既不再僭越如上帝般的全知之位,也切身意识到由于狂傲所造成的对人、对己之苦

---

① [德]朋霍费尔:《伦理学》,胡其鼎译,魏育青等校,上海人民出版社2007年版,第48—49页。

② [法]保罗·里克尔:《恶的象征》,公车译,上海人民出版社2003年版,第105—107页。

果，甘愿领受一切可能的惩罚。当这种转化开始时，主体才真正有了现实的担当与面向，并在迷失焦虑——此时看来，它具有促成主体内在意识复归、集中并重获力量的意义——的推动下，有可能撕开自我导演与演出的不实之大幕，而自此回落到真实且平凡的"道"之流中。

二 迷失焦虑的动力研究

（一）迷失焦虑源于屈从并强化情境中的发展困境

与迷失焦虑者所表现的狂躁正相反，从他们长期的发展来看，由于迷失焦虑者耽于自毁毁他的模式并不具有建设性和开放性，他们不过是停留在自己发展的相对安全区内，自以为很强势而已。而事实上，一旦遇到真实的考验，他们却表现得十分无力，对于任何面向善的改进都显得举步维艰，这是他们习惯性无力的表现——如果不是痛苦到某个临界点，可能迫使他们作出改变的动力仍然敌不过他们继续待在旧有模式中的惰性。

剥开他们自我营建的华美外壳看一看，在没有发展出自我改进的任何动力之前，他们的精神世界到底如何：首先，极度渴望别人的关注、认可与爱；其次，对爱的真实需求由于成长中的原因被迫压到了潜意识中；再次，求取外界认同而不得的痛苦几欲将其逼迫到自我崩溃的边缘，他所有的焦虑和无用感会被表现出来；最后，产生一种放弃真实自我的颓废感，并从中获得解脱的快感。

然而，迷失焦虑者本质上又十分容易树立起外在的标榜，一方面，因为内在极端的低价值感、低资格感令其但凡看到他人，都能构成对自己的强烈羡慕与吸引——哪怕事实并非如想象一般，深刻的岔路出现于此——如果此时他能跟随良善的心意指引而生发出自我变革的动力，那么对于他生命的真正转变便已在不知不觉中完成了萌芽；但另一方面，如果此时他滑落到虚荣的深渊，退落到想象中构建同样这般美好形象的境地（谓之一种没有价值的自恋），则迷失焦虑就启动了它黑洞模式轮回的锯齿。从中得到的启发在于，面对自身巨大的发展潜力，当下的选择极为重要——这关涉紧随其后爆发出的生命力量是成长的动力还是毁灭的动力（要之，扎根己身的存在感与现实感，是避免滑落到迷失焦虑中的法宝）。顺着后一种悲剧的情形继续往下探究，如果主体当下选择了虚荣（意味着主动交托出清醒的自我意识及在现实中开垦的任何真实动力），那么可能表现出三种不同的形式。①

第一，为求自保保持对人有限的热情。他们会表现得与社会十分融洽，只是由于生命底色中自带的消极情绪，他们对自己的所作所为其实兴趣并不大，甚至有些被迫的感受。他们大部分意识不到潜伏的、对无用的恐惧，但会不由自主地以某种方式来安排工作，使自己没有多少闲暇。他们看似权衡利弊，在社会评价中保持自身形象的做法倒是有可能为他们赢得一定的口碑，但时间久了始终会让其觉得劳累、委屈，并最终将这种形象毁于哪怕一点点累积上来的压力，从而使自身陷入更加糟糕的怠惰之中。

第二，将现实与想象间转化的中间产物变为一种叛逆。这种情况取决于以上谈到的在选择中呈现的道德动力性质——成就的抑或是毁灭的。现实与想象间的转化是一个自我博弈的过程，在此过程中有可能现实战胜想象，表现为积极的叛逆，反之则为一种消极的叛逆。②

第三，彻底的肤浅生活。这种情形在于现实对想象的完全屈从，即我们常说的"破罐子破摔"心态，此时想象尚且没有为自己设计出任何貌似高尚的形象，因此事实上个体只能在毫无价值观念引领的情况下使生活在迷惘中虚耗。严格意义上说，这是将生命置于想象领土中的另一种迷失焦虑形态，此种迷失焦虑在于彻底丧失生命的张力，表现出死水般的寂寥，这种迷失焦虑的可能形式有：强调感官享乐，强调投机的成功，以及表现为"适应良好"的空心人。

（二）迷失焦虑源于不能穿越低维矛盾

迷失焦虑者选择在想象空间中自建高尚形象，但良知迟早会戳破这种对于真实生命不负责任的虚妄面纱，并惩罚他们在此过程中承担对真实世界带来伤害的焦虑（尤其是对那些想要帮助他们却被他们报之以忘恩负义的人们）。良知会拯救一个人（使之向着生命之善的方向自然发展），同时也会惩罚一个人（对于他有意无意中犯下的过错，一定会通过令其痛苦的方式使其有机会幡然醒悟并真心悔过）。在迷失焦虑中，良心为主体设立的纠错机制便是自恨。

---

① 参见［美］卡伦·荷妮《神经症与人的成长》，陈收等译，国际文化出版公司2001年版，第280—289页。

② 详见"实现焦虑"相关内容。

由于自恨的存在，主体想要在想象中借由自负而得以飞升的任何迷梦都化为泡影，因为主体会同时产生对自己由衷的恨，这种恨像沉重的石头一样将主体往下拉，使得他在短暂的自负之乐后（尤其是当他的快乐建立在与人比较的基础上并在产生出一种优越感和控制感的时候），必然感受到对自己这种生命状态和模式的厌恶，甚至是痛恨（当然，任何形式的自我责备和惩罚如果不是指向更具建设性的自我重建，则又构成了更深刻的自我逃避），因此，自恨是对自负者最即时的惩罚——现实的、经验的自我成为唐突的陌生人，而理想的自我会受其束缚，并转而以仇恨和鄙视来对付这个陌生人——自恨便源于人格中这种明显的分裂，它意味着一场战斗——他在与自我战斗。这种自我战斗包含至少两种形式：一是自负系统与现实自我之争；二是在自负系统内部的自大与自谦两种驱力之争。

自恨的建设性意义在于，只有这种极端冲突的形式与切身的痛苦才可能令主体感到一种不可承受的生命之重而从想象的迷梦中脱离出来，砸碎旧有生命模式的束缚，重新找回想象与真实的平衡，在现实土壤中生根发芽，并在此基础上重新联结存在的根基，获取创生性的生命原动力。从这个角度而言，迷失焦虑者本是麻木的，但唯有自恨带来的彻骨之痛会让他感到来自真实生命的一丝曙光，他甚至可能在其中感到一种久违而陌生的快意，这是因为，他拨开了想象的迷雾而重又接近了更本真的自我——哪怕它与其想象中的形象相距千里，但却带来空前的力量感，并促使他在一种愉悦的感受中发现一直抵触着的生命缺陷似乎并没有那么令人恐惧。

另一方面，虽然自恨具有唤醒主体自觉意识的意义，然而当自觉意识真的升起时，它便成为摆渡的舟船而失去了意义。真正意义上对迷失焦虑的超越在于从生命的本然状态出发去包容其中可能出现的任何问题——最高明的生命运作之奥秘也在于此，它直接以高维的生命状态看到并无条件接纳一切低维生命状态，不做任何动作——只是看到，问题便已不是问题——问题是在被超越中被化解的，而非真的投入其中去进行解决的。如果不是这样，以上所说的自恨将在完成了它的唤醒作用之后又变得没有安放之处，因为毕竟，它也是一种消极意义上的、带有自身伤害性的情绪体验。如果每次都通过自恨而作一种痛彻心扉的过渡，那么自恨将变得无限循环而使人的存在基调变成自恨的——这一点将变得十分荒谬。因此，自恨只能是暂时的生命状态之过渡的工具，而要真正达到的目的地——或者更直接地将目的与工具高度统一、结果与过程无间统合，那就是采用清明意识状态下、无限扩充意识之存在疆域的方法，同时涵纳一切生命状态于当下，尊重一切存在状态——看到，即是超越；超越，即是化解。人类的多少纠缠不清就在于亲身投入问题之中沉浮，但在二元对立的世界中，所谓从根源处解决问题的方法并不存在。

（三）迷失焦虑源于在自我期待驱动下利他

迷失焦虑的根源在于一个理想化自我之构建阻断了人之存在的真实根基，追溯它形成的动力机制，可以发现在为满足他人需求之前，已然存在着主体自身对他人的期待，因此迷失焦虑的形成动力机制可以表述为这样一个心理流程，即迷失焦虑源于主体为通过人际关系达成自身特定需求而率先表现出满足他人需求的某种状态，实则对他人的关注与反应构成了一种行为上或明或暗的要求与控制。从中可见，迷失焦虑并没有真正尊重他者和世界的存在，他们的利他行为只是为了满足自我彰显的某种形象而已，他人和世界的存在只是他的工具。也因此，迷失焦虑也导致主体因理亏而抗拒着外界的善意与帮助，任何来自现实中的帮助都会触发迷失焦虑者的敏感神经，让他们感觉这种帮助像是对他们现实无力的某种挑衅，时刻提醒他们现实中的不足，而且，在这种拒绝中，也同时显露出迷失焦虑者事实上已然失去了明辨是非及感恩的能力。当他们把注意焦点只灌注于自我这个狭隘的点上时，他们的紧缩就把世界排除在己身之外——规避可能发生的危险的同时，也隔绝了世界的美好；隔绝他人的同时，也丧失了接受他人关爱的机会。迷失焦虑者与全世界对抗的态度会令帮助他们的人感到极为心寒与失望，甚至他们抱有的自私的成见会反过来伤害这些真心实意的恩人。

第五节　象征界中迷失焦虑的衍化路径

一　"我"对世界的源初恐惧

象征界是从"道"进入"德"中的第一个世界，在其中，生成一个主体效果总量"我"，并在此基础上形成一系列"我"的衍进与扩充。"我"作为象征界中的原始基点，是一个"意"从无限中跌落出来且"向着"某物的意识疆域，在一种自我认同中生成并沉淀为"我"。"我"是"道"与"德"之间的一个罅隙，由于它的自我执守而从形成的起始便失去了与源初存在的直接、本然之联结而成为一个造作的、紧绷的、不完满的存在形态，由此，"我"带有一种自生成伊始便摆脱不掉的缺憾，从主体感受而言即为恐惧。

恐惧作为源初意义的体验是一种对象尚不明确的、心惊的感受，表现为一种源初的战栗感。这一点在克尔凯郭尔天才式的理解中有诸多描述："信仰即是这样一种悖论，个体性比普遍性为高；请记住，其表现形式为，该运动重复不断，致使作为个体的个人在进入了普遍性之后又将自己作为更高的东西与普遍性分离开来。假如这不是信仰，我们就不会再有亚伯拉罕，而信仰也不会在这个世界上存在过，因为它其实一直存在。"[①]克尔凯郭尔理解中的一种宗教考验（且一切宗教都必须如上帝在考验亚伯拉罕时要求他献祭自己儿子那样才能真正检测出一个人的心）以荒诞、激情、纯粹个人化的高峰体验（表现在一种决绝的选择之中）而将个体从生活化、普遍性的常理（甚至有值得被人们称颂的悲剧情怀）中强行拽出来，从体验而言的代价就是一种源初的恐惧——莫名而不能加入甚至一点点解释的"颤栗感"，只有当人真正在选择之中跨越过去，才配成为信仰的骑士。

启发在于，"我"对世界的源初恐惧至少根据意向的来源与方向而分为两种。当"意"处在"道"与"德"的临界点处，且从"道"中自然流淌出来并从"道"向着"德"的方向自然呼唤令"意"回归，此时落实在主体身上的体验就是这种源初的恐惧——它表现为在俗世之中对"惟微"的道心的回应，但作为考验，它要跨越一种看似莫名其妙的"颤栗感"，基于常识中为人所不屑的极端情绪考验重新回到"道"的本源之中。而从后天角度而言，一种更常见的形态是，"意"从"德"向着"道"运动，它是一种探寻，是意图回归普遍性之中的企求，但在这种情况中，往往达不到源初恐惧的体验，也谈不上有一种宗教意义般的考验。在后一种情况中，"意"无时无刻不在与外物相交的过程中发散着自己，成为以对象为载体的若干"我"，因此，这种源初的恐惧从后天的角度看来，由于能量之分散而只有一种在时空中弥散的焦虑的意义——焦虑，从这个角度而言，是一种"意"被物分散开来的源初焦虑。从这个时候开始，一般人便很难再经受如亚伯拉罕那样的考验了，而对他们更切实的考验是在投射关系中的焦虑。

---

① ［丹］克尔凯郭尔：《恐惧与颤栗》，刘继译，贵州人民出版社1994年版，第31页。

二 投射关系中的焦虑

当源初恐惧不能成为以无比集中的力量考验主体以向其敞开回归"道"的机会时，主体便以一种弥散于物中的、焦虑的形式开始了在象征界中的自我认同与回归。在一定程度上，错失了回归"道"之一切可能机会与机缘的意识都是被遗落于世界之中的纯然意识之剩余，因此它们寻求的回归之所注定并不完美——况且，这个回归之所是他们在相互间的想象关系中自己建构出来的，也即象征界。

主体需要将"意"投射到一个对象身上，并通过镜像式的反投作用又落回自身，这个过程使"意"不得不向着无限多的对象，从而被撕扯得充满紧绷——想要放松而不得，且被对象分走的"意"开始以回向的方式揪扯主体，这就是焦虑的根源。在这种情况下，主体分明感到一种疲惫但无法放松的无奈。

三 投射认同中的失落焦虑

综上，投射认同中的主体注定与失落相伴，因为他们的意向性失误，不得不承担这种如慢性自杀一般的焦虑，"一"不可得，而换来无数对象对残存主体的蚕食，这已然令主体在尚且能够保存其相对自由的情况下感到一种切肤之痛而意欲改变。此时主体开始抖落由这些对象之分意而造成的失落局面，决定自作主宰，哪怕是在"德"的世界中也仍然要收拾精神，保持自身的相对一致性，由此开出了自为界。

第五章　主体进入自为界的焦虑
——虚伪焦虑

　　自为界是"道—德"现象学中、后天意识（即"德"的世界）所要历经的第二个阶段，是主体意识形成之后开显出的第二个意识形态。

　　与象征界不同的是，此处默认主体依循着较低级的"我"的固封状态而来（暂时不探讨在较高级的"我"的境界之展开中直接回归"道"的状态——毕竟是极少数），相应地，一种较低级的迷失焦虑将不能忍受自觉意识涣散之扰，而将沿着"德"之生命的脉络空前意识到对"我"之边界加强的重要性，这一点，似乎与象征界中作为主体效果总量的"我"之内涵形成鲜明对照，在自为界中，"我"具有了相对而言的实体意义——"我"——在此，真正意义上以挺立的主体姿态而出现，也因此，所谓人格的内核连同它的自我认同及其能量之相对集中，并在此基础上沉淀出的人格之各个层面，都在"我"的立足点处而具有意义。

　　一般而言，自为总与自在相对，由于本书采用现象学的方法，因此绝对客观的自在只在"道"的层面成立。而"德"域中最接近自在层面的象征界最终毕竟落在"我"之投射意义上的镜像自我之上，因此是象征的而不纯是自在的。在自为界，主体才真正意义上，在有限自由的基础上相对全然地回归己身（充分调用后天意向的能力，意向对自身边界的加固），在自我认定的基础上，以"我"为存在者根基而建立起相对稳定的存在意识与存在感，以承载并满足后天意识安身立命的需求。这一点，使"我"成为一个相对整全的、在"我"的基点处不再那么对自我认同本身举棋不定的人格。

　　所谓人格的形成，即在人本然且流动的生命之上加诸了有所限定的"格"（"格致"意义上的"格"），使生命的呈现形态相对有阶可循，具体表现为人格诸层面：意志、感知、感言、意向，而在"我"的实性统摄之下，这些面向需要整合它们的能量以最终达至"我"的一致性表达，加固"我"存在的确定性（这一点确实与象征界所表征的"我"不同）。依此视角，自为界之所以称为自为界的根源，在于此处的"我"确实具有主体的意味——标志着一个具有有限自由意志的存在者之挺立——"主体"之"主"，至少意味着两个层面的意义：第一，静态的人格各层面都有相对的自主性与自主权，而从意向、感受、感知、意志的排序看，则前者又具有较之后者而言更多的自由度（谓之自由注意力资源占有的程度之高下）；第二，动态而言，人格各层面需要相互配合，以锚定的价值目标为圭臬一起表达自身（置于"道—德"现象学的整全框架下，很明显地看出一种终极价值倾向，即"德"向"道"的回归及在此基础上"德"的应然逻辑之自身展开），表现为各人格层面的一致性表达，最终实现较统合的主体情绪体验（一致性表达自身的生命状态无不轻松愉悦）。

相应地，便能较容易理解自为界中的虚伪焦虑为何，之所以将在自为界中所要遭遇的焦虑称为"虚伪焦虑"，根本原因在于以下两点。第一，人格自身的遮蔽性引发人格内部缺乏明晰的自察能力（根源仍然在于生命从"道"之中的失落引发先天意识被遮蔽），由此导致意识与潜意识的两分（意识意识自身，潜意识不能意识自身——由此而使潜意识成为人格中代谢物的集散地而自成体系地构成可能威胁人格稳定性的边缘地带，由此为主体带来自欺的可能性空间）。第二，人格各层面不能在和合的价值轨道上一致性地表达自身，发生人格内部自身的纠结与冲突，由此导致所谓的多重人格现象及由之而来的人格纠结，也同样引发自欺的可能。在这两个基础上，可以说，自为界中的焦虑形态是"虚伪焦虑"。不论是何种虚伪焦虑，我们都可以看到，"焦虑打击的正是我们自我的'核心'：这是当我们作为自我的存在受到威胁时所感受到的东西。使得一种体验成为焦虑的是体验的质，而不是它的量"[①]。"根据弗洛伊德的第二焦虑理论，一开始就把焦虑看作神经症的核心：十分明显，'淫恶欲念'是由焦虑产生的。原先他的理论认为，焦虑是被阻塞的力比多，也就是说不能以正常的性行为发泄的力比多转化成了恐惧或焦虑。这种'毒理学'论把性欲看作纯生理过程，他设想性兴奋以某种尚未发现的方式转变成了焦

---

① [美]罗洛·梅：《人的自我寻求》，郭本禹译，中国人民大学出版社2008年版，第25页。

虑。……然而，不可胜数的临床实践最终还是使弗洛伊德得出结论：焦虑存在于自我之中，而不是本我之中。正如达尔文（Charles Robert Darwin）所说，恐惧根本上是对危险的一种生物反应。焦虑不同于恐惧之处仅在于这里的危险并不是真实的；它是个人主观上所感到的威胁。不仅如此，现在弗洛伊德还明白了，既然焦虑可以起于不同的本能冲动，那么本能冲动并不直接转变成焦虑。"[1] 从中可见，虚伪焦虑最根本地就发生在主体人格内部，源于自身有限性但同时又不得不自我认定所造成的，对自我的分割与撕扯的局面之中，潜意识的存在是其结果而不是肇因。

第一节 自为界的运行机制

一 自为界的基本结构

（一）作为主体人格之我

与象征界中作为主体效果总量的"我"形成鲜明对照，自为界中的首要任务是建立"我"的实在根基，即主体在自我确证意义上的挺立，以对治迷失焦虑作为主体带来的易感性与脆弱性及时刻面临着的被他者与环境影响并同化的窘境。作为主体人格而挺立的"我"，具有如下一些特征：首先，"我"有明确的边界意识并对之有强烈的自我确证感，并在此基础上以存在者的姿态而具有相对稳定的存在意识与存在感；其次，"我"具有相对的自由意志，这意味着在与对象对举之中具有相对而言压倒性的自主性与自主权；最后，"我"以主体人格的形态呈现自身，并具备基本的人格结构，它们是：意志、感知、感受、意向。

（二）意志

意志是还没有落实到现实行为中的行动意向，它以原始冲动的形态集中指向对象物，一般而言，我们在此所谓意志位于人格层面的最外层，它最靠近对象物，处于与对象发生实际关联（即落实为行动）的待发点上。在其他人格层面——感知、感受或意向，尚且层层递进地具有更高程度的自由，表现为它们可以涵纳更多对象物并相对而言可在不同对象物中进行滑动与迁移，而意志却相对稳定地只是指向它的对象物，一旦现实化为行

---

[1] ［美］鲁本·弗恩：《精神分析学的过去和现在》，傅坚编译，学林出版社1988年版，第46—51页。

动,即刻就能与对象发生现实关系——所谓"意志"的内涵在此也能作些许文化解读:意之志于某物谓之意志,"志"本身便有集中并安住于某物的意思,而"意志"指的就是以"意"为表征的自由注意力在某处的驻留。

由于意志的相对集中、稳定,对已生成的意志进行突然扭转或打压都不那么容易,意志虽然具有所有人格层面中最低等级的自由度,但它力量之集中不容小觑,这也就是为什么意志总能以其强大的惯性推动人们现实地生成行动。由于它处于人格与外界的交界处,又具有如此直指对象的力量,因此一旦任由意志积聚到某种程度,它便形成一种势能,甚至可以绕过人格其他层面的自为性运作而自作主张,这就是我们经常莫名其妙地做出某些举动的原因,它们往往都是在意志的推动下完成的。

意志,表现为一种较为原始的生命动能,对对象物有一种不加拣择的执守,若要单纯追问它与对象的关联之来由,仅在意志层面无法给出一个理性的回答。另外一种情况是,意志不仅是对对象物充满激情的对焦,它也同样可能毫无理由地对对象物撤回关注,任由人格其他层面在意指对象物方面如何努力推进,也可能在调用意志全然投入方面而宣告失败。对于意志的把握与调控,我们将在现实界的相关阐述中再详细论述。

(三)感知

感知,是人认识与把握世界的一种能力,在此之所以用"感知"的表述而不用"认知",意在强调感知的两重面向及其相应的功能,即感知一方面在先天意识的统领下对诸种形式有一个先天整合的基础;另一方面它自身又先验地蕴含着认识世界的诸种形式,形成认知世界的逻辑基础。从这个意义上而言,感知包含着至少两种形态的思考形式。①

第一,源初性思考。所谓源初性思考,是摒弃了"我"之偏私的思考,它具有理性思维的特点,但仍然直接面向存在本身,这种思考方式被海德格尔称为"源初思考"或"本性思考"。在此基础上,人们认为存在本身及其呈现出的诸种形式通过语言直接表达自身,当人们开始慢慢地用语言取代了作为存在(或曰实在)的事物时,语言虽则以意义的方式转化了实在之物的在场方式,但语言与被指代之物之间的直接性关系是持续

---

① 参见黄光国《儒家关系主义——文化反思与典范重建》,北京大学出版社2006年版,第242—243页。

存在的，或曰，能指与所指保持一致，语言同样具有某种程度的存在及其表现诸形态的自身自明性。在这个意义上，或许可以解读"语言是存在之家"的提法。

第二，技术性思考。技术性思考是基于一个有独立边界的"我"在与他物交接的诸种关系中形成的、以"我"之利益的获取为目的的实用性思维方式，或可称为工具理性。工具理性并不升起觉察去观照己身的自明性根基，而是从被给定的"我"及其利益出发，去思考如何使"我"的利益最大化。一定程度上，但凡不具有源初思考的那种自明性、直接性及自然而然的特性，那么任何从"我"出发的技术性思考都带有"我"所意识不到的自身局限性和索取性。由于"我"作为第一性根基，因此在技术性思考中，赖以为基础的是一个人为创造的第一性原理（从连续的存在中以"我"为基点所沉淀出的一个不连续性假设基点），然而在这个基点的推动下，现代人的思考总像是回不到自身始源的流水，越到末流越发显现出间接性、自相矛盾等特点。

源初性思考更偏向于在意向层面对意识的理解，狭义理解的感知则属于第二种思考方式，在其中人们将"我"的存在视为存在的基点，从"我"出发工具性地考量世界及个我和世界的关系。之所以是"感知"而不是纯粹的认知及其形成的知识，意在强调"知"的生命感和主体性，同时强调"知"的来源并非只是一些既定的东西，而是生命本身，如果只是机械地学习书本知识而未经反思，那么这种知识并不可取。"所谓'学者'，是指那些成天研究书本的人；思想家、发明家、天才及其他人类的'恩人'，则是直接去读'宇宙万物'。严格说来，有其自身根本思想的人，才有真理和生命，为什么这么说呢？因为我们只有对自己的根本思想才能真正彻底地理解，从书中阅读别人的思想，只是捡拾牙慧或残渣而已。"[1] 从这个意义上说，"感知"便同时包含了两种思考形式的内涵。

感知通过思维来表达自身，其中连贯性是思维的重要特征，"当灵巧性、丰富性和深刻性的因素都得到应有的平衡或保持了应有的比例时，我们得到的结果就是思维的连贯性"[2]。思维连贯性体现出其中的逻辑性，

---

[1] ［德］叔本华：《生存空虚说》，陈晓南译，重庆出版集团2009年版，第23页。
[2] ［美］杜威：《我们如何思维》，伍中友译，新华出版社2015年版，第45页。

而逻辑的实际教化效果体现在"养成细心、警觉和透彻的思维习惯"①。

（四）感受

感受，往往借助于想象力以全息图像的方式令人们身临其境地感到某种情景（不论是真实情境抑或是虚拟情境）所携带的情感、情绪等信息。感受既有意志包含着的全副生命力，又有感知阶段对世界的某些分析判断（这一点与一般观点中所持的感性盲目论不同，人的感受已然是一种扬弃了狭义感知内容的感受，它与感知中言语表述的内容具有一定程度的相符性，即所谓"言出法随"，语言所指向的内容，在感受中以生命全息感知的方式被生动地体验，反过来说，感受之所以称为感受，也不再只是盲目的感性材料，它已然成为具有感知内涵的高级感性素材），因此从这个角度而言，我们所要定位的感受，是一种道德感受，它以道德感情或曰道德情感的方式流露出来，即在意志与感知的和合下，生成为经过一定理性规约的生命冲动形态，以此作为人格层面的第三重基本结构。

道德情感的意义十分重大，至少包括如下几方面特性。首先，道德情感的交互性。道德情感不论发生在真实情景中抑或是虚拟情境中，它的发生与体验都较体验主体而言是真实的，这意味着它是与情境发生了现实关联，以情的体验印刻在内心，具体引发了身体感受的一种在场感，亦即，它与情境发生了现实的交互作用，而这种交互作用又在一定程度上是超时空的。

其次，道德情感的易感性。道德情感往往展现为在具体情境或对象物中流露出的、相应的、细腻的心灵感受，它的感受颗粒性如此细腻以至于可能一个微小的细节就能引发主体全息的体验，包括心灵的震颤、情感的流动、情绪的生发等，在其中，主体往往有一种沉浸感，即他几乎全部的注意力都被敞开于对象面前并嵌入与对象的关系之中，形成"交会"的双向体验，反过来说，以"情"牵引的对象则几乎完全占据了他的心灵空间，它与被感受的对象空前地接近并甚至有了共情的可能。人们往往赞美情感之伟大——不论其带来的是细腻的不舍还是彻骨的冰凉，但由于它的易感性——我们可以将之理解为注意力因在几乎每一个可细分的、生命的最小单元上都全息在场而具有强大的能量，而且该生命能量之绵密使其具有持续性、相对稳定性、扩容性、兼容性等特征，不论是痛苦或愉悦的

---

① ［美］杜威：《我们如何思维》，伍中友译，新华出版社2015年版，第64页。

体验，它都为人创造出绝佳的创造力。"艺术家或有创造性的科学家所感受到的并不是焦虑或恐惧，它是快乐。……一种被界定为伴随着高度意识的情绪，伴随着体验到实现自己潜能的心境"①。因此，哪怕是焦虑，也因具有了生命感而值得尊重。

再次，道德情感的价值性。到了道德情感的人格层面，在一定程度上，我们的生命是向着周围世界敞开的，因此哪怕具有体验上的暂时不适，它也易于自动回复到符合"道"之流动的无条件接纳状态之中。在这里，又与常规理解的"感受"不同，在此，以道德情感为表现形式的感受本身就含有一种因敞开了自身而与对象进行交互的能力，因此它内含着在交互中所体验到的涌现力、新鲜感及自然而然生发出的愉悦感，也即它是真正愉悦的体验，由此我们可以说，它具有一定的崇高感及在此基础上主体升起欲夯实这种崇高感的意图，这就是道德情感之价值性的体现。因此我们说，但凡提到情感，甚至是作为情感中之个别体验形态而存在的情绪，只要在生命敞开的基座上，都是可爱的存在。而往往遭人诟病的、有痛苦或伤人意向的情感体验，在一定程度上，是病态的"情"的流露，它的发作往往会将人带至较为低级的人格层面之中再行历练，而不太有可能继续保持着开放且随顺的状态，因而也就谈不上是真正的"情"了——这一点，是区分真情和假情之间的一个重要标准。

最后，道德情感的自觉性。所要强调的是，人格层面的四重基本划分并不是截然孤绝的，它们之间始终有"道"的当下在场，只是"道"于"意"所展现的清晰度与自由度不同。在道德情感层面，当主体越是与世界相互契合地敞开与融入，就越是能激发出较为清晰的自觉意识，在一种空前清晰的当下感中，好像无比真实地体验了世界之友善与开阔及于自身而言的切实延伸感——好像世界变成了与自己之身体切实相关的存在。因此，道德情感也是人化自然的过程，它将生命力不断以在场的方式蔓延至世界之中，同时，也通过这种方式而参与进世界的进程之中。

（五）意向

意向，较之情感更有一种广阔的注意力之自由，它不像情感之发用需要有赖于情境或对象，在一定程度上，意向可自由选择所要依止的场域，甚至意向可意向自身的消亡，从这个角度而言，意向不再是被造物，它具

---

① [美]罗洛·梅：《创造的勇气》，杨韶钢译，中国人民大学出版社2008年版，第34页。

有一定的造物权限——意向是意识之发用的源初基点,在这里甚至还没有形成一个对象意识(当然,抛开它自身是作为从存在中析出的源初对象这一因素),因此但凡进入意向中的内容便具有一种源初性、直接性,从而成为意识的第一个内容。

从后天意识的角度而言,意向可意向"道"的场域或后天的任何对象,它具有在"德"的世界中的最高权限的自由(哪怕仍然是一种有限自由)。从先天意识的角度而言,意向离"道"最为接近,表现为"意"就在"道"与"德"的边界处,只要从后天的选择而言"向"着那存在的根本处纵身一跃,生命状态的质的飞跃就会降临——虽然这仍然需要一定的运气,然而,在"意"之发用的这一点上,具有最清明的觉察能力,在一定程度上,我们说"道"与"德"相通便是通过"意"而实现的——至此,"意"之"向"将成为无远弗届的存在与存在者联通的场域。

意向在人格层面中表现为一种清醒的自我觉知能力,它已成为最为抽象与最为具象同在的意识存在状态。"在成为人的过程中,一个内在的、不可分割的元素是自我意识。人(或此在)是如果他想要成为他自己就必须意识到他自己、必须为他自己负责的特定存在。他还是那种知道在将来某个时刻他将不会存在的特定存在;他是一直与非存在、死亡之间存在一种辩证关系的存在。而且他不仅知道他将在某个时刻不会存在,而且他能自己选择抛弃或丧失他的存在。……它在某种程度上反映了一个在每时每刻都会做出的选择。"[①] 从这个角度而言,意向的抽象与具象都化在具体的每一个选择之中,在选择的伊始,意向表现为一个纯粹自由的空位,它意指着"空",意味着它意指着一切可能性,而当它"向"着某物而具有内容时,这种"空"的自由便最终被确定下来,但是"向"不会只固着在具体的事物之中,它在流动,哪怕它的静止也是其自由流动状态下一种主动的选择之表现,而当它选择"向"着"道"纵身一跃时,它亦以自己的死亡而成就了生命更不可思议的存在状态。

一种可能的论辩是,既然意向具有如此自由的特性,为何人们不是时常都能意识到它的存在呢?为什么人还会感到如此不自由呢?问题的关键

[①] [美]罗洛·梅等:《存在——精神病学和心理学的新方向》,郭本禹等译,中国人民大学出版社2012年版,第52页。

在于区分"道"向"德"的自然流动方向与"德"向"道"的人为希求方向，这两个方向在"意向"处都有交会。从前者而言，存在的自身明证性任何时候都不曾改变，表现为"意"上的一点清明意识（即先天意识），而从后者而言，"意向"就可能被后天充斥的具体内容遮蔽，因此所谓不自由的状况实则来自第二种情况中、意向内容较为杂芜且清明的意向之选择不那么有力的状态——意向始终在那儿（且是动态而自由地存在着），只是意识已然旁落其余人格层面并产生了认同而已，亦即，意向的整全形式被它同样带有觉知力（只是觉知力更低）的内容充斥且产生了对形式本身的误读。

二 自为界基本结构的原则

（一）存在者第一性原理——自主性原则

当存在者需要从人存在于世的现状出发而建立己身的主体性边界时，意味着要在存在之中相对明晰且可控地设定一个存在者第一性原理，以作为主体自主性原则的承载者。所谓第一性原理，即在绝对不可控的存在状态之中拿捏出一个相对可控的、被设定的主体边界（主体的自身认同、依托为"我"及配套的心智模式之奠定），在其中，一个具有特定存在边界及其内部结构的主体首先被确立起来并在自主性意义上产生了基于"我"的人格（包括其中的结构及其特征）。"我"的自我认同在自为界中十分关键：它是人格的内核，是建立人格结构的基础。自主性原则使主体具备了至少如下几方面特征：首先，自主性原则保证主体真正成为主体——相对自由的特性与权利首次在一定的存在边界范围内被交托于自我意识之中而成为有限自由意志，一个真正挺立起来的"我"具有了自己决定自己的源初能力，并有了严格意义上的主客之分；其次，主体因自主性原则的运作而对自身的选择拥有了绝对意义上的责任；最后，自主性原则推动人格各个层面的自觉整合，而不至于为散乱的人格内部格局找寻来自外部的根基。

如果没有一个相对独立且能量集中的人格，人的在世存在将体验不到起码的存在感。生命的第一性原理，是生命具化为存在者形态的一种人为自身设定，它与先天意识的差别在于，先天意识具有在生命之流中的绝对意义上的延续性，而第一性原理从设定的基点至呈现的整个过程而言都是相对点断性的，也因此才相符于"人格"之"格"的有限、限定之义——从这个角度而言也呼应了主体性原则所彰显出的主体自由意志之有限性，但不论怎样，在"德"域之中，相对而言的主体认同在为保障人格之独立及相对自由之兑现方面具有意义。

（二）本然逻辑——真实性原则

当人面对不能接受的心理现象而升起压抑感或心灵扭曲时，这种虚伪焦虑会加剧症状的产生，最好的解决之道并不在于人为改变，而在于接纳并尊重自己如其所是的样子，将问题以举重若轻的态度搞清楚就可以放在一边，不用执着于问题本身并不断怀疑自己是否真的还在问题之中，因为往往，当我们关注问题本身时，事实上并不有利于问题的消解，反而强化了它。"我们所有人在一生中都会因为压力而产生各种各样的症状，痊愈意味着懂得如何去接受，如何去经历，以及如何去应对，这样他们就不会再把症状看得很重，这就是问题的关键。"[1] 而焦虑的特点在于压力与紧张感的弥散性与反复性，因此焦虑症患者最关注的问题之一是，焦虑会不会反复，然而同样地，当关注在焦虑的反复上时，事实上主体已然处在反复的焦虑之中了，解决之道是，仍然以一种平和的心态看待焦虑的复发（这毕竟就是焦虑的特性），不将它看作问题本身，问题便已然解决了大半，剩下的，只是慢慢去习惯焦虑的体验并习惯于与之平和地相处，当不去消解它时，它反而会被自然稀释并最终淡化甚至消失。"我认为有了这种信念就意味着康复的开始，而这种信念只有通过去面对、去接受、去放松并去耐心等待才能获得，这需要时间，而更多的时间也意味着更多的复发，许许多多的复发会让病人非常熟悉摆脱它的办法，以至于他们不再害怕复发。你可能听到有些临床医生讲：'根本就没有痊愈这回事。'"[2]

（三）应然逻辑——应然性原则

应然性原则被运用在感知层面，与象征界中"应该"的含义不同。象征界中的"应该"指向一种想象中的、对现存事物有意忽视或是滑稽篡改的冲动，他们自以为可以用一套主观的标准去框定现实，但在此处——我们身处自为界，感知层面所要遵循的应然性原则只对主体自身负责，且应然性原则要求主体以理性且客观的方式把握世界及其规律，这是

---

[1] ［美］克莱尔·威克斯：《精神焦虑症的自救》演讲访谈卷，王鹏等译，新疆青少年出版社2014年版，第53页。

[2] ［美］克莱尔·威克斯：《精神焦虑症的自救》演讲访谈卷，王鹏等译，新疆青少年出版社2014年版，第53页。

由感知本身的特性与内在逻辑决定的——这一点与主观性天差地别。

应然性原则表现出对世界的自然好奇,并用客观理性的方式去把握其中的规律(虽然可能目的是自利导向的)并在可能的情况下为我所用。应然性原则指向对世界整体且深刻的把握,并反过来预测并指导人们的生活。这是感知层面所要践行的使命,除此以外,感知不为那些虚无缥缈的过去事实或未来幻象添加任何注脚(注意区分客观视角与主观视角),感知更立足于当下,为当下能指导人们的实践而贡献力量,这一点将在对现实界的阐述中继续探讨。

(四)实然逻辑——和解性原则

当人处在本然逻辑与应然逻辑的层面,就会在一定程度上对客观存在的人事物抱有界限感与隔阂感——从自我的意志与心智模式出发去对接世界,毕竟还没有真正建立起与对象的平等关联。"我们每一个人都是一个个体,那么每个人都必然通过他自己有限的、有偏见的眼光来感知他的同伴。这就意味着,他一直在某种程度上歪曲了他的同伴的真实面貌,并一直在某种程度上不能充分地理解和满足其他人的需要。这不是一个道德失败或懈怠的问题——尽管他实际上会由于道德敏感性的缺乏而极大地增强。它是我们每一个人都是一个孤立的个体这一事实的一个不可避免的结果,我们都毫无选择,只能通过自己的眼睛来看待这个世界。这种来源于我们的存在结构的内疚,是一种合理的谦虚最强有力的来源之一,是一种原谅他的同伴的、不涉及感情的态度。"[1] 身为个体的存在者,从个体的现实性而言确实有与他人不可跨越的存在鸿沟,然而如果仅仅因为这样就将一种联结的渴望及其实现进程推进一个想象的领域——或谓之曰"善"——而就这样将它悬置起来,这就是一种割裂的态度而可能加重我们"源于存在结构的内疚"。

为了消解个体性与面对他者时所希求然而似乎不可得的联结性之间的鸿沟,一种实体逻辑在此被要求,并唯有如此才能最终在源于存在平等性的人我关系间建立起和解的桥梁。"个体性是现实性的原则,因为恰恰个体性是这样的一种意识,通过这种意识,自在存在的东西同样也是为他存在的东西。世界进程把不可变化的东西加以颠倒或转化,但它事实上是把

---

[1] [美]罗洛·梅等:《存在——精神病学和心理学的新方向》,郭本禹等译,中国人民大学出版社2012年版,第69页。

它从抽象性的无颠倒成为现实性的有或存在。"① 亦即，在精神的自身发展中，为他是个体性最终走向其存在的现实路径，因此在为他的精神历程中去实现个体性之实存一方面是个体性中潜能向现实转化的自然倾向，另一方面也是他者出现于个体精神世界中的现实意义——无他，"我们"将无从经过互相磨砺与融合的过程而达成精神的现实。因此，个体向他者在场式地敞开并为着他者而实现己身，反之，则为着己身之实然发展而必然地为着他者，这是精神发展中的一体两面。

具体的实现路径在于面对他者时基于道德情感的流动而全息感知他者之存在，且尊重他者为与我们一样的存在者，并在此基础上"我们"在一起结成伦理关系。真正伦理关系的建立正在于关系中的各方都有自由的觉知能力（表现为纯粹的自我意识）、彼此看到并互相尊重的基本立场（结成实体的前提），以及最终在关系形态中发现并确定关系应有的规律及达成关系的现实（结成伦理实体）。

> 伦理实体，在这种规定下，是现实的实体，是在实际存在着的意识的复多性中实现了的绝对精神；这个规定下的绝对精神，即是公共本质（或共体），它，在我们考察一般理性的实际形成时，对我们来说，本是绝对的本质，而现在，在它的真理性中，对它自己来说，则已成为有意识的伦理的本质，而且对于我们现在所论述的这种意识来说，已出现而为（这种意识的）本质。这个共体或公共本质是这样一种精神，它是自为的，因为它保持其自身于作为其成员的那些个体的反思之中，它又是自在的，或者说它又是实体，因为它在本身内包含着这些个体。②

从这个角度而言，伦理实体一方面强调个体性自我意识的清晰在场；另一方面强调"我们"基于具有最普遍共性的清明意识而在一起，形成现实中的各种关系形态，达到自为与自在的同一。因此，关系形态的精神内核正在于"我"与他者的意识之彼此敞开与交融，它构成了任何关系之应然发展的实然根基——往往我们只看到关系中可能存在的问题，而没

---

① ［德］黑格尔：《精神现象学》上卷，贺麟等译，商务印书馆1983年版，第258页。
② ［德］黑格尔：《精神现象学》下卷，贺麟等译，商务印书馆1983年版，第6—7页。

有看到问题的根源在于这种平等意识的交会并没有真正发生。

(五) 全然逻辑——开放性原则

全然逻辑运行于意向这一人格层面之中,它要求意向完全敞开己身以拥抱一切可能性,而不在任何可能的对象之上停留。从这个角度而言,我们看到意向所要遵循的开放性原则,其中至少包括两重内涵。

首先,意向之超越自身边界的飞跃。意向在人格层面中具有最高的自由度,这一点集中体现在意向甚至可以意向己身的消亡而向着"意"外的存在之域纵身一跃,将存在的主宰完全交付于不可思议的存在本身,这表现为意识的一种飞跃状态。"如果精神应该遇到一个黑夜,那毋宁说是始终清醒的失望的黑夜,是极度的黑夜,它是精神的前夜,而由此可能升起完整白昼的光明,这种光明用知的光线勾画出每一个物体。在这一等级上,平衡与热烈的领会相遇。甚至无需去判断存在的飞跃。它在人的诸种立场的百年宏伟画幅中重新获得了自己的地位。对观赏者来说,飞跃即使是有意识的,它也是荒谬的。当它自认解决了这个悖论的时候,它已完整地确立了这个飞跃。飞跃由于这样的身份是激动人心的,也正因此,一切又都各归其位而且荒谬在其灿烂光辉与多样性中重生再现。"① 具有有限自由能力的意向能为己身作的最伟大且彻底的服务即在于尽其可能创造该种精神飞跃的契机,在荒谬中完成它作为有限存在者的最后使命而带着己身投入无限。

其次,意向不间断的流动性。意向不在任何地方停留,正如荆棘鸟,它一生飞行,只在命中注定的死亡时刻作生命中唯一的一次着陆,意向亦然,它的自由来自永不停息的流动性,而一旦它在某对象上停留,便极有可能因成为对象自身而丧失自由度,这也就宣告了它的死亡。需要注意的是,人与自然的相互融会是一个双向赋能的过程:一方面,世界需要主体带着自由意向的创造,充满活力地发挥人类无与伦比的创造力(人塑造自然的过程);另一方面,人也需要自然作为己身创造力的载体,赋予一种渺远的精神力量以现实性(自然成就人的过程)。"世界就是一些有意义关系的模式,一个人存在于其中,而且他或她也参与在这些关系的设计之中。可以肯定,它具有客观现实性,但却并不仅限于此。世界在每一时刻都与这个人相关联。在世界与自我及自我与世界之间发生着一种持续的

---

① [法]加缪:《西西弗的神话》,杜小真译,西苑出版社2003年版,第74—75页。

辩证过程；一个当中隐含着另一个，如果我们忽略了另一个，那么谁也无法得到理解。这就是一个人绝不可能把创造性定位为一种主观现象的原因；一个人绝不可能仅仅根据在这个人内部所发生的事情来研究它。世界的这一极是一个人的创造性的不可分离的一部分。所发生的事情总是要有一个过程，一个做的过程——尤其是一个把这个人和他或她的世界相互关联起来的过程。"① 从这个角度而言，人与自然的关系始终处于一种意识当下临在且意向时刻在世界中流动的状态，"世界绝不是某种静态的东西，不是某种纯粹给予而且个体因此而'接受''适应'或'与之斗争'的东西，相反，它是一种动力学的模式，即只要我拥有自我意识，我就是处于形成和设计的过程之中"②。人与自然无间的交会（甚至没有任何意图与对象意识）构成了精神发展的动态画卷。

三　自为界各结构间的发展动力——和：寻求内部一致性表达

（一）整合——各人格层面当下在场

每个人格层面都带有相对自由的自我觉知，这一点毋庸置疑——在一定意义上，每一个人格层面的当下在场都是生命自然而然的状态。但现实中我们往往看到有的人格层面比较突出地显现出来，成为人格的主调，而有的人格层面则似乎总处在被压抑的状态，譬如我们时常说，某人是理性的或是感性的，这种简单的标签化实则透露出主体人格所展现出的某些特殊倾向，即一个所谓理性的人，可能在感知层面的功能比较活跃，而所谓感性的人，则可能在感受层面比较活跃，并塑造了他给人的整体印象。

各人格层面的当下在场是一个人生命展开的自然状态，这类似于一种蓝图思维，即从被给定且存在着的自在视角而言，不论是潜能抑或是实现了的状态，人格各个层面的展开都已然存在着，它像展开的生命蓝图一样已然在无时无刻不实现着其自身的过程中了（生命的整合是一个自动自发的过程）。而作为有限存在者的人则好似在这个生命蓝图中进行探险的游戏玩家，他只能在时空载体中线性单向地慢慢体验，被卡顿在某对象物中的根本原因只在于，他忘记了全观自己的无限可能，而将"我"认同

---

① ［美］罗洛·梅：《创造的勇气》，杨韶钢译，中国人民大学出版社2008年版，第39页。
② ［美］罗洛·梅等：《存在——精神病学和心理学的新方向》，郭本禹等译，中国人民大学出版社2012年版，第77页。

为那个对象物罢了。

　　整合中最主要地蕴含着将人格各层面都放到清醒自我觉知的光照下这一智慧，串联各人格层面的觉知力（即意识到自己的存在）时刻都在，当看到并意识到自身存在时，我们说人格层面就必然是在场的。譬如在意志层，"我"看到自己正在涵泳并积蓄着对某对象物的冲动；在感知层，"我"正用理性梳理着对某对象及其规律的认识；在感受层，我正涌动着对某物的强烈情感，想要投入与之交会的当下实感之中并因此甚至有些感动；在意向层，"我"正漫无目的地感受着存在本身的静谧……不论以怎样的人格结构出现，它都只是生命表达与体验自身的一种形态，要之，当与"我"有关的一切要素涌进觉知之域时，我们说，"我"自明地存在着，故而有了当下的意义。在场的最主要意涵正在于"我"意识到自己，当意识到自己时，"我"已然既是自己，又不是自己——唯有当我从一个认同的边界中超越出来，方才可能看到自己，而这个能供"我"后撤的空间，正是存在的领域，如若没有这个空间，"我"就不可能既自在又自为地对自身及我的对象物有一种实感，同时看到而又不认同。当看到而又不认同的时候，"我"的内在空间正发生着分离且渐渐扩大，"我"的人格层面向我涌来，"我"像是第一次认识它们一样感到惊喜——当我们在人格层面中看到并认同于它们时，我们其实对它们并不真正了解，我们成为它们的奴隶，在看不到的天花板下机械运作，而当我们有足够空间看到而不认同的时候，我们才真正平等地理解了它们。此刻，我们才从一种全观的意识角度看清了"我"，看清了人格各层面的存在，以及它们各自的运行状态及特殊规律，我们才真正把所有人格层面都干净利落且保持着客观态度地请到了当下——这一临在的场域之中。

　　如果没有这种清醒意识下的自然人格分层，我们都不大可能真正意义上澄清并理解每一个人格层面，诸如一个正在火冒三丈的人，他可能会用极端歇斯底里的方式大声宣告"我没有生气"，这种情况正是由于缺乏自我观照而使得与生气有关的人格层面被蒙蔽与裹挟，而真正人格层面清醒在场的人，则会以平静的方式描述"我正在生气"这一状态，他既在感受之中，又在感受之外，唯有如此，才能说感受这一人格层面是在场的。此处根据这个例子再赘言一二，真正的意识在场须具备几个条件：首先，清醒的自我意识；其次，在清醒自我意识所开显的存在之域中坦诚感受一切感受，既在里面，又在外面；最后，只有在观照及切身感受的土壤上，人格层面才能自然析出它真实的面貌，一切可能的纠缠才能在它们在场的当下得到解决（所谓解决只是看到与澄清而已）。

（二）真诚——各人格层面如其所是

基于存在意识的开显，各人格层面都如其所是地显现自身，一种秩序感自然沉淀出来，这是一种奠基于狭义理解的道德现象的伦理现象学的出场。

以伦理现象学的视角进行审视，当人格各层面如其所是地在场时，尊重并继续探索它们各自的特点及互动关系之规律便是题中应有之义。此处需要变换的思路在于，虽然身处自为界之中，但此时自为在伦理转向中自觉让位于自在的视角，这是一种以全局客观意识取代局部主观意识的思维转向，它仍然是自为选择的结果，但它将自身的主观任性主动交付于客观运行的机制之中，是自为主动面向并接受自在之洗礼与扬弃的尝试。

在客观视角下，主体所要遵循的动力原则是真诚，即在自为的角度而言不任性妄为地对属于伦理的东西过多揣测并意图修改，主体意识顺大势而为，将自己融入系统之中，这意味着，哪怕系统的运作会暂时给主体带来不适感，但主体尊重规律地运行并自主承担不适的后果，只有这样，才能在纷繁杂乱的个体任性之上建立起不容更改且具有崇高感的价值共识，才能达成良心的普遍性，而具有普遍性的良心首要地就表现在主体具有道德责任意识，他意识到系统规范并不是单为"我"的存在，它对所有人都有效力，在此基础上，"我"需要了解系统的运作，以此而达成对他人的客观理解，并对他人尽到义务，只有这样，才能在促进良心的普遍性方面形成良性循环。"良心于是就是自身确信的精神，而自身确信的精神本身就包含着它自己的真理性，它的真理性就在它的自身中，就在它的知识中，并且所谓在它的知识中的意思就是说在关于义务的知识中。这种精神之所以保持自己于关于义务的知识中，正是因为，那在行为中的肯定性的东西，即，义务的内容和形式及关于义务的知识，都是隶属于自我、隶属于它的确定性的。"[1] 此处可见主体意识在客观思维的转向中体现出一种自我的成长与成熟，它主动要求在理解中、在义务中更好地完善自己的良心——毋宁说，是通过完善"我们的"良心而达到自我更高的发展阶段。在其中，我们的人格层面亦迎来了一次整体性升华，此处的两重内涵是：

---

① [德] 黑格尔：《精神现象学》下卷，贺麟等译，商务印书馆1983年版，第158—159页。

首先，人格各层面都具有了一种客观视角，这有利于主体主动且稳健地与世界建立联系；其次，人格各层面都能以同样的心态审视自身，以便能对自我多出来一种较为冷静、包容的态度，尊重人格各层面运作的规律及其形式，而不再对其中承载的内容作无谓的扭曲。

（三）协同——各人格层面一致性表达

人格各层面当下在场且在真诚性原则的指导下，主体空前地回到自身，全息感知自身的存在，并真正以整全的人的形态展开了在自为界中的生活世界。

主体所要面对的第一个问题是，如何运用有限自由的最高权限，对生命本身进行符合生命全局之最大利益的调整，这就像诸缘具足的大厨，正准备创造性地做出美味一样——到了人格各层面的协同发展阶段，基于主体的生命表现形态就成了如艺术品一样独特而具备审美属性的存在，它的发展将没有一定之规，而在不间断的生命之流中时刻动态地表达它的魅力。纵使如此，我们仍能够把握各人格层面协同配合的一个基本原则，即它们需要一致性表达与发展，其中涉及至少两方面内容：一是各人格层面的独自运动以"道"的内在规律为圭臬（终极普遍性）；二是由于各人格层面的特点不同，它们在共同运动中需要相互配合并整体上形成生命的内在节律（终极个性化）。对于第一点，一个时时刻刻都能提起觉察的心灵会体验得比较深刻，当心始终临在于每个人格层面中时，每个人格层面的表现都会有一个轻松、安然的存在依托；对于第二点，则需要更多实践智慧。在生命的具体运行及表现中，情况复杂多变到超出想象的地步，许多道德困境及连带而来的道德选择困难都来自似乎在某人格层面行得通的道理，在另一人格层面却出现了矛盾，或者一个人格层面在向着"道"的运动中保持顺畅，但另一个人格层面却保持着旧有惯性的背道而驰，遂而同样产生纠缠。这些都是人格内部发生的错乱，表现为虚伪焦虑。

最理想的状态是，各人格层面不止在"道"的层面保持顺势发展，在具体形态上也能彼此适应并积极地寻求互相配合与共同发展，譬如在感知层面较为突出的人，如果能尊重并发展自己的感受能力（而不是通过擅长的感知力去贬低或压抑感受力），那么感受力反过来也能为感知力提供更多可感悟的素材，两者便能互相促发——事实上，各人格层面的关系中并不存在博弈的问题，它们是生命中相安无事的多条轨道，是人本有的内在资源，问题只在于有限存在者尚且没有将它们充分活现出来，就好像盲人摸象一样只摸到了某个部分，如果就此而产生了部分之争，实乃一件没有意义的事情。但相反，如果这些部分能够相互配合、彼此成就，那么将可能在部分之上涌现出更逼近生命实相的存在。从这个角度而言，人格各层面的一致性表达及其发展也能够促进一个整全意义上的清明意识之觉醒，表现为以人格为表征的主体更能集中力量地体察自己并相对可控地调整自己，使自己更有一种切实的存在感，且在这种情况下，一般都能令主体自然生发出由衷的喜悦，从而拥有较高的情绪体验水平。

第二节 虚伪焦虑的表现

一 回归自我感的悲怆

在象征界的最后环节，"我"感到一种空洞，即表现为主体并没有自觉体察到存在的根基。从后天意识的角度看，表现为意向外求。所谓意向外求，是在主体意识发用的基点处，这一点意识并没有接通先天意识，即表现为"我"事实上从存在的基底中跌落出来，成为一个空位而指向了"对象"。"内在的空虚是一个人长期积聚的对自己的特定信念的结果，即他坚信自己无法成为一个实体来指导他自己的生活，来改变他人对他的态度，或有效地影响周围世界。"[1] 这一点并不奇怪，因为当一个主体从根本上与先天意识割裂之后，虽然也形成若干流变的后天意识，但从其本质而言，都是通过与它的对象对举而产生的若干"我"片段，并没有真正自我整合的根基，从这个角度而言，它们与自己的对象并没有实质差异，都是存在之海中的泡沫。也正因为如此，主体才会感到这种由衷的空虚，实则是一种无根的空虚——一个所谓的主体如果与其客体是互相依存的关系，它永远无望从后者中找到自身的本真地位，也因此永远会同时成为它对象的对象物而显得仓惶且无力。

自我感的失落可能会使主体因与无望与空虚的关系如此紧密而引发他们投身于其中的意向，即以自杀的方式去拥抱无望，就像叔本华那样对自杀谈得如此行云流水，然而，在自为界中主体尤其表现得像个英雄的地方，在于他们并不放弃自我意识的清醒与责任，在认定我于后天意识的栖息这一前提下，奋起收回己身散佚的能量，在不能达到象征界中高级生命

---

[1] [美]罗洛·梅：《人的自我寻求》，郭本禹译，中国人民大学出版社2008年版，第11页。

状态之前，先收拾自家精神，相对而言自作主宰，这便于有限精神世界中表现得富于勇气与担当了。"坚持与清醒的态度是目击这非人道游戏的优先条件，荒谬、希望和死亡在这游戏中角逐争斗。精神的阐明并重新经历这种原始而又微妙的争斗的种种面貌之前，就已经能够分析它们了。"①这无论如何都能够体现出主体的自主责任并因此给人以希望的光芒，人性在自身有限的领土中再次开出勇气之花都让人感到一种悲怆情愫及由之生发的感动。这大概就是克尔凯郭尔所描述的悲剧英雄之意义，虽然他们不像信仰骑士那样直接以投身于隔绝存在与非存在之鸿沟的荒谬来直接获取存在的激情，但在后天意识中和风细雨地逼近普遍性之存在亦需一种细水长流般的忍耐——因此，每一个愿意将目光重新收回主体并作出下一步任何可能之规划——唯其不放弃自主意识的存在者，都是行走于世的悲剧英雄，而且事实会证明，勇气，是生命赋予其最重要的礼物。

二 悲剧感的丧失

悲剧感是一种深刻的同理心，能将人带入深刻的自我觉察和感受之中。悲剧感让我们在一种设身处地的实境中体验到别样的人生体验，并同时升起对自身存在和自我角色的观照和重新审视。"一部悲剧之所以能震动我们的特征，来自于潜在的被置换的恐惧，来自于这种潜在的恐惧，即对那种固有的能将我们所选择的意象（我们在这个世界上做什么，我们是谁）撕裂的恐惧。"②悲剧感也能同时激发我们的感恩之心，当悲剧情境所带来的恐惧在心中切身演练过一遍，再次回到现实中却看到自己并没有真的亲历这一切时，会由衷感到一种欣慰，并同时对在世界上承受着现实悲剧的人们生发出一种同理式关切，从这个角度而言，悲剧感使人谦卑——面对同为存在者的人们，命运的考验对于每一个人都是公平的，只是恰好悲剧降临了他们而不是自己，然而身为人类，他们所受的痛苦自己也能感到，或者从整体而言，人类所共造的业正以某种方式落在他们身上，他们以这种方式成为我们的示法，因为他们的背负而烘托出我们的幸运。"集体的未来生存于个体的现在之中，尽管个体被自己的问题逼得喘不过气来——事实上，个体被视为这个集体的器官。敏感的、心理上受扰

---

① ［法］加缪：《西西弗的神话》，杜小真译，西苑出版社2003年版，第12页。
② ［美］罗洛·梅：《创造的勇气》，杨韶钢译，中国人民大学出版社2008年版，第58页。

乱的、有创造性的人历来都是先驱者。他们那被集体的无意识内容提高的渗透性，那决定团体中的事件的历史的深层，使他们容易接受集体尚未知晓的正在出现的新内容。"① 在这种心境下再审视悲剧的承担者，他们正是一群易感性高于平均水平的人，是一群以体验与疏导人类潜意识为使命的人，如此一来，主体内心将生起对他们的崇敬，并产生感动与感恩。

悲剧感的内涵和意义在于：首先，悲剧感实质是一种道德敏感性；其次，悲剧感能使人观照存在感并重新反思自身的角色定位；最后，悲剧感能让人在同理式体验基础上生发出对他人的悲悯与理解，使人真正变得平和而谦卑。虚伪焦虑者由于种种原因丧失了对悲剧感的体验，这意味着：主体没有真正尊重悲剧的发生，或因为恐惧悲剧而有意地屏蔽它；主体过于执着在自身角色的定位之中，缺乏同情能力；主体因为过于执着于某些道德评判，没有看到人我同一的感受基底而过于高傲，但在对悲剧承受者的各种逃避或贬抑中，却丧失了一种平和的心境。

三 喜剧感的扭曲

此处所论的喜剧感，并非一种可直接引发人愉悦的喜剧感，而是一种为了疏解某些阴暗心理而迂回表达的喜剧感，很多喜剧或玩笑中表现出来的诙谐感就属此类，它们的常见表现方式有游戏、俏皮话、胡言乱语等。如果说真正的喜剧感可以当下直接引发人的快乐情绪，那么被扭曲的喜剧感却总要消耗主体一定的心理能量，而且也可能使听者觉得不那么愉快。喜剧感的扭曲虽然是一种不那么明显的虚伪焦虑，但其表现形式总有些可取之处。

扭曲的喜剧感包括如下几重内涵。首先，扭曲的喜剧感至少包括三层被压抑的情绪。第一，压抑本身。扭曲的喜剧感不允许自己真的快乐，表现出的快乐是一种经过人为裁减的快乐，是一种想象中应然的快乐和现实中有限的快乐的混合物。第二，被压抑的攻击性情绪："通过始终如一地坚持'理解一切，原谅一切'，越来越剥夺了对妨碍我们行为的同伴感到愤慨的能力。"② 通过用力得来的喜剧感只是为了表达自己高尚道德理想

---

① ［德］艾利希·诺依曼：《深度心理学与新道德》，高宪田、黄水乞译，东方出版社1998年版，第7页。
② ［奥］弗洛伊德：《诙谐及其与无意识的关系》，常宏、徐伟译，国际文化出版公司2001年版，第109页。

的人造物罢了，它在一定程度上是主体为迎合他人而捏造的自我排遣或哗众取宠，而不是发自内心的喜感，在这种情况下，主体自身并没有得到喜感本身的滋养，因而便可能衍化出焦躁和愤怒。一种真正的喜剧感的建立，依赖于关系中的双方或多方坦诚相见，一定程度上，直接表达的愤怒更容易为人营造舒适而愉悦的氛围，并且，真正的喜剧感也能滋养关系中的个体，从而达到"众乐乐"的效果，它绝不以剥夺某一方获得愉悦作为条件。第三，被压抑的快乐情绪。扭曲的喜剧感部分满足了主体表达快乐的渴望，"诙谐逃避种种限制并敞开那变得不可触及的快乐的源泉"①，使得"强烈的谩骂倾向被高度发达的审美文化所控制"②。因此扭曲的喜剧感也并非总是主体压抑的产物，它也可能真正蕴含着主体内心的狂喜和愉悦，只是它的表达形式发生了异变——用并不具有喜感的方式去表达己身的快乐。如果说压抑快乐及捏造快乐是喜剧感本质的丧失，那么此处的情况便是喜剧感形式的丧失。

其次，扭曲的喜剧感的矛头往往指向现实中令主体恐惧的权威。如果没有一颗坦诚而平等的心，那么面对权威总可能勾起主体内心的恐惧，而这种恐惧在权威面前不得不选择压抑或转化为诸如服从的热情等形式，其中被压抑或转化的心理能量总需要一定的心理空间以资自我调适之用（需要一定的"润滑剂"，因为过于刚性的自我扭转之努力，往往蕴含着脆弱性），否则这种从根本上而言由地位之不平等带来的令主体时刻感到低人一等的情绪会衍化为消极的愤怒与反抗，而当这种反抗一直压在内心不得发泄时，便可能造成主体己身的抑郁或自我惩罚，或使主体有一天突然爆发而以可怕的能量指向他所恐惧的权威。然而，扭曲的喜剧感以诙谐的方式为这种恐惧带来了软化与疏解的一种可能路径，它为本身严肃而不可跨越的等级感提供了一面"嘻哈镜"，使常理中为主体带来压力的关系有了一种变形的诠释视角，不论权威是否真的在场，但在主体内心，权威已在一种臆想的效果中被消解，它们成为主体可近距离观看并随意调侃的对象，由此而化解了悬亘在心头的紧张，再回到现实关系中时，则已然释放了很多恐惧权威的压力。这便是我们经常看到讽刺漫画都指向权威的道

---

① ［奥］弗洛伊德：《诙谐及其与无意识的关系》，常宏、徐伟译，国际文化出版公司2001年版，第110页。
② ［奥］弗洛伊德：《诙谐及其与无意识的关系》，常宏、徐伟译，国际文化出版公司2001年版，第126页。

理所在，从这个角度而言，轻松而朴实的普通生活还不足以在这种反差中达到扭曲的喜剧感的效果，越是强烈的反差，越能令人惊奇而产生错愕，遂而在一种忍俊不禁中事实上培养起一种新的世界观，这其中展现出游戏心态的魅力。

最后，扭曲的喜剧感往往是一种意识的自我解脱，它在一种放松的状态下允许自己失控，并由此而从诸多思绪与情绪的控制中走出来，不经意间造作出什么小动作，反而越发可爱并带来会心一笑。"任何一个允许真实情况在疏忽的时候被说出的人，实际上都愿意从伪装中解放出来，这是一个正确和深刻的心理学观察。没有这种内部的同意，任何人都不会让自己为这种自动现象所掌握。"① 活在完美形象中的人往往由于给己身施加的不实之要求而活得比较疲惫，恰恰那些具有幽默感与自嘲精神的人，比较具有灵活而富于创意的心灵空间。

需要强调一二的是：真正的喜剧感和扭曲的喜剧感的差别在于，前者可以真正解除人类因压抑而不能释放的快乐，正如快乐的在场就是不快乐的消失一样；后者可以作为达到这一目标的辅助物。当真正的快乐涌现出来时，被扭曲的快乐也就不存在了，这并非存在两种不同性质的快乐，而是在不同形态的快乐中，蕴含着不同程度的快乐力量。在一定意义上，虚伪焦虑也部分来源于喜剧感的扭曲，它毕竟不是真实快乐的直接表达，作为手段而存在的扭曲的喜剧感，为主体比较能够放下压力而选择轻松生活打开了一扇窗户。

四 不良身体反应

虚伪焦虑在自为界中发生，最能引发人的切身感受。"遭受神经性疾病（此处专指焦虑状态）困扰的人是那么痛苦，他们中的许多人向我寻求紧急缓解之道。这些症状包括：突发的恐慌、心跳加速、虚弱、疲劳、颤抖、难以吞咽固体食物或深呼吸困难，等等。你能想象得出当这些病人被告知可能需要很长时间去寻找隐藏着的病因时他们所感受到的迷惑与绝望吗？"② 由焦虑引发的不良身体反应往往有深刻的心理动因，"让我们以

---

① ［奥］弗洛伊德：《诙谐及其与无意识的关系》，常宏、徐伟译，国际文化出版公司2001年版，第113页。
② ［美］克莱尔·威克斯：《精神焦虑症的自救（演讲访谈卷）》，王鹏等译，新疆青少年出版社2014年版，第2页。

一种所谓的心理或情绪状态——焦虑为例,看看它是怎样影响身体的。如果你能接受这种焦虑,那么它不会对你产生特别的伤害,甚至可能对你来说是一次有教育意义的机会。然而,如果你怨恨它、与它对抗,那么它将会产生另一种效果,你很可能会变得抑郁、厌烦。第三种情况,如果你不能接受它,而采取压抑的方式,那么它实际上可能会促成有害的心身影响,例如溃疡的突然加剧。在每一种情形下,我们看到并不仅仅身体影响'心理',或者是'心理'影响身体,相反,关键的问题是,这个个体在他的自我觉察中是怎样将身体与心理这两者联系起来的。这个关键的范畴就是与其自身联系在一起的自我"①。因此一定意义上可以说,从对"自我"的认同及其认同障碍之中,才产生了心理与疾病的共联性关系。

从发展心理学的角度来解释,自我认同障碍可能源于主体幼儿期与母亲的联结障碍,表现为期待不能被满足时用破坏性情绪作为宣泄的状态。根据梅拉尼·克莱因(Melanie Klein)的观点,幼儿通过内投作用(力比多以向内施加压力的方式起作用)、以母亲的乳房作为直接感受的中介而将母亲形象内化到了自身之中,由此幼儿对母亲的感觉和母亲对他的态度都非常了解。除非我们牢记,母亲的感觉对于孩子来说是在与未知世界的斗争中想生存下来的全部,否则我们就无法以成人的身份去理解母亲和孩子之间的共生关系。从这个角度而言,幼儿尚未能形成一种对过去和现在的均衡感,未能形成根据过去经验来判断新经验的能力。瞬间对于幼儿来说就是永恒,任何时候所发生的事情都能决定他的生命。一切他所需要的就是爱和好的感觉,而如果没有这些的话,他就会惊慌。我们称为害怕或者失望的东西,对于幼儿来说就是遍及全身的恐怖。② 这就是幼儿通过味觉(主要是接触母亲乳房以及体尝乳汁的经验)建立起的对世界最源初的期待。

此处有一个基本原则:如果母亲收回她的力比多,那么孩子也会收回他的力比多,并伴随着吸入过程的后撤、收回和收紧的器官反应。而这些反应会引发恐惧,以愤怒、呼吸困难、喘不过气和外围及后背肌肉的僵硬、爆发侵犯、发脾气及后来被称为癫痫发作等形式的症状。侵犯和愤怒

---

① [美]罗洛·梅:《心理学与人类困境》,郭本禹等译,中国人民大学出版社2010年版,第221—222页。
② 参见[英]乔治·弗兰克尔《探索潜意识》,华微风译,国际文化出版公司2006年版,第60页。

是机体对收回力比多的反应，后者被视为对于满意的阻碍，幼儿不得不采用这种方法来试图去接触消失掉的或者隐藏起来的生活的感觉。咬、尖叫、踢打和血压升高，都是侵犯的机制，它们用来将机体从紧张中释放出来，抵消那种回退的反射。① 由此可见，期望不被满足时幼儿（可能延伸至成年）所自然发生的情绪和身体反应作为一种焦虑感受，本身就是为了应对更源初的焦虑而存在的。此处引发的思考在于，焦虑反应有一种叠加效应，前一种焦虑会作为源发的期待索取满足，当未被满足时，则又引发新的焦虑，没有穷尽。因此焦虑作为一种为主体所体验的感受，本身勾连着期待和满足这两端，而从期待本身而言，如果主体不找到自身的存在根基，则期待永远不会被消解。令人绝望的是，除非同样找到主体的自我身份认同，否则期待也将永远不会被满足，如此一来，形成永无止境的恶性循环，使焦虑成为人生活的常态。

第三节 虚伪焦虑的特点

一 否定

虚伪焦虑和迷失焦虑的最大不同是，所处的自为界与象征界，其基本运行规则一个是"不"，一个是"应该"。"不"与"应该"正如一体两面，相互依存与补充，然而仔细考察才能发现其中的大不同。

当主体进入象征界时，他们的主体性退居其次，他们追求从他者处反射回来的镜像自我认同，因此活在一个想象中的应然世界中，他们起心动念的基本逻辑是"我应该……才能……"，因此无形中认同了一个并未经过主体自身检验的意义空间。然而，正如任何在世界中的存在都逃不出二元对立的命运一样，"应该"在象征界中的发展亦有其合理之处，这就是它所沉淀出的意义空间含有对主体自身的一种教化意义，能使主体从一个相对客观的角度而言，不断走出"我"的局限性而走向无限——当然，这以自我意识的不断清明与开阔为前提。

当主体进入自为界时，能量就收束于"我"之中，与象征界中的"我"不同，"我"是自身真实体验的"我"，是自我意识的切身表征之

---

① 参见[英]乔治·弗兰克尔《探索潜意识》，华微风译，国际文化出版公司2006年版，第61页。

载体，它不再只是一个主体效果总量。因此，虚伪焦虑的发生并不主要来自他者视域下的"应该"，而在于当注意力全副收归于"我"之中并在一种坚决态度中准备去体验"我"之真实性时，却发现"我"之不完备的一种窘境，这正如"我"正准备走下舞台而步入自我之实存时，却突兀地发现自己所要面对的，是如此矛盾丛生、粗鄙与崇高集于一身的"我"，在这个突然的发现之中，包含着一种错愕和荒谬，而其中所蕴含着的本然逻辑就是否定。

"我"的否定性至少包含了两重内涵，它是本然的自身否定和从否定中所生发出的肯定。首先，"我"是于"道"而言的被抛者，因此"我"本来就是不完善的。"在任何包含着某种非人因素的美的深处及这些山丘，这宁馨的天空，这些树的情影，这一切突然在同一分钟之内丧失了我们梦寐以求的幻想的意义，从此就变得比失去的天堂还要遥远。经过千年沧桑变幻，世界与我们的对立越加强烈。我们在一瞬间突然不再能理解这个世界，因为，多少世纪以来，我们对世界的理解只是限于我们预先设定的种种表象和轮廓，从此，我们就丧失了这种方法的力量。"① "我"的否定性来自一种深刻的悲伤，表现为当跨越了"道"的失落及象征界之后，喟然慨叹是否还能迎来飞跃时刻的彷徨，以及该如何面对无根之世界而又必须扎下根来的决断。彷徨不易摆脱，而决断总在经受无根而无力、无力而怀疑的挑战，这意味着主体在暂时被命运要求须面对有限之自我时，突然空前地意识到一种有限之自由，而这种自由令其感到晕眩。一个人所要面对的最大难题，绝不来自当拥有绝对的自由或是完全丧失自由之时，而就发生在拥有有限自由时——你觉得自己似乎可以做些什么，然而却又要受到掣肘；你以为自己可以高傲，然而却又被更大的力量甚至不惜以经历惨痛的教训为代价教授你要懂得低头；你感到欣喜中蕴含着的怨恨，而怨恨则将以其更饱满的否定形式教会你放下它；或许你最终只拥有了一种臣服的坚定和淡淡的从容与喜悦——在其中，你必然经历一个生命由重而轻的过程——这个蜕变怎么说都是最为艰难的。"焦虑既不是一个必然性的范畴，也不是一个自由的范畴；它是被纠缠的自由，在那里自由并不自由地在其自身而被纠缠，不是被必然性纠缠，而是在自身。"②

---

① ［法］加缪：《西西弗的神话》，杜小真译，西苑出版社 2003 年版，第 17 页。
② 杨钧：《焦虑》，北京大学出版社 2013 年版，第 32 页。

这种艰难除非有一个坚定的信仰根基（但不意味着要皈依某具体的宗教形态），否则会令"我"感到无力，而无力所带来的，无非就是想要放弃，或悲恸地想要以极端形式——例如自杀来否定自己的存在。当然，如果我们能看出自杀背后强烈的求生欲——以"死"这一方式，充满激情地、生动鲜活地表达对死的抗议与报复。此时，至少我们可以生出一些对死的敬畏与对死的动机的莞尔——它想要去表白的对象是软弱，然而却用如此富有生命力的作为展示出它超群的力量。

还有一种否定"我"的形式，它并不以直接的否定来否定自我，而是采用了间接的方式，譬如当不能接受一个现实软弱的"我"时，"我"亦不用一定要披上信仰骑士的风衣，而只是采用一种惯常的批判的方式，生出一个内在批判之声。"内心的指令，正如集权国家的政治暴行一样，极度无视个人自己的心理状况，无视他之所感和目前所做的一切。……他只是简单地向自己发出这样一个绝对命令：否认或忽视其所具有的脆弱性。"① 此处的情况在现实生活中比比皆是，譬如：一方面，当事者会因自己制定了不可完成的任务而感到高人一等（事实上抬高了对自我的要求而否认了自我的软弱）；另一方面，在执行过程中往往遭遇现实的挫折却还义无反顾，总是认为自己一定可以用超常规的方式高效完成计划（当然，他也没有留意到自己的历史账户上已然积累了多次失败的经验，这仍然是一种以侥幸心理为表征的否认）。此处可见主体因否定而表现出的一种强烈自欺。"对实行自欺的人而言，关键恰恰在于掩盖一个令人不快的真情或把令人愉快的错误表述为真情。因此自欺外表看来有说谎的结构。不过，根本不同的是，在自欺中，'我'正是对我自己掩盖真情。于是这里不存在欺骗者和被欺骗者的二元性。相反自欺本质上包含一个意识的单一性。……人们不承受自己的自欺，人们不受它的感染，它不是一个状态。但是意识本身对自欺感到不安。需要有一个自欺的原始意向和谋划；这谋划意味着如前那样理解自欺并且意味着（对）意识（的）反思前的把握就是在进行自欺。……体验到自欺的人就应该有（对）自欺（的）意识，因此，似乎至少在我意识到我的自欺这点上，我应该是真诚的。"② 自欺最有意思的地方

---

① ［美］卡伦·荷妮：《神经症与人的成长》，陈收等译，国际文化出版公司2001年版，第57页。
② ［法］萨特：《存在与虚无》，陈宣良等译，杜小真校，生活·读书·新知三联书店2015年版，第80—81页。

在于，当人意识到自欺的时候，自欺事实上已然结束了，然而最怕人们在"对自己欺骗"这个原始的意识结构上画蛇添足（要么否认，要么强化），加速自欺的进程而不自知，这才是真正的自欺。也难怪人会自欺，因为深刻的、根植于主体基础中的否定之存在，但凡主体不能承认自己的存在现状，都难免自欺的发生。

其次，从后天意识的角度而言，"我"在理解了自身的不完善后，仍然有勇气投身于生活的全部，因为这既是"我"的使命，也是"我"后天幸福感的根源。从一个否定的角度而言，人类不可能逃避他后天存在的现实及其焦虑，这种否定仍然只有自欺的效果。"焦虑、焦虑的意向目标，以及从焦虑向着宁静的假话的逃避应该在同一个意识的统一中被给定。总之，我的逃避是为了不知，但是我不能不知道我正在逃避，而且对焦虑的逃避只是获得焦虑的意识的一种方式。于是，严格说来，焦虑既不可能被掩盖，也不可能被消除。然而，逃避焦虑和是焦虑，完全不可能是同一回事：如果我为了逃避焦虑而成为我的焦虑，那就假设了我能就我所是的东西而言使我自己的中心偏移，我能在'不是焦虑'的形式下是焦虑，我能有在焦虑内部虚无化的能力。这种虚无化的能力在我逃避焦虑时使焦虑虚无化，在我为了逃避焦虑而成为焦虑时，这种能力本身化为乌有。这正是所谓'自欺'。因此问题不在于从意识中驱逐焦虑，也不在于把意识确立为潜意识的心理现象：而仅仅在于我能在感知到我所是的焦虑时，使自己成为自欺的，而且这注定要填满我在与我本身的关系中所是的虚无的自欺，它恰恰包含着它所取消的那个虚无。"[①] 而当面对存在于世的现实自我，主体所要做的，就是将这个存在的现状及生活全盘接纳为"我"生存的使命，并在其中为完成自己的使命而感到充实与快乐。从后天意识之自我否定到肯定地生长，其中的关键力量是勇气。"既然焦虑是根源于存在的，它就不可能被消除。但是，勇气却把对非存在焦虑纳入自身之中。勇气是具有'不顾'性质的自我肯定，所谓'不顾'，是指它不顾非存在的威胁。行为勇敢的人，在其自我肯定中把对于非存在的焦虑自己担当起来。"[②] 因此否定中生发出的肯定与希望，是人在走投无路时所

---

① ［法］萨特：《存在与虚无》，陈宣良等译，杜小真校，生活·读书·新知三联书店2015年版，第75—76页。

② ［美］P.蒂利希：《存在的勇气》，成穷等译，陈维政校，贵州出版集团2009年版，第39页。

激发出的一种责任意识,当主体真正愿意承担自己的命运时,力量感才能油然而生,当"不得不"成为"必须"时,我们说,虚伪焦虑连同其中的否定性逻辑才算完成了存在的使命与意义。

二 荒谬与厌倦

正如《西西弗的神话》向我们表达的深意那样,当人面对了他的使命而在现实中扎根下来,他所要面对的就是永无止境的、在时空中展现的单调生活,这一点是对人耐心的极大考验。"海德格尔冷静地观察了人类命运并且宣告这种存在是卑微低下的。而唯一的实在,就是在生物进化系统中的'烦'。对于被抛到世界上的人及他的欢乐来说,这'烦'是一种短暂而又难以捉摸的畏惧。但当这种畏惧觉悟到自身时,它就变成为焦虑——清醒的人的一种常态气质,而存在就置身于这气质之中。……他列数了'烦'的种种表现:平庸的人企图在自己身上缓和并减轻'烦'的时候所产生的厌倦,思想在沉思死亡时所产生的恐怖。……'存在通过意识的媒介向自己发出一声召唤'。'对死的意识就是焦虑的声音,而且它恳求存在从自己无名人身份的失败中恢复回来。'海德格尔还认为,不应当沉睡,而应当保持清醒直至消亡。他本人就是在这荒谬的世界里坚持生活,但他特别指明这个世界是没落腐败的。他在断壁残垣中探索着自己的道路。"[①] 因此,我们需要允许人们在烦琐、单调的生活之"烦"中存在反复,这并不代表他们没有勇气,而是在勇气的基地上,共存着悲伤、无力等感受——这不禁让人想到,难道不经历克尔凯郭尔笔下那充满荒诞的信仰考验,就必须以生活中的"烦"作为代价而慢慢接受对我们罪性的惩罚吗?将后者置于历史长河中考量,并不比前者轻松,而且它还面临着主体麻木、冷漠的风险——当对这种考验厌倦到无以复加时,大概寻死的念头又会升起,因此我们常看到在平凡琐碎事物中绝望地寻欢作乐的例子,而其背后却充满了无望的挣扎。

在荒谬与厌倦中,我们似乎看到一种悖论性现象,即虽然人们厌倦于现实生活无始无终的单调重复,然而却又将他们无处安放的精力与时间花费在深深湮没在"烦"的土壤中的人事物上面,譬如恋物癖所表现的那样。人们在"烦"之中动用他们的聪明才智发明出各式各样消

---

① [法]加缪:《西西弗的神话》,杜小真译,西苑出版社2003年版,第29页。

磨时间的方式，用一种无奈的情绪基调构建起人为的价值之网，并在其中有了对过去和未来的执着——要么是扼腕叹息不能自拔，要么是充满想象飞蛾扑火。"一如古代传说中那些神秘的生命从海藻缠绕的海底浮现一样，现在这些往事从你的记忆之海中升起，既往诸事，交织一起。灵魂变得伤悲，心灵变得柔软，似乎你在与往事作别，把你自己与它活活分开，无论在时光中或在永恒里都永难再见。仿佛你曾对它不诚，不忠诚你的信念，你感到自己不再是那个故我，不再那么年轻，也不再那么天真烂漫；我不禁对自己生出一种恐惧，唯恐失去了曾使你幸福、快乐、充实的东西；你对你爱的对象亦怀恐惧，唯恐它在这种转变中受苦，唯恐它不再如先前地完美无缺，唯恐它也许回答不了那许多的问题，那时，呜呼哀哉！一切都完了，魔术消失了，再也唤不起来。"① 在时间感中的陷落源于人们产生了一种不同于在象征界中的幻象（象征界中的幻象是被给定的），即他们开始想要自己构建价值与意义，欲在注定分崩离析的对象物中架构对于永恒之追求的一切设施，他们开始于不完美中追求完美，而且确实付出了真情实感。但是当这一切不可能实现时，焦躁与愤怒便取而代之。

三　焦躁与愤怒

焦躁与愤怒是人的一股隐秘力量，之所以隐秘，并不在于它所在场域的不可辨认，毋宁说，它在我们选择性接纳的价值体系之外，但作为存在着的强大能量不容忽视（它是人之为人的必然构成部分）——往往正因为人们在心智层面的刻意忽视，它会以变本加厉表现自己的方式向人们展露——非理性，也许是它的名字。

如果说以秩序和理性而著称的人类意识是阳性或日性的代表，那么非理性则可表述为阴性或月性的，焦躁与愤怒的突然袭击，正是月性力量在场的表现。"与日性良知不同，月性良知是在疯狂中、在噩梦中、在一个人的生活任由黑暗阴险、不合理性的力量摆布的困扰和忧虑感觉中表现它的存在的。"②"月性良知是比日性良知更早的良知形式。既然它常常不通

---

① ［丹］索伦·克尔凯郭尔：《非此即彼》，封宗信译，中国工人出版社2006年版，第11页。
② ［美］默里·斯坦因：《日性良知与月性良知：论道德、合法性和正义感的心理基础》，喻阳译，东方出版社1998年版，第72页。

过像悔恨内疚感情那样的心理现象发挥作用，而是通过身体反应和症状发挥作用，它的根便必然存在于交感神经系统中，交感神经系统是无意识的汪洋大海，自我很少或根本不能控制它，而且它在某种意义上是自我的'母亲'"。[1] 月性良知向我们呈现出自我中比理性思维发展更早、更原始且更具有力量的一个存在之域，它表征着人类的本能、激情，并以强烈的冲动方式表达它对人类自身的保护。然而当人类理性发展到一定阶段时，却对其有意忽略，这对月性良知造成的忽视与伤害也同样令其以本能冲动的方式回向我们，表现为无端的焦躁与愤怒。人们往往在有序、可控且看似平静的生活常态下方、在"烦"所扎根的心灵土壤之中，发现不可排遣的焦躁——它大概更接近焦虑的原始含义，即一股强烈但却慢慢释放，然而又让意识不可忽视且往往以体感方式让我们知道它的存在的冲动，这就是月性良知的力量。它在不集中爆发之前尚且在我们可感的范围之中，而一旦超出这个范围，它会以令我们意识都感到吃惊的方式狂泻而出。

我们必须认识到，月性良知像人类生命的母亲一样，它的本质意图是以最直接的方式保护我们，因此我们需要看到焦躁与愤怒所携带着的积极信息。"怒是一种促使人澄清自己与别人的边界，重建自己与别人的正确距离的情感。"[2] 此处的边界不论是自己在扩张边界过程中可能触碰到别人边界时向自己发出的提醒，还是当别人扩张边界触犯了自己边界时所发出的警告，总之，它以强烈、极端但有效的方式令人们相安无事（从这个角度而言，也更能清楚地看到，压抑愤怒所带来的自身悲切感、怨恨感及人与人之间的隔阂感反而更具有破坏性，而貌似具有破坏性的发怒在其合理范围内却是积极的、具有保护性的）。除了澄清人我之间的界限感，焦躁与愤怒也同样提携人类意识以更集中的方式意识到自身，尤其在"烦"的现实处境中，集中的生命能量之爆发会让人空前意识到己身的存在。"冲动给予我们以更大的力量，使我们的精力比平时更加集中，使我们的自我感觉比平时更好，我们感到自己似乎是不可侵犯的，会做出许多我们平时不敢做的事情。蕴含于愤怒之中的这种输送能量的因素，会帮助

---

[1] ［美］默里·斯坦因：《日性良知与月性良知：论道德、合法性和正义感的心理基础》，喻阳译，东方出版社1998年版，第74页。

[2] ［瑞士］维雷娜·卡斯特：《怒气与攻击》，章国锋译，生活·读书·新知三联书店2003年版，第9页。

我们建设性地应对我们所遭受的失望和伤害。"① 因此生命能量本身无论如何不构成我们对之诟病的根源,它甚至是人类自我保存和自我发展的动力,问题只在于它在特定环境下的发用程度。

第四节 虚伪焦虑的形成原因

一 虚伪焦虑的分层研究

(一)虚伪焦虑源于未建立健全人格

人格之未充分建立昭示着主体在自我认同方面的困难,此处至少存在两种情形。

第一,人格未建立。人格未建立的情况表现为主体没有一个所谓的"主心骨",没有建立起在世存在感,没有一个相对集中、稳定、可控的"我"作为自我确证的根基。在这种情况下,自我很容易被外界的种种境遇撕裂而重新退回到象征界之中(然而也回不去了,当象征界的迷雾被拨开,主体不可避免地体认到己身漂泊于世所带有的源初恐惧,在不能全然回归"道"的情况下又要兼顾对恐惧的逃避,主体仍然只能转向运用有限自由对自我进行确证),在此情况下,主体体验到焦虑。"焦虑是个体开始意识到他的存在可能会被摧毁、他可能会失去他的自我和他的世界、他可能会变得'一无所有'的主观感受。"②

第二,人格未健全。人格未健全的情况见于人格各层面的缺失,或曰在自觉意识在场的情况下自察,发现有的人格层面在场,而有的人格层面不在场。人格层面都在场的情况表明一个人至少有全面发展的可能(他同时具备自由意向、自由感受、自由感知、自由意志的能力),一个人是否能够调用他特有的人格能力是其是否拥有完全有限自由的一种表征,当他想调用某种能力,而事实上(从在场的意义上,即在意识能够意识到自身的情况下)并不具备相应入口时,我们便不能说他是完全自由的。原则上说,人格基本结构对于任何个体人格而言都有具足的潜能,然而,由于个体成长中所遭逢的种种因素,这些潜能可能永远在意识之外潜存

---

① [瑞士]维雷娜·卡斯特:《怒气与攻击》,章国锋译,生活·读书·新知三联书店2003年版,第12页。

② [美]罗洛·梅:《存在之发现》,方红、郭本禹译,中国人民大学出版社2008年版,第114页。

着。譬如在对外倾性人格的理解中（"如果一个人的思维、感觉和行动，他实际生活中的一切皆直接地与客观状态及其要求保持一致，那么他就是外倾的"①），我们区分了调节顺应与适应的情况："调节顺应并非是适应：适应所要求的远远超出了与当下环境的随波逐流。适应要求遵循生命的规律，它们比那些此时此地的当下环境更具有普遍性。正常外倾性的调节顺应即是其局限性所在。他的正常性一方面归因于他具有相对来说比较容易与现存环境保持一致的能力。……另一方面，他的正常性也从根本上取决于他是否考虑到了他的主观需要和要求，而这正是他的弱点所在，因为他的类型倾向是如此地外向，以致对最为明显的主观事实，即对他自己的身体状况也会毫不在意。"②从中我们看出，以外倾性人格为例，适应的情况较之调节顺应的情况（相对而言被动与偏颇些）而言，前者至少调用了主体积极的感知能力，并在一定程度上也调用了主体的情感能力（表现为主体对自身身体感受有起码的敏感），而后者则在顺应环境方面表现得像是一种本能（有可能调用了意志对接外物时所表现出的自动反应机能），但并没有看出自主性的感知能力与感受能力，因此，从外在反应或行动而言，虽然个体差异并不明显，但如果仔细考察个体的人格结构，则发现根据个性（个体所表现出的人格特性）与情景的不同，可能调用到不同的人格结构，这一点表明在人格结构方面存在着只有从主体性出发才能考量清楚的、须得深入人格结构内部的研究必要性。也因此，我们看到，人格结构对于主体意识而言并非定然在场，它们可能全部在场，或部分在场，抑或全部不在场（人格的机械反应，全然丧失主体性的表现），从而存在人格发展不健全的情况。在这种情况下产生的焦虑，是主体之有限自由进一步丧失的焦虑，是一种主体昏庸或偏失的焦虑。

（二）虚伪焦虑源于真实表达的意志被扭曲

从发展心理学的角度而言，为父母所爱、所支持，但并没有被过分溺爱的健康孩子，将在发展进程中继续前进。尽管他也会面对焦虑和危机，但是他身上不会出现创伤性的特定外部迹象，也不会出现特别的反抗行为。但是有两种可能的情况会导致孩子在成长的初期直至他们发展的整个

---

① ［瑞士］荣格：《心理类型》，吴康译，译林出版社2014年版，第372页。
② ［瑞士］荣格：《心理类型》，吴康译，译林出版社2014年版，第373页。

过程都面临虚伪焦虑的影响。[①]

首先，成为父母发泄负面情绪工具的情况。当父母有意或无意地为了自己的目的或快乐而利用他、憎恨他或抛弃他，他在初尝独立性时便会产生一种人格的扭曲和偏差：一方面，他因为成为父母的工具而始终感到不能从被照顾的孩子角色中独立出来，始终需要依赖父母；另一方面，这种依赖又不能令他感到愉悦和满足，相反，他感到一种因不被真正尊重和爱而产生的怨恨和愤怒，因此他只能以一种消极、固执的状态在家庭关系中自处。这种情况下孩子对自我的认知便会发生扭曲，甚至将他逼退回象征界中，用想象取代真实或捏造完美形象以迎合家长。

其次，不被允许说"不"的情况。当孩子第一次在家庭中以"不"来表达期待和要求时，并未得到父母的鼓励和支持，相反，父母施以压制，那么，自此以后，他说"不"就不是作为一种真正独立力量的形式，而仅仅是一种消极反抗而已。这种模式发展的另一个结果是，孩子只能以顺从的方式来博取符合父母意图的关注、支持，以之作为"爱"的全部内容，这让孩子丧失了独立人格和相应的自尊、自信，在成年之后总是以屈从的方式营建人际关系，并且当其想要直接以"不"来表达要求时，总是感到力不从心，如果一定要这样做，他们往往选择以孩童般的退行姿态，在任性撒娇或玩笑中来间接表达要求，这种应对姿态背后正是由于直接说"不"让他们觉得会被抛弃、指责，进而让他们认为说"不"将不受欢迎和喜爱，由此在"不"上面蒙上了一层负罪感和内疚感。结果是，他们在直接说"不"受到压抑时，也同时压抑了由此带来的委屈、愤怒等情绪，使原本直接表达可以得到疏解的情绪变成了隐性的力量被放置到潜意识中，一方面割裂了生命的完整性和流动性，形成无力的伪善人格，另一方面则使这些情绪有了随时爆发的危险，这就是我们时常看到一些平日里唯唯诺诺的人，在某些极端情况下突然爆发的原因，这些人平日的"善意伪装"并未使他们真正成为平和的人，当与他们近距离相处时，便会很容易发现他们身上那种压抑及与压抑并存的愤懑。从这个角度而言，直接表达"不"是安全疏解情绪、保护自我正当权利的方式，并且进一步说，真正学会说"不"的人，才是真正懂得要求的人，也才是一个起

[①] 参见［美］罗洛·梅《人的自我寻求》，郭本禹译，中国人民大学出版社2008年版，第65页。

码的健全的人。这背后隐含的心理逻辑是,一个会说"不"的人,不再期待从顺从和讨好长辈或权威中获得力量,相反,他们有勇气自己确认自己并激发力量,如此,他们会将压抑中释放出的能量用以建设性地发展自我,在社会中锚定身份,在硬朗的人格建构基础上真正懂得权利与义务并存的道理——付出,才会有说"不"的资格感,而一味索取,只会削弱一个人的尊严和能力。

(三) 虚伪焦虑源于误用应然逻辑形成强制超我

"应该"本是一个客观概念,然而在主体内化过程中,往往被事实上误解为主观篡改客观的拙劣工具,超我的形成大抵属于这种情况。追溯超我的形成过程,按照弗洛伊德的理论,它最早来自道德主体童年时期对父亲形象的内化,父亲形象在主体内以一种保护和惩罚的权威形式出现,作为男孩男性标志的模范,同时也是焦虑和犯罪感的来源。之所以说超我的产生同时带来了焦虑和犯罪感,这是因为当引入权威于自身精神内部时,一种爱恨交织的情感纠葛也接踵而至,一般而言,孩童既渴望成为像父亲一样的权威,又出于被压抑的力量而时刻想要杀死父亲,这就是俄狄浦斯情结的来源。

超我给一般人的印象就是压制,而另一方面,压制其实是一种深刻的自我逃避。超我对自我的压制往往采取的形式是建基于"应该"基础之上的自我谴责,这其实也是一种自我轻蔑,譬如说,"你应该……","你怎么没有……","你居然可以……"。"通过这种方法,他试图逃避面对认识到自己不被喜爱时所引起的强烈压力和恐惧:如果他能够谴责自己,那他们就无须真正地感觉到孤独或空虚的痛苦,而他们不被喜爱这个事实也不会使他们怀疑自己作为人的价值感。"[1] 从中可见出超我中蕴含的如下陷阱。

首先,超我并未真正建设性地促发自我的整合发展,只是导致了偏执。超我导致不相信自身的欲望和冲动,而将一切生命真假、善恶的判断权都交给了由父权作为象征的权威来裁夺,并通过内投作用将权威化至自身人格之中。在现实生活中,由于人们的偏执崇拜,那些适用于个人层面的道德约束对权威(如国家、统治者)并不生效,事实上,一个国家越是疯狂,越是狂热地渴望权力和荣誉,也就越能满足它的国民,而国民则

---

[1] [美] 罗洛·梅:《人的自我寻求》,郭本禹译,中国人民大学出版社2008年版,第76页。

通过与权威的认同而享受了躁狂的满足，而这种满足是他们在自身上必须要压抑下去的。反过来说，正如权威作为父亲为了维护统治仍要维持对国民的压制，这点燃了儿子心中的怒火及更狂热的弑父愿望，但为了得到父亲的支持，他们只能压抑，在不能压抑的时候则转而将这股能量指向外界。外来的诸神和部落或民族总是对本族人充满了威胁——其实这是儿子们自己潜意识中对自己权威感到的敌意。于是，儿子们所体验到的、在潜意识中对父亲的攻击驱力，就这样转到了其他部落之上。儿子们必须保护父亲不受敌人攻击，那敌人正代表了儿子们内心黑暗和隐秘的幻想。[①] 从个人成长的角度来说，超我引爆了个人内在狂热的力比多，但压抑并不代表它真的消失了，而是它通过一种被强化的方式进行了转移，如此无意中形成了一种更加偏执、更加危险的攻击性人格，这是超我造成的产物。从这个角度而言，我们说，超我建构了人格中的假性谦卑，为固化人格结构提供了合理化途径（这让人越来越成为自私的人），并且，超我带着天然的自我憎恶为同样憎恶他人提供了借口，但它往往还要站在道德制高点上面向世界发言，这构成了最深刻的充满讽刺意味的虚伪焦虑。

（四）虚伪焦虑源于有限自由在无意义中的沉沦

虚伪焦虑亦产生于在对崇高感与价值理性产生怀疑的时候，怀疑来自主体在现实生活的琐碎事物中消磨太久、久而久之失去了意向存在本身的自觉而对存在着这一境况产生出一种无奈、失望、空虚的感受。为了应对这种现存境况，主体有一种破罐子破摔的心理，在似乎要全面放弃自我负责的边缘处采取了一种貌似狂放不羁的态度——在琐碎事物中的沉迷与上瘾。这种情况一来更像是主体对无力自我的嘲讽与惩罚，它看似潇洒冲动，实则内在背负着巨大的压力、背负着自我贬抑，欲求解而无门的荒诞与悲愤（还不如将剩下的力气全部快些花光）；二来则在几乎快要绝望的精神崩溃中以仅存的一丝希望期待在比自己力量弱小的事物身上找到某种安慰——至少我还能占有你，还能控制你，还能在我比你强哪怕一点的比较中令我有些许力量感（强烈的嫉妒与妒忌亦在此列）。沉迷或上瘾普遍的特征便是意识的清醒程度很低，主体在对物的呢喃中表现出虚弱、呓语、无力的幻想等，它只差一点就快要完全失去对意识的主控权了，这就

[①] 参见［英］乔治·弗兰克尔《文明：乌托邦与悲剧》，褚振飞译，国际文化出版公司2006年版，第220页。

是我们常见的人的异化。

　　人的异化剥夺了人的清醒意识和相应的自由注意力，使人本身具有的有限自由为物所诱惑而节节败退，不论人是否自觉意识到这一点，在自由力丧失时对主体而言造成的精神震撼都与它的无力一样明显，它眼睁睁地看着自己的堕落而似乎无能为力，这比它从未拥有过自由更加残酷，就好比在主体内心一刀刀切割所致的伤口，隐痛而见血。主体欲放弃而不能，欲奋争而无力——这是最深刻的焦虑（甚至是痛苦的绝望）的体验，因此在堕落或上瘾中，我们常嗅到隐藏在感官刺激背后的那种精神之黏着、发霉、腐败的气息，它是精神自我放逐所形成的毒瘤，而它最终将流进潜意识的仓库中继续以非理性的方式兴风作浪。从这个角度而言，意识越是不清醒的人，越是与如梦呓般的潜意识很是接近，他们的生活常态毋宁说被笼罩在潜意识的阴影之下，毫无现实感可言。而最为可悲的是，我们的文化在某种程度上还在加速着这一现状的不断生成，一味在经济利益的驱动下，继续放纵并推动着人类意识的潜意识化。到处充斥着的色情信息就是明证，它意图将人的自由注意力只固着在原始的生命中。"我们属于一种早泄的文化。越来越常见的是，任何诱惑和诱惑方式都变成了一种高度礼仪化的过程，它消失在自然化的性的迫切需求后面，消失在某个欲望的即时实现和迫切实现之后。我们的重心确实已经滑向力比多经济，它只让位于欲望的自然化。这个欲望注定要服从于冲动，即服从于机械性运转，尤其是要服从于压抑和解放的想象。"[1]

　　现如今，伴随着科技的极大进步，我们离真实越来越远，仿真的场景充斥着我们的官能，使我们在拟真中认同了另一种形式的、人为的真实。从意识发展的历程来看，这无疑是人类意识的退步——它不是向着意识的清明与开阔而行，却是向着封闭固着状态回落。"逼真的假象，镜像或绘画，正是这种更小维度的魅力在蛊惑我们。正是这种更小的维度形成了诱惑的空间，并且变成了晕眩的根源。因为如果说所有事物的神圣天职就是找到一个意义，找到它们建立自身意义的一个结构，那么毫无疑问，它们也会有一种魔鬼般的愁绪，指望消失在外表中，消失在自身形象的诱惑中，也就是说将那些应该分离开来的东西聚集成唯一的效果，一个死亡和

---

[1] ［法］让·波德里亚：《论诱惑》，张新木译，南京大学出版社2011年版，第61页。

诱惑的效果。"① 可以理解，生命不是在追求着高尚的路上，就是在滑落向深渊的路上——静止的生命状态事实上不存在，生命处在永无止境的选择之中。当人类已然开始自暴自弃地放大其对崇高与普遍性的遗忘时，他们在无意义事物上耽搁的精力与时间无疑都是逃避"活着"的作为，这本身毫无意义。如果人类开始纵容自己滑向无意义（即非存在的状态）而不采取什么措施的话，那么，他虽然还活着，但已然死去。

他们的活着只是一种自恋性的、幻想的"活"，已然不能为世界创造新的价值了。"这个意义上的任何诱惑都是自恋式诱惑，其秘诀就在这种致命的吸收中。因此，作为更接近于这面隐藏的镜子的女人们，将自己的身体和形象掩埋在镜子里的女人们，她们也就更接近于诱惑的效果。而男人们呢，他们更具有深度，但没有秘密：于是他们就有了权力，有了自身的脆弱性。"② 当主体开始活在自己的幻象之中（将自己作为自己审美的标签而固化，封锁自己的现实生命力）不能自拔时，这种无以复加的焦虑感已经像黑洞一样将他吞噬，他成了自己的食物——他想要吃掉自己，想要阉割自己，想要符号化自己。

（五）虚伪焦虑源于没有足够勇气面对生命的荒谬

面对存在有限性所带来的种种在世羁绊，主体还能否义无反顾地确立起毫不动摇的自我确认并以之作为存在于世的根基呢？既然说存在感蕴含着绝对自主性，那么它对于主体己身之挺立就恰恰不是依靠别的什么——那样的话它又成为被决定的东西，而是虽然面对被抛入世界的尴尬境地，它仍然能够扛起生存的一切可能性考验而确认自己，从不完满中确认自我完满的本性，这其中涌现出的、义无反顾的强大力量便是勇气。"勇气的一个主要特点是，他要求在我们自己的存在中有一个核心（centeredness），如果没有这个核心，我们就会感到我们自己处在一个真空里。这种内部的'空洞'相当于外部的冷漠，从长远的观点来看，冷漠的总和就意味着懦弱。这就是为什么我们必须总是把我们的信念建立在我们自己存在的核心基础上，否则，最终极的后果就是没有信念。"③ 一个没有存在感的人相当于没有自己的主心骨，他不知道自己是谁，并同时没有足够

---

① ［法］让·波德里亚：《论诱惑》，张新木译，南京大学出版社2011年版，第101页。
② ［法］让·波德里亚：《论诱惑》，张新木译，南京大学出版社2011年版，第103页。
③ ［美］罗洛·梅：《创造的勇气》，杨韶钢译，中国人民大学出版社2008年版，第2页。

的勇气面对这种深刻的存在失落,内心像被挖空了一样。没有存在感的人表面看来可能十分符合社会规范,但其内心却因为没有"我"的自我确定而风雨飘摇。在世存在对生命来说只是一张在世通行证,如果没有真正体验过带有明晰自觉意识的生活,那么生活可能构成他活着最本质的负累,也难怪长此以往会发展为由内而外的冷漠及懦弱。

从这个角度而言,勇气是重燃生命希望的钥匙,是那种能将我们所探寻并遵守的社会美德及社会规范真正转化并兑现为"我"所要探寻并遵守的、自觉的道德内容。"勇气并不是出于诸如爱或忠诚等其他个人价值观中的一种美德或价值。它是构成现实并且是所有其他美德和个人价值观具有现实性的基础。若没有勇气,我们的爱就会因为只成为依赖而变得黯然失色。若没有勇气,我们的忠诚就会成为尊奉。"[1] 此处所谓"构成现实"的"现实性基础"是一种兑现的能力,即基于存在感自觉、主动地承担起这些美德或价值观,它的兑现是由"我"而赋予力量的,并不与外界的要求或评判有关。当真正有了存在勇气时,存在者才能真正成为道德力量的源泉本身,具有源源不断的道德行为能力。"在人类中,为了使存在(being)和成长(becoming)成为可能,就必须有勇气。如果自我想要有任何现实性,维护自我和有一种自我的信念就是最基本的。"[2] 因此,勇气也是对自己全然负责且能够给予自己全部力量的能力,这既是道德发展的内在要求,也是一个人能够真正成为道德主体的首要条件。

关于这一点,西西弗给了我们很好的注脚。他英勇地承担起在世考验,并在一种臣服中而个别性地(虽然可能外在看来仍然十分像是悲剧)体验到了幸福感(承担的勇气是其中的关键)。"西西弗无声的全部快乐就在于此。他的命运是属于他的。他的岩石是他的事业。同样,当荒谬的人深思他的痛苦时,他就使一切偶然哑然失声。在这突然重又沉默的世界中,大地升起千万个美妙细小的声音。无意识的、秘密的召唤,一切面貌提出的要求,这些都是胜利必不可少的对立面和应付的代价。不存在无阴影的太阳,而且必须认识黑夜。……我把西西弗留在山脚下!我们总是看到他身上的重负。而西西弗告诉我们,最高的虔诚,是否认诸神并且搬掉石头。他也认为自己是幸福的。这个从此没有主宰的世界对他来讲既不是

---

[1] [美]罗洛·梅:《创造的勇气》,杨韶钢译,中国人民大学出版社2008年版,第3页。
[2] [美]罗洛·梅:《创造的勇气》,杨韶钢译,中国人民大学出版社2008年版,第3页。

荒漠，也不是沃土。这块巨石上的每一颗粒，这黑黝黝的高山上的每一颗矿砂，唯有对西西弗才形成一个世界。他爬上山顶所要进行的斗争本身就足以使一个人心里感到充实。应该认为，西西弗是幸福的。"①

二 虚伪焦虑的动力研究

（一）虚伪焦虑源于潜意识被压抑

人的原始生命力又称为力比多，是一种储存在潜意识中的、以未被满足的欲望为表现形式的生命能量。由于社会规约等原因，这股力量往往为社会所禁止，而在人格结构之中，它也处于最下层而为超我所压抑。力比多被压抑的方式通常表现为三点。

首先，力比多为语言所限制。很多时候，富有经验的精神分析师都会让来访者用自由联想的方式自然地进行自我暴露，这是因为语言本身的遮蔽性会自动篡改潜意识中的信息。"病人的叙述经常将其背后的心理内容隐藏起来，这些叙述不仅是不明确的，而且经常本身就代表着一种压抑。"②

其次，力比多为情绪体验和身体感受所封存。力比多以被封存的形式固化为人们特定的情绪反应，相应地，也会引发身体反应，最极端的身体反应就是器质性病变。一般的情绪体验和身体感受可能由于习惯固化往往为感受主体所忽略，但一旦进入催眠或有意识的放松引导之中，就会马上暴露出来。"身体的情绪反应并不仅仅出现在人的外表行为中，还涉及内部的、器官性的过程，例如在心血管系统、循环系统、呼吸系统和消化系统中也有发生。每个人都知道，危险的状况会加快人的心跳，而恐惧则会抑制人的呼吸，造成口干或者胃部收缩的现象。……当一个人的心理被一种无法缓释的焦虑或忧惧、无法实现的欲望、内疚感或者不合适的感觉支配的时候——提一下，只有极少数的错乱病人会出现这种状况——他就会出现肌肉和器官的紊乱，以表达这些情绪。"③ 由此可见，力比多并非被压抑之后就不为意识所感知，恰恰相反，它通过各种对抗性的、显露自己

---

① ［法］加缪：《西西弗的神话》，杜小真译，西苑出版社2003年版，第145—146页。
② ［英］乔治·弗兰克尔《探索潜意识》，华微风译，国际文化出版公司2006年版，第35页。
③ ［英］乔治·弗兰克尔《探索潜意识》，华微风译，国际文化出版公司2006年版，第44—45页。

的方式提起意识的觉知，以此获得释放能量的出路。

对力比多压抑最典型的形态就是对性欲的压抑。俄狄浦斯情结的重要内容就是儿子将父亲当作争夺母亲的对手，但人们又十分忌讳把母亲当成性对象。对乱伦的恐惧也许可以说是异族通婚的主要动机，但它带来的一个结果是，性欲从总体上被种种禁忌限制，被打下了罪恶的烙印。性欲开始屈从于对它的抑制，由此导致了对快乐的焦虑，以及对性欲的怀疑、压抑、阻碍和各种各样的躯体僵化。① 从发展心理学的角度来看，力比多的发用主要跟恋母情结有关，其中包括两个方面，一是儿子对母亲或女儿对父亲的性愿望，二是儿子对父亲或女儿对母亲的敌意。个人极难承认他或她的无意识感情驱力，于是便压抑它们。②

情绪和身体反应是觉知力比多的通常渠道，这些情绪或身体反应的发用自然而然，当事者甚至往往不知道它的根源何在，作为一种长期存在的情绪障碍和身体不适，如果不对之高度重视且在一种体察中慢慢化解，则它可能成为长期且反复的反应而出现。精神分析的任务就是沿着这些情绪或身体反应的蛛丝马迹探寻它们发用的源头，了解它们表达的含义并最终给予直面、接纳的态度，最终才能真正清理这些情绪"结"。这背后反映的心理逻辑是，通俗来说，哪里有压抑，哪里就有反抗，力比多的反抗以让人不舒服或对外攻击的方式报复性地寻求关注，寻求潜意识的意识化。一般而言，如果直面、接纳并由衷报之以爱的态度，这股力量将会因得到释放而慢慢化了，但反之，如果自我意识仍然对之不予理睬或继续压抑强制，则这股力量会越来越深重，导致更不稳定的情绪反应和相关的身体病症。

最后，力比多为道德、宗教或科学教条所取代。西方历史上多次启蒙运动都宣告不能兑现其完全的自由主张，从一定角度而言，这是因为权威无法从根本上成为人类力比多的现实出路。人类发现很难弃绝古老的超我——没有神，他们没有安全感，感到孤独。他们把对智力和道德的抱负都转而寄托于古老的父亲形象之上，让他披上新的伪装而再度统治人类。即使科学和理性已把神逼退到了银河系之外，而天堂也不复存在——神还

---

① 参见［英］乔治·弗兰克尔《文明：乌托邦与悲剧》，褚振飞译，国际文化出版公司 2006 年版，第 219 页。
② 参见［美］鲁本·弗恩《精神分析学的过去和现在》，傅坚编译，学林出版社 1988 年版，第 43 页。

是在理性所不能抵达的地方统治着，他还居住在人类心灵的潜意识领域。当人类不能真实地感知到神的存在时，便失去了神圣天父所提供的可靠参照点，于是他们焦虑、不安、有负罪感。在科技繁荣发展的今天，人们的力比多空前地转移到了技术领域，以及由科技变革带来的市场经济之中，机械和利益驱动的思维方式逼迫人们发问，这一次，人类是更加自由了还是更像机器了？力比多的躁狂乱窜恰恰反证出力比多似乎仍然没有找到其归处，它只是在一个又一个崇高的标签处报到，但这么做的结果是其一直想要找寻的存在感、归属感、力量感正在这个过程中被慢慢腐蚀殆尽，这昭示着两个可能的原因：第一，力比多与超我并不兼容；第二，力比多与超我可能兼容于一个更广阔的、更本根的存在之域，在那个存在之域向人类展现之前，超我只不过是另一种形式的力比多而已。唯有这样能够解释超我与力比多征战不休的历史及建基于其上、似乎没有根本转变的人类精神史状貌。①

（二）虚伪焦虑源于人格整合困难时形成若干心理防御机制

心理防御机制是自我为保持自身同一性而执行的、对产生于外界刺激或内部潜意识中的、有碍于这种同一性的内容采取"剪裁"策略的一项心理机能，目的在于在特定情境下仍然能相对保持自我的自身同一性。辩证地看，心理防御机制是一项自我保护机能，它使自我免遭突如其来的人格分裂之风险，对于极端分解"我"之同一性根基的信息进行筛选或使之有一个"软着陆"，但是另一方面，心理防御机制本身就是一种伪装，它是自我在不同人格层面所发展出的、形态各异的自保与自欺机制，除了它的基本保护功能外，它也为人格不能客观把握自己甚至在防御形成习惯的情况下生成人格面具等情况提供了温床。我们时常说的心理安全区，实则指的就是心理防御机制发用的领域，在其中，人们虽然避免了暂时的分裂之苦，但从长期而言却换来了固化且窄化"我"之整合发展的可能性，因此为主体带来焦虑体验。

"防御"这个术语至少包括三重内涵。"1. 它表明一些事情是脆弱的，同时也是非常重要的、值得向往或者有价值的，这些可能是处在危险之中的。2. 它暗含着有些事情好像会造成威胁、构成一个潜在的风险或

---

① 参见［英］乔治·弗兰克尔《文明：乌托邦与悲剧》，褚振飞译，国际文化出版公司2006年版，第222页。

攻击。3. 防御能够通过调节上述两个因素的关系来减轻或去除表面的风险。"① 由于防御在不同情境下的意义不同，一般而言，根据具体情况可以将它分为成熟的或不成熟的："尤其是在深受心理动力学理论影响的治疗中，像分裂（splitting）、否认（denial）和投射（projection）这样的防御被看成在进化过程中比较'原始'的防御，像压制（suppression）、利他（altruism）、升华（sublimation）、参与（anticipation）和幽默（humour）的防御被认为是更'成熟'的方式，因为这些防御方式是在社会化的发展过程中获得其他的语言、文化和人际能力之后才建立起来的。"② 由此可见，防御可能将人格导向更低级的自保模式而表现出堕落与肤浅，也可能将人格导向更开放的高级生命阶段而成为具有自我教化与自我蜕变功能的重要手段，这其中也可见防御中蕴含着的焦虑的双重性：要么是由于焦虑而掩藏或扭曲事实，遂而在隐蔽了一种焦虑的同时创造了代价更大的焦虑；要么是由于暂时的焦虑而向更高生命阶段迈进，从长期而言相对根本地取消现阶段的焦虑。

防御的类型多种多样③，根据防御在病理状态中的不同表现可以划分为以下几种。（1）犯罪心理变态（罪犯和其他反社会性病人）：搪塞、投射性指责、合理化。（2）边缘型人格结构：否认、投射性认同、理想化、失区别（自体—客体融合）、贬低、自大、分裂。（3）歇斯底里：①表演亚型：压抑、一种情感对另一种情感、社会化、戏剧化、移情、自我功能的压抑、饶舌；②转化亚型：压抑、象征化、躯体化；③恐怖亚型：前两者基础上加上投射、置换、象征化、回避。（4）强迫性障碍：投射、置换、象征化、具体化、情感隔离、反向形成、撤销与仪式、完美主义、过度准时、吝啬、理智化、合理化、对自己或他人过度苛责、评论性判断的压抑。（5）抑郁症：将愤怒或批判转向自身、反向形成、口语力比多退行、自我功能的抑制、惩罚的挑衅、与受害者认同、与丧失的客体认同。

根据防御在发展心理学各阶段的不同表现可以划分为以下几种。

---

① ［英］John Davy, Malcolm Cross：《障碍、防御与阻抗》，赵静译，北京大学医学出版社2016年版，第55页。
② ［英］John Davy, Malcolm Cross：《障碍、防御与阻抗》，赵静译，北京大学医学出版社2016年版，第62—63页。
③ 关于防御类型，参见［美］J. 布莱克曼《心灵的面具——101种心理防御》，毛文娟等译，华东师范大学出版社2012年版。

(1) 口欲期（0—3岁）：投射、内投、幻觉。（2）肛欲期（1.5—5岁）：投射性认同、投射性指责、否认、失区别、分裂、泛灵论、去生命化、反向形成、撤销与仪式、情感隔离、外化、转向自身、消极主义、分隔、敌意的攻击。（3）第一生殖器期（2—6岁）：置换、象征化、凝缩、幻象形成或者做白日梦、搪塞、虚构、压抑、否定性幻觉、力比多退行（性心理退行）、自我退行、现时退行、形态学退行、压制、与幻想认同、与父母潜意识或意识中的愿望或幻想认同、与理想形象或客体认同、与攻击者认同、与受害者认同、与丧失的客体认同、与内射物认同、对攻击者的诱惑。（4）潜伏期（6—11岁）：升华、挑逗或挑衅、合理化、穷思竭虑、逆恐行为、理智化、社会化与疏远、自我功能的本能化、自我功能的抑制、理想化。(5) 青春期及以后（第二生殖器期）（13—20岁以后）：幽默、具体化、不认同、团体形成、禁欲主义、同性客体选择。(6) 其他：一种情感对另一种情感、高度抽象化、缄默、饶舌、回避、被动、自大感或全能感、转被动为主动、躯体化、正常化、戏剧化、冲动化、物质滥用、黏人、哀怨、假性独立、病理性利他主义、"点煤气灯效应"、最小化、夸大、普遍化、现实重构、移情、解离、恐光症、冷淡、恐吓他人—欺凌、弥补不足、心因性抽搐、内省、有保留的同意、自我弱点的本能化、不真实、超合理性、含糊、超唯美主义、肤浅、躯体暴力、与受害客体认同、形式上的退行、超警觉、时间置换到未来、疲劳、率直、将自我批判转向客体。

　　心理防御机制几乎成为虚伪焦虑的集散地，在其中我们看到主体几乎总在一个否定基点上对自我进行着"篡改"活动并充斥着这股不竭的"篡改"动力；我们看到主体人格层面之间深刻的对立与矛盾，这使得人格结构内部形成一个纷争的战场；我们亦看到人称在"我"—"你"—"它"之间的不断滑动，由此而造成一个主观与客观含混不清的中间地带——然而它更多地指向一种无意义的纠缠与固化，并没有在促发形成更清晰的自觉意识方面有什么贡献。心理防御机制的形成无非在于自我内部没有一个扎实的存在感，并以此为基础生成面对己身一切存在现状的勇气——唯有生发出勇气，才能在易感的主体气质中同时培养起敏锐、坚定的品性，而非脆弱又强大到要花费那么多努力掩藏自己的脆弱——最可悲的是，掩藏到层层谎言在人格结构里堆积至密不透风的时候，真正的"我"也就真的要脆弱至消失不见的境地了——从中得到的启发在于，在现象学观照下尽可能找到自己在当下情境中的第一个心智及情绪基点,并直接面对它,这是破解过度防御的最有效方法。①

(三) 虚伪焦虑源于人格结构发展停滞

虚伪焦虑不止源于"我"在人格结构层面的缺失或失衡,也来自当"我"发展到一定程度,相对定型下来时,已在场的人格结构带有其全部内容及各人格层面间已相对习惯的协调模式将可能在"我"相对稳定的存在感基础上阻断其继续发展的可能,形成"我"相对固定的心智模式,并由于这种暂时的自我满足从而使得"我"及其所具备的一切结构及内容都成为一张人格面具,以维护现状与阻断不稳定因素(诸如潜意识)的方式,叫停"我"在人格结构上的新探索。

潜意识的暴乱与盲目使之成为人格面具"筛查"的主要对象,然而,"潜意识"不应只被看作各种不被文化接受的冲动、想法和愿望的藏污纳垢之所,相反,它是那些个体不能或不愿实现的认识和体验的潜能(或许主体意识层面都不清楚自己到底想要什么,以及自己究竟具备何等能力),从这个角度而言,对潜意识的自我阉割无异于对个我生命潜能的扼杀,换言之,潜意识只是它在意识化过程中未被充分完型的中间产物,但不能因为它的未完成形态而否定它存在的根本意义。对潜意识的压抑一方面暂时保全了个体的自我同一性,但从长远来看,更深刻的、带着无限自我发展潜能的生命之整合也一并佚失。"如果一个人走出去太远,那他将会失去他的同一性。但是如果他非常害怕失去他自己那冲突着的中心——这个冲突着的中心至少使得他的个人体验中某种部分的整合及意义成为可能——以至于他完全拒绝走出去,而且僵化地阻止自己,使自己生活在狭窄的、缩小的世界空间中,那么他的成长与发展就会受阻。这就是弗洛伊德在谈到压抑与抑制时所指的含义。"② 在此意义上,个体对潜意识的有意遮蔽带来了双重焦虑:一是对意识同一性而言构成威胁的潜意识的焦虑(甚至以对潜意识约定俗成的偏见作为合理化借口而心安理得地待在意识同一性暂时构筑的安全区内);二是不得不面对哪怕花尽意识之气力也不可避免的、来自与潜意识紧密相关的、自身潜力之发展的逼迫之焦虑。需

---

① 参看"存在焦虑"中关于还原的相关内容。
② [美] 罗洛·梅:《存在之发现》,方红、郭本禹译,中国人民大学出版社2008年版,第9页。

要多次重申的是，在自为界中，人的存在本质与意义皆来自将潜意识不断意识化从而扩展自我感知疆域及存在潜能的过程（一个可能注定不间断的过程），一旦蒙上由于停滞而带来的僵化之尘垢，人就可能因活成一张面具而陷入由意识自身把控以粉饰太平的境地，但其自身内部却必然时刻遭受着来自意识试图掩藏而不得的、从生命豁口处不间断刮向意识门户的刺骨寒风。

在此意义上，虚伪焦虑源于缺乏创造性开掘潜意识的勇气。当明白了潜意识是人类发展的巨大宝库，接下来的问题便转化为主体是否有足够勇气去开掘这个宝库。"当个体面对实现他的潜能这一问题时，其状态是焦虑。当这个人否认这些潜能，不能实现这些潜能时，他的状态是内疚。这就是说，内疚也是人类存在的一个本体论特征。"[①] 潜能对于人类意识而言必然不是被排斥的对象，只是当这种潜能的栖居之所在意识熟悉的领域之外时，意识自身的边界感与可控感便受到了威胁。换个角度说，当人知道了自己潜存能量的无限可能，然而由于恐惧而不能将之兑现出来时，那样一种焦虑便转化为自己有选择之自由然而却因为恐惧而不敢选择的焦虑，这是一种责任焦虑，是一种明知可能却不可以的、自身内部人格结构产生冲突的焦虑。在此可见焦虑的双重意义：一是它逼迫意识在潜意识面前保持谦卑与尊重，放下意识中"超我"的权威形象，真实面对自身；二是它迫使我们在生命转化与整合的洪流中，必须拿出勇气面对以非存在状态而存在的、潜意识中的生命能量，只有这样人类生命的整合（在此表现为人类潜能之实现）才有可能。

人类意识确实需要创造性开掘与发挥己身潜能的担当，这是一个没有间断的过程，而这也正是"道"的意涵之所在：不存在所谓的终极真理，每一次选择从过程而言，本身即真理的展现。但是人往往忘记这一点，当人在某一个时刻取得了某种道德洞见并据之为己有产生贪着时，要想让其再有新的突破就很难，此处需要破旧立新的勇气。因为发展——尤其是在意识可控的领域外发展，会令主体陷入自我叩问的困境。一是面对旧我的"自杀"，我有勇气吗？二是对于未知的恐惧，我有勇气吗？然而，如果真的有勇气，主体将焕发出富于创造力的异彩，并由此开拓出全新的

---

① ［美］罗洛·梅：《存在之发现》，方红、郭本禹译，中国人民大学出版社2008年版，第117页。

"我"之存在状貌,"我"将变得富有活力而更接近存在本然的状态。因此,我们会对那些富于创造力的人们表示出格外的欣喜和尊重,并在他们的引领下,开起内在冒险的冲动。"通常艺术家都是一些说话温柔的人,他们关心的是内部的幻想和意象。但是,这正是使他们被任何强制性社会害怕的东西。因为他们就是人类古老的造反能力的承载者。他们乐意使自己从混沌无序中浮现出来,以便使之成为有形的东西,就像上帝在《创世纪》中从混沌中创造出秩序来一样。由于永远不满足于世间的、冷漠的和习俗的东西,他们总是努力奔向更新的世界。这样他们便成为'人类未被创造出来的良心'的造物主。"① 可以说,富于创造力的人最大程度上实现了他们生命的潜能,使生命的未知之域最大限度地经过勇气的碰撞和激发而开显出无限可能性,开拓性地开启了人类生命的新前景。

然而我们看到,人类的创造性焦虑也不是毫无道理,创造亦同时以盗取火种的普罗米修斯之喻而似乎背负着某种先天枷锁,这就是为什么创造性与无休止的精神折磨总是相伴相生——创造性中富含着人们最深刻的虚伪焦虑,这毋宁说是一种极端的撕裂焦虑,表现为人们既想要释放与靠近某种力量,又对它的未知(包括可能的破坏性冲动)产生出极端恐惧;人们以各种纠缠不清的方式一边离不开它的激情赋能,一边不得不打压自己而事实上成为它最大的敌人。一种尤其值得关注的情况即"性",它是潜意识表达自身的一股强力,并且也确实与创造性不可分割,然而在意识领域中,它无论如何都不能完全敞开在光亮之中,因此主体难以自控地既想靠近它,又不得不压制它:"性"似乎已成为罪恶感的代名词——虽然它也可被创造性地看作一种独特能力的象征。"面对死亡的能力是成长的一个先决条件。在这里,我把性高潮也看作一个心理学象征。这是一种为了获得更广泛的体验而放弃自我、放弃当前的安全感的体验。性高潮通常作为一种局部的死亡与重生而象征性地出现,并不是偶然,而且这也不应该使我们感到奇怪,即在这个梦之后,这种'放弃自我''让自己冒险'的能力应该可以使她体验到性高潮(作为其表现形式之一)。"②

至此,我们可以说,虚伪焦虑源于"我"的潜能实现障碍,而这一

---

① [美]罗洛·梅:《创造的勇气》,杨韶钢译,中国人民大学出版社2008年版,第21页。
② [美]罗洛·梅:《心理学与人类困境》,郭本禹等译,中国人民大学出版社2010年版,第120页。

点不得不追溯至"道"与"德"分离的源头处，也就是追问到"意"的来源处——哪怕同在一个我的内部，二元对立的基因也毫不例外地发挥着作用。自从亚当和夏娃偷食了伊甸园中的善恶果，便被上帝赶出伊甸园，开始了沦落人间的生活。这其中的寓意极为深刻，试想，人本自具足，在伊甸园中过着没有分别的生活（没有善恶之分），为何一旦食用了善恶树的果实——有了分别之心，就开始了他注定不完满的、善恶相伴相生的生活了呢？

可以从这个角度理解，在无限完满具足的生命本源之中，升起了某种意欲从这种完满性中分离出来的分别意识，它以尝试分别为代价去满足即时探寻某种差别的好奇心，由此认定有一个有限之我的存在并在存在之源中划定了某种边界，并以丧失全体为代价试图去开创属于自己的世界。在《圣经》这一广为流传的寓言之中，当上帝得知亚当和夏娃偷食了禁果，表现得怒不可遏，这其中寓意着亚当和夏娃的这一举动已然愚蠢地触动了上帝的某种"特权"，即创造的特权——这是否意味着，有了二元分判，便有了从同一中创造差异性基础上的、万物的可能了呢？创造，对人类而言究竟是一种天赋才能，还是一种天赋原罪？"耶和华再次发怒了。亚当和夏娃被一个天使用一柄燃烧的宝剑驱逐出伊甸园。我们面对着这个令人烦恼的矛盾，即希腊神话和犹太—基督教神话都认为，创造性和意识都在对一个全知全能的力量进行反叛中诞生的。"[①] 上帝之怒一方面表现在对亚当和夏娃自不量力地想要模仿上帝的创造力而又错失了创造根植于本真之域这一要旨的愤怒，这毋宁是对上帝无上创造力的一种误解和对于其无上大能的一种玷污；另一方面又表现在对于这种建立在分别基础上的意欲创造和作为深感痛心，因为这意味着他们将用其配得的惩罚作为筹码进行这场注定时刻体尝二分之苦的创造之旅。

人的创造是对源初存在这一完满境界的反叛。一方面人天然地带着来自背叛完满所受的惩罚而成为永远回不去的道德异乡人；另一方面，作为最初承受该种惩罚的选择主体，人也在享用着这份肇始于好奇心与创造欲的、痛苦的欢乐，这就是人欲求在有限的范围内进行如上帝一般自主性创造、却天生带着不完满这一诅咒的尴尬境地，因此我们往往会发现，为何那些带有天才般创造力的人们，却往往总是伴随着某些神经症呢？他们虽

[①] [美] 罗洛·梅：《创造的勇气》，杨韶钢译，中国人民大学出版社 2008 年版，第 19 页。

然是在分离基础上尝试创造的先锋,但却同时比常人更深地触动了源初分离之罚的按钮——但凡他们凭借分离之祸根——"我"——在创造的道路上义无反顾、渐行渐远,都将以更敏感的方式领受分离作为祸首对他们更深刻的抓挠,从这个角度而言,这种伴随着深刻内心痛苦的创造力虽然表现出人的某种勇气,但却是为了自我证明并以自我牺牲的悲壮而装点的勇气,其中并没有真正托显出人真正符合道德内涵的勇气,即放弃源初因偷食禁果而具有的、对分别意识的惯性执拗,在忏悔并领罪之后重新回到上帝所开显的没有分别的境界中去,在那里,才有真正源源不断的创造力。"与诸神的战斗是以我们自己的不朽为转移的啊!创造性是对不朽的一种渴望。我们都知道人类一定会死的。相当奇怪的是,我们能够用话语对死亡进行形容。我们知道我们每个人都必须产生面对死亡的勇气。但是,我们也必须反叛和与此进行斗争。创造性就是从这种斗争中产生的——创造性活动从这种反叛中诞生出来。"① "与诸神的战斗",这在有限者自我夸耀的在世存在而言简直成了凸显人之高贵性最激昂的宣言,但问题是,作为被造者的有限的人尚且不是自己创造的,我们又能声称自己创造了什么才能高于创造我们的源泉?这里并非要一味地向人类的创造泼凉水,而是,只有认清了无限存在之源并重新将我全然地交托于其中,才能产生真正不带有破裂性、战斗性并随时伴随着危险性的创造,产生如上帝或曰"道"一样融合的、流动的创造。难道包容不是最深刻的创造吗?

但凡建立在"我"之上的任何创造力都不可避免地带有遭受神经症的危险,这是由主体从"道"中跌落出来带着的分离裂痕造成的,而只要存在裂痕,就必然存在"我—他"间的不兼容,而只要存在不兼容,就会因为生命的张力而产生虚伪焦虑——你会发现,这也是"我",那也是"我",这也不是"我",那也不是"我",究竟哪一个是"我"?当失去了源初的整全性,就永远不会找到真正的"我",在此境况下,创造,也无非是创造了更多的分离之"我"。这种严重的分裂也带来主体对享有真正智慧的低资格感,他们一方面意欲智慧,但另一方面当真的灵感驾临时,他们又因为各种怀疑而不敢相认,此时横亘在智慧与怀疑之间的正是狡狯的头脑。"所谓狡狯的头脑,就是意志时时刻刻都清醒着——它们意欲的活动力非常旺盛。但是这样的头脑,不能把握事物纯客观的本质。因

---

① [美] 罗洛·梅:《创造的勇气》,杨韶钢译,中国人民大学出版社2008年版,第20页。

为意欲和目的，占满他们整个头脑，在他们的视野中只能观察到和此有关的部分，其他方面尽皆消失，而以错误的状态进入意识。"[1] 这也相应于以上的阐释，当"我"始终都在分裂与混乱的状态中时，自然处于一种自私的利益交杂之，除非把那么多"我"全部拔除而回归清净整全的本心，否则头脑也不会让"我"真正相应于无上的智慧——哪怕头脑看到了，哪怕头脑正经历着它，但自身这种不可避免的局限性一定会将这无上的智慧拉入自保与怀疑的泥淖之中，这也正是在狭窄的心灵中不能住下真理的原因。

第五节 自为界中虚伪焦虑的衍化路径

一 永不满足的焦虑

虚伪焦虑肇因于"我"以自为主体出现时，却像是命定般笼罩着"不"的魔咒一样对自我有一种本能的否定，这种否定是存在焦虑与迷失焦虑的延续，是焦虑以自我否定的方式体现于主体经验中的一种形态，表现为主体似乎不得不与自己待在一起，然而某种隔离感使得主体又难以完全恰切而舒适地成为自己，反映出自我认同从一开始就带有的某种压力感。

二 自我扭曲的焦虑

当主体内部产生压力感而不能整合时（缺乏有整合能力的同一根源），各人格层面便容易盲目地各自为政，表现为同一生命发展方向被任性遮蔽时（任性无非表现为主体意识被非存在状态的诱惑），各人格层面根据己身之主观意图开始表现，且有可能彼此产生冲突矛盾，冲突中激发出的更强烈的非存在状态以潜意识的形式被人格有意无意地忽略、压抑、扭曲，而它们则以更为激烈与隐秘的方式对意识进行报复，并加重人格层面的冲突，人格层面为求得自我认同的相对同一，而不得不采取各种防御方式进行伪装，营造表面和谐，却以虚伪焦虑作为代价。

三 自我逃避的焦虑

当虚伪焦虑积聚到一定程度而令主体不胜其扰时（从这个角度而言，

---

[1] ［德］叔本华：《生存空虚说》，陈晓南译，重庆出版集团2009年版，第143页。

虚伪焦虑具有积极的意义），主体被迫面对己身的存在现状，必须生发出勇气面对存在本身的荒谬性，并肩负活着的使命而勇于创造，以实现人生意义。从这个时候起，主体便进入一个新的世界——现实界，带着在自为界中的领悟而进入一个实现自我的环节——现实，便是实现的基地，真正意义上将人格中的力量化为社会价值而同时成就自己、成就他人，使似乎带有幽冥色彩的精神力量转化为现实成果——只有到了这个时候，自我才真正摆脱了逃避责任的窘境，而在价值实现中真正成为自己，爱自己。

第六章　主体进入现实界的焦虑
——实现焦虑

现实界是"道—德"现象学中后天意识（即"德"的世界）所要历经的第三个阶段，是主体意识形成之后开显出的第三个意识形态。

现实界不满足于只停留于"我"之自我认同程度相对稀薄的象征界，或自我认同只囿于自身的自为界，作为主体，现实界中的自我更有赖于意志力的原始冲动（在自为界中，意志是人最贴近外物的人格层，而在现实界中，它化为一股动力直接剖开自我之内部世界、直接以行动对接于物，现实扩展人的生命于客观环境之中，用"力"开辟出一条不断通由现实化自身的方式实现自身价值的道路，而这条道路俨然是没有尽头的自我实现过程），要求自身现实地成为客观存在的人（以身份为表征），这一点，已然有了进入伦理界的苗头（伦理界不在本书的研讨范围之中，但现实界的动态、开放之发展方向已然指明它的临近）。现实界向人们表明，"在生活世界内朴素生活的个人，都隐约知道：他的世界是一个与人共有的实在世界。他知道：他和那些与他共处的其他的人，实际地或潜在地生活在一起，能够进入时而实际、时而潜在的接触。在他们的实际接触中，他们知道：每个个人都有不同的视域，但他们所指涉的东西却是取自同一个多样性的整体。在对同一样东西的实际经验中，每个人都经常地把那个整体意识视为对这个东西的可能经验。当他跟其生活世界的其他人进行互动时，他确实是一个嵌置在关系网中的人"[①]。主体对于他者与环境以关系为依托的切身认识与理解，在自为界中占有较多自由注意力资源的人格层面中体现较为明显（意向与感受层面），而在较少自由注意力资源

[①] 黄光国：《儒家关系主义——文化反思与典范重建》，北京大学出版社2006年版，第91页。

的人格层面中则不那么明显（认知与意志层，表现为对他者与环境的体认还较多带有主观化色彩，缺乏较饱满的现实性体证，遂而表现得任性）。而当主体发展进入现实界中，对主体的首要要求便是以现实性为依托，切实建立己身与他者、环境对接的现实入口——身份，并在此基础上切身发现并现实地联结他者与环境（意谓这些相对客观存在的他者或情境以现实可感的方式进入并内化于主体意识之中，使人的自然化与自然的人化过程双向同步发生，一方面赋予人切身现实性，另一方面则将人的精神性力量赋予并渗透进现实世界之中）。

　　对现实界的理解至少有两方面要点。第一，现实界的两个关键词为身体与行动。现实界中的主体以调用意志力为基础、以反映并体证于身体感官感受为依托、以现实行动挺进现实（或在此可谓之自然世界）并以劳动的方式与现实发生相互作用为评价根据。第二，现实界的两个关键词为实践与价值。现实界中的主体必须以现实且平等的身份认识到身处其中的关系之网（连同他所须承担的身份责任及必要的付出），并同时认识到这张关系之网对己对人的最大化利益诉求点何在（价值的本质），在此基础上明确自身现实实践的方式（作为网络中的个体实践，须同时成就整体与自身，且在一定程度而言，以先满足整体利益为前提而自然实现个体己身需求），以兑现价值之网最大化利益为圭臬（唯有如此，才能表明现实性主体对他者与环境的融入是成功的，在关系之网中兑现的价值也同样是显著的——这一点，将以个体社会财富的获取程度为衡量标准，构成福得一致性的内在依止），从而，主体在现实界中的自我实现就包含个体作为整体中一员而存在的社会性价值及反过来通过社会性价值而兑现的个体性价值，如果两者是相辅相成、融通为一的，那么我们说，一个个体在他富有价值的社会实践活动中获得了实体性价值的升华（以实践和价值为依托，个体与整体有机融合，互相成就，使整体中的个体成为有机整体的有机组成部分，产生涌现意义上的个体叠加效应，从而使单个原子集合式聚合的整体现实地成为有机生命体，此谓之实体）。向着实体性价值而发展的主体生命，都在其应然的发展道路上，在此基础上，我们说，主体在现实行动中不断实现着自己（从实体角度而言），这是一个永无止境的过程，此处的关键点在于，主体不断从实体之中获得其存在的现实感（现实感是一种主体在实体化自身过程中被激发出的高峰体验），而现实感的受阻，则表现为在现实界中的实现焦虑。

相应于对现实界理解的两组关键词,实现焦虑的两种主要表现形态是:第一,实现焦虑产生于自为界与现实界的交界点处,主体意志尚且无力完全以行动的方式对接外界,因此仍然留恋并徘徊于人格自身内部,由于种种原因而未将一种现实性的创造性冲动及其活力对接至客观他者与环境之中,因而仍然只是一个主观存在的个体,其人格中的诸种感受或感悟等均无法获得其客观现实性而使他始终像是飘在半空的,哪怕是有着曼妙身姿的羽毛(这一点在很多灵性极高甚至是天赋异禀的人身上可以看到,他们在象征界及自为界中都有着较高的修为,然而,这同时构成了他们须在现实界中脚踏实地去完成某件具体任务时的阻碍——主要以傲慢与现实无力为表征);第二,实现焦虑表现为具有了知行合一的基础,然而在具体行动之中却缺乏客观性、整体性、战略性等思维方式以认清自我发展中的重要价值,从而可能因于眼前利益而错失长远利益,或困于个别利益而无视整全利益,凡此种种,不一而足,而最终导致的结果无非是个体与整体利益之争,无法以整全的价值系统统筹两者并和合为一个实体价值体系,从而使主体在作出决策判断的伊始,便面临着道德选择困境,而使之后的所有努力,都可能化为无意义的泡影。

第一节 现实界的运行机制

一 现实界的基本结构

(一)身份锚定点

行走于世间,首要的是在现实中建立起一个身份锚定点,即以怎样的身份作为与世界对接的入口,这一点极为关键,这正是伦理学要提供指导与服务的领域。"鉴于数学是严密思维的典范,哲学家也开始在伦理生活中寻求一种近似于数学的客观确定性。哲学家们认为,由于有了理性,我们的身份可以由我们的理智良心来确定,而不再受市场上他人一时的想法和感情的左右。"[①] 虽然一个伦理身份的给定不一定真的要引入数学般的严密性,然而,此处传达的信息是,当一个真实身份被主体认同并内化之后,一种现实的根基(或曰现实的存在感)才能真正确立起来,主体才不至于人云亦云般地漂浮于世,而真正有了基座。

---

① [英]阿兰·德波顿:《身份的焦虑》,陈广兴译,上海译文出版社2007年版,第111页。

一般而言，这样的确定性分布在三个领域之中："三种关系模式构成了三种问题：如何谋求一种职业，以使我们在地球的天然限制之下得以生存；如何在我们的同类之中获取地位，以使我们能互助合作并分享合作的利益；如何调整我们自身，以适应'人类存在有两种性别'和'人类的延续和扩展，有赖于我们的爱情生活'等事实。个体心理学（individual psychology）发现：生活中的每一个问题几乎都可以归纳于职业、社会和性这三个主要问题之下。每个人对这三个问题做反应时，都明白地表现出他对生活意义的最深层的感受。"[①] 身份的锚定更像是为我们提供了现实生活的说明书，我们在被划定的领域中认清自己的身份——这意味着要承担身份所赋予人们的责任——譬如，在职业领域，夯实并发挥专长，实现个人和集体的利益，升华己身精神；在社会领域，成为任何时空情境下都对同样作为人类的同伴表现出友爱与有益，成为忠诚而有趣的伙伴；在性的领域，通过一段亲密关系的营建而真正学会爱的真谛，以爱作为关系发展的精神动力而事实上在和谐关系中承担培育后代的责任。这些普世价值观与伦理身份的认定有关，最终目的是在自律中转化为主体自身的现实发展动力。

身份与角色不同，身份更具有一种普遍性，而角色则在此基础上有多种个性化发挥。例如，在职业伦理的范畴中，人们可以认领多种职业选项；在伙伴关系中，人们也可根据不同情况扮演多种类型的朋友，婚姻家庭亦然（如一个人同时是母亲与女儿等）。人们的角色多种多样，它们恰如在身份土壤中开出的各色花朵，只要在合适的土壤中，它们都并行不悖，并不会存在相互冲突的问题——这正是伦理为其赋予的关系内在性与规律性。

（二）信念与价值观

当主体明确了己身所要效力的伦理领域，对伦理规律本身的理解与把握便成为重中之重。当人认领了自己的身份（必然同时选择多种），便相当于具备了社会化的基本属性，注定要在社会化实践与学习的基础上，培养起相应的信念与价值观。"成熟价值观指的是那些在时间上超越了即时情境并且将过去和未来都囊括其中的价值观。成熟的价值观还超越了即时的小派系，朝着共同体的利益向外扩展，从理想上将整个人类都包括进来。……一

[①] [奥] 阿德勒：《人格哲学》，罗玉林等译，九州出版社2011年版，第46页。

个人的价值观越成熟,他的价值观在表面上看来是否让他满足对他来说越不要紧。满意感与安全感在于持有这种价值观。对于真正的科学家、宗教人士或艺术家来说,安全感与信心来源于为追求真理与美而献身而不是找到它们这样一种意识。"① 信念与价值观支撑一个人的身份认定不会流于空疏,它指向在实践中的道德磨砺。总的来说,信念与价值观既有适合于每种角色的,又有高于它们之上的,要之,它探索并相对稳定地定义了人之所以为人的根本属性及其特征。有了这些基本点,人就对己身的价值指向及其道德践履有了明确认识,并在反复磨炼与内化过程中提升己身生命境界,开创更多现实成果。信念与价值观如同人生命中的一条连续轴线,它串起人多变的状态,但万变不离其宗,始终让人意识到自己是一个人并成为一个人。"他们就有了一条连续轴线,让自己的知识、信念及得出结论和检验结论的习惯都围绕着这一轴线转而组织得有条理。"② 信念与价值观与人的理性建构有关,它不同于狭义理解的理性那样是一种理性思维能力,而是真正广义而言的、作为人的内核的、理性的挺立,是大写的理性。

当然,信念与价值观相当于在绝对不可控的生命系统中拿捏出一条相对可控的道路供人行走,因此它仍然是真理性与灵活性高度统一的形式,在理性范畴中具有相对而言的多变性、可塑性与生长性,根据不同的情境会有不同的反映。"认为这些后来的价值观仅仅是保存母亲的照顾和爱这种最初的价值观的延伸,或者认为所有价值观仅仅是对第一需要之满足的不同形式,是错误的。各种能力会不断地出现在成长中的个体身上,这给了他一个新的格式塔,以突变进化的模式,这个不断成熟的个体不断地从原来的能力中发展出新的能力、新的象征,价值观就呈现出了一种新的形式。诚然,一个个体的焦虑越是神经症的,他就越有可能年复一年地试图满足于他早期所拥有的同样的价值观,正如我们在非常多的临床案例中所了解到的,他仍然一次又一次地、强迫性地寻求母亲的爱和照顾。但是,这一个体越健康,他作为一个成人的价值观就越少地被理解成他先前需要与本能的总和。"③ 可见,信念与价值观在任何时空环境下都支撑着我们

---

① [美]罗洛·梅:《心理学与人类困境》,郭本禹等译,中国人民大学出版社2010年版,第98—99页。
② [美]杜威:《我们如何思维》,伍中友译,新华出版社2015年版,第46页。
③ [美]罗洛·梅:《心理学与人类困境》,郭本禹等译,中国人民大学出版社2010年版,第90页。

的成长：一方面与生命的本真流动与成长方向协调一致；另一方面也促使我们在一种生命的流态中不断突破旧有认知而积极拥抱新的成长可能性。信念与价值观如同人的生命支柱与坐标，而实现焦虑则来自不能很好地内化并动态协调这些具有规律性且发展着的要素。

（三）能力

与其自怨自艾、惶惶不可终日，不如耐下心来磨砺与锻造自己的现实能力。当一个人明确意识到己身的现实能力无法匹配自己的期望与理想时，正是沉潜的好时机。能力的养成最主要表现在两个方面。

首先，兴趣的养成。能力的培养并非外界强行灌输的产物，相反，在主体没有调用充分的积极性前，一种能力尚且外在于人。当一个人在能力方面有所探求时，这意味着，或者是某种情景的逼迫令其看到自我发展的必要性，或者是机缘的促成令其感到内在潜能转化为现实行动力的无比冲动——不论怎样，只有在一个人迫切想要去完善自己时，他才较有可能产生兴趣。兴趣可以为将来行动中所需投入的精力和时间保驾护航，在需要大量意志力资源时为主体提供一个相对轻松、愉悦的心理场域以供意志力发用，而不至于在对具体事物意向收回的状态下令意志力撤回或产生混乱。我们所强调的兴趣，正是能力养成的基石，它是一种"以无心之心做事"的心态，即所谓"内松外紧"的状态，这可以通过冥想训练而实现。"如果你经常让大脑冥想，它不仅会变得擅长冥想，还会提升你的自控力，提升你集中注意力、管理压力、克制冲动和认识自我的能力。一段时间之后，你的大脑就会变成调试良好的意志力机器。在你的前额皮质和影响自我意识的区域里，大脑灰质都会增多。"[1] 这可能是一切能力自然天成的秘密所在，看似是主体在有意追寻并夯实某种陌生技艺的内化，然而一旦有了执着，便从一开始就埋下了期待成功与恐惧成功之间的张力，使意志力面临脆弱易折的风险；而唯有轻松自然地应对——哪怕外在需要面临艰难的挑战，主体也能由衷升起稳健的定力，生发出应对压力的柔韧性——才能事实上促成陌生技能与已有生命系统的和谐融通，轻松高效达成既定目的。很多取得了令人瞩目成就的人都能鉴证这一点，他们往往精力旺盛，能够并行不悖地出色完成多重任务，这在一般人看来可能是一件特别艰难的事情，然而，真相刚好相反，正是他们始终保持着的、轻松的

---

[1] ［美］凯利·麦格尼格尔：《自控力》，王岑卉译，印刷工业出版社2013年版，第25页。

游戏心态及内在空间之充盈且持久地充满兴趣,才成就了他们的天赋异禀。

其次,习惯的养成。即便培养能力的心态已奠基好,也不能忽视某种行为定型至习惯自然形成之间尚且隔着的时空距离,这要求主体努力地反复练习才能使某种技能完全内化。当某种技能形成主体习惯时,意味主体能以最小的注意力资源(甚至是下意识地)出色完成相关任务(有时甚至以直觉的形式),这是人类发展过程中的一项殊胜技能,即通过习惯的养成最大限度地节约己身资源,以最小的代价换取最高效的信息交换路径及相应成果。因此,能力的养成之初,如果只对能力养成之后的自动反应感兴趣,那么这便是一种浮躁的态度,耐心,是对治此种实现焦虑的法宝。"不用说,大脑的结构是由遗传得来的,但是大脑只是心灵的工具,而非其根源,而且,假使大脑的损伤尚未严重到我们目前的知识无法挽回的地步,它也能够接受训练,补偿其缺陷。在每种异乎凡庸的能力后面,我们所看到的,并不是异乎寻常的遗传,而是长期的兴趣和训练。"[①] 因此不止在"道"的层面(本真层面),兴趣可以培养,而且在术与器的层面,现实的反复训练也必不可少,如此方能保证一种能力的养成。

(四) 行为

实现焦虑的根本原因在于,主体缺乏现实感及相应的现实能力,对治之方正在于行为(或曰行动)。行动即实践,不论主体己身的修为已达到多么高超的精神境界,仍然不能忽略或贬抑作为生命整全之必要环节在现实成果达成方面需要付出的努力,任何精神的东西,如果不加以实践的转化,终归只是"知道"而非"得到"(所谓"德""得"之间存在的现实差距,也需要主体率先通过扎实的个人实践去试图填平,在转化并贡献了己身现实价值时才有评说与尽力扭转社会风尚的资格与资本)。

我们不是强调仅仅通过人的行为才能理解并评价一个人,只是在现实界,确实需要格外强调通过一个人基于实践、切实转化与兑现社会价值的能力(以具体成果的形式,并具有相应的评价标准)来衡量他在个人成就方面所具备的能力之高低,其中涉及以成就与贡献社会为圭臬所展开的一整套复杂社会评价体系,通过这种方式,我们说一个人具备了较高或较低的社会认可度和美誉度。反过来说,那些具备天赋才华且道德感(狭

---

① [奥] 阿德勒:《人格哲学》,罗玉林等译,九州出版社 2011 年版,第 162 页。

义理解的道德）较高的人，如果只蜗居于社会一隅发挥有限影响力，我们也只能在象征界或自为界中给他们较高评价，但在现实界，他们确实还有需要完善的巨大空间。也因此，面对一种可能的反驳——行为仅仅只是精神的现实延伸，它仍然需要精神领域的巨大滋养而不能单独进行考察，或者单独考察的意义并不重大——我们说，精神在行为上的反映与体现不仅是一个相对独立的领域，它涉及生命的现实品质及通过具体价值兑现与成果转化而展现出的、切实的主体德行（由德性至德行的生根发芽，避免可能的主体焦虑或客观上伪善的形成），而且亦揭示出生命在实现过程中、必然在现实界落地的最终归属。一个永远飘在天上的灵魂，终究要双脚落地方能成就圆满生命状态。

在强调了行为层面的重要意义后，我们看到以行为为精神转化枢纽的现实界不同于象征界与自为界的特点：它能够通过环境的塑造而获取内在资源——实践，就是生命的内外资源转化器，这一点在行为主义的论述中比较多见。"一定的相倚联系造就了行为的可能性，同时也就造就了可被感觉到的一些状态。自由不过是强化作用的相倚联系，而非这些相倚联系所产生的感觉。"① 在行为主义者眼中，自由也是被塑造的，如何理解这种观点的合理性呢？从行为层面而言，只有真正掌握了行为规律与能力的人，才不至于陷入现实无力的泥淖之中，切实获得现实层面的自由。这种自由当然不是精神层面的自由，它是有限自由，是被现实环境奠定与塑造的自由，但是这种自由指向了我们人格的最终完善环节。

（五）环境

环境对人的影响与塑造功力十分强大，这一点对只强调精神自由的人而言构成了现实反驳。"人的各种类型在这么早的时期就开始成形了，有的孩子朝着获得力量及技巧的选择勇敢前进，他们期望别人的认同；有的小孩则似乎一心想着他们的软弱，并且试图以各种方式显现其软弱。只要回想小孩的态度、表现及行为，就可以找出每个人吻合哪一型；我们只有了解每一类型与环境的关系，类型才有意义。在每个小孩身上，我们都可以找到环境的反映。"② 环境参与塑造了人格，此处带来的思考是，需要重新反思以环境（或曰自然）表征的"现实"的意涵。

---

① ［美］斯金纳：《超越自由与尊严》，陈维纲等译，贵州出版集团2006年版，第29页。
② ［奥］阿德勒：《人格哲学》，罗玉林等译，九州出版社2011年版，第210页。

一般认为，现实既是人类精神实现的载体，又同时构成最为限制人类自由发挥的桎梏——正由于人类具备与现实相应的身体官能，人类看似可以无限延展的精神能力（当然，精神能力的形塑也受环境所限）便被限定在有限范围之中，且最糟的情况是，当人不可避免地以感官之满足为标准去追逐环境所提供的外在刺激时，人便成了环境的奴隶，这种主体身份的丧失及所反映的欲望之流泻无不令人产生恐惧与焦虑。然而，这两种观点也确乎不必对立，正是通过实践，我们看到了人与环境互相作用的双重可能，也由此才产生了人化自然和自然人化的双重路径，这意味着，当我们看到人与环境互动中的良善面向时，我们在一种"创造"与"成就"的意义上看到了双方各得其所的地方——环境通过人获得了人创造的灵性和价值，人则通过环境而成就了己身的现实感——使创造成为相应于感官的创造（相当于将己身的创造物切身体验式地又拉回己身之中）。因此，问题的关键便不在于人与环境之间的对立（悲观主义者只看到环境对人的捆绑和束缚，乐观主义者则看到人与环境互动中的双向价值），而在于人与环境必然相处与能量流通这一现状所展现的意义。"正如马斯洛所指出的，缺乏价值通常可被'描述为各色各样的东西，如反复无常、不道德、无快乐、无依托、空虚、绝望，或者缺乏能寄托信仰并为之献身的东西'。所有这些词汇似乎都是指内心的感受或状态，而事实上缺乏的是有效的强化物；反复无常和不道德都是指缺乏能引导人们遵纪守法的预设强化物；无快乐、无依托及空虚和绝望指的是缺乏一切类型的强化物；而'能寄托信仰并为之献身的东西'则存在于引导人们'为他人利益效力'的那些预设的相倚联系之中。"[1] 人类可以创造性地创造与环境间的良性相倚联系，并由此达成教化的实际之功，这个过程完全可以成为人类现实地享受精神之功的过程，并反过来切实地体验到环境之美（而不是在感官尚且沉睡或昏庸时，只是想当然地批判环境对人的限制——一种臆想中的自由，只是自由的幻影，而并不具备自由的现实体验）。因此，积极的意义空间之建构，可以成为人与环境良性互动并激发美感且奠定现实生活美学的桥梁（或许这也是道德想象力的意义所在）。从这个角度而言，环境为我们提供的"现实"之意涵，便沉淀出两重含义：首先是对应于感官体验的现实；其次是存在于人的、具有作为精神和环境之中介意义的现

---

[1] ［美］斯金纳：《超越自由与尊严》，陈维纲等译，贵州出版社集团2006年版，第95页。

实。真正建基于人之实践的现实是后一种现实，在其中，人的价值性面向和现实性面向空前凝结且真实地为我们所体验。

二 现实界基本结构的原则

（一）确立身份——确定性原则

主体进入现实界的第一个表现是认领一个社会身份，并在此基础上发展自己的若干社会角色。身份之确立就像玩家进入一个游戏时需要首先选定一个人物设定，它将成为主体在游戏全程中的载体和依托。身份之确立不是唯一的，但是每一个身份的确立都需要是明确的，这由身份的伦理属性和伦理规律共同决定。

确定性原则要求主体充分了解身份的伦理意涵，从"道"与"德"的内在性明确把握特定身份中蕴含着的伦理普遍性（譬如，家有家道，行有行规，社会、文化等领域也有相应的普世价值观，需要在相应身份下明确践履），并以此作为身份内化的标准和行为指导原则。确立身份不同于认同角色，后者更具有灵活性，并要求主体更柔顺地进入角色，担当相应的责任并培养相应的道德感受力，而身份之确立更要有一种内柔外刚的品性——内在契合于身份的本质规定，而外在则需要升起足够程度的自觉意识、理性把控力及行为自控力，采用由内而外、由外而内的双向路径共同确保并支持身份行在应有的轨道上，即我们经常所言"人要行得正"的意思。此处，立住了做人的根基，明确了身份赋予人的内涵，并在德行的践履中现实地将其夯实，是伦理对人的首要要求。只有当真正确立了身份，明白有所为有所不为的道理并产生内化基础上的自觉践行意识，人才不容易受到外界无端的影响，辨明是非善恶，在任何情境中都尽可能作出正确抉择。

当人立住了身份的根基，角色的扮演就相对要轻松很多。在信息爆炸式增长且普世价值遭遇碎片化的当今社会，人们往往遭遇的困境与这种应然状态相反——人们只活在无数角色的扮演之中，成为无根的飘萍，而当仔细追问内在身份为何时，却显得空洞而迷惘。内在身份缺失除了源于主体与"道"散落所带来的主体自身遮蔽性以外，还源于消解这一问题过程中社会共识并未起到指引人们道德生活的作用。在这种情况下，似乎批判的声音和随顺的声音一样多，但都一样停留于没有意识及行为实证的表面，人们的谈资越来越流于肤浅，只能碰触由角色担当的且仍然面具化的表层，而伦理的真正意涵却与生命深度的下沉一起而不那么易见，这也就是我们已然沦落至要设立底线伦理这一尴尬境地的原因之所在——道德生命的失落已很难承载我们对多维且深刻的伦理之探索，这也正是人们普遍缺乏身份而只有角色的现实反映——这意味着，人们在肤浅的相互鼓噪中越来越缺少生命的重量，他们的内在性与存在感之散佚及由此而来的伦理身份之丧失，使他们已忘记了自己的真面，"我们究竟是谁？"已成为时代的普遍追问。

(二) 建立信念——明晰性原则

我们需要一套整全且明晰的信念来指导人生，这相当于为人生配备一套详尽的说明书。不幸的是，当今时代，能担当此大任的智慧要么躺在艰涩的学术语境之中，要么则因泛滥、真假难辨、令人逆反甚至敬而远之而被贴上"心灵鸡汤"的标签。此处需要强调，时代尤其呼唤知识分子进行将所学有效转化至大众语境中的尝试，切实承担移风易俗的学术责任，并以身作则地活现生命价值，为大众提供明晰的生活指南。

一旦当人有了明晰的信念，世界上一切杂芜的信息对他而言都仿佛被一根存在于世的、踏实的生命线串联了起来。信念的建立与主体身份的找回与锚定有紧密关联：当一个人十分明确自己活着的意义并为之全力奋斗而不惜一切代价时——确实，一个明确的信念能组织起主体全副生命力量而使其焕发活力，并找到内在一致性，他也就一并明确了己身身份并不再随多变的角色而动摇了，甚至于，他能够同样赋予角色以身份的道德光辉。"假若一个人在他赋予生活的意义里，希望对别人能有所贡献，而且他的情绪也都指向了这个目标，他自然会把自己塑造成最有贡献的理想人格。他会为他的目标而调整自己，他会以他的社会感觉来训练自己，他也会从练习中获得种种技巧。认清目标后，学习即会随之而行。"[1] 很难想象没有信念支撑而生活于世的心灵将遭遇怎样的焦虑或因避免焦虑而将选择何种程度的昏庸，而这一切都在一个明确人生意义浮现出来且走入他生命存在之域的时刻（意味着他意识到它、看到它、认领它、践行它）而获得拨云见日般的清朗。

建立人生的意义感并获得相对稳定的在世信念，对于一个人而言不亚于世界精神于他的显现。"作为努力要理解世界的精神，只有当它把现实

---

[1] [奥] 阿德勒：《人格哲学》，罗玉林等译，九州出版社2011年版，第49页。

用思想的语言表达出来时,它才能够感到满意。如果人们承认世界自身也能够去爱、去忍受痛苦的话,那就与世界和解了。如果思想在改变着诸种现象的镜子中能发现一些永恒的关系——这些关系是一些能够用同一原则概述这些现象并能够自我概述的关系——我们就能够谈论精神的一种幸福。……这种对统一的思念,对绝对的渴望照亮了人类悲剧的重要运动。"[1] 可见,信念一方面指明人与世界从存在而言的同一关系;另一方面它也确实需要借助于明晰的表述方式而为人所知并为人所热衷——如果说前者仍然是信念的本真性、抽象性之体现,那么后者则是信念的现实表现——信念是存在本身于主体的言说,因此也只有信念,能在意识层面有效地深入主体生命内部,真正唤醒他深刻的活力。

(三)锻造能力——坚韧性原则

由于能力之养成不是一朝一夕之事——就算能赋予培养能力之源能的冥想练习,也需要长期的锻炼才能略见成效(其豁然贯通更是需要用一生来践行),因此锻造能力必须遵循坚韧性原则。所谓坚韧,既有坚持、坚强的一面,又有柔韧、耐性的一面,两相结合,都预示着能力之塑造与养成是一个需要付诸精力与时间的长时练习,需要始终如一地专注、保持力量且细水长流般地不断重复。这也就是在谈到能力时要格外强调兴趣的原因所在,如果没有一定的信念作为支撑,没有主体投入持续热情的充分理由,"坚韧"将不那么容易实现。"社会兴趣是一项缓慢的成长。唯有那些从孩童时期就在社会兴趣方向上有训练,以及一直在生活中进行运用并为之奋斗的人,才真正具有社会感觉。"[2] 我们看到很多在某方面斩获颇丰的人,他们都有一个漫长的"童子功"之积淀。

能力的锻造也要求主体具备较高的抗挫折能力,毕竟谁也不能预料在能力的培养中会遭遇何种意外——或许这正是对特定能力的考验?那些力排万难而始终坚韧的人,往往能获得最终成就而被人敬仰,正因为他们忍人之所不能忍,行人之所难行,才能获得生命中的特殊才能。譬如,"在画家和诗人中,有许多人都曾蒙受视力缺陷之害。这些缺陷被训练有素的心灵驾驭之后,它们的主人即比正常人更能运用他们的眼睛来达成多种目

---

[1] [法]加缪:《西西弗的神话》,杜小真译,西苑出版社2003年版,第21页。
[2] [奥]阿德勒:《人格哲学》,罗玉林等译,九州出版社2011年版,第35页。

的"①。从这个角度而言，坚韧本身，是人最需要锻造的本源能力。

（四）跟进行为——即时性原则

我们不难在生活中发现，当一股行为的冲动被搁置下来，即当意志力正要发用而遭遇失败时，那股泄气的力量往往为我们带来空虚、自责等内心体验。在从理想状态转化为现实状态的过程中，最好遵循即时性原则，即当想要做某件事时就立马兑现，这比较符合生命常态的流动，而不至于因为多出一段反应时间而一方面可能使意志力受挫，另一方面则可能令主体将意向内收而退回到想象中胡思乱想——即时行动，无非是为意志力开辟一条现实的通途（与其想很多，不如一试）。"愿意冒险的人会迅速做出决定，但并不代表这些决定没有经过深思熟虑。与流行的观点相一致的是，冒险者做决定时，不仅用时较少，信息也较少。尽管冒险者为了迅速做出决定会限制信息搜索，但他们会仔细研究能获得的信息。"②

即时性行为与深思熟虑之间到底是什么关系？一般而言，即时性行动并非冒进，它也是主体长期训练的结果。即时性行为中蕴含着的实践智慧在主体长期的经验积累中已然内化为一种直觉的能力（直觉绝非空穴来风），它是主体在决策方面养成的一项习惯性才能，推动主体在最短时间内迅速把握事态的走向并作出符合规律的预期——主体的理性与感觉在长期锻炼中已然能够迅速反应，因此，即时性行为非但不是冒进，还是一项卓越的心灵能力——它意味着主体在决策能力上有高于常人的水平。

一个不具备即时性行为能力的人，更要不放过任何一个实践机会地锻炼自己的即时行为能力，哪怕一开始会比较慢，会不可避免地在想法与现实间产生搁置的时间，并可能导致主体不知所措而产生想要放弃行动的倾向，但如果某项技能之达成是主体的内在要求，那么这种缓慢与无力便是对其坚韧性的考验了——往往，一项能力的内化都有一个先慢后快的过程，我们也经常听到成功者谈到一个"临界点"，即当突破了某种停滞的生命状态，某种豁然开朗的状态会以指数级的方式向我们涌现，因此，前期的准备与等待从已然实现的状态而言，都是值得的，且是必需的。从这个角度而言，哪怕在貌似停滞的状态中，也要坚持行动，相反地，一旦停

---

① ［奥］阿德勒：《人格哲学》，罗玉林等译，九州出版社2011年版，第70页。
② ［美］斯蒂芬·P. 罗宾斯：《做出好决定》，包云波译，北京联合出版公司2016年版，第139页。

止了行动,我们就真的离成功越来越远了——如果长期反复,将可能导致主体的挫败感,并使他更不愿直面行动的挑战,如此一来,便在理想与行动之间埋下了永无止境的时间的"地雷",最终炸裂成为一个实现焦虑的集散地。

(五) 融入环境——系统性原则

融入环境需要两方面努力,除了以上谈到的现实行为兑现为成果以外,最重要的是,我们需要在与环境的互动中建立起客观的理性思维(不同于主观任意性发挥),充分认识与把握环境中的客观规律,根据系统性原则创造更好的人与环境之互动模式,具备可持续发展的长远眼光。一般而言,环境总是向人们保持着某种神秘性和无序性,然而,思维的目的总是指向揭示看似无序的事物中的规律性,将其统摄到一定程度的可控范围之中,形成相对稳定的认知—验证系统。"思维在观察到的事实和推想之间来回运动,直到原先一些不相联结的细节构成了一次完整的体验为止——若不是这样,那就说明整个思维过程不成功。"① 因此客观思维的建立总需要不断实践—归纳—推理—验证,如此往复,才能形成相对可控的、理性的认知体系。

认识世界的理性形式通常而言分为两种,即判断和综合,它们在不同的研究情境中适用,两相配合。"每一个判断,只要它动用辨别力和鉴赏力把重要的和无价值的区别开来,把无关的细枝末节同关系结论的要点区别开来,便是分析的;每一个判断,只要在头脑中把选择出的事实安置到范围广泛的情境中,这便是综合。"② 判断的本质是区分,在一定的分类标准下将认识材料条分缕析地进行梳理,搞清楚其中的来龙去脉,针对性地提出问题与解决问题,这些都是分析式的思维方式。而综合的本质则是类比,善于找到事物的共性,找到规律在不同情境中相通的应用基点,创造性地在共性规律指导下应用于多个场景,重应用(情境还原)强于重分析,这些都是归纳式的思维方式。一般而言,在具体的思维应用场景中,归纳要在时间上先于分析(相比而言,分析则在逻辑上先于归纳),因为是归纳从零碎的生活素材出发,找到它们的共性并提炼规律,由此才成为分析的起点,并经受分析按其内在逻辑性而进行的理性考量及最终回

---

① [美] 杜威:《我们如何思维》,伍中友译,新华出版社2015年版,第93页。
② [美] 杜威:《我们如何思维》,伍中友译,新华出版社2015年版,第127页。

到现实中进行印证。当在环境中扩展了理性认识之后，又反过来积累起更多感性素材以供归纳所用，如此往返循环。"归纳是从零碎细节（特称命题）走向对情况的联结起来的观点（全称命题）；演绎则是从全称命题走向特称命题，将这些特称命题联结在一起。归纳性运动是要发现能起联结作用的基本信念；演绎性运动则是要检验这一基本信念——检验它能不能统一解释各分隔的细节，从而在此基础上将它予以肯定或否定或修正。我们在完成这样每一个思维过程时，都考虑到另一思维过程，使之彼此参照，就可以得到实在的发现或者得到核实的重要见解。"① 两种思维方式构成完整思维过程的两个必要环节，缺一不可。

在系统性原则的指导下，我们也需要针对性地对特定范畴进行边界划定，确定问题域，即确定研究的原始系统，并在此基础上根据发展与广泛联系的普遍规律，善用发散性思维，找到原始系统的子系统（以原系统为基点作更细致的分析）、超系统（扩展原系统的研究边界至更广阔的领域，充分考量研究对象的存在背景并作更宏观的把控）、平行系统（与原系统平级的系统，在比较性思维中发现它们之间更多的共性与差异性），扩展研究领域，更广泛而深入地把握我们所身处的环境，并反过来深化对人类自身的认识，客观把握有所为有所不为的现实根据。

三 现实界各结构间的发展动力——现实即实现

（一）实现过程中目的集中——全力以赴

要在现实界中通过实现过程取得现实成果，就需要调用一切注意力及意志力资源对准某个特定目的或目标，全力以赴在集中化行为过程中转化与兑现成果。"唯有怀着固定目标，心理活动才可能发生，因为如我们所知，目标的构成提供了改变的能力与相当的行为自由，人类由行为自由而得的精神富足是珍贵无价的。"②

在现实中我们发现，实现焦虑者往往并非胸无大志的人，他们的散漫是拖垮他们清明意识的毒药（令其不堪其扰），然而他们无力摆脱，原因并不在于他们缺乏动力与热情，而是他们根本没有明确的目的或目标，空有一腔热情而不知道往哪里运用。其可能的表现在于以下四点：首先目

---

① ［美］杜威：《我们如何思维》，伍中友译，新华出版社2015年版，第91页。
② ［奥］阿德勒：《人格哲学》，罗玉林等译，九州出版社2011年版，第218页。

过于理想化，找不到现实中的对应路径；其次目的并不符合现实中的价值最大化原则，因此良知以行动无力的方式惩罚他们陷入拖延而焦虑；再次目标超出现有能力所及，需要及时调整，实事求是；最后同一时空背景下目标过多，千头万绪，难以一一实现。针对以上情况，应对策略有以下四种。首先，找准理想与现实可对话与转化的接口，将之带入现实世界，并慢慢细化、梳理，使之成为能够建基于行为上的诸对象（由抽象而具象，且越具象越好，往往，对于一个因将问题大而化之而饱受焦虑折磨的人而言，一经问题得以澄清与细化，他的焦虑便已缓解了大半，至少，他的现实动力有了可作用的对象——在此基础上，最好再制定出行为的先后顺序，即我们所说的计划，如此悬着的一颗心就能在时空序列中落地了）。其次，根据良知的召唤与现实中的理性考量，反复推敲、琢磨并不断调整自己的行为方针，避免一意孤行或因短期利益驱使而可能做出有害长远价值的事情并可能在日后承受内疚之苦（所谓"三思而后行"，用在这里恰到好处，一个错误的决策往往会荒废之后的一切努力，在没有合情合理的决策之前，宁可先不行动）。再次，调整自己的预期以符合现实条件，或将自己的预期进行分解，置于一个须长期涵泳并培养相应能力的时空序列之中，避免好高骛远（往往，怀抱着不实之理想的人会陷入焦虑，他们要么给自己制造挫败感，要么以受害者心态抱怨世界，然而，当他们能够认清自身的现实处境并作出相应调整而取得哪怕一点点成绩时，都可以借由那一点成就感的光芒将他们拖出这种怪圈，因此，脚踏实地地建立现实自信，是他们需要做的，慢慢来，比较快）。最后，根据重要性和紧急性的排序，列出同一时段多个计划的先后排序，切忌"眉毛胡子一把抓"的情况，本身再具有才华与活力的人，也一定经不起超负荷工作的劳累，目标的集中比目标的涣散更容易操作。

（二）实现过程中灵活应对——顺势而为

经权高度协调的生活方式需要一种极高的实践智慧（即在一种节律感与习惯性的养成中，实际上同时兼顾计划性与灵活性）：在全力以赴中，我们强调的是"经"的部分；在顺势而为中，我们强调"权"的部分（即权变、调整之义）。在实现过程中，"权"最重要的表现在于充分尊重注意力与意志力资源，当它们并没有充足理由及动力要兑现行动时，切忌通过意识的干预强力而为。当某个时空背景下主体出现注意力涣散或意志力疲软时，它们以这种方式提醒主体意识机体需要休整片刻或需要修正已有计划（往往，它们代表的是来自身体状况的声音），但如果主体执拗地想要继续，它们可能会怠工或反向报复，给主体带来焦虑感。从某种意义上说，只有真正懂得充分尊重己身现实状态与能力的人，才有资格在长期行动中找到最适合自己的生命节律。让我们来考察一下不尊重生命现实情态的一种表现："我们使自己置身于通常只会引起无价值行为的条件中，同时又避免以无价值的方式行事，以此来夸大应给我们的褒奖。我们努力找出曾给予行为正强化的那些条件，却又拒绝从事那种行为。我们追求诱惑，就像沙漠中的圣者在附近安排美女和佳肴，借以夸大自己苦行僧生活的美德。如同古代鞭笞自己以示赎罪的人，我们本可以住手，却还是不停地鞭打自己。或者，我们本有逃脱的机会，却还是要屈从于殉道者的命运。"① 此处的情况很生动地说明，不尊重现实情态的人，仍然用主观臆想代替客观条件，他们仍然在很大程度上只停留于想象之中，他们为自己设置了过高要求（而这根本就与真正的价值实现无关），当达不到时却还病态地愈挫愈勇，耗损精力，并在感到周身不适与压抑沮丧时，仍口口声声说那是一种历练，错误地将一种自我惩罚等同于对自我的考验（这种考验完全是要避免的，因为它并没有什么建设性意义），并同时折损了意志力资源，使之成为自我粉饰的工具，而没有将之用在真正有价值的地方，如此，他将成为一个纠结的人，成为一个时刻进行着自我摧折的人。

另一种不顺势而为的情况是，意志力之流动本来是很自然的事情，发乎于主体的兴趣与能力所及，然而主体意识终归不耐贴标签的本能，一定要在其中加入某种道德意涵以示升华，用一种行为的代价作为对另一种行为的补偿（其中不难看出自我证明的成分），此时就失去了自然，使行为本身带着的天然意趣都在这种人为解读中丧失殆尽，这种情况我们称之为"道德许可"。"'道德许可'最糟糕的部分并不是它可疑的逻辑，而是它会诱使我们做出背离自己最大利益的事。它让我们相信，放弃节食、打破预算、多抽根烟这些不良行为都是对自己的'款待'。这很疯狂，但对大脑来说，它有可怕的诱惑力，能让你把'想做的事'变成'必须做的事'。道德判断也不像我们想的那么有激励作用。我们把自己对美德的追求理想化了。而且很多人都相信，罪恶感和羞耻心是最有驱动力的。但我们是在骗谁呢？最能带给我们动力的事是获得我们想要的，避开我们不想

---

① ［美］斯金纳：《超越自由与尊严》，陈维纲等译，贵州出版集团2006年版，第39页。

要的。将某种行为道德化，只会让我们对它的感觉更加矛盾。当你把意志力挑战定义为'为了完善自己必须做的事'时，你自然而然会产生这样的想法：我为什么不去做呢？这不过是人性使然——我们拒绝别人强加给我们的、对我们有好处的规则。如果你把这些规则强加在自己身上，那么从道德角度和自我进步的角度来说，你很快就会意识到，自己不想被控制。所以，如果你告诉自己，锻炼、存钱或戒烟是件正确的事，而不是件能让你达成目标的事，你就不太可能持之以恒了。"[1] 道德生命的发展本来就在自然践行着自然的原则，而人为添加意义的做法在自然面前显得太过矫情，打破了本来自然而然的生命节律，这是生命状态的退步，且当人为的标准实质上面临谁先谁后的问题时，主体会倾向于一种内部争斗，各种意向之声一时顿起而产生混乱，有碍意志力的发用——此时，它只能退隐或者参与某一"派别"而成为加重自我矛盾的帮凶。要之，对道德的理解，首要的是自然，而不是一种所谓的高尚感。

（三）实现过程中价值创造——需求自给

实现过程最终落实为主体在多个需求层面的自足。按照马斯洛（Abraham Harold Maslow）的经典划分，需求包括生理需求、安全需求、社交需求、尊重需求、自我实现需求，实现过程最终落实于个体身上，当主体渐次完成了各个层面的需求自给后，便可能达到一种生命整合基础上的高峰体验。"高峰体验的一个基本方面是体验者内在的整合及随之而来的体验者与世界的整合。在这些存在的状态中，人成为一体化的了；在此时，他内部的裂痕、对立、分离趋于被消解；内在的纷争既未胜也未败，而是被超越了。在这种状态中，这个人变得对体验更开放、更具自发性、更加机能健全，而我们已经看到，这些正是自我实现创造性的基本特征。……似乎在高峰体验中，我们接受和开怀拥抱我们更深层次上的自我，而不是控制和畏惧它们。"[2] 高峰体验中，主体生命的精神面向与现实面向皆得以全面且协调地活现出来，只有到了这个时候，主体带有一种开阔性、价值性和现实性（分别表征生命的联结度、情绪度与真实度）之统合的体验才能真正完成。

---

[1] ［美］凯利·麦格尼格尔：《自控力》，王岑卉译，印刷工业出版社 2013 年版，第 92—93 页。

[2] ［美］亚伯拉罕·马斯洛：《动机与人格》，许金声等译，中国人民大学出版社 2015 年版，第 205 页。

实现过程也需要社会化支持，这主要由于需求层面中有与人互动、共享价值的要求。"假如本能较弱，并且较高级的需要在性质上是类本能的；假如文化比本能冲动更有力，而不是更软弱；假如基本需要最终被证明是好的，而不是坏的；那么，人性的改进也许可以通过对类本能倾向的培养，以及通过促进社会改良来实现。的确，改善文化的意义就在于给予人们内在的生物倾向以一个更好地实现自身的机会。"[1] 当精神生命与现实生命被人的需求串联起来时，其实它们之间已不存在鸿沟，在社会化支持的桥梁作用下，对于生命从精神到现实的一体实现都贯穿在人的发展动力之中，成为人不断寻求突破与整合的方向与内在要求，反过来说，在这种动力的推进下，良好社会风气之养成也是题中应有之意，反过来促进个体的全面与良性发展，使个体与集体双向作用，形成价值导向的良性人文环境。

第二节　实现焦虑的表现

一　拖延

在将领悟、感受与观念转化为现实成果的过程中，最常遇到的困难是拖延，它已成为较常见的一种心理症状，表现为明明知道该做什么，就是没有足够的意志力和行动力与之匹配，在面对着理想与现实间的鸿沟时，同时引发内疚、自责、后悔等心理，然而也同样无力、焦灼、逃避，遂而成为一个恶性循环的模式。拖延最终拖垮的，不仅是主体的现实进程，更为可怕的是，它以慢性焦虑为代价，将拖垮主体的心理节律并慢慢使其丧失敏锐的觉知。

拖延似乎跟懒散有脱不开的关联，追溯主体的成长背景，往往发现拖延来自主体童年时缺乏自主承担责任的训练，遂而并没有发展出健全的独立人格。"童年时，他是懒散而胆小的，怕黑暗，怕孤单。当我们听到懒散的孩子时，我们总可以找到有某个人习惯于帮他收拾东西，当我们听到怕黑暗和怕孤单的孩子时，我们总可以找到某一个经常在注意他、抚慰他

---

[1] [美] 亚伯拉罕·马斯洛：《动机与人格》，许金声等译，中国人民大学出版社2015年版，第80页。

的人。"① 当孩童总在被帮助去承担一些理应由他完成的事情时，会产生依赖，并可能有恃无恐地将这种依赖发展至人格的形成过程中，认为来自经验中的协助都是理所应当的。但在这个过程中：首先，他自己应对现实的能力并没有得到发展；其次，当现实并非如他所想地再次提供帮助时，他会感到惶恐甚至是发怒。无论怎样的心理倾向都无助于现实积极的改进，他将沿承着这种心理模式而继续等待着现实以他的意志为中心发生转移（可能由此而退回到想象的境地中）。

拖延的另一种表现形式来自主体在心智中为自己设定了过高标准，但并没有充分的经验素材提供他现实能力是否与之相符的参照值，遂而使他们在行事过程中往往缺乏一个有效的行动方案，或制定了计划也难以完成。这会令他们产生一种自己总是无法达到理想状态的挫败感，重复几次之后，当他们还是不能从预期的起点着手改变，他们会开始否定自己，认为自己做什么都失败，遂而在面对现实时，产生一种恐惧——实则是恐惧自己失败或犯错（现实无力扭转败局的体现），恐惧自己再次面临挫败的嘲讽（理想中不接受自己的表现）。在这种情况下，他们会倾向于选择悬置现实行动，只在臆想中相对保持自己的"完美形象"。

概言之，拖延的原因和表现形式可能还有很多，其根源皆在于主体现实层面与心智层面间的某种不符令他们感到丧气，而在此情况下，主体又已然形成了倾向于心智运作的模式，相对而言在对现实的感知及发展与之匹配的现实行动方面并不擅长（缺乏实践、锻炼而显得生涩），因此便容易在一种现实等待中搁置行动，即使令他们离最终的目标成果之达成只有一步之遥，这跨不过去的一步也积淀成若干借口，使他们徘徊在实现焦虑的泥淖之中。

二 病态优越感

所谓病态优越感也属于拖延的一种形态，只是它在反映拖延的根源时更为极端与明显。一种可能的情况是，习惯了心智运作的主体，往往在头脑中（并且感受到位地）发展出一个完美预期形象，但犯了将预期等同于现实的错误，固执地将一种心理真实等同于现实真实（自恋的根源），遂而排挤了现实生命的空间，有发展为癔症的可能。他们在心念中建构的

---

① ［奥］阿德勒：《人格哲学》，罗玉林等译，九州出版社2011年版，第117页。

完美形象确实在一定程度上反映了他们在心智运作方面的天才，这是他们的优长，然而，在一种有意的情况下，他们明明知道这种天赋才能与现实之无能构成了反差（这令他们沮丧地认为自己的短处无法匹配自己的长处，前者成为后者的拖累或污点，应该舍弃），因此选择屏蔽或贬低现实状况，认为它们无法与理想中的完美相提并论——这常见于那些饱含着激情与逻辑的演说当中，或表现在偏执而自负的知识分子身上，或表现在以为洞悉了真理而可以指导现实的愤青身上。他们这么做，只是在用自己擅长的去强力抵制自己不擅长的，并用自我证明的方式证明给别人看，但对于自己的生命建设，尤其是在现实方面的补进，并没有什么好处。在这种情况中，我们看到了一种可谓之"心理存量"的东西，在此，它们正表现为擅长于感悟与思考的头脑的专长，然而一旦他们固执地认为这种专长是抵御现实不足的武器，那么这些专长就同时构成了他们的负累，成为他们极大可能会进行自欺的砝码——这就是心理存量，他们越是将之视为珍宝，就越是不能承担它可能携带的潜在风险，以至于明明知道它们存在现实缺陷，却也不愿及时止损，因为这对他们而言不仅意味着承认自己在现实方面的无能，而且也让他们错误地以为这等同于要他们放弃最可宝贵的才能（他们将由此而变得一无是处）——毕竟"心理存量"是这些人一生奋斗的目标及其兑现。另外，保存心理存量也可能被一种注重精神甚于注重现实的文化土壤强化与滋长，使主体在其中哪怕意识到了问题所在，也在文化自身遮蔽性的庇护下而欲罢不能。

而在一种无意的情况下，病态优越感表现为主体甚至已然模糊了心理真实与现实真实的界限，用前者直接而坦然地替代了后者，他们分不清所谓主观与客观，无非只在主观一体化的生命状态中，将自己设定为唯一的统治者罢了——他们不仅否认现实，还试图操控现实，这可能来自人们倾向于在一种比较心理中总是试图碾压他人的野心。"小孩和成人一样，都想优越于别人，他一心一意努力超越，这样才能给他与他的自定目标相仿的安全与适应；因此，他心理生命涌出的某种不安状态，随着时间流逝越发明显起来。假设现在环境需要比较精深的反应，可是这孩子不相信他具有克服困难的能力，我们就会看见他努力地逃避，不断地找复杂的借口，而这些只会使他潜在对荣耀的渴求更加明显罢了。"[①] 从中我们看到，逃

---

① ［奥］阿德勒：《人格哲学》，罗玉林等译，九州出版社2011年版，第202页。

避现实虽然看似可以为主体的虚荣增加心理上的踏实感,然而却令他们的现实能力丧失得越加彻底,并最终可能推着主体又退回到象征界中。更为严重的是,相较于得到的东西,人们总是倾向于对失去的东西更为敏感——对于现实感的丧失及现实行动能力的丧失,绝不会不在任何心灵中留下痕迹,他们只是在潜意识中用反向强化的方式来惩罚自己罢了——这是非存在状态非常吊诡的地方——它不会减轻焦虑,而是在增加焦虑中给自己喂养更多养料。当主体在非存在状态下行动时,他会以寻求惩罚性相倚联系的方式使自己陷入一种强迫症的境地,即逃避该做的,反而去做不该做的。"惩罚性的相倚联系也许还可以引导一个人去寻找或建立一定的环境,他在其中能采用移置受罚行为的行为。他会全神贯注做一些不受惩罚的事来回避麻烦,譬如一个心眼地'做别的事情'(许多似乎并不会产生正加强作用因而显得失常的行为,能具有移置受罚行为的效果)。"① 当一个人逃避他应该做的事而只是为了以一种相对轻松的方式病态安慰自己然而事实上加重了自己生命的不平衡状态时,他正经受着实现焦虑而不自知。在此我们得到的启发是,面对现实总不是那么顺利的事情,但却是主体必须承担的责任,一切加重生命之理想面向与现实面向之不平衡的作为,都是对生命的破坏,都在将生命往非存在状态推动。我们要做的,是面对生命现实缺漏的状况时及时止损,使现实成为我们理想的出路,而不是两相对立。

三 好高骛远

好高骛远是病态优越感的延伸,表现为主体总是倾向于制定高出现实需要及能力所及的目标还乐此不疲,似乎一次次现实受挫反而能使其越挫越勇,这是面对实现焦虑时的另一种自我防御机制。如果说拖延令主体退回到现实无力之中,抑或退回到对过失的内疚而不能自拔之中,那么,好高骛远则是一种主体将自身投入更渺远的未来的一种尝试,否认现实失败的方式是无限放大对未来成功的预期——并没有看到未建立在当下改变基础上的未来模式,也不会与当下的旧有模式有什么质的差别。

好高骛远者是一群盲目的乐观主义者,他们总是夸夸其谈,就是缺乏静定下来努力改变现状的努力。他们习惯于自我安慰,似乎并没有什么焦

---

① [美]斯金纳:《超越自由与尊严》,陈维纲等译,贵州出版集团2006年版,第51页。

虑可言，然而，终其一生碌碌无为可能就是对他们的回应！好高骛远者也许可以成为理想家，但现实中需要实干的人与之配合。

第三节　实现焦虑的特点

一　缺乏自律性

对理想照进现实之初的陌生感，人们并不会感到陌生，理想与现实间的差距从感受而言非常明显。理想与现实间的转化枢纽在于行动即实践，而实践确实需要主体的自律，以克制自己在行动转化方面的懒散或被想象中的完型假象取代。在一定程度上，理想和现实之间的差距之所以存在，在于主体对两者的时间感知不同。一般而言，心理时间总是快于现实时间——心理时间能以想象力为载体迅速完型事态之全貌并获得超越现实时空界限的发展图景，而现实时间则需要现实事物在时空链条中的真实发展作为实证，它明显慢于心理时间。另一方面，虽然心理时间高效便捷，但它所带来的感知真实度很低，而现实之所以为现实，正在于人们身处其中沉浸式地、体感式地同步感受环境及事态之发展，它给我们展现的即时真实性非常饱满。理想和现实的差距使"真实"成为我们面对生活时的必要途径，也因此，心理事实必须在现实事实面前妥协，如此才能内外一致地兑现真实生活的价值和成果。

在此强调的心理与事实之相符，是唯物论意义上的相符，即主观感受必须经过实践环节而置于客观真实情境中进行展现与校验，也因此，纵使我们心理上会有一些阻抗，但为了保证现实转化之达成，必须在理性的指导下充分发挥意志力的力量，直至意志力最终转化为行动，直接以作用于物的方式展现其自身。在这一过程中，我们的精神世界出现了两种形态，一是"必须"，一是"不得不"。前者出自主观内部的强烈意愿，后者则受制于某些外在条件而被迫作出妥协与调整。"必须"又分为两种：在经过"不得不"扬弃前的"必须"还在很大程度上带着主观臆断的温度，而经过了"不得不"扬弃之后的"必须"却更有了兼具理性与现实考量的、较为成熟的自发性。从这个角度而言，一定的外在限制是达成较为成熟的自律的条件，而自律的最终完成，则有赖于主体内部成熟的自发性的生成。也因此，自律形成的三个环节可概括为："主观必须"——"不得不"——"自觉必须"。与之相类似，自律的环节从生物学角度而言也有相应解释。"前额皮质并不是挤成一团的灰质，而是分成了三个区域，分管'我要做''我不要'和'我想要'三种力量。前额皮质的左边区域负责'我要做'的力量，它能帮你处理枯燥、困难或充满压力的工作。……右边的区域则控制'我不要'的力量，它能克制你的一时冲动。……以上两个区域一同控制你'做什么'。第三个区域位于前额皮质中间靠下的位置，它会记录你的目标和欲望，决定你'想要什么'。这个区域的细胞活动越剧烈，你采取行动和拒绝诱惑的能力就越强。即便大脑的其他部分一片混乱，向你大叫'吃这个！喝那个！抽这个！买那个！'这个区域也会记住你真正想要的是什么。"①

此处给我们的启发是，自律需要主体充分尊重并理性把握现实条件对主观意图的种种限制，并最终达成主观与客观的某种和解，形成有条件的主观意愿，只有这样，我们的意志力才不至于在盲目或过度压抑中无端损耗，最终通过实践指向主观和客观交汇处的价值兑现。从这个角度而言，实现焦虑源于以下两点：首先，没有高度重视所意欲成果的现实面向，并在此基础上没有充分调用理性对该现实面向所要求的具体条件进行考量；其次，当现实与理想产生冲突时，并未有效以成果的现实性为圭臬自发调整不实的主观想法，或在调整过程中不能面对理想向现实低头的困窘或不愿面对理想必须经过现实条件考验而可能带来的种种困难，由此在过程中发生逃避、对抗、无力、懒散等状态。在一定程度上，缺乏自律是主体内部现实发展动力不足或丧失的表现。

二 缺乏战略性思维能力和理性决策能力

当人缺乏自律性时，便容易在现实中表现得缺乏战略意识和相应的理性决策能力，进而较容易沉浸于即时满足的快感之中，期待预期结果能够马上实现，而往往忽略了两个方面的重要因素。

首先，现实成果总是建基于一个高于个体暂时利益之上的、更高级的价值。这一点集中表现于对"价值"的理解：从空间而言，价值绝不仅仅是个体自身的价值，而一定表现为个体被置于更宏观、更广阔、更全局的整体之中所兑现的价值，因此，价值必然是关涉关系的价值——唯有在

---

① [美]凯利·麦格尼格尔：《自控力》，王岑卉译，印刷工业出版社2013年版，第14—15页。

一段关系形态中,个体的价值才能通过以成就他者作为必要环节而回到自身,这是一种在关系中彼此成就、经过了升华的价值。从时间而言,价值也是经过了实现过程之填充后指向实现了的未来的价值,是在一个整体中所有个体价值都得以增值的过程的体现。要之,以价值为内核的成果转化必须以时空作为载体,以他者与未来的价值增值作为个体当前价值转化的坐标与内在目的,如果不是这样,就谈不上价值,也谈不上有价值的成果兑现。

其次,现实成果的达成绝非一蹴而就的事情。基于价值的时空特性,现实成果的达成就绝非仅是一动念就可以完成的事,这对以心理事实之建构为精专的人而言,是一个格外的挑战。事态发展与达成的快与慢,构成了对他们的一种考验与诱惑——往往,他们在觉得心里事实已然完型的情况下,便会对现实之慢产生一种不可抵御的焦躁,表现得十分缺乏耐心,恨不能长期完成的事情集中到短期内完成,进而产生对自己不实的想法,并也在实际操作中损伤现实信心而最终自暴自弃。这种性格特质的优点在于聪慧且较有效率意识,但他们的焦躁也容易使他们浪费天赋才能,只能在完成现实中的细小任务时便找到些许自信,而当要认领一个长期任务时便表现得不能胜任——往往,他们并不是真的没有头脑,而只是没有现实经验中的耐心作为后盾与保障。

忽略了以上两点,就难有明晰的战略意识和理性决策能力,实现焦虑者被心理机制中的种种臆断推着,形如"跟着感觉走"。由于他们的主观任性和焦躁,他们既不能认清价值的内涵,也没有现实能力(可以通过有意识的训练与反复练习而获得)去转化与兑现价值,这最终使他们不能有效地理性决策,只能以暂时满足眼前利益("抓到一个好处算一个")为全部内容。

三 缺乏社会感

实现焦虑的特点,还表现在缺乏社会感及在此基础上产生的缺乏合作能力。不论擅长于只是高谈阔论或奇思妙想的人是否承认,他们都在现实面向中表现出有意或无意的自卑情结,这一点如果不加正视,就很容易让主体陷入现实中对他人的孤绝与隔阂——哪怕他们在心智中建构了多么完美的价值蓝图,其中涉及了怎样完美的与人合作之意象,现实的考验仍然有可能令他们感到陌生而害怕,他们只是精神世界中的巨人,在现实中往往流露出较低的价值感与资格感，倾向于做一个"独行侠"而不是在与人合作中共同实现某种价值。

行走于世间的"独行侠"往往有一副善意、和蔼、热情的面具，这是他们长期精神修为的结果。然而，他们仍然不能拉下隔在自我与现实间的帷幕而与他者和环境进行当下、直接、面对面的交流。他们内心仍保存着界限感，自卑与自傲共存令他人在与之相处时总感到一层隔膜，觉得他们不够坦诚与真实。虽然他们似乎哪方面都表现得很好，但有一点，他们因与世界的现实隔膜而万万不愿亏欠世界，在精神世界中的洁癖令他们宁可舍弃更多，也不愿在现实中因为得到他人的帮助而显得弱势。（不然，怎么还清这笔债务呢？）因此，他们习惯于单独完成任务，或甚至于表现得担心在众人前表达观点——其中的心理动因不是他们不愿分享（相反，他们十分愿意分享），而是担心在遭遇不同意见而发生交锋时，那种现实中涌来的压力会直接戳破他们现实无力的窗户纸而使他们感到无从应对，他们也往往可能在被要求公开表态时选择缄默或宁愿（其实不是特别乐意地）声称自己没有什么想法。

追踪现实隔绝感的来源：一方面，在于幼时与母亲的接触不足，"人的社会感中的最大一部分的存在，以及随之而来的人类文化的基本延续，可能都需要感谢母性的接触感"[①]；另一方面，则可能来自在人格形成阶段只小范围地接触过有限的同伴，遂而建立起相对小范围的安全感与舒适感，而没有再继续发展他们广阔的人脉。"经过一段压抑一切温柔的残酷教育之后，小孩便会从环境中撤退，并且一点点失去对他灵魂而言至为重要的接触。环境中偶尔有个人提供亲睦的机会，这孩子就会与他做至交朋友——而这种只与一个人建立社交关系的人，他的社会倾向永远不可能伸展到这个人以外的其他人。"[②] 说到底，现实隔绝都可归因至一种分离焦虑之上："伴随过多温柔的教育与没有温柔相伴所进行的教育同样有害。一个娇惯的小孩和怀恨的小孩一样负担着重大的困难，他只要一与人相会，要求温柔的欲求便无边无际地蔓生出来，结果这些受宠的小孩把自己绑在一个人或很多人身上，拒绝让自己与人分离。"[③] 不当的分离和过度

[①] ［奥］阿德勒：《人格哲学》，罗玉林等译，九州出版社 2011 年版，第 347 页。
[②] ［奥］阿德勒：《人格哲学》，罗玉林等译，九州出版社 2011 年版，第 213—214 页。
[③] ［奥］阿德勒：《人格哲学》，罗玉林等译，九州出版社 2011 年版，第 214 页。

的不分离，都为实现焦虑中缺乏与人合作埋下了伏笔。拥有此类成长背景的人，内心都十分细腻敏感，对人的暗中控制和他们所表现出的完美形象共存，但都经不起现实中亲密关系的考验——一旦陌生的他人闯入他们的世界，他们便既渴望又恐惧，要么是经过艰难的历练而将陌生他者转化为熟悉而安全的亲人（需要经过很长时间且需要对方的配合或共同成长），要么在没有开始真正的亲密关系前，便宁愿剪断突如其来的亲密感而选择逃开。从这个角度而言，我们不难发现身边可能就存在着这样的人——他们如迷雾般让人捉摸不透而充满魅力，但又很难走近，他们聪慧并充满在审美方面的绝佳洞见，但却或多或少有些神经质——这都因他们在现实中的无力而致，通常，我们把这样的人称为拥有"玻璃心"的人。

四 过度消耗意志力储量

意志力是最接近现实存在物的人格力量，对现实存在物天然具有一种集中的能量，作为一种资源，除非有畅通的渠道任其发展，不然它也可能随时消失不见、脆弱懒惰或以扭曲的方式被压入潜意识之中。之所以说意志力是一种人格资源或曰人格储量，是因为意志力的发用在一定程度上带有自发的性质，不完全由人的意识掌控，是一股冲动的生命力（并非完全等同于本能），能够相对集中地汇聚于某个意向焦点处，并致力于将这股集中的能量转化为以行动表征的现实力量。

因此，意志力需要疏导，但疏导不等同于控制。前者为意志力铺就流通的"地图"，后者却妄图对之进行操控，但问题是意图控制意志力的后果会损耗意志力。"自控和压力反应一样，都是颇具技巧性的应对挑战的策略。但和压力的道理一样，如果我们长期地、不间断地自控，就很有可能遇上麻烦。我们需要时间来恢复自控消耗的体力，有时也需要把脑力和体力消耗在别的方面。为了能够保持健康、维持幸福生活，你需要放弃对意志力的完美控制。"[①] 意志力运行需要的是一种节律感，即以一种舒适且习惯的方式自动运行，在其中，一定程度而言，意志力的节律会形成一种较为高级的实践智慧而储存在人的身体记忆当中，成为直觉的来源，促成意识更敏锐、灵活地对接外界事物，而不是反之。

认为意识可以完全理解并掌控意志力的想法，都忽略了生活实践中的

[①] ［奥］凯利·麦格尼格尔：《自控力》，王岑卉译，印刷工业出版社2013年版，第51页。

经验：越是当我们想要控制意志力的时候，我们所做的无非是，越发以一种否定的方式强化了我们不想令其出现的局面，因此事与愿违。再让我们考察一下操控意志力却失败的个别案例。当我们总是处于与意志力对抗的局面中时，意志力的自发势能便会被打破，遂而产生偏差错乱。譬如，明明完成了大量前期工作而就快要取得最终成绩的时候，我们却发现无论如何都不能再集中意志力去完成了，眼看着成功在望，但却突然收回了意志力，这其中的原因是什么呢？在离完成任务较远的距离处，我们对预期尚且没有形成什么执着，意志力以轻快甚至是隐秘的方式支持着我们的计划，然而恰恰当快要完成、人们心中升起期望与焦躁的时候，一股意识的强力无形中施加到了意志力身上，鞭策它快些完成任务，所谓得失心就表现于此。然而，意志力的反叛也开始于此，它以表面配合而实则罢工的方式开始了反抗，并搅动起自身浑浊的局面，形成多股意志力相互对抗的状态。正因为意识的参与打破了意志力的自然状态，遂而意志力也就在与对象的对接中泄了气，开始了它与另一个对象或多个对象的"共舞"，构成对主体意识的反抗。因此主体意识不可冒进地执行己见，当意识到至少两种意志力正产生着冲突的时候，最好的方法就是用现象学方法同时观照这些对抗的力量，顺其自然，什么都不用做，慢慢释放冲突的力量，而不是在其中增加新的变量。

第四节　实现焦虑的形成原因

一　实现焦虑的分层研究

（一）实现焦虑源于没有明确的身份定位

实现焦虑源于进入现实界之初没有明确己身身份定位，这就意味着主体始终没有在现实中扎下根来，表现为缺乏对相应行为领域的理性划界，且没有对这些领域的伦理规则有深刻理解。人在现实中总要认领不同身份与角色，明确的定位可以让主体在现实中有相对稳定的扎根感与安全感，并明确为人处事之情理与事理，不容易人云亦云，缺乏定见。再者，只有当明确了身份定位时，主体才能相对稳健地游走于不同身份与角色之间而不产生认同混乱。"自我乃是一行为序列，而赋予自我以自我同一性的是那些促成这一行为序列的相倚联系。不同的相倚联系集合会造就两种或两种以上的行为序列，后者又会构成两个或两个以上的自我。一个人的生活可能是双重的，一是他与朋友共处的生活，一是他和家庭共处的生活，他拥有分别与这两种生活相对应的不同行为序列。他的朋友在看到他和家人相处的生活情景时，可能会发现他变成了另一个人；同样，他的家人在看到他与朋友共处的生活情景时，也会有这种感觉。当这两种不同的生活相混的同时，例如当一个人发现自己既属于朋友又属于家人时，就会出现自我认同的危机。"[1] 可见，只有当一个人结合实际地划清身份界限，并具备相应的伦理应对能力，才不至于在多个"我"之间发生冲突——不同的"我"在生活的不同面向中认领任务，当明确了它们各自运行的轨迹及规则，则它们可相安无事，而一个缺乏界限感及对界限的伦理内涵缺乏坚守的人，往往无暇应对那么多"我"，容易东拉西扯，最终导致自我内耗的局面。

从发展心理学的角度分析，一个人之所以不能划定并明确现实边界并了知其中的伦理内涵，乃在于发展初期的分离焦虑。所谓分离焦虑，至少包括两重内涵。

首先，个体自小便没有成功从原生家庭中分离出来，缺乏独立的人格与成熟健全的精神发展空间。每一个过度受父母照顾的孩童身上，都缺乏一种说"不"的能力：一方面，他们被宠溺得似乎没有说"不"的必要；另一方面，他们对父母的照顾形成依赖，以至于不敢说"不"，恐惧因表达反对情绪而遭受抛弃。然而，当一个人没有发展起说"不"的能力时，便也同时意味着他不能建立起独立人格。"我认为反叛指与一个人自己的自主性和谐一致的行为，学会尊重自己说'不'的行为，这样，反叛的能力就是独立的基础和人类精神的护卫者。反叛保护的是生命的核心，是将其存在作为自我而意识到的自我。"[2] 一个没有独立人格的人，总是在现实生活中出现我们所谓"摘不清"的状况，总是被外界干扰与控制，不能独立自主，也因此，他们不能成功明确己身身份定位。

其次，在一个不健全的人格基础上，主体在与他人建立亲密关系时总是恐惧与控制并存，导致他难以真正划定客观的关系界限并践行伦理规则。在人与人的相处中，"因为我们有彼此过分接近的倾向，这时就有必要彼此隔离，多多关注自己，这样才能更多地成为我们自己，然后我们往

---

[1] [美]斯金纳：《超越自由与尊严》，陈维纲等译，贵州出版集团2006年版，第162页。
[2] [美]罗洛·梅：《自由与命运》，杨韶钢译，中国人民大学出版社2010年版，第90页。

往又作出逆向反应，彼此又稍微靠近一些。在关系中经常重新确定距离是极其重要的，因为长期保持一个最佳距离是很困难的"①。没有最佳距离与相处舒适度的关系并不能长久维系，这也导致主体间缺乏建立稳健关系形态及揭示其中伦理内涵的稳固基础，使人和人的关系流于一种任性状态，即形成一种控制—被控制的关系模式，而不是真正成熟的应然关系形态。"近亲焦虑不仅是关于双方融合及放弃自我情结和自我同一性的焦虑，而且也是关于吞没别人，控制、主宰、冒犯别人的焦虑。从对鬼怪形象的认同方面也可以确定虐待狂的根源。虐待狂表现了一种可能性：接近一个人而又不真正与这个人结合，非常接近而同时又保持界限。对这些内心的危险形象或部分形象的认同把我们形成自我意识所需要的分离攻击变成了侵袭攻击。我们用来加固界限的东西变成了侵犯行为，我们也可能因此而沉溺其中失去节制，这可能也是强权、驯服和霸道在我们的关系中如此重要的原因。这样看来，这种强权—驯服的关系正说明双方都有很强烈的亲近焦虑。这种焦虑之所以会存在，也许正是因为他们不知道他们可以分离，而且也必须反复分离。"② 由此可见，只要在关系中出现因独立性缺失而产生的、以相互间控制—受控（并往复运动）为表现形式的模式，都是缺乏人格独立性所致，其中缺乏对己对人相对客观中正的评价。

为什么主体会缺乏相对恒定的自我意识及独立的人格呢？为什么缺乏独立人格必表现出主观任性的特点呢？如果再继续追问其中原因，就要溯源至"情结"处。"根据荣格的形成假说，情结'产生于适应要求与个体所特有的与这种要求不相符的特性之间的冲突'。……情结就描摹了童年及以后生活中困难关系的模式连同相关的感情和一成不变的行为方式，以及防御策略。所以，情结中总是存在亲近对象和相关的自我，其间的关系往往存在困难。内化的失败及由此引起的目标恒定性的缺乏或不完善，会在心理上造成影响深远的后果。……如果潜意识中确实存在或能够感觉到某些创造性的东西的话，我们能否接受，还是必须怀疑？这影响到我们是否能够建立一个自我轴心，是否能够获得一个稳定的自我同一感，是否能够进入自我意识的形成过程，以及是否能够获得独立性，而同时又能和一

---

① ［瑞士］维雷娜·卡斯特：《克服焦虑》，陈瑛译，生活·读书·新知三联书店2003年版，第57页。
② ［瑞士］维雷娜·卡斯特：《克服焦虑》，陈瑛译，生活·读书·新知三联书店2003年版，第156—157页。

个善恶并存的自我保持联系。在一个更为实际的层面上,这一切又反作用于对自己和别人的缺点的接受态度,因为如果没有目标恒定性,我们对一切事物的评价就是要么十全十美,要么一无是处。"① 情结的形成跟主体早期的期望落空有关,它使得一个未完型的内在期待总是不能满足地指向对外界的控制与索取,形成依赖性人格(这种人身上也往往带有苛责的特性)——他们一边必须以控制的方式依赖外界,一边又表现得对外界恐惧、担心而不得不采取防御(表现出极度敏感脆弱)。在这种情况下,他们自然对关系的客观、应然、健康状态缺乏认识,也无力认识,而只能在主观随意性中任由病态关系模式的进一步恶化。在这种情况下,明确的身份认同自然无从谈起(身份的边界基础在主体的病态心智模式中已然被败坏),从这个角度而言,明确的关系边界之划定需要独立人格对另一个独立人格的信任,但带有未竟情结的人往往表现出对自己、对他人本能的怀疑,由此,也不可能有明确身份的确立,实现焦虑便从此生根。

(二)实现焦虑源于没有明晰的信念与价值观

"只有在确定了适当的目标以后,心理生命内的行动才会基于需要而产生。"② 此处蕴含着的深刻内涵是,只有明确的目标及其内含的明晰价值观,才能真正将主体的生命力转化为特定的需求并在意指一个目标的过程中使人成为一个挺立、坚强、成熟的人。

当一个人没有建立明晰的信念与价值观时,他的生命是散沙般的状态,一种可能的诱因便是成长环境。"每个人活动朝向的目标,是由环境给予孩童时期的影响决定的,每个人的理想——也就是目标——可能在生命前几个月便形成了,即使那么年幼,某些感受仍能激发孩子快乐与难受的反应,生命哲学的第一个痕迹即在此显现,虽然它表达的方式极其原始。影响灵魂生命的基本因素在孩子仍属婴儿时就已确定,后来在这个基础上再加盖别的结构,那些上层结构便可能经过修正、受到影响或转变。种类繁多的影响很快迫使孩子对生命产生固定的态度,而且也调节他对生命给予的问题所采取的独特的反应。"③ 主体成长初期所相对固定下来的心智模式对其一生的发展都有挥之不去的奠基作用,而最初,心智模式的

---

① [瑞士]维雷娜·卡斯特:《克服焦虑》,陈瑛译,生活·读书·新知三联书店2003年版,第72—73页。
② [奥]阿德勒:《人格哲学》,罗玉林等译,九州出版社2011年版,第200页。
③ [奥]阿德勒:《人格哲学》,罗玉林等译,九州出版社2011年版,第201页。

形成可能只是由"快乐"与"难受"——如此这般直接的感性素材——决定的,如果人们一味沉浸在这种原始心智模式中不能自拔,则生命的发展将陷入停滞,更为健全的信念与价值观之培育也将陷落其原始形态中而不能发芽。环境对一个人的奠基影响固然重大,但后天的教化之功也不容忽视。从脑神经科学的角度而言,人的成长与成熟经历了爬行脑、情绪脑、理性脑的发展阶段,反应于"快乐"与"难受"的心智模式,仍然只是情绪脑驱动的产物,当人完全有能力去发育与培养自己的理性思维能力,从早期心智模式中挣脱出来时,便应该努力这么做,并最终认识到环境对人的影响作用在一定程度上可以通过后天教育与实践的作用而扭转与改进,并在此基础上重新整合并设定更为客观与整全的、以个我和集体之价值最大化为导向的信念与价值观,由此而具有更高的自由度去调控自己的行为,活出更好的状态——只是受早期心智模式影响的主体,要么是发展动力不足或后天条件有限,要么是自己放弃了更好的发展机会,这就相当于放弃了后天自由的可能。

信念与价值观的建立是帮助人们从主观任性状态中摆脱出来的重要理性工具,它使人能建立客观中正的视角与立场,并基于此,做出成熟的决策。"由于人用自己的标准来评判自己,所以发现自己是善的。当他人的标准不符合自己的标准的时候,人用自己的标准来评判他人,就发现他人是恶的。这正是自义与残忍有关联的秘密所在。当自我误以为他自己的标准就是上帝的标准时,把邪恶的本质加诸不顺服者身上就是一件很自然的事。"① 从这个角度而言,发展客观理性以对治主观任性已然上升到了道德的高度:一种恶的产生就深刻地根植于一个缺乏客观考量能力的心灵之中,他以主观基点为圭臬去裁剪世界,由此而始终不具备客观理性的信念与价值观——一个只顾及自我的人,必然带着这种对现实而言不管不顾且还妄图随意涂抹的"原罪",实现焦虑不降落在他们身上,又会出现在哪里呢?由此,不安的良心将在现实感欲出还休的边缘处凸显出来。

(三)实现焦虑源于没有与理想相匹配的现实能力

不安的良心除了源于现实感的缺失,也来源于现实能力的缺失——然而,人当真缺乏现实感受的能力与获得现实能力的能力吗?答案是否定的。现实能力之缺失最根源地来自当人有自由可以选择是否获取现实能力

---

① [美]尼布尔:《人的本性与命运》上卷,成穷译,贵州出版集团2006年版,第177页。

的时候,人对现实较之于精神给他们的更多限制升起了傲慢与报复的心理,遂而并不想选择拥有现实能力的状态,用这种任性妄为的方式表达出自恃的高贵性,但是——不安的良心出现,并可能伴随着如下的内心声音:人如果没有现实能力的依托,他的精神属性如何现实地表达自身?他的生命如何在生命实现进程中得以完整?——由此,人的自傲使人偏离但凡他对现实多一些谦卑都内含于己的现实能力获取之潜能——问题只在于他是否愿意将潜能转化为实力(从这个角度而言,生命并未给人留下无解的难题,任何看似使人困惑的迷宫都自带化解的钥匙——只要你寻它,它便出现,在此意义上,理想与现实本来就是匹配着的)。"所以,基督教必然要产生一种特有的宗教表达方式,即不安的良心。只有在基督教信仰的语汇范围内,人才不仅能了解他身上罪恶的真实性,而且也能避免把罪恶归于别的事物而不归于人自己的错误。我们当然也可指出,人受到他所处境遇的诱惑。人处于自然与精神的交汇点上。他精神的自由促使他打破自然的和谐,而他精神的骄傲又阻止他建立一种新的和谐。他精神的自由使他能够创造性地利用自然的力量和过程;但他不肯遵守他有限生存的局限,则又促使他公然反抗自然和理性的限制与形塑。人的自我意识是一座能眺望大千世界的高塔,而人却误以为这座高塔就是世界,而不是一座不安稳地建立在流沙之上的窄塔。"[1] 只有先反复澄清人的独特性所带来的、对现实隐含着的一种可能根植于有限精神自由之中的傲慢,才能明白人现实能力之缺乏的根源——它不源于别处,正在于人在傲慢状态下的一个自主选择。在此基础上,再来谈论现实能力的培养就成了一件细枝末节的事情——当人真的对现实有了尊重与谦卑,现实能力的养成就是顺势而为,需要理性把控且需要投入耐心与时间进行磨炼的事情:当没有条件时,也能够创造条件去达成;当还不足以匹配定然的目标时,也能不骄不躁地分解目标与动作,慢慢接近——生命本来就在已实现的状态之中,我们只是在时空体验中重新经历着这个整合的过程而已。理想内化于现实,现实承载着理想,而粘连它们的现实能力,始终不曾远离过人自身。

(四)实现焦虑源于没有与计划相匹配的行为实践

严格意义而言,人面对的现实难题(即真正为人带来实现焦虑的难题)在于,人在现实行动中受挫(而不在于他还没有开始行动或由于种

---

[1] [美]尼布尔:《人的本性与命运》上卷,成穷译,贵州出版集团2006年版,第15页。

种原因故意避免行动的阶段），因此从真正的实践开始，我们才真正开始碰触到实现焦虑的内核。

实现焦虑源于没有与计划相匹配的行为实践，这里的意思是，主体在行动中发现行动难以继续，或者偏离了原有计划，或者与已经建立的行动习惯与节律不同，或者面对不得不被终止的情况，或者行动始终达不到预期的成果而产生焦躁与自我怀疑，如此等等，不一而足。先让我们看一个生动的实现焦虑案例。"以一个其周围环境突然发生了变化的年轻人为例，譬如说，他刚从大学毕业，准备参加工作，或者刚刚入伍。此时，他迄今为止所获得的大多数行为在新环境中都不再有用，我们可以精确地描述出他在这种情况下所表现出的具体行为，而且，这种描述还可被翻译成以下括号内的语句：他缺乏信心或安全感，或对自身缺乏信任（他的行为表现得蹩脚和不合时宜）；他感到不满与沮丧（他难以得到强化，结果他的行为趋于消失）；他受到挫折（行为的消失伴随着情绪反应）；他感到不安和焦虑（他的行为常常产生不可避免的消极后果，这些后果又会引起相应的感情效果）；他没有一件想做或乐于做好的事，他对手艺没有好感，缺乏过有意义生活的愿望，没有成就感（他做任何事情都难以得到强化）；他有犯罪感和羞耻感（他以前曾因游手好闲或失败受过惩罚，现在这引起了他的感情反应）；他对自己感到失望或厌恶（他不再因羡慕别人而得到强化，随之而来的消退作用又带来其他的感情效果）；他变得疑虑重重（他断言自己病了）或神经过敏（他沉溺于各式各样的无效的逃避方式）；他还经历着自我认同的危机（他认不出曾被他称作'我'的那个人）。"①

从中，我们可以总结出此处产生实现焦虑的几个特点：首先，实现焦虑源于一个旧有行为实践被打破的时候，这种行为流遭遇破坏往往是由外界引发的，而并非主体自愿，且这种破坏在一定程度上是主体计划或预期之外的；其次，实现焦虑源于外界对主体旧有行为流进行破坏时主体内外感受的强烈冲突所带来的主体感受不适，以及由此导致主体尚且不能恢复与自由调用自由意志力资源以重建一个新的行为流；再次，当主体处于新旧行为流交替的空档期，有可能遭遇新的计划尚未形成（不足以从理性上指导与支撑主体的进一步行动），或一个新的角色定位尚未夯实（不足

---

① ［美］斯金纳：《超越自由与尊严》，陈维纲等译，贵州出版集团2006年版，第118页。

以令主体及时转移注意力）等窘迫，此时负面情绪容易侵入主体，占据他们无依无着的心灵空间，并使之退转至象征界或自为界之中（且处于两界中的较低层次）；最后，当主体陷落由行动剥夺而致的一系列生命状态之跌落状态之中不能有效调节时（表现为自我引导的动力不足或没有社会支持时），他们本来依托在行动进程中的生命将面临瓦解，使他们不仅不认识原先相对恒定的"我"，并且以反向防御的方式抵触与避免一切可能的行动（这在生活中表现为某种大起大落的行为模式）。因此，当主体缺乏与计划相匹配的行动力时，情况比我们想象得要复杂一些，概要之，它开始于行动在爽利时遭遇破坏，最值得留意的是，在经历了一系列主体内外浮动焦躁、没有依靠等巧合的情况后，主体变为行动派的反面，或形成了时而愿意行动、时而不愿意行动的震荡模式，这些都向我们揭示了行动力在没有节律感或节律感被破坏的情况下，都容易变为意识可控范围外的"神秘力量"。此处给我们的启示是，计划内已然开始的行动尽可能不要强行打断（或留有"软着陆"的余地），尤其在行动自然流淌以合于其自身的节律感时，轻易不可变动计划（哪怕在行动的间歇略作调整，也要尊重以行动顺畅度为标识的实践智慧本身）。当我们评价一个人是否具备行动力时，需要慎重——具备行动力是一个人的本能，问题只在于，他的行动力在被鼓励的状态，还是被压制的状态，以及，我们需要根据行动力的流畅度重新审视计划的合理性——这一点，与常识中所认为的行动力须匹配计划不同。进一步说，一个人的角色是否匹配于他（是否能有效调动行动力及在其中表现出兴趣并可持续发展）也可在一定程度上用行动力流畅度进行检视，而不是反其道而行之。

（五）实现焦虑源于没有充分与他人、环境进行互动

人在现实界中，不可能只是停留在自身或自身的精神领域之中，而是必然要从价值最大化的角度审视，充分考虑他人与环境的反馈及其利益，建立与现实直接关联的安全感与价值感，将自身——尤其需要注意的是，连同其身体一起——融入一个更广阔与整全的情境之中。"我们所有的努力都是为要达到一种能使我们获得安全感的地位，这种感觉是：生活中的各种困难都已经被克服，而且我们在环绕着我们的整个情境中，也已经得到最后的安全和胜利。针对此一目标，所有的动作和表现都必须互相协调而结合成一个整体。心灵似乎是为要获得这一最后的理想目标，而被强迫

发展，肉体亦复如是，它也努力要成为整体。"① 只有获取现实成功，才能保证一个人整体而言的自由。

尤其在互联网时代，人与人、人与环境之间不可避免地产生了大量信息流通及在此基础上开辟出若干新型信息渠道，时代在变，人的生活空间（其间产生出若干细微的意义空间及形成若干以兴趣为导向而结合生成的小部落，以在线或线下的民间组织形式存在着）与生活方式（人们对生活精品化、审美化的要求越来越高，因此才产生了对消费升级的普遍需求）在变，在一定意义上，人们越来越离不开与外界的交流。虽然现在对"低头族"多有诟病，但也在一定程度上反映出人们相互需要与依靠的程度在加深，且在一种共享文化的氛围之下（普遍涵盖文化、经济、政治等领域），人们也越来越需要脑力与体力的互相激发，以合作的方式兑现更多价值，共同响应时代所需的匹配"美好生活"的服务与产业升级，从而搭建文化与商业的桥梁，更有效地对接、优化与创造新的资源。在这种情况下，单枪匹马的人反而会由于脱离这种时代大潮而感到实现焦虑，原因很简单，他并没有真正融入与他人、环境互动的情境之中。

人的生命层次——从现实界而言——至少是由信息、能量、物质三个层面共同构成的，缺一不可，信息时代尤其注重信息交流的精微度（譬如虚拟现实的产生）、流通度及其效率（信息快消品正如潮水般迅速占领人们的注意力领域，然后又迅速消退），面对这种情况，主体"不进则退"——不是跟上信息的潮流迅速融入、更新，便是跟不上信息的迭代而被迅速抛却、遗弃。因此，人们的实现焦虑亦是一种信息焦虑（担心跟不上时代发展的大势，担心成为社会中的边缘者），对治之方在于以开放的心态持续学习，且在过程中不断加强与他人、环境的现实接触与合作，保持己身时变时新的状态。

二 实现焦虑的动力研究

（一）实现焦虑源于目的或目标涣散

人们时常有一种体验，即当生活中的目的或目标不明确时（注意力处于涣散或动荡的状态），便失去了可控且有力的行动力，慢慢地意识将变得不甚清晰，主体逐渐地滑落于意识与潜意识的中间地带，一个臆想的

---

① ［奥］阿德勒：《人格哲学》，罗玉林等译，九州出版社2011年版，第62—63页。

生活空间无时无刻不在荡漾着并游走于意识的边界想要伺机侵入。"生活转折点是应激情境,从而形成焦虑情境,这时我们感觉自己心神不宁,缺乏自信,理不清头绪,失去自我控制,极其困惑迷惘,但却离潜意识更近了,有更多机会改变自己。"① 潜意识与意识的角力历来是生命整合的重要课题,究竟是潜意识意识化(譬如,按照弗洛伊德的观点,潜意识中的能量在意识回溯中呈现出来,并事实上在已意识化的过程中自然释放了被压抑的力量,抑或按照荣格的观点,潜意识与意识在对接处自然发生最有利于生命朝整合方向转化的力量,产生生命在特定阶段的蜕变)还是潜意识将意识吞没(表现为自主意识的逐渐退场,自由注意力资源的丧失等),关键就在于意识有没有在特定目的或目标的牵引下将生命能量集中一处。

能够将生命力集中于一处的主体至少具有如下特征。首先,主体始终锚定价值点,而不容易被主观情绪、念头影响,或被外界信息过度干扰。只有当主体明确自己将投入全副生命力的方向时,在一定程度上,他的生命才具有了真正意义上的现实根基,才能始终相对稳定地去做有利于长远利益的事情,而不囿于当前可能遇到的现实阻力(包括内部与外部),一个健全的心灵在目的或目标的牵引下,能够由衷生发出自律的力量,并在此基础上发展起成熟而健全的自我(以明确的边界意识之建立为标准)。

其次,主体具有明确而健康的边界意识。所谓明确而健康的边界意识,是指在明晰的主体意识与现实目的(或目标)锚定的基础上,能够划定人我边界,在特定关系的边界中行当行之事,真正践行伦理的意涵(或谓之建立起伦理感的现实根基)。这一点值得澄清,我们在现实情境中时常遭逢的焦虑都可能源于人我边界模糊,譬如,在一种文化心理的推动下(尤其在面子观盛行的中国社会),担心自己对他人做得不够而遭遇自我良心与社会良心的双重谴责,但某些出于该种"好意"的心态却可能是以牺牲主体自我的自由度与舒适度为前提的,这种情况下所行之善事并非真正的善,因为其中缺乏行善的、来自主体自觉且自然的可持续发展动力,且其中可能蕴含着被主体压抑的、事实上的怨恨与愤怒,因此我们看到这种"善行"的对象也往往不能由衷感激主体(耽于他们背后的期

---

① [瑞士]维雷娜·卡斯特:《克服焦虑》,陈瑛译,生活·读书·新知三联书店 2003 年版,第 41 页。

待和自潜意识中散发的隔阂感),遂而在关系中产生一种不那么自在的感受。类似的情境体验多种多样,要之,当没有边界意识的主体遭遇外界评价标准时,最容易发生的状况就是犹疑与纠缠,并容易伴随情绪化反应,不能客观中正地建立人我关系(根本上仍然是因为没有明确的目的或目标,所以注意力和行动力容易外泛并受制于外界多变的情境条件)。边界意识与边界感的熟稔运用既是为了保护主体本身,又是为了保护一段健康关系的顺利运行并保护涉及其中的多方主体,这相当于从客观上建立起关系及其伦理的应然路径,以规约容易弥散且冲撞的生命力于相对可控的范围之中。建立边界感的原则用科胡特(Heinz Kohut)的经典原则而言,需要把握两点:不带敌意的坚决,不带诱惑的深情。其中蕴含着的智慧在于对人们旧有心智模式的扭转,即边界感的建立打破了表达否定便意味着对人不忠或不善的基本态度,反之,它代表着一种成熟的自我观点之表达;边界感的建立亦表明没有必要牺牲主体意愿去愚忠地为他人服务,它恰是一种冷静而温暖的关怀之自然流露。一个始终锚定在目的或目标上的人,对这一点反而更容易领会——他当然会选择最有利于关系走向的行事作风,而不会只作主体意识和关系边界不清晰的表面文章(当然,这个过程要长期的修为才可达到)。

最后,主体具备行动中的高效率与高效能。当有了目的或目标及边界感的支撑和保护,对于主体而言,一个自由与受保护的空间便被建立起来,并有效激发出主体在达成目的或目标中的全副生命力(而不是被无关紧要的人事物拖累而虚耗),表现为具备行动中的高效率与高效能。高效率意味着主体完成任务时,在单位时间内能兑现相对较多的成果,高效能意味着,主体所产出的行为成果皆具有相对较高的社会效用,在一定程度上,能够以产品的形式呈现,以成全某种社会价值对接的需要。

只有当明确的目的或目标真正在主体心灵中扎根并成长起来,以上所说的主体之成长、成熟才可能发生,并避免主体在实现过程中的各种焦虑。

(二)实现焦虑源于自由注意力被固着

实现焦虑很大程度上来自自由注意力陷落在原本它具有自主权的事物之中,沦为它们的奴隶而无力挣脱,这意味着意向被固着,被它意向的对象物填充得太满而产生了认同,从而造成心灵的不自由。"焦虑、愤怒、抑郁和孤独都与较低的心率变异度和较差的自控力有关。慢性疼痛和慢性疾病则会消耗身体和大脑的意志力储备。"① 之前谈到,自由注意力和意志力皆是生命中的重要资源,对它们的开发与利用需要加入主体的意愿与选择(资源,是为主体意愿而用的资源)。自由注意力的固着,在很大程度上是由主体意识错误的自我定位、缺乏自律能力并由之作出错误选择所致。

错误的自我定位根本上来自意识的自我否定及自我怀疑,即没有充足的力量自我认定,只能借助外在力量的给予,时间久了形成依赖性人格并喂养了不知餍足的欲望(对外界的索取在无明的自我意识中是个没有止境的幻象),并加重自我怀疑的程度,觉得没有外界的支撑便不足以完成特定的任务并达成特定的成果(始终处于自我欠缺的状态之中不能自拔——匮乏感的根源)。缺乏自律能力,则表明主体在与外物的关系中(本应在其中具有自主性)始终弥散着一种恐惧失去的心理。恐惧失去源于反客为主地将对象当成了自我实现的源泉所在,并因此对对象产生期待,以及由期待必然不能达成(因为主客颠倒所致)而带来的、永久的精神失落与实现失落,遂而产生了讨好对象的行为模式,表现为不能自控地受制于对象(有时明知不对,或已然体验了焦虑的感受,却仍无力摆脱,在心理防御机制的作用下,放弃自主责任意识而随境迁流,遂而产生更多焦虑),且不能生发出心理止损的现实行为以扭转该种局面(一种可能是,主体不能有力摆脱困境,源于他所遭受的心灵焦虑或现实损失还不足以让他幡然醒悟并采取现实改进措施。在抑郁中所表现出的正是这种纠结状态——以一种不能自控的方式表达并体验着主体并不欲求的痛苦,但却从痛苦中发展出病态的、对痛苦的依赖性),培育起相应的现实感、现实能动性及现实能力。错误的选择则在前两点的基础上,推动主体做出并不符合生命整全、健康之发展方向的种种行为——与生命之应然状态产生悖谬,自由注意力与意志力均被一种并不意愿的情境奴役并陷落其中,产生意识被潜意识入侵的危险,产生强迫性行为倾向,陷入意识昏乱的局面之中。改进的方式在于为渐趋混沌的生命能量划定相对清晰可控的边界,先培育主体的边界感,并在自律能力的推动下作出符合生命全局价值的选择,慢慢建立起主体的边界感并在其中得到由自我自身提供的安全感,通过自我赋能,慢慢扭转生命格局。其中最重要的外界支持(但不是决定

---

① [美]凯利·麦格尼格尔:《自控力》,王岑卉译,印刷工业出版社 2013 年版,第 41—42 页。

力量）是对生命自主转化及自主权之回归的全然信任，并提供陪伴与理解的足够空间（其实并不需要为主体的转化再添加任何额外的因素——这又成了对主体意识的一种越界与侵犯）。

（三）实现焦虑源于未透彻理解生活与工作的本质及其关联

实现焦虑也表现在将工作与生活作出某种割裂，认为工作是劳累的，而只有投入休息，才更贴近生活的本然状态。在这种心态的推动下，实现过程就已然不能令主体感到愉悦与满足了，因为工作与生活的"两张皮"中存在着一种现实张力——好在张力之中蕴含着矛盾双方彼此转化并最终和解的可能。化解之道在于，重新认识生活与工作的本质及其关联，并在工作中找到生活的意义与乐趣，将工作中产出的成果作为生活中对自己最有价值的褒奖，由此而培养起主动乐观的心态，避免实现焦虑。

一般而言，工作是生活的有机组成部分，生活的本质由以下几方面构成：爱、工作、玩乐。①

爱，使人们在实现过程中始终锚定特定价值点，通过工作找到人与人之间联结的桥梁并在其中实现自我爱与被爱的需求。带有爱的工作并不会表现出我们时常所言的那种"功利"，它并不精于算计自己在实利方面付出与得到的比例，而更倾向于认为通过有爱工作的方式，人们能在共同建立起的、更大的价值空间中彼此成就，并享受这个过程带来的愉悦感与成就感。相反，当一个人在工作中总是从自我出发，不能在爱的基础上发现他人并成就他人（表现为漠视共赢的思维方式，始终怀有一种比较的心态并因为隔阂感而总不希望他人获利），则将体验到实现焦虑。"在每个人身上，我们都可以看到：感情是依照他获取其目标所必要的方向和程度而成长发展的。他的焦虑或勇气、愉悦或悲哀，都必须和他的生活方式协同一致：它们适当的强度和表现，都能合乎我们的期望。用悲哀来达成其优越感目标的人，并不会因为其目标的达成而感到快活或满足。他只有在不幸的时候才会快乐。只要稍加注意，我们还可发觉，感情是可以随需要而呼之即来或挥之即去的。一个对群众患有恐惧症的人，当他留在家里或指使另一个人时，他的焦虑感即会消失掉。所有神经病患者都会避开生活

---

① 参考第二届"东方心理研究院"沙盘游戏治疗（初阶）课程内容，由马向真教授主持，高岚教授讲授。2017年1月27日。

中不能使他们感到自己是征服者的部分。"①

工作则使人在现实化精神（或曰实现）的过程中不断找寻并夯实自身的意义感。抽象的意义并不足以支撑起一个生命于世间的立足，正如大乘佛教精神中的"福慧双修，定慧双全"一样，福德的积淀与定力的养成无不需要在现实中，于一桩一件的小事中进行磨炼——工作，是这个社会化过程的承载。工作必然要以现实成果的形式对接社会需求（物质需求或精神文化需求）。一个孤立的个体在这方面并不擅长，也因此而有实现焦虑，最典型地体现在那些从来没有过社会实践的人身上——他们对世界的认识因缺乏社会化的环节而总是飘浮在空中，这种"飘"的感觉一来使他们表现得——尤其在对实事的基本判断上——幼稚而轻浮，另一方面使他们十分缺乏现实自信，这一点与他们尚未以劳动成果的形式获得过相应财富不无关联：一个没有通过自己劳动而获得社会认可的人，他们一边对社会怀着不实的揣测或幻想，一边则极有可能对现实产生极大的索取之心（毕竟人对没有得到过的东西更加敏感，表现为因为从未得到过而衍化出的匮乏感，并由此而更加没有现实自信，并在心理防御机制的作用下表现出明明不具备现实工作的能力，却还要自恃功高地对工作挑三拣四，为不工作或工作能力欠缺找寻借口——这毕竟都只是些抱怨的说辞，而没有什么建设性意义）。破解之道在于主体投身工作实践亲自体验一番（说到不如做到，哪怕一开始并不是那么积极，或许可以从做义工开始，以些许缓解由于要负责而产生的压力），由此亲身感受工作是主体自我成就的一种需求并能在其中体会到愉悦感与成就感。工作既能在成就他人的过程中成就自己，也是主体创造性兑现的重要表现，从这个意义而言，工作是为了更好地成就主体（意义感的所在），剥夺工作机会相当于剥夺了主体生命的重要组成部分（一个没有工作资格的人，更容易遭受焦虑）。"他之感到焦虑，也因为他并不知道自己的可能性。一切人的行为似乎都包含着无限的可能性。……不可能对焦虑中的创造性成分与破坏性成分作截然的划分；因此之故，也不可能如道德家所想象的那样，把罪从道德的成就中加以涤除。同一行为，既可显示要超越自然界限的创造性努力，也可显示要把一种无条件的价值赋予人生的偶然有限因素的罪性努力。人既

---

① ［奥］阿德勒：《人格哲学》，罗玉林等译，九州出版社2011年版，第66页。

因未能成为其所应是而感到焦虑，也因害怕不再存在而感到焦虑。"① 由于人的有限性与超越性共存，体现于人的创造性既是对有限性的超越，又是在有限性基础上（现实根基）对超越意义的现实嫁接，因为人唯有通过工作才能兑现在创造性方面的发挥与努力。一个逃避工作之艰辛的人，并没有真正看到工作为他带来的、更深刻的意义，即对其潜能的回应与成全。最好的工作状态，表现为一种玩乐的姿态——轻松高效愉悦地兑现工作价值，从中体验到生活的赐予，并通由工作而真正学会感恩（我们通常指责自己或他人缺乏感恩之心，却不知对治缺乏感恩的最佳方式，就是通过工作而付出，通过付出而收获，通过收获而知足，通过知足而感恩），由此引出生活的第三个要素——玩乐。

玩乐表现出一种游戏心态，在愉悦自己的同时也兑现了主体的生命价值，不再存在工作与生活的两分，而是在轻松高效愉悦的体验氛围中自然而然地成就那些符合生命流向的事情（非用力强求而得来）。懂得在玩乐中工作的人们，往往具有旺盛的生命力、求知欲及不竭的学习动力，并往往具有澄澈的心灵空间与对生活富含感性与理性兼备的体察力和洞察力（即我们所谓持有一颗赤子之心——赤子之心与未经扬弃的孩童心理不同，后者尚处于生命发展的原始阶段，而前者是高超的实践智慧之体现），因此他们的生命始终朝向开放与昂扬的意境行进着，与他们的生理年龄似乎关联不大——他们始终处于青春并富有朝气的状态之中，使人生经验不是他们的拖累而是他们不竭创造力的资源，并使他们始终处在快乐而高效的工作状态之中，他们往往是人类发展进程中的先驱与巨人。

真正明白了生活与工作的意义，便知于生活中建立联结（创造价值）、寻找意义（夯实价值）、找回力量（持续创造价值）这三者相辅相成，缺一不可，由此也才能辩证地明了工作与生活的关联，在此基础上，自然不会产生实现焦虑——实现焦虑，都可在缺乏其中一者或未打通三者之中找到线索。

第五节　现实界中实现焦虑的衍化路径

一　现实入口模糊或滑动的焦虑

实现焦虑的第一个环节源于在抽象与自为的人格中尚未形成与现实对

---

① ［美］尼布尔：《人的本性与命运》上卷，成穷译，贵州出版集团2006年版，第166页。

接的、需要现实地体验过程并承担责任的身份与角色,并形成相应的目的或目标。这一点即表现为主体于现实界的入口处产生主体认同的模糊或滑动,没有一个挺立的、可在现实中经受考验的、相对稳定的主体自我意识,容易被自我的精神世界拉回一个抽象的境地,或饱含向外拓展以实现自身价值的动力却找不到现实根基,徒然惘惑。现实入口处的焦虑追根溯源,来自缺乏与理想相匹配的有效行为实践,因此而过渡到第二个环节——知行割裂焦虑。

二 知行割裂的焦虑

阳明先生有言,知而未行不是真知,由此而将知行通过切实践履而勾连起来,使知成为实践之知,使行成为良知驱动的行,两者缺一不可。知行割裂的焦虑最容易产生一种令人扼腕的焦虑,因为对于一个仅仅满足于知道的心灵而言,他的精神空间已然赋予他完成了的现实幻象(似乎离实现仅一步之遥),然而当真正投入身体力行之中,他才知理想与现实的差距,不只是万水千山么一点,不经过现实力量与时空情境的考验,任何知行割裂都会带来隔着现实这一层看似只是窗户纸的鸿沟。"作为教育家,杜威(John Deway)最得意的理论之一是,人之所以在行为上背叛自己的理想,是由于那种使'理论与实践、思想与行为'脱节的错误的教育方法。他认为这种错误的教育方法来源于唯心主义哲学中'传统的身心分离'。"[①] 从这个角度而言,知行割裂容易造成这样一种人格,当他缺乏现实力量时,他并不倾向于脚踏实地地培养能力、融入环境,而是自怨自艾地开始抱怨现实,并事实上成为背叛自己理想的人。对治之方在于创造性地工作,在工作中重建生活的价值与意义。

三 社会性创造过程中的焦虑

人的有限性与超越性共存,表现为人本能般的创造性试图建立冲动的合理体系并在现实中兑现价值。如果不是这样,则人的创造性将可能衍化为骄傲与情欲——"人若寻求将其偶然生存抬升到无限意义之欲,那他就会陷入骄傲;人若寻求通过沉溺于'易变之善'及自失于某种自然的生机之中,来逃避其自由的无限可能性及自我决断的危险与责任,那他就

---

① [美]尼布尔:《人的本性与命运》上卷,成穷译,贵州出版集团2006年版,第100页。

会陷于情欲"①。为了对治生命能量在两个极端之间的大开大合,最好的方式就是通过工作锚定一个现实的价值点,并脚踏实地地通过点滴作为以取消这种骄傲或情欲——代之以爱的价值与工作的乐趣,建立健全人格。从这个角度而言,真正意义上的社会性创造过程中亦不可避免地蕴含着焦虑的成分,然而它所带来的对于主体生命潜能之完型与完善更具有积极意义——社会化或曰现实化我们的生命动能,相当于给予我们的创造性一个现实出路与坐标,呼唤着狭义而言的道德生命向伦理之善过渡。

至此,"德"的生命发展历程走到了它的边界处,而如果再追问下去,将进入一个伦理的环节,当人真正获得了伦理的生命——连同在"德"的生命中仰仗于克服焦虑、超越焦虑(从这个意义而言,焦虑同时带有不良的特征与积极的意义)而获得的"德"之生命的不断完备,将有可能切实达成"德—得"之间的贯通("得"是由伦理之善参与完成的),并最终回归"道"的当下现实性基底之中——在"德—得"贯通的每个当下实证"道"的在场与发用。

从这个角度而言,"道—德"现象学完成了以焦虑作为每个发展节点的阐释任务,相对完整地结束了"道"向"德"的跌落与"德"的自身衍化的若干环节之演绎,开放式地指明了"德"之生命的下一个历程——伦理历程,并指明经历了伦理历程后生命在"德—得"相通中真正对"道"的实证。"道德"的内涵在"道—德"的整个衍化与生命自觉成长与成熟的自发过程中,被撑开为一个存在与存在者同在的生命境界与状态,事实上扩展了对"道德"的狭义理解,使"道—德"成为人类生命力的整全表征及其路径。在其中的每个衍化阶段,我们都看到了焦虑作为过渡环节的存在,尽可能认清了焦虑存在的各种形态及其为人类体验所带来的各种痛苦与意义,使人类对自身生发出更多慈悲之心——不论是对己还是对人,都更能看到生命之伟大,这正在于它的有限性与超越性之共存。

---

① [美]尼布尔:《人的本性与命运》上卷,成穷译,贵州出版集团2006年版,第168页。

展　　望

本书运用现象学方法,以先天意识作为始终在场的存在之域、以后天意识之诸种形态表征生命的整全状貌及其自身流衍路径,构成"道—德"现象学的完整内容。基于全篇对相关议题的理论研究、机制研究及形态研究,最后,本章将以展望的形式进行粗浅的应用研究,毋宁说,是基于对一个"道—德"现象学视域下的焦虑自测模板之设想,默认并始终在实践意义上确证与调用先天意识的当下在场,尤其采用后天意识在象征界与自为界的展开结构并作组合叠加尝试下的考量(此处之所以不采用现实界的结构,因为对现实界的考量及其评价模板之设定不可避免地需要伦理界的支撑,而伦理界并不属于本书研究范畴,可留待今后继续探索),最终得出下表:

表1　　　　　"道—德"现象学视域下的焦虑自测模板

"我"	(状态描述)	"我—我"	"我—它"	"我—你"	"我—当下"	(状态描述)
意向	匮乏					无限
感受	怨恨					爱
感知	评判					欣赏
意志	任性					自律

左上角的"我",是作为主体效果总量的"我"和作为主体人格之我的和合之"我",在"德"之生命展开的意义上分别代表着我的自在维度(当然,有限主体的自在维度也不可避免地只具有象征意义,而并没有"道"层面的绝对自在意义)和自为维度。以"我"的自为维度作为纵轴,以"我"的自在维度作为横轴,两条轴线的四个结构分别展开并作组合叠

加，从主体人格的视角出发（因涉及人格各层面的自主可感性，具有主观评价的意义），在以主体与自我、他者、环境的联结度所表征的横轴上分别展开，取其极值而沉淀出八种主体意识状态，更为明晰地在各人格层面标识出主体意识展现及其发展的状貌，便于主体就当下的生命状貌作出自我测评与自我调适。

该自测模板从设计而言具有一定的范式创新意义，其中至少具有三方面的范式创新内涵。

第一，人格层面在场考察之范式创新。在先天意识始终在场的存在论意义上，事实上亦时刻调用着先天意识对后天意识进行的观照与自察，在此基础上，能清晰地看清主体意识的存在状态，不论是自在维度还是自为维度，哪些结构在意识之中显现并被主体感知（谓之在场），而哪些结构在意识之外存在，或直接，或间接地以任何可能的方式影响主体意识（例如以潜意识的方式，但于意识而言不在场），这一点只有升起先天意识才能全观（再次强调，主体意识的自在维度只具有象征意味，唯有先天意识的自在维度才具有绝对自在的意义），在此基础上，主体人格中各结构之在场或不在场的情况并存，为深化考察人格状貌提供了可能。其中，较高层级的人格结构具有比低级人格结构更多的自由注意力资源，换言之，拥有更多不依赖于对象物而存在的（有限）自由度，因此，在一定意义上，较高层级人格结构从自由度、觉察精微度和感知敏锐度等角度而言，其程度都可涵纳较低层级人格结构，譬如说，意向层可涵纳以下三个人格层，但意志层却不能反过来涵纳其他高阶的人格层。也因此，人格层虽然从可能性而言同时具足于同一个人格之中且各司其职，但从功能性而言却有优劣高低之别。理解了这一点，便知较低的人格层可能对较高的人格层构成一种遮蔽的影响，而较高的人格层则反过来对较低的人格层具有一种祛蔽的效果。值得注意的是，各个人格层并非割裂的关系，它们是先天意识统摄下始终同在的"一"的不同面向，只是从形态学的角度而言，具有功能及其显现程度上的差异（有的在场，有的不在场；有的在场程度高，有的在场程度低，如此等等——还有它们的叠加效应，因此不一而足）。

第二，人格自为、自在组合之范式创新。如果说第一种范式创新在自为维度指明了人格的自主性构成情况（以此为自察基石），那么人格自为、自在组合之范式创新则更多强调自为向自在扩展的自然发展倾向、两者彼此依存的必要性及自为必须受自在规约才能获得自身发展的可能性。具体而言，自为、自在是人格构成的两个基本维度，缺一不可，如果只强调自为维度的自身发展，那么"我"将被一个定然的人格锁死在自身之中而成为完全主观、任意的存在，自在维度（此处指的是象征界）为破除自为的自我局限性提供了可能，使人格自身内部发展出阶段性可破除我之有限边界的参照系与意向外放的力量（自为与自在总是相伴、更迭相生，从人格之建立健全的角度而言，人格之建立更多依仗自为意识的自我认定，而人格之健全——从其发展及其动力而言，都更仰仗于自在维度的外倾性瞻望与自我扩张——前者指向人格内部，而后者指向人格外部）。将两者的不同结构叠加研究，会得出相对比较整全的、对生命状态的理解——自为维度偏向于主观视角，自在维度偏向于客观视角（两者既是同种基底的意识，又是不同种角度的意识），而在"道—德"现象学的基座上能相对整全而和合地，在每种生命形态的当下对照中把握自家精神内部的全局。

第三，关系结构优化之范式创新。各人格层面分别在象征界所表明的"我"之联结度极值间滑动（含有一切可能性），横向展开为一条价值之应然发展的路径。如果说在第二种范式创新中已然和合了人格内部的自为与自在维度，从而使人格具有了精神内部相对而言的实体性质（谓之有机构成一个人的整全生命形态，使人格在两个维度——至少两个维度的基础上，有了内部涌现为实体的可能），那么在此人格实体化的道路上继续挺进，依循该人格实体所具有的八种基本性质（如表 1 所示）就可明显看出一条主体价值取向之路，这一点恰恰从人格实体的立足点上才可被深透理解——在较低层级的四种生命状态中，明显有一种人格实体固着己身的倾向（实体内部的发展动力表现为收缩的状貌），而较高层级的四种生命状态则有一种人格实体继续打破自身边界，没有任何定然规定性并时刻置己身于动态发展的无限过程之中的倾向，由此而揭示出主体生命价值的两重要义：打破自身边界与动态建立关系［实体朝向外部的发展必然以关系作为中介而展开。具体而言，所谓实体，其内部已然具备自为与自在维度，它的发展必然指向具有平等存在意义的他者与环境，而这种指向的过渡环节，必然是一段平等的关系之建立（平行系统关系，而非子系统或超系统关系），或曰间性，并在此基础上，才有实体间整合的可能——打破自我边界，是实体间成功整合并不断扩容实体的润滑剂］——也因此，才有了"关系结构优化"的提法——只要把握住生命价值内核中的"开放常新"之意，便能明白所谓关系结构优化的基础，在于迅速迭代关系形态，由此产生基于关系的生命整全之涌现效应（作为中介而最终必然被抽空的关系本身，在生命的发展中也只具有暂时性意义，但关系形态的多样，却可在最终能够碰撞出全新的实体样态的意义上为涌现效应的发生提供资源）。从这个角度而言，关系形态的更新及培育便极为重要，用道德哲学的语言表述，即关系的良性生长总是需要关系中的个体做到真诚、利他这两条原则，并由此才能最终兑现自律、欣赏、爱、无限（层次递进）的精神状貌。

自评模板中涵泳着"开放常新、真诚利他"这一具有终极生命意义的原则，从生命之动态演绎与自身发展的角度而言，彰明了生命发展的如下几个方向，对应于以上的三个要点，分别是：第一，生命形态自发地全面扩展（全脑功能开发，兼具意向、感受、感知、意志四种意识功能）；第二，人格自为、自在协同升级，建立具有人格实体化的自觉意识，激发主体清明觉知力及提升觉知精微度；第三，德行论意义上的关系优化升级，锚定价值最大化原则，自觉觉他、自爱爱他、自导导他、自利利他，最终回归无限开放的关系状态——内外融通为一，加之伦理的修为，增强该种融通的现实感并最终上升到"得"的高度，由此而在无限过程中不断逼近并实证"道"的生命至善境界。

八种生命境界在此不再展开赘述，以下将按照"道—德"现象学视域下的焦虑自测模板之构想，结合以上阐发的内涵及意义，从一个全新的、立于应用研究的视角，对可能的焦虑形态重新厘定一番，更便于主体自察之用，谓之"道—德"现象学视域下的焦虑自测若干形态，作为对正文的应用性及创新性补充。

（一）人格层面一层在场
1. 匮乏——恐惧焦虑
2. 怨恨——哀伤焦虑
3. 评判——愤怒焦虑
4. 任性——拖延焦虑

（二）人格层面两层在场
1. 前念限制后念——责任焦虑
（1）匮乏—爱

展　　望　　323

（2）匮乏—欣赏

（3）匮乏—自律

（4）怨恨—欣赏

（5）怨恨—自律

（6）评判—自律

2. 后念遮蔽前念——考验焦虑

（1）无限—怨恨

（2）无限—评判

（3）无限—任性

（4）爱—评判

（5）爱—任性

（6）欣赏—任性

3. 前念、后念双重逆向——革新焦虑

（1）匮乏—怨恨

（2）匮乏—评判

（3）匮乏—任性

（4）怨恨—评判

（5）怨恨—任性

（6）评判—任性

4. 前念、后念尚需补进——发展焦虑

（1）无限—爱

（2）无限—欣赏

（3）无限—自律

（4）爱—欣赏

（5）爱—自律

（6）欣赏—自律

（三）人格层面三层在场

1. 意向层面不在场——意义焦虑

(1) 爱—欣赏—自律
(2) 爱—欣赏—任性
(3) 爱—评判—自律
(4) 爱—评判—任性
(5) 怨恨—欣赏—自律
(6) 怨恨—欣赏—任性
(7) 怨恨—评判—自律
(8) 怨恨—评判—任性

2. 感受层面不在场——体验焦虑
(1) 无限—欣赏—自律
(2) 无限—欣赏—任性
(3) 无限—评判—自律
(4) 无限—评判—任性
(5) 匮乏—欣赏—自律
(6) 匮乏—欣赏—任性
(7) 匮乏—评判—自律
(8) 匮乏—评判—任性

3. 感知层面不在场——失控焦虑
(1) 无限—爱—自律
(2) 无限—爱—任性
(3) 无限—怨恨—自律
(4) 无限—怨恨—任性
(5) 匮乏—爱—自律
(6) 匮乏—爱—任性
(7) 匮乏—怨恨—自律
(8) 匮乏—怨恨—任性

4. 意志层面不在场——实现焦虑
(1) 无限—爱—欣赏
(2) 无限—爱—评判

（3）无限—怨恨—欣赏
（4）无限—怨恨—评判
（5）匮乏—爱—欣赏
（6）匮乏—爱—评判
（7）匮乏—怨恨—欣赏
（8）匮乏—怨恨—评判

（四）人格层面四层在场
1. 四层一致指向恶——恶的焦虑
（1）匮乏—怨恨—评判—任性

2. 三层一致指向恶——希望焦虑
（1）匮乏—怨恨—评判—自律
（2）无限—怨恨—评判—任性
（3）匮乏—爱—评判—任性
（4）匮乏—怨恨—欣赏—任性

3. 三层一致指向善——完美焦虑
（1）无限—爱—评判—自律
（2）无限—怨恨—欣赏—自律
（3）无限—爱—欣赏—任性
（4）匮乏—爱—欣赏—自律

4. 两层运动方向一致——抗争焦虑
（1）无限—怨恨—评判—自律
（2）无限—爱—评判—任性
（3）无限—怨恨—欣赏—任性
（4）匮乏—爱—欣赏—任性
（5）匮乏—爱—评判—自律
（6）匮乏—怨恨—欣赏—自律

结　语

　　以"道德焦虑"为研究缘起，本书在研究过程中首先搭建"道—德"现象学的整全框架，将焦虑纳入其中成为生命流衍中的若干特殊形态。其中，最为关键的区分在于两点：第一，"道"与"德"的区分，亦即先天意识与后天意识的区分；第二，"德"在自身发展过程中所展现出的三个主要阶段（象征界、自为界、现实界）之划分，由此得出"道"与"德"两重生命境界交织的生命全貌，谓之"一域三界"的生命基底，在此基础上，继续将"德"在基本架构内作出更细致的层次划分。

　　"道—德"现象学所揭示的，是生命整全的展开框架，从"道"的角度而言，揭示出生命的先天发展路径，从"德"的角度而言，则揭示出生命的后天发展路径，最终两条道路相辅相成，形成完整的圆圈。从生命之先天发展路径而言，表现出一个去蔽的过程——先天意识可在三重还原之中较容易地得以亲证（当然，直接契证对于智慧绝顶的存在者而言也未尝不可），其分别是具象还原、心智还原和底层系统还原。从生命之后天发展路径来看，则表现出一个以主体人格为生命基点的、富于价值性的现实创造过程，对应于"德"之生命的"三界"，分别切身地、体验性地被感受为（主体）联结度、情绪度及现实度（联结度表现为清明觉知前提下"我"与环境的圆融程度，情绪度表现为在主体"我"的人格内部、表达之整全性与一致性的程度，现实度表现为以身份对接他者与环境的主体以实践为依托所兑现的社会价值程度——三者缺一不可地共同构成"德"之生命的内涵及意义）。

　　在具体研究过程中，本书首先研究"一域三界"的运作机制，在此基础上再研究对应焦虑形态的表现、特征及其形成原因，形成与研究要点一一对应的工整框架，便于逻辑且规整地进行分析。其中，"一域三界"

的基本结构对应四种焦虑形态的表现及特点,"一域三界"的结构及其原则与动力机制则对应焦虑的形成原因。具体而言包含下列内容。

"道—德"域分为先天意识和后天意识,其运作基本原则为自然原则,动力机制为先天意识统摄后天意识,以及后天意识随顺反映先天意识,相应地,"道—德"域中的存在焦虑之形成原因表现为意向固化和后天意识选择失真。

象征界中的运作结构及其原则分别是:"我"的暂时性原则,"我"在"我"中的分离性原则,"我"在"它"中的充盈性原则,"我"在"你"中的尊重性原则及当下回归无"我"的常新性原则,象征界的动力机制分别为破除、接纳、利他。对应地,象征界中迷失焦虑的形成原因有这么几种:将"假我"作真我,自私侵害美德自然流动,受害者心态,关系界限模糊,不能随顺因缘,屈从并强化发展困境,不能穿越低维矛盾,利他中存在自我期待。

自为界中的运作结构及其原则分别是:主体人格之我的自主性原则,意志层的真实性原则,感知层的应然性原则,感受层的和解性原则及意向层的开放性原则,自为界的动力机制分别为整合、真诚、协同。对应地,自为界中虚伪焦虑的形成原因有这么几种:未建立健全人格,真实表达的意志被扭曲,误用应然逻辑形成强制超我,有限自由在无意义中沉沦,没有足够勇气面对荒谬,潜意识被压抑,心理防御机制,人格结构发展停滞。

现实界中的运作结构及其原则分别是:确立身份层面的确定性原则,建立信念层面的明晰性原则,锻造能力层面的坚韧性原则,跟进行为层面的即时性原则及融入环境层面的系统性原则。现实界的动力机制分别为全力以赴、顺势而为、需求自给。对应地,现实界中实现焦虑的形成原因有这么几种:没有明确身份定位,没有明晰信念和价值观,没有与理想匹配的现实能力,没有与计划匹配的行为实践,没有与他人、环境互动,目的或目标涣散,自由注意力被固着,未理解生活及工作的本质。

在完成对每种焦虑形态的内部横向研究之后,纵向且发展地看它们之间的关联及推进,会发现每种焦虑形态中又可沉淀出若干环节,且这些环节紧密勾连并自发推进,成为生命自身衍进过程中的若干过渡形式——从这个角度而言，焦虑除了是一种负向体验，同样具有推进生命自身发展的积极意义。从"道"向"德"的陨落焦虑开始直至最终在社会性创造过程中所遭逢的焦虑，每一种焦虑的过渡都有阶可循，并最终开启了伦理界的研究大门，为后续研究奠定基础，从中可深化对"一域三界"自身发展逻辑的理解（生命在"自否定"意义上的自身推进，是辩证逻辑的核心）。

当完成了研究主体部分，再反观"一域三界"的细分结构，发现它们构成了对生命理解的核质，并也事实上是本书的灵魂所在。如果暂且悬置先天生命的表现及进展，单纯考察"德"的生命状态，会发现象征界、自为界、现实界除了从整体上构成后天生命的全体以外，它们各自的结构也可一一对应并展开为层级不同的五重生命境界（奠基于并可涵纳前四级生命境界的第五重生命境界，已达到了后天生命可达至的、最可逼近"道"的程度与状态，表现为主体意识在最灵活流动的意义上，于环境之中无碍地进行着社会化创造工作）。

具体而言，这五重生命境界分别是，第一级：标签型自我。第二级：行动型自我。第三级：感知型自我。第四级：互动型自我。第五级：审美型自我。其中，第一级尚且只能算作一个虚幻的自我，第二级和第三级同为自保型自我，表现为对他者与世界的探索与关切只从自身出发且只作有限尝试与努力（如此而始终伴随着内心挥之不去的恐惧并随时作好了后撤的准备），因此他们对世界的参与更像是机械式参与或"说明书"性质的参与（仅提供道理而不求全副生命在场式的体验）。从第四级开始，生命才真正建立了自我与他者的充分安全感、交托感及平等意识，也才真正意义上在场式地参与了生命与生活本身。第五层级，生命在己身能够充分发现并创造美善的基础上，由衷地想要付出与融合他者胜于其为着自身的索取，因此生命越来越呈现出轻快、开放且愉悦的状貌，此是最近"道"的生命境界。

在和合思想的启发下，如果依照以上五个生命层级进一步考察"德"的生命境界在实践中的主体亲证与现实运用，会得出有趣的生命境界圈层图（见附录图9）。以层级图中的第三级生命境界为圆心，第二级与第四级生命境界和合，第一级与第五级生命境界和合，依次由内而外、由低级而高级沉淀出三个生命境界圈层，分别是：以"我—它"、感知及能力这三个要素共同构成的第一个生命层级，可谓之主体对他者或环境进行的最抽象意义上的理解与把握，此时的主体往往以抽象知识的内化作为存在于世的基础——这虽然是教化的作用所致，却也为主体张开来一个巨大的想象空间，致使主体不能真正切实投身生活。以"我—我"、意志、信念与价值观及"我—你"、感受、行为两重境界、六重要素共同构成的第二个生命层级，则表明主体从抽象之中走出来，切实地感知自己及感知他人，试图在自主感受及关系的营建中走出仅仅只是"知道"的生命境界，而带有实感地去接触世界，表现为主体用感受的方式试图理解自己与他人，在沟通中与自己和他者达成同情式理解。以效果之我、主体人格之我、身份及"我—当下"、意向、环境两重境界、六重要素共同构成的第三个生命层级，则彰明生命本身在更广阔的境界中，更面向无限可能之发展格局的诸种创造活动，以主体首创性创造的"我"为基础，再常新性地时刻代谢更迭"我"而无间地融入环境之中，实证生命境界之无限广阔、愉悦与真实——这是创造—实证层在终极生命境界上所具有的指导意义，也是本书在经过一番探索与研究后所得到的重要启示。（以上阐述的诸内容皆有对应的思维导图，详见附录）

以上不论是焦虑自测模板、各部分思维导图所揭示的焦虑形态之原因（发现了问题所在便已然将问题解决了大半）或生命境界层级图与圈层图，都已然表明主体走出自身疆域而拥抱更广阔生命境界的图景，从这个角度而言，主体也便应十分明晰己身道德生命成长与努力的方向，并事实上能够超越暂存的焦虑而步入更高的生命境界（虽则也以承受更高阶的焦虑为代价）。人从不曾在自我成就与随顺"道—德"生命衍进的洪流之中停下过脚步，通过对"道—德"现象学的奠定及在其中对焦虑形态的认识，人当知"烦恼即菩提"的深意，拿出活着的勇气，笑对并感恩生活的一切赐予（包括焦虑本身），这不仅是可能的，也是使命般的。由此，本书便暂时完成了它阶段性的任务。

附录　结语部分思维导图

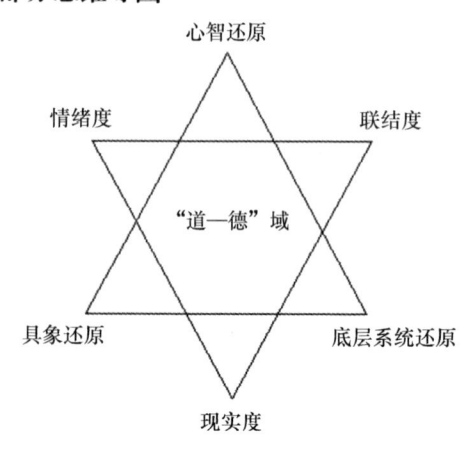

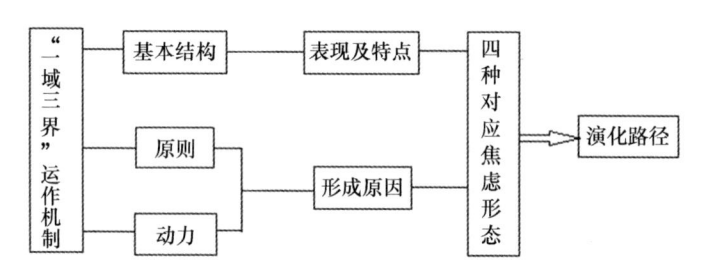

图1　"道—德"域全观图

（六芒星图，中心："道—德"域；六个顶点分别为：心智还原、联结度、底层系统还原、现实度、具象还原、情绪度）

图2　焦虑的"道—德"现象学形态展开逻辑

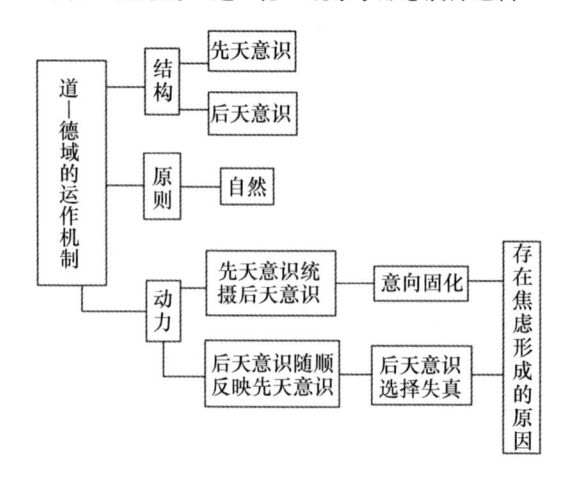

"一域三界"运作机制 → 基本结构 → 表现及特点 → 四种对应焦虑形态 → 演化路径
"一域三界"运作机制 → 原则 → 形成原因
"一域三界"运作机制 → 动力 → 形成原因

图3　"道—德"域中存在焦虑形态分析

道—德域的运作机制：
- 结构 → 先天意识、后天意识
- 原则 → 自然
- 动力 → 先天意识统摄后天意识 → 意向固化 → 存在焦虑形成的原因
- 动力 → 后天意识随顺反映先天意识 → 后天意识选择失真 → 存在焦虑形成的原因

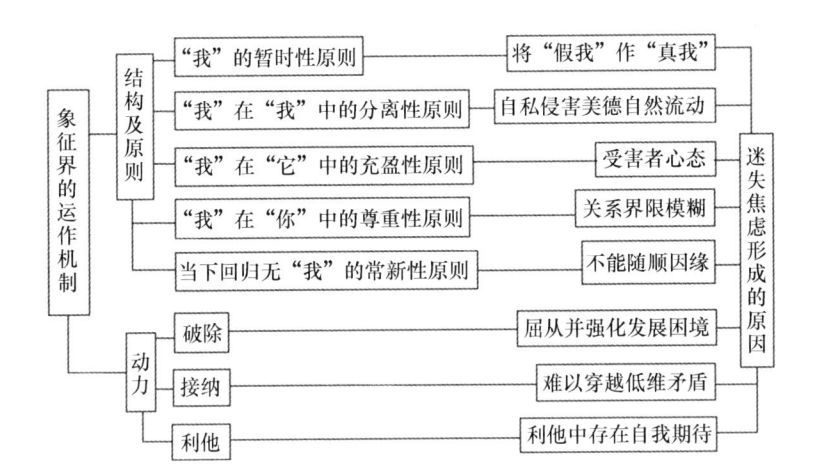

图 4　象征界中迷失焦虑形态分析

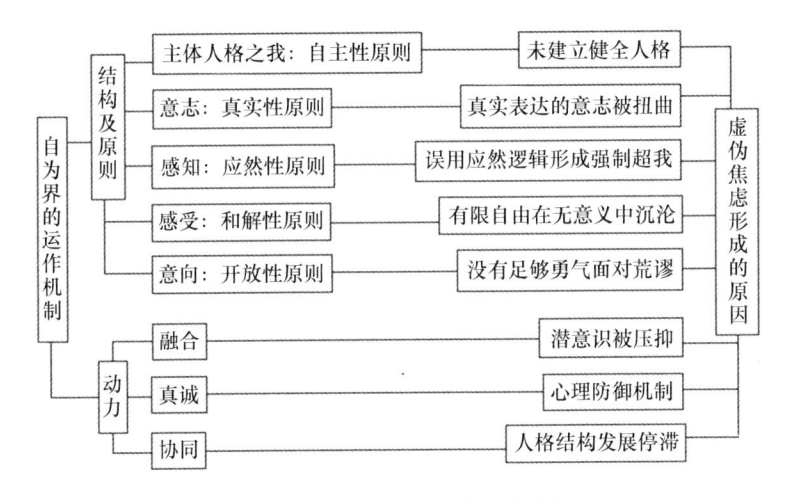

图 5　自为界中虚伪焦虑形态分析

332 焦虑的"道—德"现象学形态

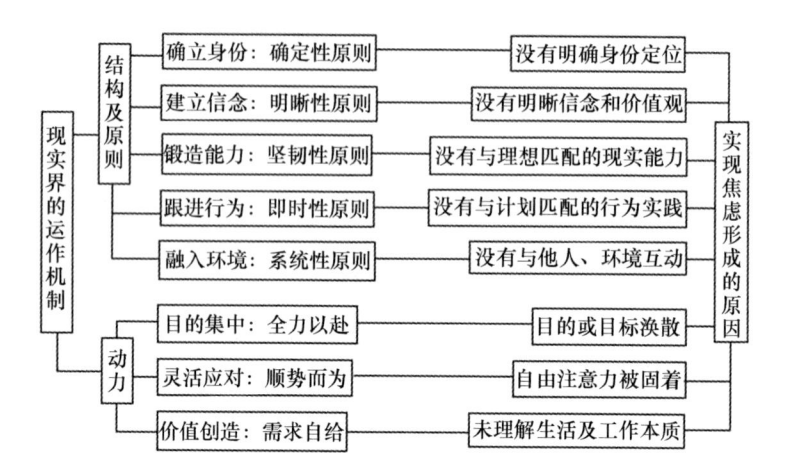

图 6 现实界中实现焦虑形态分析

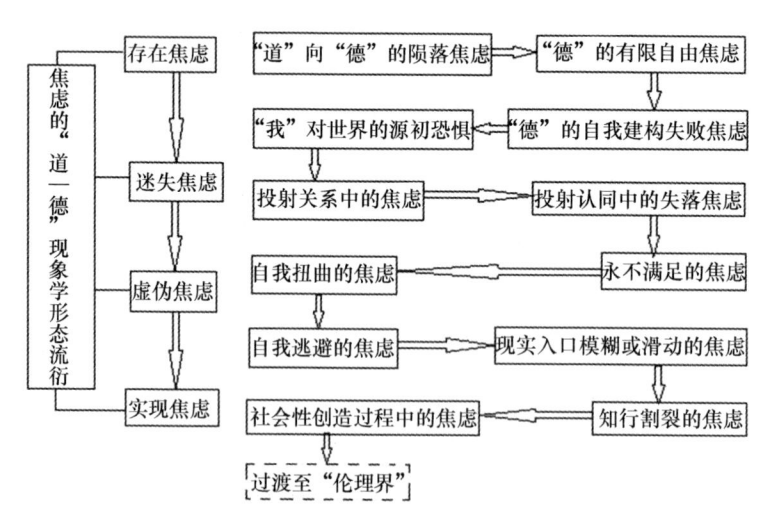

图 7 焦虑的"道—德"现象学形态流衍

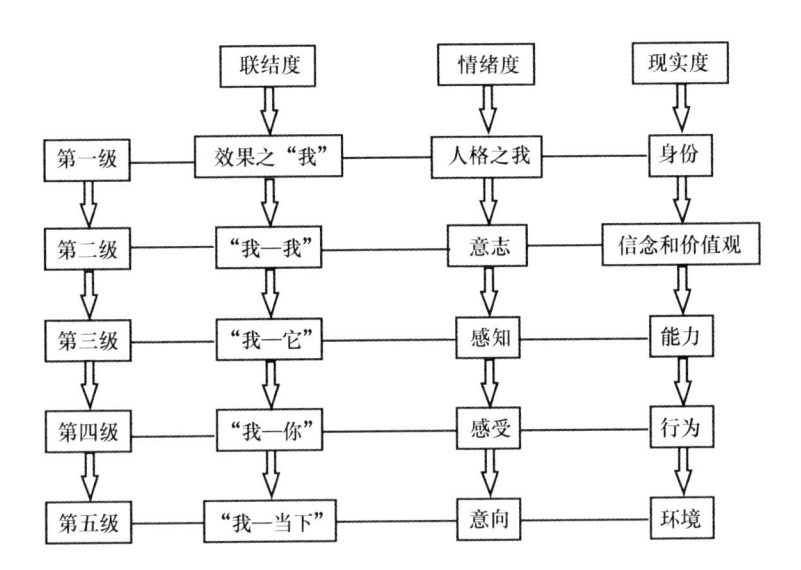

图8 "德"的生命境界层级图

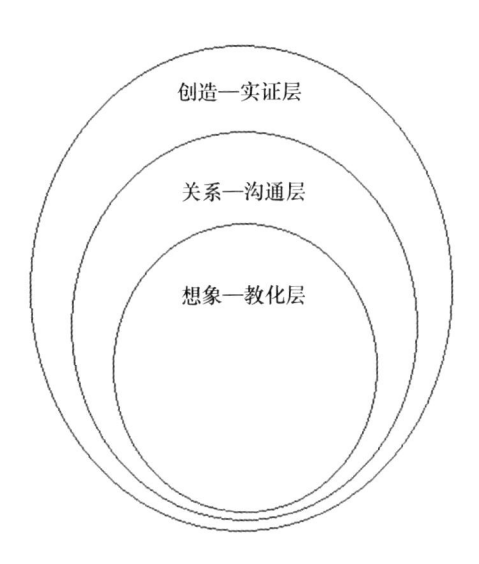

图9 "德"的生命境界圈层图

参考文献

一 经典译著
（一）哲学类

李秋零主编：《康德著作全集》第六卷，中国人民大学出版社2007年版。

刘小枫选编：《舍勒选集》上卷，生活·读书·新知三联书店1999年版。

倪梁康选编：《胡塞尔选集》上卷，生活·读书·新知三联书店1997年版。

［德］爱德华·哈特曼：《道德意识现象学》，倪梁康译，商务印书馆2012年版。

［德］黑格尔：《法哲学原理》，范扬等译，商务印书馆2010年版。

［德］黑格尔：《精神现象学》上卷，贺麟等译，商务印书馆1983年版。

［德］黑格尔：《精神现象学》下卷，贺麟等译，商务印书馆1983年版。

［德］康德：《实践理性批判》，邓晓芒译，杨祖陶校，人民出版社2003年版。

［德］康德：《单纯理性限度内的宗教》，李秋零译，商务印书馆2012年版。

［德］马丁·海德格尔：《形而上学导论》，王庆节译，商务印书馆2015年版。

［德］尼古拉·哈特曼：《存在学的新道路》，庞学铨等译，同济大学出版社2007年版。

［德］尼采：《道德的谱系》，梁锡江译，华东师范大学出版社2015年版。

［德］朋霍费尔：《伦理学》，胡其鼎译，魏育青等校，上海人民版社2007年版。

［德］叔本华：《生存空虚说》，陈晓南译，重庆出版集团2009年版。

［德］T. W. 阿多诺：《道德哲学的问题》，谢地坤等译，人民出版社2007

年版。

[丹] 克尔凯郭尔:《恐惧与颤栗》,刘继译,贵州人民出版社1994年版。

[丹] 克尔凯郭尔:《论反讽概念》,汤晨溪译,中国社会科学出版社2005年版。

[丹] 索伦·克尔凯郭尔:《非此即彼》,封宗信译,中国工人出版社2006年版。

[丹] 克尔凯郭尔:《概念恐惧,致死的病症》,京不特译,生活·读书·新知三联书店2004年版。

[俄罗斯] 别尔嘉耶夫:《论人的使命》,张百春译,学林出版社2000年版。

[法] 加缪:《西西弗的神话》,杜小真译,西苑出版社2003年版。

[法] 列维纳斯:《上帝·死亡和时间》,余中先译,生活·读书·新知三联书店2003年版。

[法] 亨利·柏格森:《创造进化论》,姜志辉译,商务印书馆2004年版。

[法] 保罗·里克尔:《恶的象征》,公车译,上海人民版社2003年版。

[法] 让·波德里亚:《论诱惑》,张新木译,南京大学出版社2011年版。

[法] 萨特:《存在与虚无》,陈宣良等译,杜小真校,生活·读书·新知三联书店2015年版。

[古希腊] 亚里士多德:《尼各马可伦理学》,廖申白译,商务印书馆2009年版。

[荷兰] 斯宾诺莎:《知性改进论》,贺麟译,商务印书馆1996年版。

[加] J. G. 阿拉普拉:《作为焦虑和平静的宗教》,杨韶刚译,华夏出版社2001年版。

[美] E. 弗洛姆:《追寻自我》,苏娜等译,延边大学出版社1987年版。

[美] 尼布尔:《人的本性与命运》上卷,成穷译,贵州出版集团2006年版。

[美] P. 蒂利希:《存在的勇气》,成穷等译,陈维政校,贵州出版集团2009年版。

[英] 阿兰·德波顿:《身份的焦虑》,陈广兴译,上海译文出版社2007年版。

[英] 乔治·弗兰克尔:《文明:乌托邦与悲剧》,褚振飞译,国际文化出版公司2006年版。

［英］乔治·弗兰克尔：《道德的基础》，王雪梅译，国际文化出版公司 2007 年版。

［英］乔治·弗兰克尔：《探索潜意识》，华微风译，国际文化出版公司 2006 年版。

（二）心理学类

［奥］阿德勒：《人格哲学》，罗玉林等译，九州出版社 2011 年版。

［奥］弗洛伊德：《论文明》，孙名之主编，国际文化出版公司 2001 年版。

［奥］弗洛伊德：《性欲三论》，孙名之主编，国际文化出版公司 2001 年版。

［奥］弗洛伊德：《诙谐及其与无意识的关系》，常宏、徐伟译，国际文化出版公司 2001 年版。

［奥］弗洛伊德：《精神分析导论讲演新篇》，孙名之主编，国际文化出版公司 2001 年版。

［奥］弗洛伊德：《机智与无意识的关系》，闫广林等译，上海社会科学院出版社 2010 年版。

［德］艾利希·诺依曼：《深度心理学与新道德》，高宪田、黄水乞译，东方出版社 1998 年版。

［美］杜威：《我们如何思维》，伍中友译，新华出版社 2015 年版。

［美］丹尼尔·丹尼特：《心灵种种——对意识的探索》，罗军译，上海世纪出版集团 2010 年版。

［美］海因茨·科胡特：《自体的分析》，刘慧卿等译，世界图书公司 2015 年版。

［美］卡伦·霍尼：《自我分析》，贾静译，译林出版社 2016 年版。

［美］卡伦·霍尼：《精神分析的新方向》，梅娟译，译林出版社 2016 年版。

［美］卡伦·荷妮：《神经症与人的成长》，陈收等译，国际文化出版公司 2001 年版。

［美］罗洛·梅：《人的自我寻求》，郭本禹译，中国人民大学出版社 2008 年版。

［美］罗洛·梅：《存在之发现》，方红、郭本禹译，中国人民大学出版社 2008 年版。

［美］罗洛·梅：《心理学与人类困境》，郭本禹等译，中国人民大学出版

社 2010 年版。

［美］罗洛·梅：《人的自我寻求》，郭本禹译，中国人民大学出版社 2008 年版。

［美］罗洛·梅：《创造的勇气》，杨韶钢译，中国人民大学出版社 2008 年版。

［美］罗洛·梅等：《存在——精神病学和心理学的新方向》，郭本禹等译，中国人民大学出版社 2012 年版。

［美］罗洛·梅：《自由与命运》，杨韶钢译，中国人民大学出版社 2010 年版。

［美］罗洛·梅：《祈望神话》，王辉等译，中国人民大学出版社 2012 年版。

［美］罗洛·梅：《焦虑的意义》，朱侃如译，广西师范大学出版社 2012 年版。

［美］默里·斯坦因：《日性良知与月性良知：论道德、合法性和正义感的心理基础》，喻阳译，东方出版社 1998 年版。

［美］斯金纳：《超越自由与尊严》，陈维纲等译，贵州出版集团 2006 年版。

［美］亚伯拉罕·马斯洛：《动机与人格》，许金声等译，中国人民大学出版社 2015 年版。

［瑞士］荣格：《心理类型》，吴康译，译林出版社 2014 年版。

［瑞士］维雷娜·卡斯特：《怒气与攻击》，章国锋译，生活·读书·新知三联书店 2003 年版。

［瑞士］维雷娜·卡斯特：《克服焦虑》，陈瑛译，生活·读书·新知三联书店 2003 年版。

二 中外著述：

（一）中国

邓晓芒：《思辨的张力——黑格尔辩证法新探》，商务印书馆 2008 年版。

杜小真主编：《理解梅洛—庞蒂——梅洛—庞蒂在当代》，北京大学出版社 2011 年版。

樊浩：《道德形而上学体系的精神哲学基础》，中国社会科学出版社 2006 年版。

高予远：《仁者宇宙心》，中国社会科学出版社2013年版。
黄光国：《儒家关系主义——文化反思与典范重建》，北京大学出版社2006年版。
何怀宏：《生生大德》，中国人民大学出版社2011年版。
焦国成：《中国古代人我关系论》，中国人民大学出版社1991年版。
李晨阳：《道与西方的相遇——中西比较哲学重要问题研究》，中国人民大学出版社2005年版。
马元龙：《雅克·拉康：语言维度中的精神分析》，东方出版社2006年版。
马向真：《道德心理学》，江苏出版集团2012年版。
孟昭兰：《情绪心理学》，北京大学出版社2005年版。
上海国家会计学院主编：《思维、问题与决策》，经济科学出版2011年版。
邵瑞珍主编：《教育心理学》，上海教育出版社1988年版。
孙志海：《静观的艺术》，中央编译出版社2014年版。
王博：《庄子哲学》，北京大学出版社2004年版。
余英时：《论天人之际——中国古代思想起源试探》，中华书局2014年版。
岳彩镇：《镜像自我研究理论与实证》，中央编译出版社2014年版。
杨韶刚：《超个人心理学》，上海教育出版社2006年版。
杨钧：《焦虑》，北京大学出版社2013年版。
周赟：《为天地立心说》，国家图书馆出版社2013年版。
张一兵：《不可能的存在之真——拉康哲学映像》，商务印书馆2006年版。
张宁主编：《异常心理学》，北京师范大学出版社2012年版。

（二）外国

［德］艾迪特·施泰因：《论移情问题》，张浩军译，华东师范大学出版社2014年版。

［德］伯特·海灵格、根达·韦伯：《谁在我家——海灵格家庭系统排列》，张虹桥译，世界图书出版公司2009年版。

［德］伯特·海灵格：《爱的序位——家庭系统排列个案集》，世界图书出版公司2011年版。

［法］萨特：《他人就是地狱——萨特自由选择论集》，关群德等译，天津人民出版社 2007 年版。

［加］约翰·贝曼主编：《萨提亚转化式系统治疗》，钟谷兰等译，中国轻工业出版社 2009 年版。

［加］约翰·贝曼主编：《萨提亚冥想》，钟谷兰译，中国轻工业出版社 2009 年版。

［美］阿瑟·克莱曼：《道德的重量——在无常和危机前》，方筱丽译，上海译文出版社 2008 年版。

［美］安·兰德：《自私的德性》，焦晓菊译，华夏出版社 2007 年版。

［美］J. 布莱克曼：《心灵的面具——101 种心理防御》，毛文娟等译，华东师范大学出版社 2012 年版。

［美］科克·施奈德主编：《存在整合心理治疗——实践核心指南》，徐钫等译，安徽人民出版社 2016 年版。

［美］肯·威尔伯：《全观的视野》，王行坤译，北京日报报业集团 2013 年版。

［美］克里斯托弗·博姆：《道德的起源——美德、利他、羞耻的演化》，贾拥民等译，浙江大学出版社 2015 年版。

［美］凯利·麦格尼格尔：《自控力》，王岑卉译，印刷工业出版社 2013 年版。

［美］克莱尔·威克斯：《精神焦虑症的自救》演讲访谈卷，王鹏等译，新疆青少年出版社 2014 年版。

［美］鲁本·弗恩：《精神分析学的过去和现在》，傅坚编译，学林出版社 1988 年版。

［美］斯蒂芬·A. 米切尔：《精神分析中的关系概念——一种整合》，蔡飞译，北京师范大学出版社 2016 年版。

［美］萨提亚：《与人联结》，于彬译，世界图书出版公司 2015 版。

［美］萨提亚·米凯莱·鲍德温：《萨提亚治疗实录》，章晓云等译，世界图书出版公司 2013 年版。

［美］斯蒂芬·P. 罗宾斯：《做出好决定》，包云波译，北京联合出版公司 2016 年版。

［英］爱德华·德博诺：《六顶思考帽》，马睿译，中信出版社 2016 年版。

［英］John Davy，Malcolm Cross：《障碍、防御与阻抗》，赵静译，北京大

学医学出版社2016年版。

［英］Melanie·Klein：《妒羡和感恩》，姚峰等译，中国轻工业出版社2014年版。

［英］Tara·Smith：《有道德的利己》，王旋等译，华夏出版社2010年版。

［英］亚当·弗格森：《道德哲学原理》，孙飞宇等译，上海人民出版社2003年版。

三 中文论文

曹刚：《道德困境中的规范性难题》，《道德与文明》2008年第4期。

成伯清：《我们时代的道德焦虑》，《探索与争鸣》2008年第11期。

陈恩黎：《僭越后的道德焦虑与机器图腾——郑渊洁畅销童话文化批评》，《贵州社会科学》2011年第6期。

郭轶等：《焦虑症病人的人格特质与情绪调节方式》，《第15届全国老年护理学术交流会议论文汇编》，大连，2012年8月。

管爱华：《社会转型期的道德价值冲突及其认同危机》，《河海大学学报》（哲学社会科学版）2014年第9期。

郭卫华：《"道德焦虑"的现代性反思》，《道德与文明》2012年第2期。

黄少华、傅仁杰：《焦虑症的病机特点及治法探讨》，《第十次中医药防治老年病学术交流会论文集》，厦门，2012年10月。

韩丹：《腐败辩护中的道德困境探析》，《哲学动态》2012年第4期。

黄瑜：《"道德认同"的现代困境及其应对》，《河海大学学报》（哲学社会科学版）2014年第9期。

黄瑾宏：《论现代性自我的道德困境及其超越》，《晋阳学刊》2011年第4期。

胡传明、陈施施：《后物欲时代大学生道德困境解析与路径选择》，《南昌大学学报》（人文社会科学版）2010年第9期。

姜晓萍、郭兵兵：《我国社会焦虑问题研究述评》，《行政论坛》2014年第5期。

贾森·K.斯威迪恩：《改善对道德两难困境的感受》，韩传信译，《中国德育》2007年第10期。

柯羽：《当代大学生就业难的道德困境与破解策略》，《教育探索》2010年第9期。

刘捷：《社会焦虑心理的认知与疏导对策》，《福建论坛》（人文社会科学版）2013年第9期。

刘敏霞：《转型与定型中的多重身份：困惑与焦虑——〈瑞普·凡·温克〉的文化解读》，《外国文学评论》2013年第4期。

刘洋：《现代性时域下的道德困境探究——从"耶路撒冷的艾希曼"谈起》，《东北大学学报》（社会科学版）2014年第3期。

刘玉梅：《道德焦虑论》，博士学位论文，中南大学，2010年。

罗跃嘉：《焦虑对认知的影响及其脑机制》，《心理疾患的早期识别与干预——第三届心理健康学术年会研讨会论文集》，金华，2013年11月。

梁文辉：《当代社会道德困境探究——一场现代的义利之争》，《党史文苑》2006年第9期。

刘静：《现代性道德困境及其解决——一种可能的康德伦理学路径》，《道德与文明》2012年第3期。

刘峰：《走出现代道德困境的尝试——兼论麦金太尔对现代西方道德哲学的批评》，《天中学刊》2010年第8期。

李彬：《如何认识道德生活的困境》，《湖南大学学报》（社会科学版）2011年第7期。

李涛：《焦虑症多元统计分析初步研究》，《中医药发展与人类健康——庆祝中国中医研究院成立50周年论文集》，北京，2005年11月。

李亚玲、陈珏、王莲娥：《焦虑症与躯体形式障碍患者人格特征比较分析》，《中国乡村医药》2012年第1期。

李良：《道德困境中决策者的决策回避机理研究》，《伦理学研究》2014年第2期。

李建华、肖彦：《试论道德焦虑催生优秀传统道德文化践行何以可能》，《湖南大学学报》（社会科学版）2013年第11期。

李茵、徐文艳：《高校学生道德困境研究：日常德性的视角》，《心理发展与教育》2009年第3期。

孟庆湖：《社会转型期公众道德焦虑问题分析与对策》，《河南社会科学》2012年第11期。

司达：《无产阶级的道德焦虑——皮埃尔&吕克·达登内兄弟的电影立场》，《云南艺术学院学报》2014年第3期。

吴虹琼：《浅析大学生郁闷心理成因与对策》，《海峡科学》2014年第10期。

汪磊：《网络场域中的狂欢景观及其社会焦虑镜像——以标签化的"话语符号"为观察窗》，《天府新论》2013年第3期。

伍红：《新生外语学习负焦虑分析及其对策》，《西南政法大学学报》2002年第3期。

王丽：《微公益与自媒体时代的存在焦虑》，《宁波大学学报》（教育科学报）2014年第11期。

王珏：《现代社会的"道德迷宫"及其伦理出路》，《学海》2008年第6期。

王殿英：《社会道德恐慌中的媒介角色研究》，《新闻与传播研究》2014年第5期。

肖伟胜：《焦虑——当代社会转型期的文化症候》，《西南大学学报》（社会科学版）2014年第9期。

徐岚：《正焦虑与冒险精神：培养英语输出能力的重要因素》，《中国科技信息》2007年第23期。

徐建军、刘玉梅：《道德焦虑：一种不可或缺的道德情感》，《道德与文明》2009年第2期。

杨会芹：《青少年焦虑心理与自杀现象分析》，《创新·发展·和谐——河北省第二届社会科学学术年会会议论文集》，石家庄，2008年3月。

杨宏秀、王克喜：《义务之惑的思想分析》，《南京社会科学》2014年第9期。

杨雪红：《网络远程教育学习者的学习焦虑调查问卷设计分析》，《山东广播电视大学学报》2014年第4期。

杨柳桦樱：《绵竹年画发展中的心理分裂与焦虑——传统与现代的心理冲突》，《四川戏剧》2013年第10期。

杨少涵：《道德困境的博弈分析》，《道德与文明》2007年第3期。

杨光生：《透过〈搜索〉看当前中国社会的道德焦虑》，《电影文学》2013年第23期。

晏辉：《论道德叙事》，《哲学动态》2013年第3期。

郁乐：《道德感知与评价中的信息嬗变和道德焦虑》，《华中科技大学学报》（社会科学版）2014年第28期。

周志强：《中国的"青春期烦恼"》，《人民论坛》2010年第4期。

朱秀娥：《焦虑性神经症中西医治疗进展》，《河南省精神科康复护理培训班及学术研讨会论文集》，郑州，2009年6月。

张立文:《恐惧与价值——论宗教缘起与价值信仰》,《探索与争鸣》2014年第8期。

张宜海:《公民德性研究》,博士学位论文,郑州大学,2010年。

张立文:《恐惧与价值——论宗教缘起与价值信仰》,《探索与争鸣》2014年第8期。

曾盛聪:《伦理失灵、道德焦虑与慈善公信力重建》,《哲学动态》2013年第10期。

曾泓:《在政治与艺术之间——波兰"道德焦虑电影"探析》,《当代电影》2014年第11期。

张东平:《论犯罪新闻传播的伦理向度》,《学术交流》2014年第10期。

周辉、卢黎歌:《道德焦虑现象的成因与对策》,《广西社会科学》2012年第5期。

索 引

C

超理智 197,204,205

冲突 2,3,5,6,9,13—18,22,27,70,80,83,95—97,123,197,199,201,209,216,221,226,268,269,273,278,298,302—304,308

存在 2—6,10—12,15,16,19,21—28,30—33,35,36,39,44—51,53,54,56—71,73—78,80,84—86,88—95,98,99,101—114,116—128,130—133,135—138,140—157,159—161,163—171,173—180,183—198,200,201,203,207—214,216,217,219,221—223,225—229,231—233,235—244,246,248,250—256,259,261—265,267—272,274—278,281,283,285,286,289,292,293,295,297,300,301,303,304,310,314—316,318—321,327,329

存在焦虑 10,27,32,34,35,37,144,146—148,153,156,160—166,168—170,172—176,179,196,268,273,327

存在者 33,43,44,66,68,72,77,78,84,85,90,98,99,102,103,107—109,118,122,141,143,148,152—154,156,159,161,165,171—175,180,186,190,192,193,225—227,232,233,235—238,241,243,262,318,326

D

打岔 82,205,206

"道—德"现象学 1,28—31,33—38,88,89,101,137,141—146,183,225,226,275,318,319,321,322,326,329

"道—德"域 33,34,36,37,146—148,150,151,179,327

"道"向"德"的陨落焦虑 179,180,328

"德"的有限自由焦虑 180

"德"的自我建构失败焦虑 182

底层系统还原 160,176,326

F

非存在 76,110,125,149,173—176,182,185,197,203,232,243,246,251,261,269,273,296

G

感知 6,24,30,48,53,56,65—69,73,74,86,99,103,110,111,116,117,125,127,150,158,166,167,173,177,192,195,199,203,208,211,225—230,234—236,238,239,241,251,255,256,

263,265,269,294,297,319,320,322,324,327—329

关系性自我　184

H

后天意识　30,32,33,36,37,88,92,98—101,109,114,123,125,126,128—130,140,146,148,150—156,169,171,173,176—180,183,211,212,216,225,232,242,243,251,275,319,320,326,327

环境　3,6,10,15,20,82,87,93,95,96,104,161,183,184,193,204,205,212—214,216,227,255,256,275—277,279,282,283,288,289,293,295—297,300,305,306,308—310,317,320,321,326—329

J

具象还原　157,158,326

M

迷失焦虑　34,35,37,82,144,183—185,187,197,202,206—214,216—222,225,227,248,273,327

N

能力　8,9,15,32,38—40,42,43,51,53,58,70,71,78—82,84,92—97,115—118,122—124,127,149,165—167,170,177,179,184,187,189,190,196,197,204,206,209,211,222,225,226,228,231—233,236,237,241,244,247,251,255,256,258,262,266,268,270,273,279—283,286,287,289—291,294—296,298,299,303,306,307,313,315,317,327,329

扭曲　6,106,131,136,197,208,217,218,234,241,244—246,256,257,266,273,301,327

Q

情感　10,12,13,18—20,22,25,26,35,55—60,64,86,114,124,125,159,162,169,175,179,191,205,207,210,217,230,231,236,239,254,256,258,266,267

R

人格结构　19,35,78,79,195,227,233,239,256,259,263,266—269,320,327

S

社会性创造过程中的焦虑　317
身份锚定点　277
实现焦虑　29,34,35,37,144,220,275—277,280,281,288,289,293,294,296—299,301,302,305—310,312,314—316,324,327

T

讨好　82,178,202,203,208,258,313
投射关系中的焦虑　223
投射认同中的失落焦虑　224
拖延　12,290,293,294,296,322

W

"我—当下"　183,189,193—195,200,319,329
"我"对世界的源初恐惧　222,223
"我—你"　183,189—193,195,198,200,

319,329

"我—它" 68,70,71,73,183,189—192,197,200,319,329

"我—我" 183,188—192,194—197,200,319,329

X

先天意识 30,32,33,36,37,88,92,98—101,109,123,125,129,140,146,148—153,156,162,171,174,176,178—180,197,199,211,212,216,226,228,232,233,242,319,320,326,327

现实界 29,34—37,142,143,182,183,228,235,274—277,281,282,284,289,302,309,310,316,317,319,326—328

现实入口模糊或滑动的焦虑 316

象征界 29,34,36,37,142,182—188,195,196,199—201,210,222,224—227,234,242,248,249,253,255,257,275,277,282,296,309,319,321,326—328

心智还原 158,326

信念与价值观 278—280,305,306,329

行为 2,3,6,11,12,14—16,19—22,24,25,27,44—46,53,55,56,59,60,64,72,78,80,83,87,89,91,92,94,95,107,110,112,125,126,128,129,136,140,157,158,172,174,185,198,200,201,213,216—218,222,226,227,240,244,251,256,262,263,267,281,282,284,287—292,296,302—304,306—309,312,313,315,317,327,329

虚伪焦虑 34,35,37,144,225—227,234,241,242,244,246,248,249,252,255,256,258,259,261,263,265,267—270,272—274,327

Y

压抑 3,92,106,132,133,143,159,170,175,201,202,205,208,214—216,234,238,241,244—247,254,257—260,263,264,266—268,273,291,298,300,311,327

"一域三界" 29,34—37,142,326—328

一致性表达 81,82,95,96,226,238,241,242

意向 32—34,49,50,52,56,64,73,74,77,94,95,108,110,131,133,137,139,141,146—148,151—153,160,165,166,168,169,177—179,185,199—201,223—227,229,231—233,237—239,242,250,251,255,259,275,280,287,292,301,312,319—323,327,329

意志 41,42,44,56,57,65—67,69—73,90—92,96,133,152,154,168,172—174,201,211,212,215,225—228,230,233—235,239,255,256,272,275—277,280,287,289—294,297,298,301,302,308,312,313,319,320,322,324,327,329

永不满足的焦虑 273

Z

知行割裂的焦虑 317

指责 82,85,170,197,203,204,214—216,257,266,267,316

主体效果总量 183,185,187,194,195,210,222,225,227,249,319

自欺 4,54,58,76,128,132,152,153,226,250,251,265,295

索 引　347

自然　13,17,23,29,30,32—34,36,38,42—46,49,51,53,54,57—60,62,64,77,79,80,83,84,86,88—90,93,94,98—100,102—104,106—113,115,116,120,121,123—125,127,131—133,135,137—142,144—147,149—159,163,168,169,172,174,179,180,192—194,200,202,204,211,212,218,220,223,229,231,233—240,242,248,260,263,264,273,276,280—283,285,291,292,302,305—307,309,311,312,315—317,320,327

自为界　29,34,36,37,142,183,224—227,233,234,238,240—242,246,248,269,273—275,277,282,309,319,326—328

自我扭曲的焦虑　273

自我逃避的焦虑　273

后 记

感恩师友的认肯、鼓励和支持，感恩编辑老师令人感动的细致修改与专业把关，感恩家人默默无闻的付出，感恩一切机缘，终于，博士学位论文可以出版为专著。在校对过程中，回忆起当年写作的点滴，想起三四年前在东南大学图书馆学习的味道和感觉，能够在重温旧作中感受到与当年写作相当的一种欣喜和激动，仍然能够感到就内容而言相当程度的满意及基于此对未来学术方向的坚定，能够蓦地发现可就当下遭遇的焦虑从书中找到自我梳理与调解的良方……

出版意味着更大的学术责任，自勉与共勉同在。希望拙作能够令有缘者有些许对其阅读精力投注的值得感，希望人类最终能够与"焦虑"愉快地相处——届时，可能焦虑就没有了，或者，以另一种更加具有建设性的方式而存在。

谭 舒

2022 年 8 月 10 日